U0294500

同济大学研究生教材建设项目资助0100106094

设 计 前 沿
SHEJI QIANYAN

建筑类专业研究生系列教材

设计前沿

同济大学《设计前沿》编写组 编著

中国建筑工业出版社

本书编委会

主　编　黄一如　栾　峰

编　委　章　明　陈　泳　田宝江　吴　伟

张尚武　董　屹　汤朔宁　周向频

曾　群　匡晓明　董楠楠　周　俭

孙彤宇

序

“设计前沿”课程开设于 2016 年，是面向建筑与城市规划学院全体研究生的讲座系列课程，是一门与“理论前沿”平行的必修课。学院建筑系、城市规划系和景观学系的专任教师和兼职教师围绕自己的设计实践进行讲授，学生在学期末自主选取某一讲座主题撰写课程论文，发表观点，完成课程考核。

理论研究是有前沿性的，这一点不言自明，而设计的前沿性如何体现，正是这门课所希望能够回答的问题。

作为面向实践的学科和专业，案例教学是所有设计类教学体系的基础，不管是建筑、规划还是景观，也不管是理论课程还是设计课程，案例分析、案例总结、案例借鉴、案例创造，可以看作是贯穿性的主轴，案例教学质量的高低直接决定了教学效果和水平。如果说学术研究的前沿主要是以研究论著为其主要呈现形式的话，设计前沿性的载体则不仅体现在作品或者设计文件本身，更蕴含在设计背后的理念、过程、反思和体悟。而由创作者本人进行讲解，除了可以帮助学生掌握建筑、规划、景观一线设计动态之外，还可以让他们在走出校门之前，能够比较全面深入地理解即将面对的实务环境，更好地开启职业生涯。

在同济大学建筑与城市规划学院开设这门课程，可谓水到渠成。

首先，改革开放以来，学院教师获得了大量的设计实践机会，把论文写在了祖国的大地上。一线教师，尤其是专任教师，能有这样的机遇，从世界范围看，也是不多见的。教师们从事的主要是研究性设计，其中有很多作品非常优秀，即便是最终未能落地的概念和方案，其探索过程也是十分可贵的，这是学院在专业人才培养上的优势和财富。由于教师讲授的是自己的实践案例，传授的是内化了的知识，可以有效避免在阐释他人案例时的信息遗漏和误读，使得学生犹如置身设计“现场”，是面向设计教育“可教性”问题的主动探索。如今，“设计前沿”课程已经成为展示学院专任教师和兼职教师所从事的最新规划与设计探索与研究成果的窗口。

同时，同济大学建筑与城市规划学院学科配置完整，门类齐全，名师汇集，比起社会上众多设计机构，同济设计的优势在于多学科的有力支撑。同时，学院自创立至今一直是一个崇尚学术民主的教育机构，兼收并蓄、博采众长的传统，使之成为培养学生开放包容思想和批判性思维的沃土；作为一个跨学科专业教育的平台课程，每年开课前，都要向建筑系、城市规划系和景观学系的教师征集讲座主题，授课教师和内容常换常新，“设计前沿”不仅汇聚了智慧城市、乡村振兴、数字设计、绿色建筑等全新的内容，也集中呈现了学院教师丰富多彩的学术思想和创新探索。

这门平台课程基于在充满问题的真实情境中的实践案例进行教学，但被赋予了超越案例教学本身的意义。假以时日，有望打造成为学院研究生课程的一张新名片。

感谢建筑系、城市规划系和景观学系各位老师的积极参与和精彩呈现，也特别要感谢栾峰教授和各系教学系主任的精心组织，使得这门课程达到了设定的教学目标。

相信本书的出版，会进一步促进本课程建设水平的持续提高。

黄一如

写于同济大学瑞安楼

目录

主讲人　章　明

杨浦滨江南段公共空间总设计师
2019 上海城市空间艺术季总建筑师
亚洲建筑师协会建筑奖金奖和世界建筑节 WAF 年度大奖获得者
同济大学教授、博士生导师
同济设计集团原作设计工作室主持建筑师

主　题　关系的散文

讲座以关系的散文为核心主线，“关系的前置”“关系的进化”“关系的观想”及“关系的诗学”四部分依次递进，环环相绕。建筑作为一种关系而存在，是我们对场所的理解中最核心的注解。将关系明显地前置于本体之上，使我们已经习惯于不再预设场景，而是在既有地场景中搜寻更多的可能性。

引言

此次演讲的主题是关于“关系的建筑学”，我们也称之为“关系的散文”（图 1），其所传达的核心实际上是一种对于建筑的理解：建筑的重要性不仅仅局限于建筑本体，同时也应该包含它与其他外部的可能关系。相关的，对于设计者对待建筑设计的立场、方法，包括采用的策略，它们的出发点来自于哪里，这些问题都基于上述理解交织在一张“关系的网络”之上而被整体思考。

2020 普利兹克奖颁给了来自爱尔兰都柏林的伊冯 · 法雷尔和谢莉 · 麦克纳马拉（图 2）。本次作为“设计前沿”课程的第一课，有必要引导大家去关注她们的作品，毕竟普利兹克奖在某种程度上代表着世

章明　博士　同济大学建筑与城市规划学院 教授

COLLEGE OF ARCHITECTURE AND URBAN PLANNING / TONGJI UNIVERSITY PROFESSOR

DEPUTY DIRECTOR / DEPARTMENT OF ARCHITECTURE

ORIGINAL DESIGN STUDIO

PRINCIPAL ARCHITECT

2020-3

图 1

2020年3月3日美国伊利诺伊州芝加哥市，凯悦基金会主席汤姆士·普利兹克正式宣布，来自爱尔兰都柏林的伊冯·法雷尔和谢莉·麦克纳马拉荣获2020年度普利兹克建筑奖。

“建筑是人类生活的框架。它为我们提供栖身之所和归属感，并将我们连接到外部世界，这可能是其他空间塑造学科所无法做到的。”

图 2

界一流的设计水准和设计师的理念。

我在她们的阐述中摘取了某些段落，做了翻译："建筑是人类生活的框架。它为我们提供栖身之所和归属感，并将我们连接到外部世界……"不难看出文中所表述的设计思想与今天的主题是具有一定相关性的。

建筑本身是一个物理层面的框架，但它同时也是一个形式层面的框架，或者说是精神层面的框架。这个框架的价值和作用在于它将人们与外部世界相连接。所以建筑学的空间塑造是其他造型所无法做到的。因此，建筑师的职业实际是相对精英的，同律师、医生一般，既古老又很伟大。它对人的生活、身体，包括人与外部世界的联系，包括城市的秩序，都起到非常关键的作用。当今越来越多的设计在关注立面，但其实立面并非设计的出发点。设计的出发点往往通过更加关注剖面来表达，立面是作为内部空间的外化，由内而外自然地生成得来。而这个很自然的生成，要为人造环境中活动的人，与外部的交流和联系做出有利的贡献。这是我们特别强调剖面设计的原因。

从图3里可以看到地下空间与城市，包括光与建筑空间之间的关系。看到不同剖面空间所营造的氛围。

两位女建筑师，向来注重建筑内部和外部之间的对话。这种对话，就是一种关系，一种关联，体现在公共空间和私密空间的交融和富有深意的建材选择，以及建材的完整性上（图4）。所以，建筑不仅仅是人们眼中的景观，更重要的是它如何把在活动于其中的人，与外部的城市、外部的建筑、外部的环境产生关联。这样的理解下，建筑便并不只是简单的一个所谓由外立面围合产生的实体空间，它更加是一个空灵的、有着丰富的内部空间体验的、能够把内部和外部形成对话的载体。所以这段话，对我们而言十分能够产生共鸣。

她们也谈到工作中，要对各个群体不同的公民意识做到了解，并且尝试找到架构（图5），不仅仅是一个简单的结构问题：架构不是一个把建筑体支撑起来的结构体系，架构有更多的文化内涵，有所谓的空间塑造的意义包含其中。所以她们用"架构"而非"结构"来应对其中的相互重叠，加强彼此之间的联系（图6）。我们讲结构是有文化体验的，架构更加是一个文化的表达，它对空间的塑造，对加强内部空间之间的互相的情节关系，加强内部和外部之间的关联都会起到非常重要的作用。我摘取了新闻当中这几段话，因为它们都与本次演讲想要表达的内容息息相关。

图3

建筑结构与建筑空间共同构成新的循环景观。剖面设计在整座建筑中不知不觉创造出大量自然而然的人性化聚集空间。

两位建筑师向来注重建筑内部和外部之间的对话，这一特点体现在公共空间和私人空间的交融以及富有深意的建材选择和建材完整性上。

图 4

"我们在工作中要做到的，是了解各个群体的不同公民意识，并尝试找到一种架构来应对其中的相互重叠，从而加强彼此之间的关联。"

图 5

图 6

主题

回到今天的主题，在“关系的建筑学”之中，我们重点谈四个问题，一是谈关系的前置，二是谈关系的进化，三是谈关系的观想，四是谈关系的诗学（图 7）。这四个递进的章节，我会分别插入案例来阐述，当然每个案例并不是仅仅强调了关系的前置等某一个问题，它一定是综合性的，只是选用的案例中，可能某个部分的特征体现得更明确或者更明显一些。我们将这些部分提炼成了小标题置于章标题下（图 8），由于它们与例子有关，所以提炼梳理的过程也相当于我们对数年来做过的与“关系的建筑学”相关的案例进行了一番回顾。

“关系的散文”把建筑设计比作文学创作，不同的文体，相应的调性和作者所处的心态就是不同的。我们偏爱散文的原因，是因其不拘韵律，不雕章琢句、铺采摛文，不着意堆砌典故。“一石之嶙，可以为文。一水之波，可以写意。一花之瓣，可以破题。”散文的灵活疏放、散漫不拘、见闻感悟，十分契合我们对建筑的理解。有的同学说，我们做设计需要根据一个完整的任务书，然后进行一个相应完整的叙事，那么

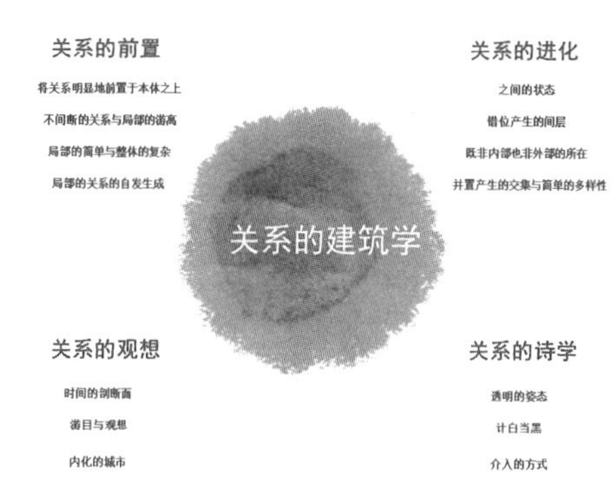

图 7

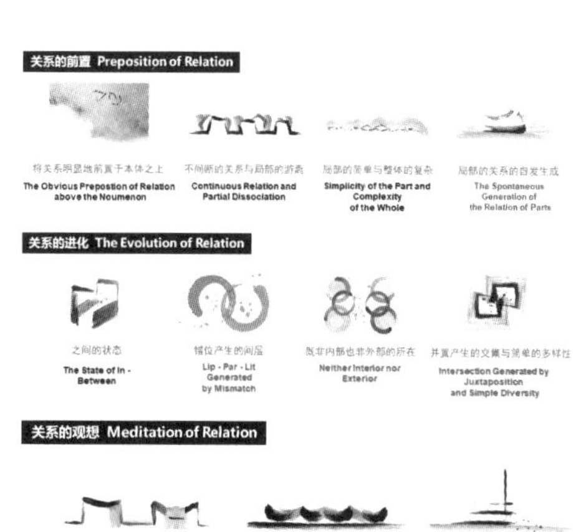

图 8

它就更像一个小说，这当然也成立。

而于我们而言，散文不似小说，需周全完整的情节，一切有因有果、线索明晰，结尾附上周正的句号；散文不似戏剧，需跌宕起伏的冲突，谋篇布局，抑扬顿挫，处处是大写的问号；它也不似诗歌，需淋漓尽致的情怀，有情有境，结尾点上粗重的感叹号。散文可大可小，可长可短，可急可徐，结尾呈现的往往是意味深长的省略号（图 9）。当然，这只是一种观点。世界上有些许著名的建筑师，可能认为创作的时候就需要语不惊人死不休，更像要去赋诗一首，到处铺满感叹号。但有些时候，我们会觉得这样的建筑过于沉重，所以我们的建筑理解恰恰与散文更匹配，会赋予创作一个省略号式的相对开放的结尾。

偏爱散文的原因，是因其不拘韵律，不雕章琢句、铺采摘文，不着意堆砌典故。“一石之嶙，可以为文。一水之波，可以写意。一花之瓣，可以破题。”它的灵活疏放、散漫不拘、见闻感悟，十分契合我们对建筑的理解。

散文不似小说，需周全完整的情节，一切有因有果、线索明晰，结尾是个周正的句号。散文不似戏剧，需跌宕起伏的冲突，谋篇布局，抑扬顿挫，处处是大写的问号。散文不似诗歌，需淋漓尽致的情怀，有情有境，结尾是粗重的感叹号。散文则可大可小，可长可短，可急可徐，结尾是个意味深长的省略号。

图 9

从以往习惯的大体系、大秩序中脱身出来，从略带松散的局部关系入手，并使这种关系建立在自发生成、不断进化的基础上，同时促进局部关系以并置的方式递进式地呈现，从而滋生出混全的整体观想。

图 10

“关系比本体更重要”

Relationship is More Important than Noumenon

有如黑白两色的棋局，棋子本身没有本质的差别，每个棋子的作用是在进入棋盘后的具体位置以及棋子间产生的相互关系决定的。它们的码放方式、移动方式体现中国式谋局的智慧。

图 11

当然，建筑设计师要在经历过一阵子扎实的基本功训练之后，才能够与之去探讨让创作从大的体系，或者说大的秩序中脱身出来。如果我们和本科生谈脱离大的秩序或者体系，可能难度会比较大。但在座的各位都已经处于研究生阶段，掌握了基本的设计方法，也具备了一定的设计能力。这个时候，再去思考能否跳脱更大维度的体系、秩序，是有机会从内在生长的局部关系入手去探索创作，理解创作如何让这种关系自发生成、不断进化，从而最终呈现出一个整体的状态（图 10）。

1. 关系的前置

所以，第一部分讲“关系的前置”的概念，来表达我们的一种态度：任何时候对于建筑创作的思考，我们都把关系放在首位。

“关系比本体更重要”用来概括这个概念的核心（图 11）。这有些类似于具有中国东方智慧的围棋：对于黑白两色的棋局，棋子本身没有任何差别，棋子的作用、它的差异、它的价值都是由它进入棋盘后的具体位置以及棋子间产生的相互关系而决定的。所以我觉得整个谋局的过程，并不强调某一个基本单元的差异性，但是我们在基本单元的码放方式、移动方式上面，大有可为。这很符合所谓关系比本体更重要的含义。

1.1　将关系明显地前置于本体之上

将关系明显地前置于本体之上（图 12），本体就“消失”了。

这里用到的例子是 2013 年 SARS 时期，我们完成的一个在西湖边上的作品（图 13）。项目基地处于水杉林之中。本应是人潮涌动的季节，却空无一人。我们当时是戴着口罩到的现场。印象里的阳光被密集的林叶切割成细碎的绵长线条。如今，新冠肺炎疫情让我们仿佛置身同样的处境，心生感慨。

此建筑最终穿插在林霭之中，它没有所谓自身形体的完形，完全是顺导着整个林间的关系在游走，在游走的过程当中，重点强调彼此的关联（图 14）。

所以大家可以从总图看到，它没有所谓的轴线，刻意的本体，但它互相游走之间就形成丰富的空间，这就是前面说的：把关系置于本体之上（图 15）。

这个项目后来作为《时代建筑》杂志的封面作品。照片中树与建筑之间形成的友好对话清晰可见（图 16）。

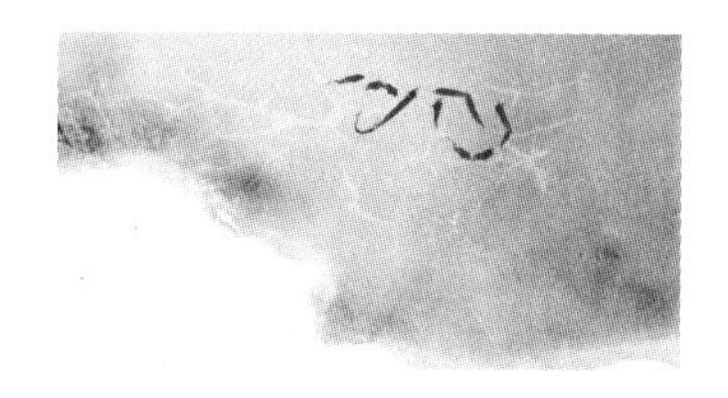

将关系明显地前置于本体之上

2003年暮春，杭州西湖南线，柳浪闻莺，林霭漫步

The Obvious Prepostion of Relation above the Noumenon

图 12

本应是人潮涌动的时节，一种称之为SARS的疫情清空了整片场地。空无一人的西湖岸边，阳光被密集的水杉林切割成细碎的绵长线条，在头顶上荡漾着，不远处的西湖依旧水光潋滟。我们摘下口罩，这个举动如今看来颇有些预言的意味，似乎卸下了某种具有安全感的负担。

图 13

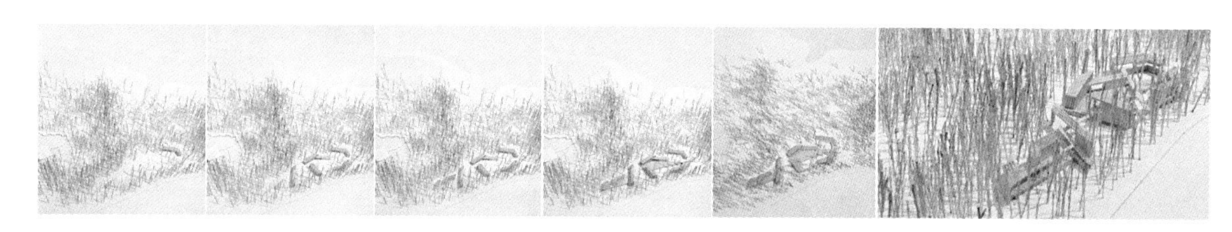

图 14

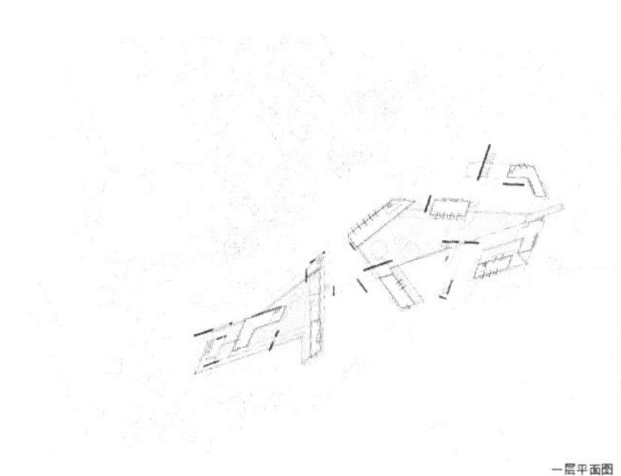

一层平面图

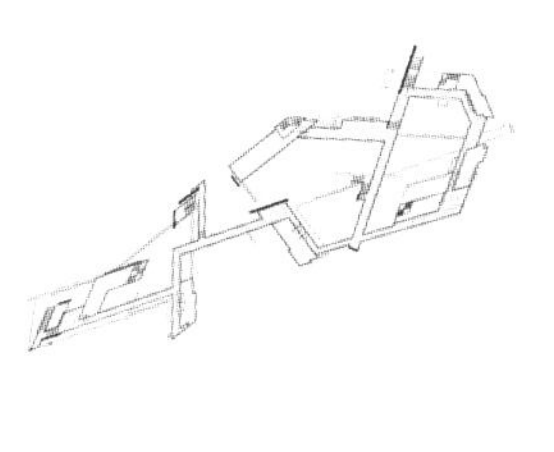

二层平面图

图 15

图 16

1.2 不间断的关系与局部的游离

第二个这种关系，我们称之为“不间断的关系与局部的游离”（图 17）。不间断的关系是说，设计的时候，往往会有一个所谓的网格或者骨格，或者说所谓的秩序。

图 18 这组茶室 + 管理用房的小品建筑，我们取名为无间·亭，当时正好上映的一个电影叫《无间道》，当然，本意是期望一种不间断的状态——空间和空间之间互相流动与游走。

界面翻转形成串联的三面围合小单元的逻辑，在转角处扭转产生了某种出乎意料的节奏，呈现为一种局部游离的关系，进而丰富了空间趣味（图 19）。

1.3 局部的简单与整体的复杂

“局部的简单与整体的复杂”（图 20），这一部分与我前面说将关系置于首位的核心观点也是相关的：局部虽然看上去很简单，但组织关系的变化却可

图 17

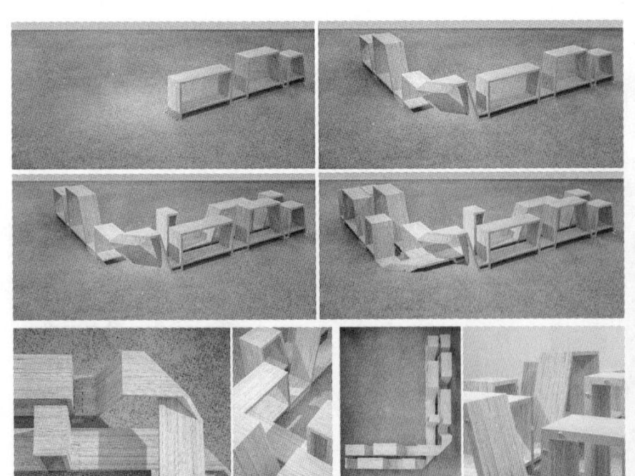

图 18

图 19

以使之形成丰富的体验。

在雅安做的这个方案(图 21),单元就很简单:一种楔形单元。但是将它们进行扭转、叠加、复合，再通过重新组织，互相之间的空间就形成了一种所谓的不同方向的空间层次。倒置的坡顶也造成了某种内外部联想性的提示。局部的单纯并没有影响整体的丰富度与多样性，相反，它使得人们的目光越过局部，投向贯通感的层次之中，投向游走时偶发的对视之中，投向时而逼仄时而舒朗的未知关系中(图 22~ 图 28)。

1.4 局部的关系的自发生成

这个部分最后一个标题“局部的关系的自发生成”(图 29)，我用 2010 年设计的范曾艺术馆来讲

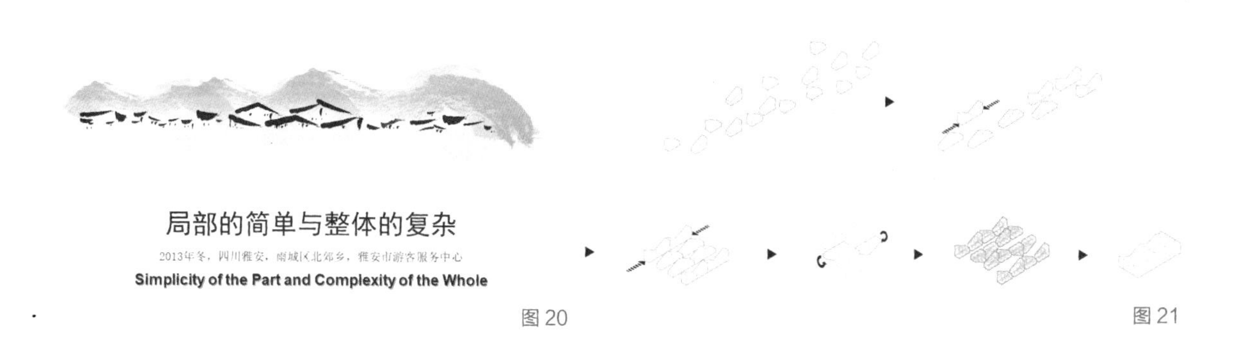

图 20　图 21

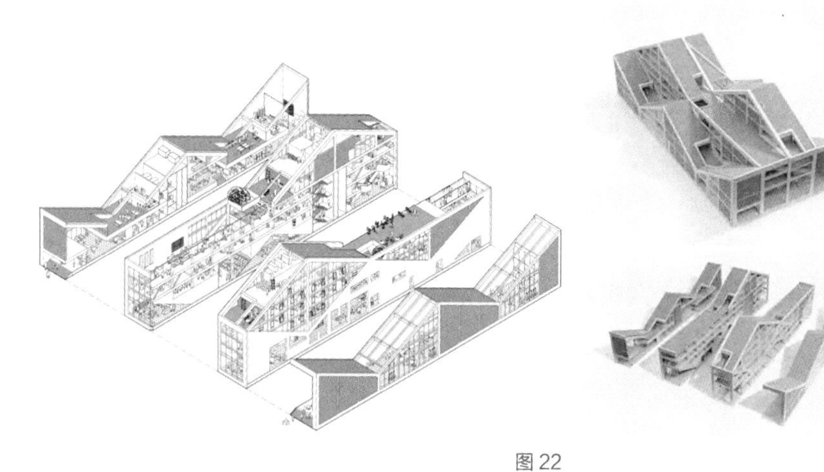

细密的雨如同纱帘般地挂在陇西河的上空，远处的金凤山被虚化成一个朦胧的青灰色意向。陇西河的细流绕过河滩的碎石、混杂的民居和临建的小工厂的工棚，头也不回地向青衣江的方向奔去。站在一片荒凉的杂草丛中，我们头脑中关于川西雅致风情的唯美想象开始瓦解，取而代之的是对依水而建的杂乱村落的关注，尤其是当我们知道由于动迁的问题这些民居将与游客服务中心共存一段时间。我们已经开始习惯于不再预设场景，而是在既有的场景中搜寻更多的可能性。

图 22　图 23

图 24

图 25

图 26

图 27

图 28

述我们从“关系前置”的角度入手并逐步推进的思考。

范曾艺术馆其实是很简单的一个坡屋顶形式的演变（图 30）。它将最传统的、类似于民居的坡屋顶，进行角度扭转，从而形成富有变化的形式。

当然，其中也结合了立体院落的概念。一开始，施工队表示这个屋顶很复杂，他们不会施工，但是，我们把这个分析图画给他之后，他们理解这就是他们在农村时常造的房子，只是做了一个扭转。所以多曲面的形式并不一定要用 BIM，要用计算机辅助设计才能实现，这事实上就是一个单曲面的屋顶的建造。

我认为用宏大建筑去应对书画大家不一定是合适的。我们当时的这种出发点，也与范曾先生给我们的任务“得古意而写今心”相关联（图 31）。

因此我们采用了一个新兴的、水墨的方式，从立体院落的组织来入手（图 32）。

包括材料的选择，采用的是火山岩（图 33）。它有孔洞，江南下雨时节的雨水可以附着在材料里面，产生颜色的变化。

这样犹如水墨画一般的方式呈现（图 34），以此回应范曾先生作为中国书法和书画大家的才情，并把传统的印记体现在建筑之中。设计的出发点并不是从立面开始的，而是更多的通过立体院落去组织。

局部的关系的自发生成

2010年冬，江苏南通，南通大学新校区，范曾艺术馆

The Spontaneous Generation of the Relation of Parts

图 29

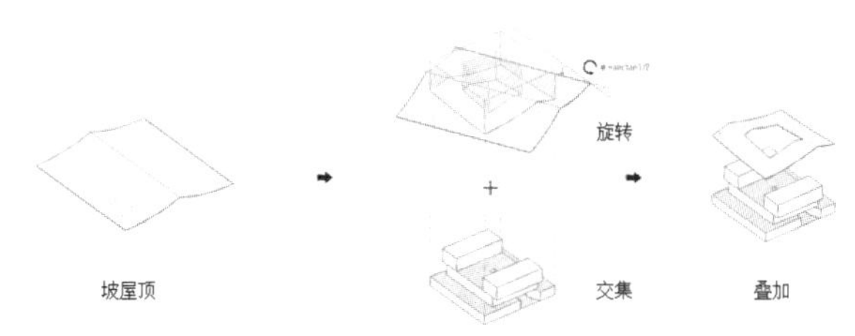

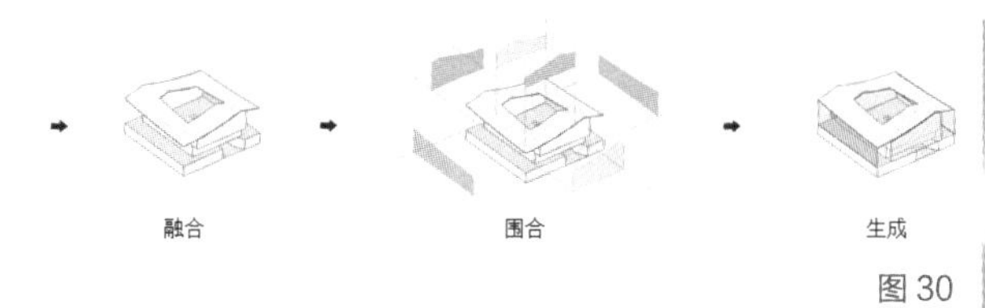

图 30

南通大学新校区的一大片开阔地中，泛黄的蒿草在寒风中不断地倒伏与挺立着，周边呈现出快速建造后的整饬与空旷，这与我们臆想中的水墨氤氲的人文之乡有些落差。之前并未与范曾先生谈过水墨。一来素有见山不做山、见水不做水的秉性，与其粗浅地描摹勾画，还不如心存敬意地远观更为妥帖。二来水墨的浑厚华滋得益于千年的沉淀，其要义不是只言片语所能概括的。所以摆脱了再现水墨的诉求后，一切似乎变得轻松而简单起来。

图 31

图 32

图 33

图 34

图 35

从图 35 里可以看到，底层这个综合的景院，其顶部用混凝土制造了一个藻井。使得日光可以依托这个空腔从三楼的屋顶贯穿三层底板、二层展厅倾斜而下。

展厅的玻璃顶将上层的光线引导到这个建筑最核心、也是最暗的这个地方，所以光在其中发挥了重要作用，它串联起的感知线索弥散于场所之中（图 36）。

入口处设置了水面，以供人们从这个场景穿行而过（图 37）。我们希望位于南通大学的这座建筑，底层可以对校园开放。我曾经去现场看到有学生在这里习武、练歌、准备文艺节的演出等，这恰恰是我们希望的底层架空空间能提供给整个场所的使用价值与魅力。这里对校园而言，是一个开放体系，包括两个二层边院。

边上做的水院，这个走过去的空间跟顶部产生关系。这也是剖面设计带来的上下空间、垂直空间之间的关联，包括屋顶顶部之间和水面之间的关联（图 38）。

落地的这部分水面，从底部穿越进去，后面是接待室。从接待室可以看到水面波光粼粼，感受到空间在延续（图 39）。

图 36

图 37

图 38

图 39

到了三楼的院落空间及边院，可以看到途中边院空间与内部楼梯之间通过大片玻璃形成有效的贯通，从而使得内外形成良好的互动关系（图 40）。这个特点，同时依托结构的转变而强化。大家看到的这个部分，包含下面，都是混凝土结构；但两侧的边院，包括上来以后屋顶的部分都处理成了钢结构，这也是对中国传统建筑当中线的秩序和线的构成所做的全新演绎。结构转换之后，底部 500mm × 500mm 的柱便转化为一根根并列的细腻钢柱，尺寸被极大地缩小。大家可以想象，如果此空间分布着 500mm × 500mm 的柱，它们从底部的结构延升上来，边院的整个线构成的序列就会被打破，那么整个边院以及顶部空间便都无法形成现在的意境。

再到室内，它与外部的光影、水、楼梯，包括方才所讲到的架空景院之间，均借助设计的手段表达相互关系（图 41~ 图 43）。这些小空间之间的关系，最后会慢慢触发形成一个大范围的浑然整体的形象。

因此，这个建筑是从局部的关系入手，最终通过立体院落的组织形成一个整体的印象。

这就是我们谈的第一个部分，关系比本体更重要。

图 40

图 41

图 42

图 43

2. 关系的进化

第二部分我们讲，关系的进化。其核心强调的是“进化比原型更重要”（图 44）。

刚才我们讲前置于本体之上的关系是建立在自我生长的基础之上，那么自发生长还不够，最重要的是要以不断进化发展的方式产生出不同于以往的意义。这就是建筑师不断地在成长，不断的在前人的肩膀上进步。也就是说，进化比原型更重要。我们可以找到很多建筑设计的原型去参考，但是，我们应该做的工作是去“进化”。

2.1 之间的状态

在这个部分，我们首先谈“之间的状态”（图 45），即关系和关系之间的状态。这是我们参与改造的一所小学（图 46），在豆市街，周边是呈环抱之势的高耸的建筑群。整个小学是在一片空间洼地之中，用地非常紧张，不像我们郊区的学校用地那么宽松。在处于周围体量的缝隙间，该以一种什么样的状态去处理这种断裂的关系？

所以，我们觉得更重要的就是它的这个间层，游离建筑当中（图 47、图 48）。

“进化比原型更重要”

Evolution is More Important than Prototype

前置于本体之上的关系建立在自发生长的基础之上，并以不断发展进化的方式产生出不同以往的意义。

图 44

之间的状态

2006年春末，上海 黄浦区白渡路，黄浦区第一中心小学

The State of In - Between

图 45

豆市街像条分界线，把嘈杂的老城厢与浦江边林立的高层建筑硬生生地分开。这是两种完全不同的密集，一面是延绵不绝的违章搭建组成的混杂市井，一面是林林总总的高层建筑组成的怪异天际线。拆了一半还剩一半的老屋里，生活依然有模有样地继续着。刷着马桶的人们笃定地占据着人行道，偶尔抬眼看下周边呈环抱之势的高耸的建筑群。春末夏初的空气中充斥着灶上的饭菜味道，我们艰难地绕开地上的油渍，站在一片“空间洼地”之中。但绕不开的是我们清晰感受到的断裂痕迹。医学上说，当骨骼和肌肉及脂肪的体积增加超过了皮肤的延长的速度，真皮的弹力纤维就会被拉断而形成纹路。就是所谓的“生长纹”。这个医学术语在之后的一段时间反复出现，如同我们真切地听到这个城市在巨变的时代里吱嘎作响的断裂声。

图 46

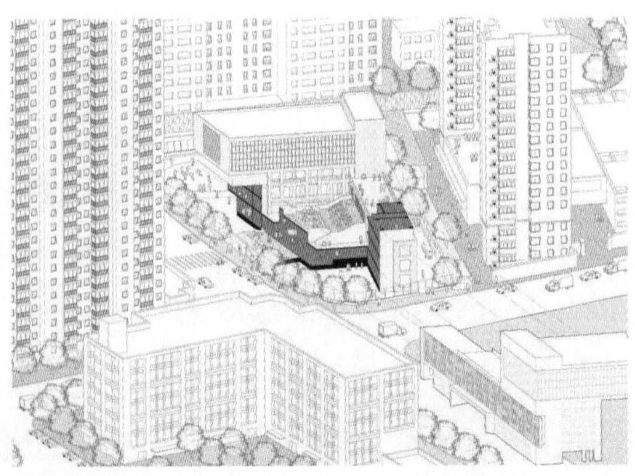

图 47

图 48

2.2 错位产生的间层

错位产生的间层（图 49），这基于上一个标题。以山西晋中的规划展览馆为例。

非常简单的两个环，形成较好的两条参观流线，它的核心，便是它们围合出的具有丰富度的间层空间，包含平面的间层，还有垂直的间层。而垂直的间层，能够把周边的建筑与建筑之间的关系处理得更为丰富（图 50）。

当然这个概念也非凭空而来，与山西的王家大院，以及整个的山形地貌等相关（图 51）。

我们并不是把王家大院本身搬到我们的晋中规划展览馆中，而是说把在王家大院的一种体会和体验，以及这种场景关系，融入我们的设计中（图 52）。

这个可以在建成之后的内院场景中读到一些（图 53、图 54）。

错位产生的间层

2011年初春，山西晋中，北部新城，晋中城市规划馆

Lip - Par - Lit Generated by Mismatch

图 49

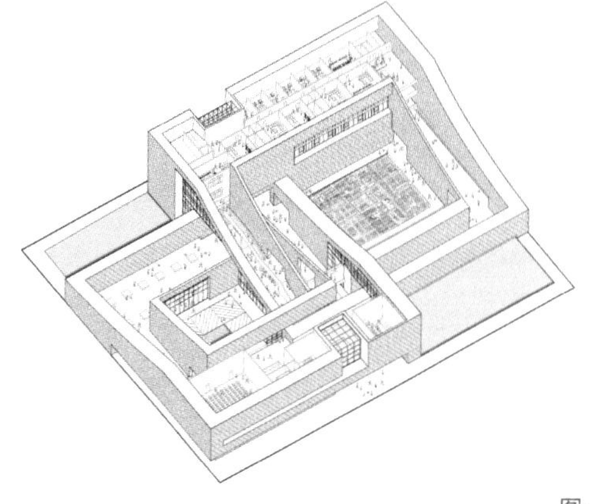

图 50

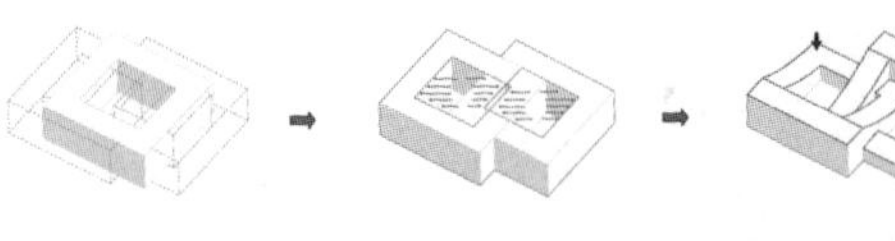

站在王家大院高筑的堡墙之上，可以同时感受到北方初春清冽的风和渐渐回暖的地气。层叠的屋顶顺着坡地渐次抬高，将视线从近处的小河引向远处的绵山山脉。曲幽回转、连缀成片的庭院深巷呈现出迷宫般的整体面貌。静穆与生动、激越与飘逸能在一个事物身上同时呈现，显得格外耐人寻味。在午后明晃晃的阳光下，所有的院落被强烈地抽象化了，定格为明暗虚实，浓淡轻重的平面构成，直到我们被城墙下小贩的叫卖声拉回现实的光景。卖红枣的大妈带着质朴而豪迈的表情，使身后那片整修痕迹过强的砖墙瞬间接了地气。北方的红枣有种厚重而直接的甜，但细嚼之后却能呈现留有余地的回甘。我们站在城墙下一边嚼着红枣，一边盘算着未来的晋中规划馆该怎样在直接与回转间求得共存。这个场景在日后琐碎的日程中多次闪现，使我们从规划馆模式化的诉求中偶尔脱离出来，闪回到那个嚼着红枣的午后，再次被醇厚而丰富的味觉感知所包围。

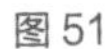

图 51

图 53

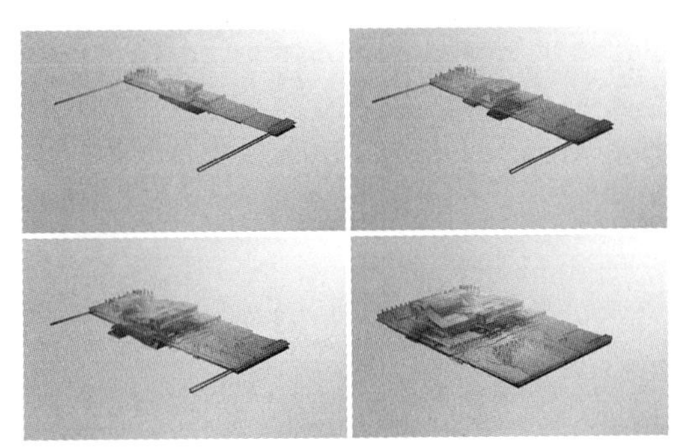

图 52

图 54

2.3 既非内部也非外部的所在

南开大学的项目，是一个多环相交融的空间，但这个空间所形成的，以及我们所追求的是一个既非内部也非外部的所在（图 55），可能既与外部有关系，也与内部有关联。我们通常所说的灰空间，就属于这类既非外部也非内部的存在。

这种间层空间，跟外部的关联非常明确，但它又同时承担着内部非常重要的核心空间职能（图 56~ 图 58）。

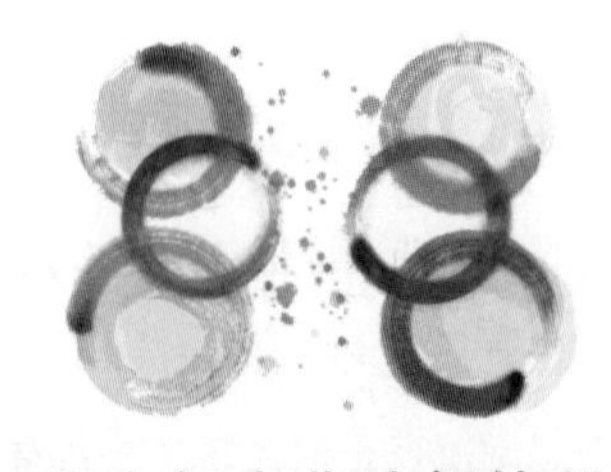

图 55

我们把剖面打开以后，大家可以看到间层的内部（图 59）。

内部的处理上，我们把红色房子之间进行交错，而这种交错，更重要的是形成这些有关联的空间（图 60~ 图 62）。

2.4　并置产生的交集与简单的多样性

第二部分最后来谈并置产生的交集与简单的多样性（图 63）。这与第一部分讲的关系比本体更重要一脉相承。由一个单元的重复演变变成了多个简单单

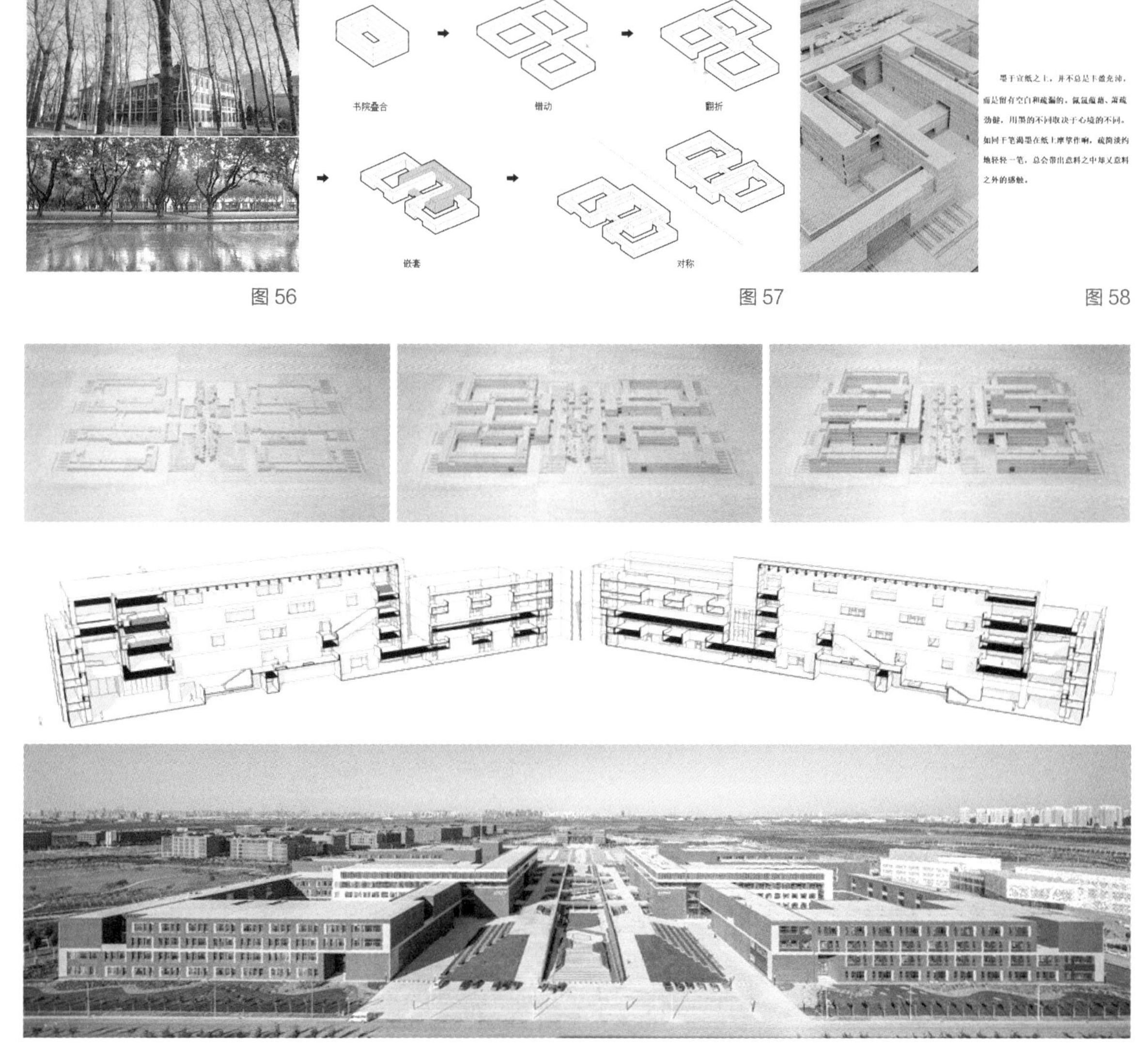

图 56　图 57　图 58

图 59

图 60

图 61

图 62

元的丰富并置。

155000m² 的咸阳文化中心，包括 8 个文化场馆和 1 个大剧院（图 64）。当时这个项目也有诸多投标方案、不同的解决策略，其中也不乏一些较为夸张的设计。但是，我们希望强调的不是形态本身的张力和特色。我们还是希望在比较平和的形态之下发生彼此的关联，而依托这种关联最后形成大的群落关系以及张力。

我们去看过现场之后，对咸阳也有了直观的了解。悠远的黄土，萧瑟的垂柳，整个场景里给我们最具特点的印象就是土疙瘩，土疙瘩常常是帝王的陵墓。这种场景感给我们带来了启发（图 65）。另外还有博物馆中的咸阳宫，它的城墙，在我们对场所的印象中都有一些映射。

从模型上可以看到，建筑的每一个单体都相对比较简单，形体处理上也只是做了一些斜切（图 66）。最后形成这种关系：中间是大的剧院，下面形成三个层级。第一个是城墙层级，形成漫游路径；第二个是场馆层级；第三个是悬置的大剧院本身。

图 67、图 68 是建成之后的状态。尽管每个场馆的形态相对比较规则、简单，但是它并置之后，反而通过设置的文化内街、下沉长廊、每个场馆都有各自的指示入口等，最后连接成一种很丰富的空间层次和体验。

并置产生的交集与简单的多样性

2012年11初冬，陕西咸阳，北塬新城 ，咸阳文化中心

Intersection Generated by Juxtaposition and Simple Diversity

图 63

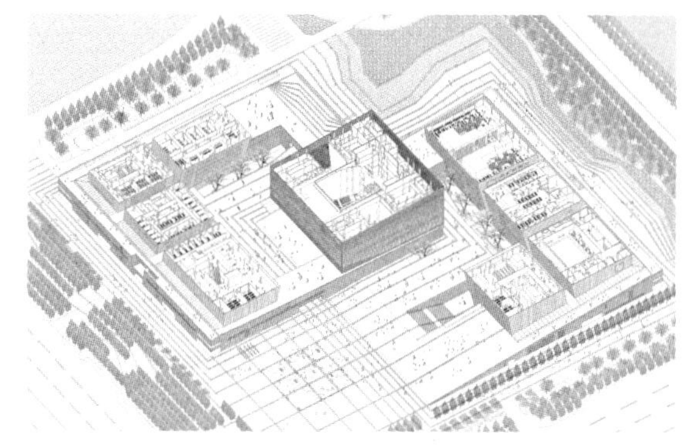

图 64

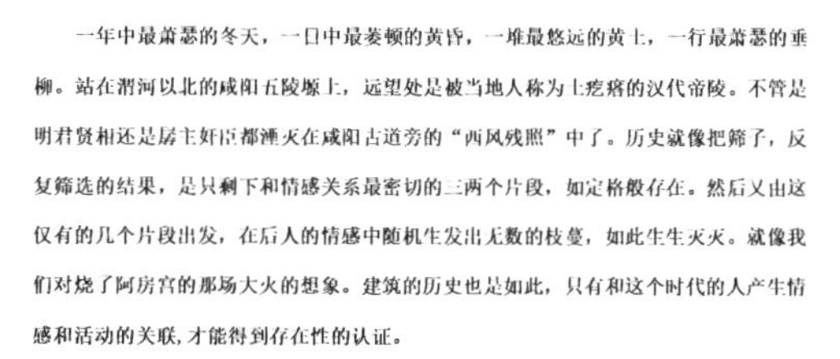

一年中最萧瑟的冬天，一日中最萎顿的黄昏，一堆最悠远的黄土，一行最萧瑟的垂柳。站在渭河以北的咸阳五陵塬上，远望处是被当地人称为土疙瘩的汉代帝陵。不管是明君贤相还是昏主奸臣都湮灭在咸阳古道旁的“西风残照”中了。历史就像把筛子，反复筛选的结果，是只剩下和情感关系最密切的三两个片段，如定格般存在。然后又由这仅有的几个片段出发，在后人的情感中随机生发出无数的枝蔓，如此生生灭灭。就像我们对烧了阿房宫的那场大火的想象。建筑的历史也是如此，只有和这个时代的人产生情感和活动的关联，才能得到存在性的认证。

图 65

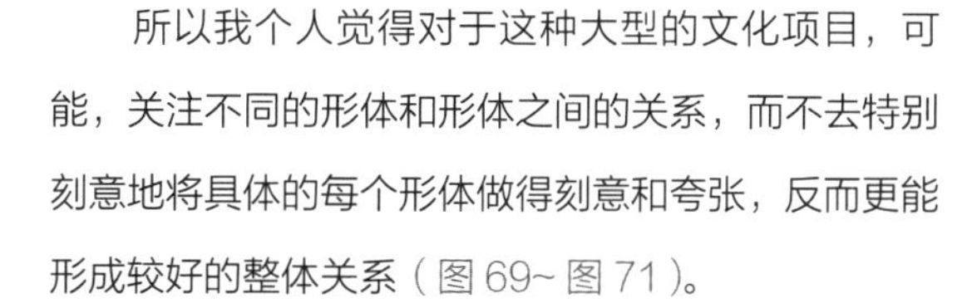

所以我个人觉得对于这种大型的文化项目，可能，关注不同的形体和形体之间的关系，而不去特别刻意地将具体的每个形体做得刻意和夸张，反而更能形成较好的整体关系（图 69~ 图 71）。

在相对平和简约的建筑外观下（图 72、图 73），场馆内部却处理得丰富、各具特色。比如图书馆（图 74 右）、档案馆（图 74 中）、规划展览馆（图 74 左）、大剧院以及外部（图 75）。这也是一种关系的考量。

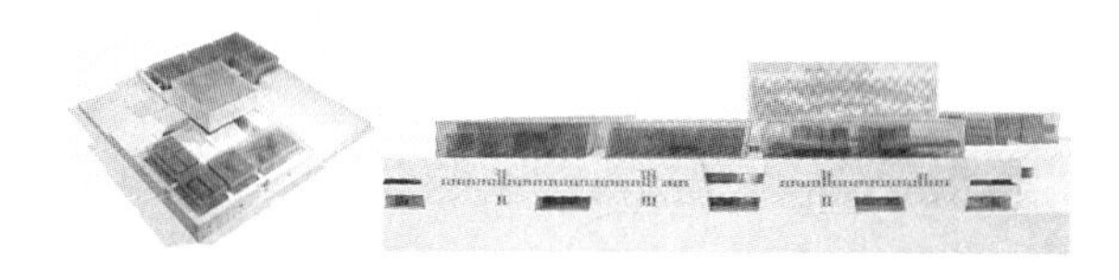

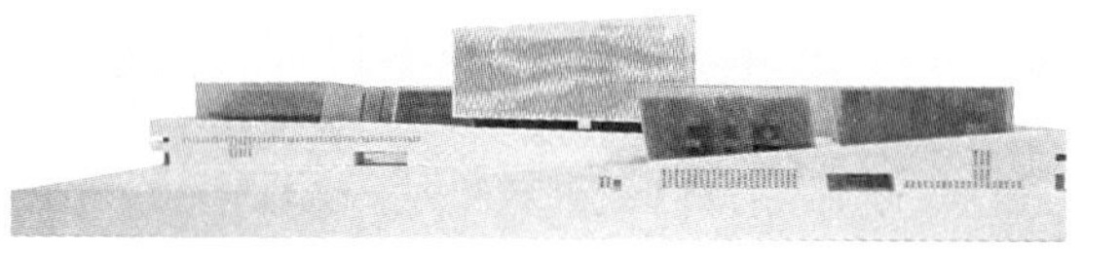

图 66

图 67

图 68

图 69

图 70

图 71

图 72

图 73

图 74

图 75

3. 关系的观想

第三个部分，关系的观想。说到“观想”，它显然是一个过程。我们把动态的、人的行为引导到建筑设计中来。这也是我们常说的，我们的建筑设计越来越不会有一个所谓的“标准照片”。它可能是多张照片所叠合形成的一个整体印象。就像我们的园林，如果说用一张外观的标准照片来代表苏州园林，我觉得可能会比较难。因为园林恰恰是你在其中行走的过程之中，通过步移景异所形成的“景的集合”产生对园林整体的认知。所以我们讲的“关系的观想”，就是把活动、时间引入到我们的建筑体系中来，整个动线的组织、空间的体验都变得非常重要。

这里我们用“漫游比凝视更重要”来表达（图 76）。

这与中国人的空间体验观相一致。我们常说看一幅长卷的画作，比如《富春山居图》，你可以慢慢、缓缓地推动画轴把画卷展开，目光随着展开的画面而游走，最后在脑海中形成一个整体的对富春山居的印象。它是中国人关于空间体验观的一个特点：能够把片段化的空间体验最后形成一个展开式的长卷般的浑全印象。我们传统的绘画，运用的也是散点透视，它其实也是在漫游的过程当中，把多个画面拼合的结果。因此，我觉得这其中是有意念的作用在的。我们可以通过这种漫游，通过空间体验，来达到某种意境的层面。因此，我们说"漫游比凝视更重要"。

3.1 时间的剖断面

另外，我前面说的把时间引入建筑当中（图 77）。包含了两个概念：其一是指不同的建筑之间会有不同的所谓的叠合的年代以及叠合的原真；另一个是指人们对于建筑的认知，是从不同时间观望的结果的叠合，比如从清晨到黄昏，建筑可能有不同的呈现。

第一个例子就是我们设计的三山会馆——会馆史陈列馆（图 78）。右边是老的会馆，还包含一座古戏楼，其建造年代较早，也是内环以内保存最完好的一座古戏楼。在它的旁边即为会馆史陈列馆。面对身旁的老会馆，我们采取了一种比较谦虚的、低调的态度，与老馆形成一种对话关系。

所以大家可以看到它最高的墙都没有超过对面高点，而与对面较矮的墙高保持一致。此外，由于老会馆几乎中轴对称、内院式的布局，我们设计了边院，来表达回应与尊重。从这个边院隐隐约约地可以看到山墙的变化，以此使老建筑与新建筑形成了一个时空的对话（图 79~ 图 81）。

"漫游比凝视更重要"

Wandering is More Important than Staring

中国人的空间体验观可以形容为一幅展开式的长卷。景象以步移景异的形式呈现出来，并以一帧帧的画面定格下来。它导致景物的呈现往往是非同时同地，避免了将视点固定在一个固定的观察点的局限。最终，这些分别悬置于意念中的对象，通过文化精神的法则和能有体现这个法则的心灵去组织，从而达到意境的层面。

图 76

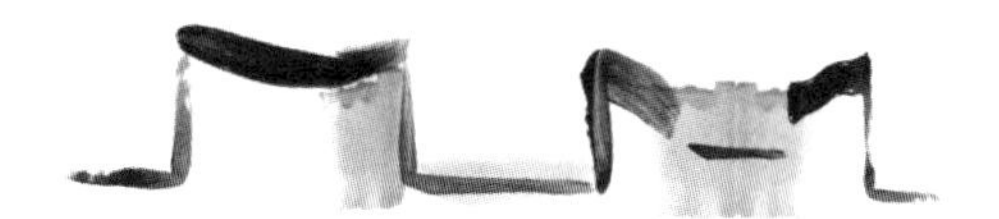

时间的剖断面

2009年3月，上海中山南路，上海会馆史陈列馆

Section of time

图 77

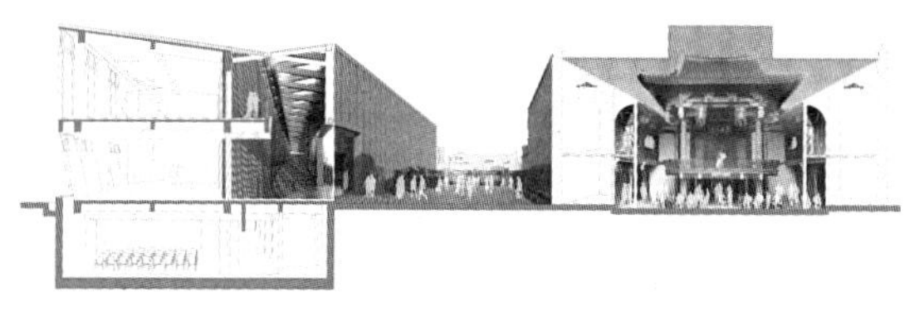

两次进入三山会馆的感知截然不同。

第一次进入这座建于1909年的沪上唯一保存完好的晚清会馆是在冬末的早晨。年逾百岁的老建筑还退缩在隔世的气息中了无生气。满目的红砖与肃穆的山墙在清冽的风中讲述着前世今生。

第二次进入三山会馆是在会馆史陈列馆建成后的初夏的傍晚。伴着"良辰美景奈何天，赏心乐事谁家院？" 的《牡丹亭》的曲调，三山会馆的主院笼罩在蓝紫色的剧场灯光之中恍若隔世，一场被称为文化饕餮盛宴的昆曲秀正在上演。

图 78

图 79

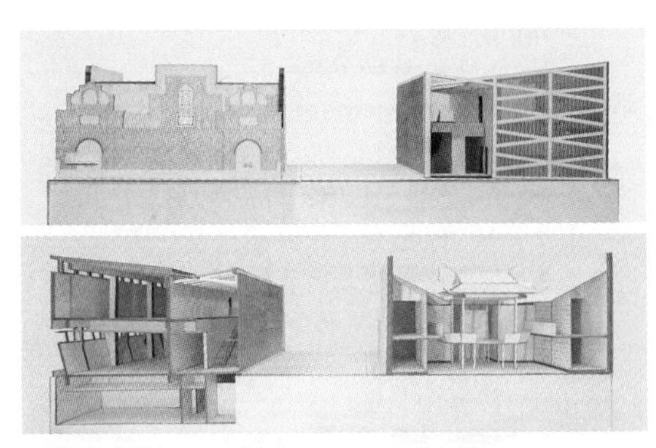

图 80

图 81

游目与观想

2014年春，江苏扬州，广陵新城，广陵新城文化中心

Overlook and Meditation

图 82

图 83

3.2　游目与观想

游目与观想（图 82），“游目”就是刚才说的步移景异。在游走的过程中不同画面最后共同形成一个整体的空间印象。

这里讲我们以前在扬州设计的广陵文化馆（图 83）。

因为在扬州也有一些园林，所以我们在“游目”的概念之上，尝试去做立体园林。在模型中可以看到，四个角形成了四个垂直院落，屋顶上采用一个漫游路径，将这些垂直院落串联起来。加上中庭空间，一共是五个这样的垂直院落，形成相连体系（图 84）。

“烟花三月下扬州”，这个“下”字，就很有特点和意蕴。它表明了一种动态的形式。一个“下”字就让一切都活起来了，我觉得建筑也是一样的。它的空间不是静态的，而是动态的呈现（图 85）。

因此，我们构想了一个 1500m 的游园系统（图 86）。相对开放的立体园林兼做疏散，可以一直蔓延到屋顶。其中屋顶的漫步道大概就有 500m，还包含许多垂直空间和中部的立体园林，微微起伏的地势，让人感觉到身体在移动，在移动的过程中强化空间的变化体验。到了底部链接内街，形成一个循环。以此把整个游目关系融入建筑体量之中（图 87、图 88）。构想中我们还融入了春、夏、秋、冬四季愿景，表达了“漫游比凝视更重要”。

3.3　内化的城市

内化的城市（图 89），我们用当代艺术博物馆来阐释（图 90）。这个项目大家都比较熟悉，它是上海双年展的主场馆，也有多个建筑师的建筑设计展在

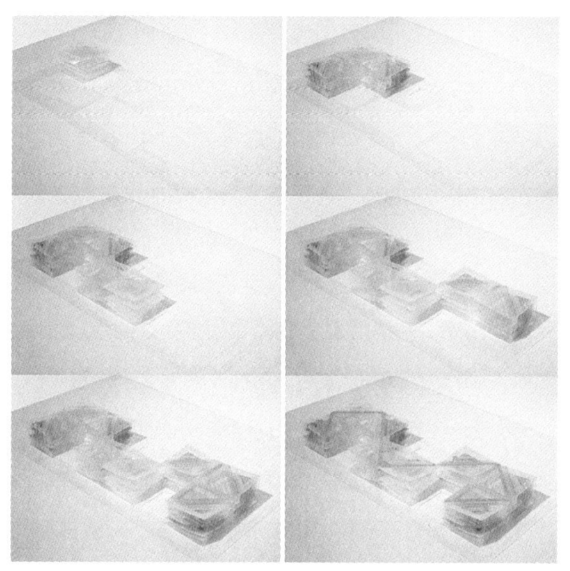

图 84

私下里以为“烟花三月下扬州 ”的意蕴不在于“烟花”，而在于“下”字。柳絮如烟、繁花似锦的“烟花”两字虽然勾勒出漫无边际的（甚至有些奢靡的）绚烂图景，但毕竟跳不脱静态的描摹层次。但一个“下”字，一切便活动起来，带着乘风顺水的豪情雅致，如梦游般四处漂移在温润水乡了。

图 85

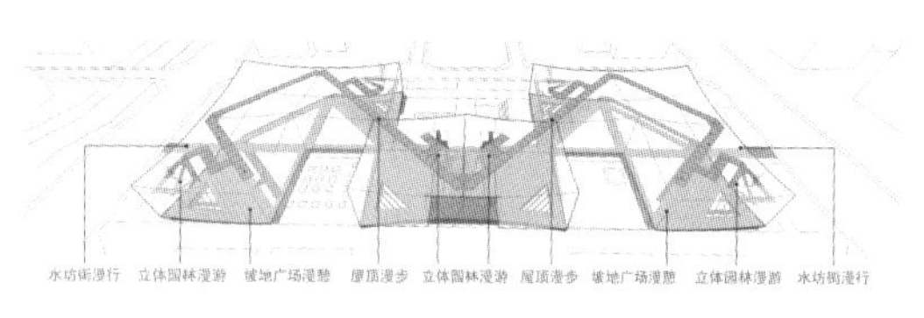

图 86

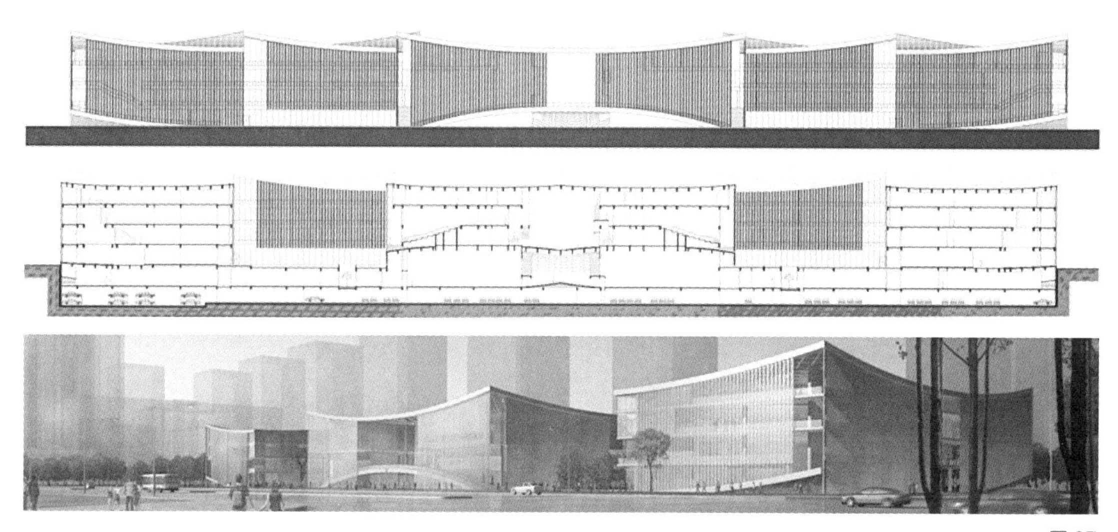

图 87

图 88

其中举办。

当代艺术博物馆前身是 1985 年建造的南市发电厂主厂房，2010 年被改造为世博会的城市未来馆，2012 年又被改造为上海当代艺术博物馆（图 91）。这两次改造都是我们团队参与完成的。当然，两次的诉求会有所不同。

内化的城市是自由游走的城市。改造为当代艺术博物馆时，我们琢磨着怎样为它腾挪出呼吸游动的空间来。其中提出的重要概念是“漫游路径”。我们认为这个当代艺术博物馆与一般的博物馆不一样，它应该是多入口的、多路径的，是改串联关系为并联关系的。同时，我们也提出一个观点，就是内化的城市、内化的广场，把城市引导到这个体量的电厂空间之中，在这个电厂空间当中有各种各样的事情发生，有各种各样的艺术行为可以发生。所以大家可以看到我们设计的动线，是一个多动线共存的状态（图 92）。

我们当时用模型展示了这个构想（图 93），深颜色的部分就是我们植入进去的全新的部分，浅颜色表示原有结构的部分。

内化的城市是在城市中建造的城市，对原有南市电厂的有限干预，目的在于最大限度地让厂房的外部形态与内部空间的原有秩序和工业遗迹特征得以体现，因而后面具有明显标志特性的高耸烟囱也未被当作旁观者来看待，它被改造成了一个独特的螺旋艺廊。当然，背立面的开孔同时承担着外廊的疏散作用，楼梯的疏散跟消防疏散有关，我们利用这个“H”形柱的内腔空间，比较巧妙地完成了疏散外廊的同时，也保持了展厅里面的界面的完整性。曾经在此、依然在此、并将继续在此，形成了一连串熟悉的记忆链条，锁定了关于城市稳定生长的文化共识，熟悉感与陌生感的反复交织贯穿始终，本质上它就是一个内化的城市（图 94~ 图 96）。

在城市中，大的小的，新的旧的，正统的草根的，

内化的城市

2006年炎夏，上海望达路55号，南市发电厂主厂房

Internalized City

图 89

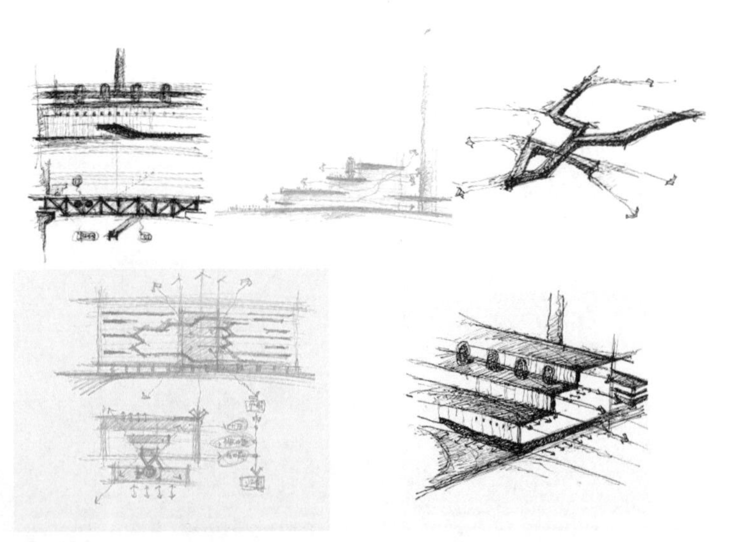

图 90

图 91

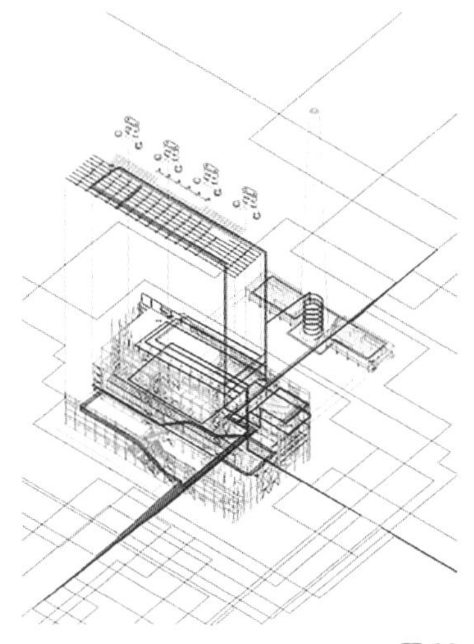

图 92

积极的颓废的，敞亮的闭塞的，都能找到栖身之所。图 97 里表达的是我们创作当中对此的一些设想。人们在建筑中可以看到看不同的场景、不同的活动，在不同的大大小小的空间当中发生。这里一共做了 15 个大小不一的展厅，大的大到几千平方米，小的小到几十平方米。以适应不同的当代艺术的展览和展示要求。

当然，更重要的是我们里面有大量的公共空间，这些公共空间同时也作为展览空间的一部分（图 98）。

所以除了 15 个展览空间，大量的公共空间，包括图 100 右边这个烟囱改成的螺旋艺廊，呈现了诸多独一无二的展示可能（图 99~ 图 103）。例如，吊三个玩偶在这里悬荡，空间支撑了艺术家的作品表达。另一个艺术家作品是通过高速摄像机记录装满颜料的巨大的木球绽放的过程。所以空间有时也会成为展览的一个部分。

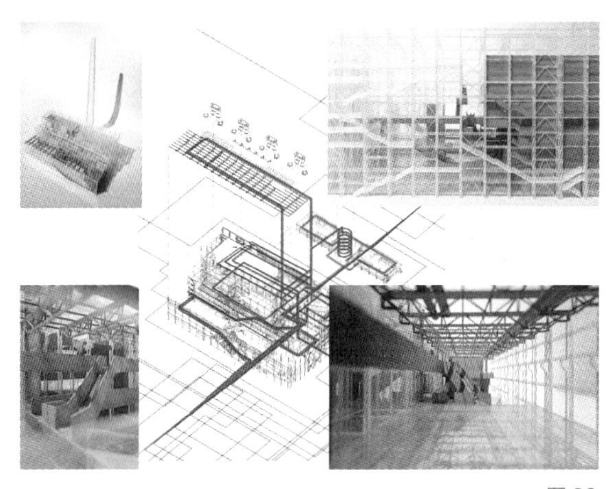

图 93

图 94

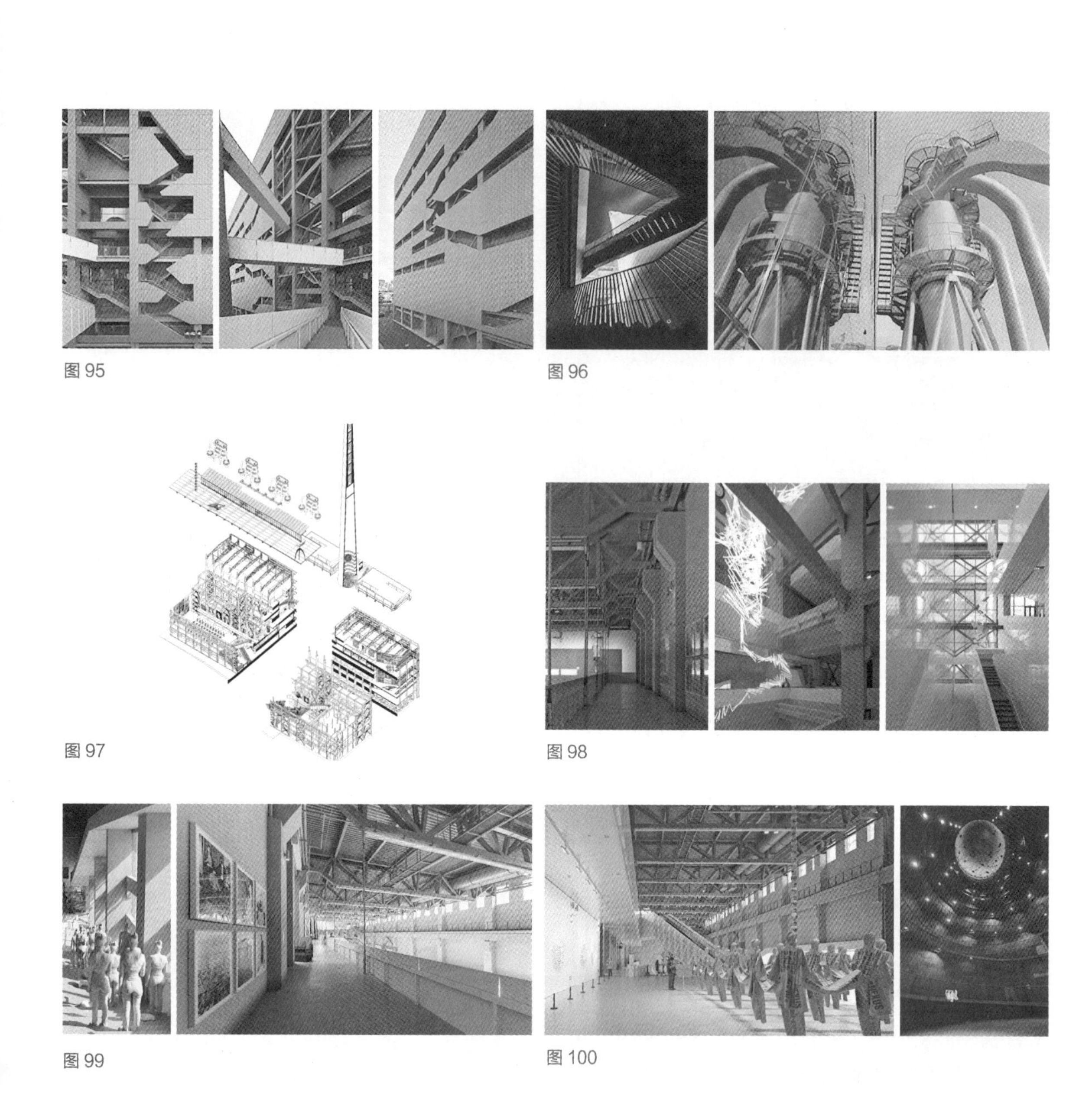

图 95

图 96

图 97

图 98

图 99

图 100

图 104 是蔡国强的展览，在屋顶上曾经做过皮阿诺建筑展览的空间。非常不容易的是，我们在这个 24m 高的平台上做了一个 3000m^2 的城市阳台。因为要做这个空间需要把顶部的梁全部替换，由于工期和造价的原因，滨江大天台的建设与否也成为设计初期争论的焦点。但是我还是坚持完成它，实现立体的城市广场，提供给市民更多有品质的城市公共空间，内化的城市也是触手可及的城市（图 105）。

图 102

图 101

图 103

图 104

图 105

4. 关系的诗学

我们谈关系的建筑学，最终想达到的一种境界，或者说意境，就是达到建筑诗学的效果。当然，这种效果与前面讲的漫游、观想都是相关的。所以最后一章我们来谈关系的诗学。

这里我们提出的关键句“挖掘比臆想更重要”（图 106），是针对一种常态，就是建筑师对设计往往会有一个预先的设定，但是恰恰很多有诗意地呈现，不是你预设的，而是通过对场地要素的挖掘，呈现出来的。所以我们说，有些时候设计也需要留有空白和疏漏。就这一点而言，或许诗意的呈现与设计的方法、能力有关联，但更多的，可能是与个人的修为有关。

4.1 透明的姿态

这里我们讲做过的一个小小的咖啡厅（图 107）。《时代建筑》上也曾刊登过一篇关于它题为《透明的姿态》的文章。咖啡厅原本体量很小，选址是实践区里的一个实践案例的用地。在世博会结束之后，由于整个园区的转型要求，需要完善公建配套。所以，这里最终转化为咖啡厅和小餐厅。周边其他的实践区案例建筑，大都转成了各个公司的办公场所，比如它后边的沪上生态家，就转变为华建集团的创作中心，还有凤凰文化办公地等。

众所周知，原来的实践区给人一种大集会的印象。因为是将世界各地的优秀建筑案例集中到这个街区中来的，每栋建筑都极具个性和特色。我们需要思考，一个小尺度的建筑要以何种姿态才能介入到这样特殊的环境中去。

最终呈现的体量是一个非常干净的立方体（图 108），但是我们在其中做了适度的斜切，这也是对两条城市路径的回应。路径汇聚的这里，我们嵌置了旋转角度的内院，后面还有小的三角形的内院与之呼应，并配备了较为特别的结构形式，使得整个三角形部分都是悬挑的状态，也就保证了整个界面的一种通透和纯净的姿态。

与此同时，我们把玻璃肋外置，刻意地没有采用整片完整的玻璃，是希望形成如屏风一般的组合式的竖向画面。内院仅用一树一石来营造场景，通过小窗将室内与内院发生关联。外部的通透，能够让落座的人感受到外面活水花园以及周边的建筑特色。这样一来，我们内部的处理相对就需要比较含蓄，这是从关系的平衡出发所进行的考量（图 109）。所以尽管当时甲方希望我们把内窗做成落地窗，来观望非常漂亮的内院。

其实人本身都会有一种“偷窥”的欲望。所以从这个角度来说，闲坐于咖啡厅之中向外观望，窄窗更有助于实现“偷窥”的乐趣。当然，更重要的还是外虚里实的关系，它使得空间诗意有相对更好的呈现（图 110）。

图 111 这里展现了内部的光影和内院的外观。

图 112 是一组咖啡厅里窄窗的实景。对比图是后面小院内外的拼接，坐在里面的人透过这个小窄

“挖掘比臆想更重要”

Excavating is More Important than Envisioning

墨于宣纸之上，并不总是丰盈充沛，而是留有空白和疏漏的。氤氲蕴藉、萧疏劲健，用墨的不同取决于心境的不同。如同干笔渴墨在纸上摩挲作响，疏简淡约地轻轻一笔，总会带出意料之中却又意料之外的感触。

图 106

透明的姿态

2012年10月，上海， 2010世博会最佳实践区，星巴克旗舰店

The Transparent Posture

图 107

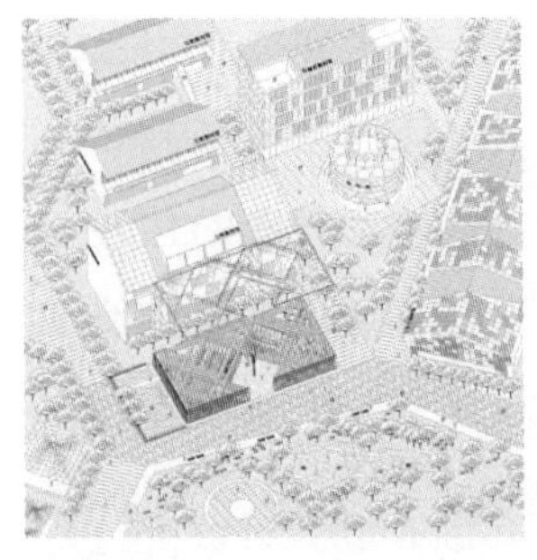

从上海当代艺术博物馆出门走到内环高架去找公交或的士，要穿过2010年世博园的城市最佳实践区。离开了当年的浮华胜景，这群艳装的建筑正在寻常的市井生活中寻找使用者。一些建筑已有租户，片区也渐生活力。在这一片建筑中，物业方也在添加小建筑来完善片区配套和弥补园区中大小建筑的不均衡。

图 108

图 109

图 110

图 111

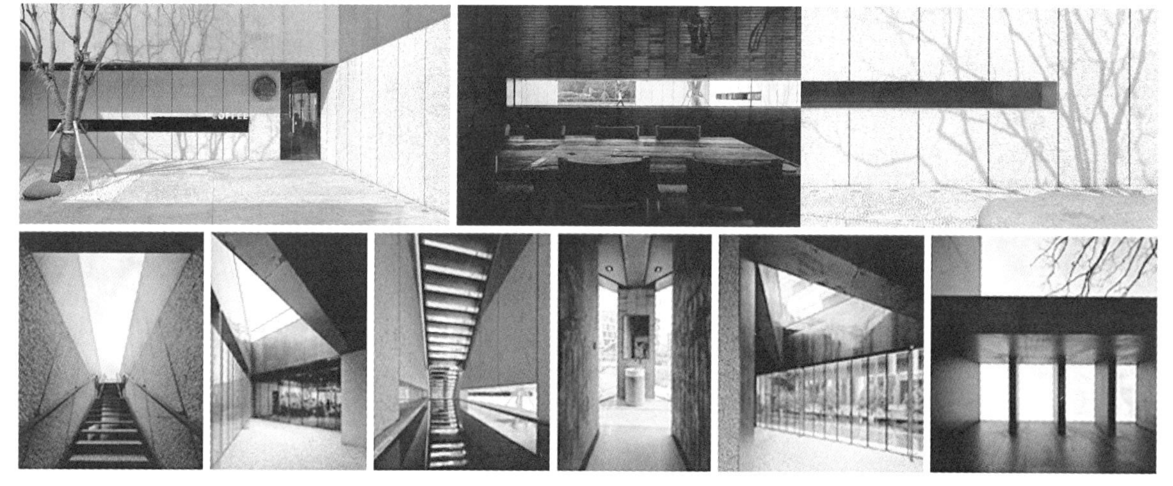

图 112

窗，看到外面的人来人往，包括石头和树所形成的不同的场景。

4.2 计白当黑

在挖掘场地当中，去协调建筑与周边场地的关系十分重要。就是说，不要臆想去做一个玻璃还是实墙。计白当黑（图 113），是建筑师的一种修养，能够支撑他们把空的空间做得更有意境，就像我们中国绘画、书法中讲究留白一样（图 114）。

这是我们在千岛湖边做的一个小房子（图 115）。延续山势当中处理出一个水平的间层，与水呼应，顶部的形体处理则对山体呼应。

中间的间层是对山体，对观景的一个呼应（图 116）。上下之间形成了一些贯通的空间，但并不是简单的完全贯通。有的地方上部贯通，有的地方下部贯通，有的地方在上下之间形成一些错位，恰恰是这些间层关系和错位关系形成了空间的虚透，营造的空间更有意境，更具诗意。

所以，我认为建筑师要学会处理虚的空间，这些虚的空间可以带来更多样的层级、层次，以及与实体之间的对话（图 117~ 图 120）。

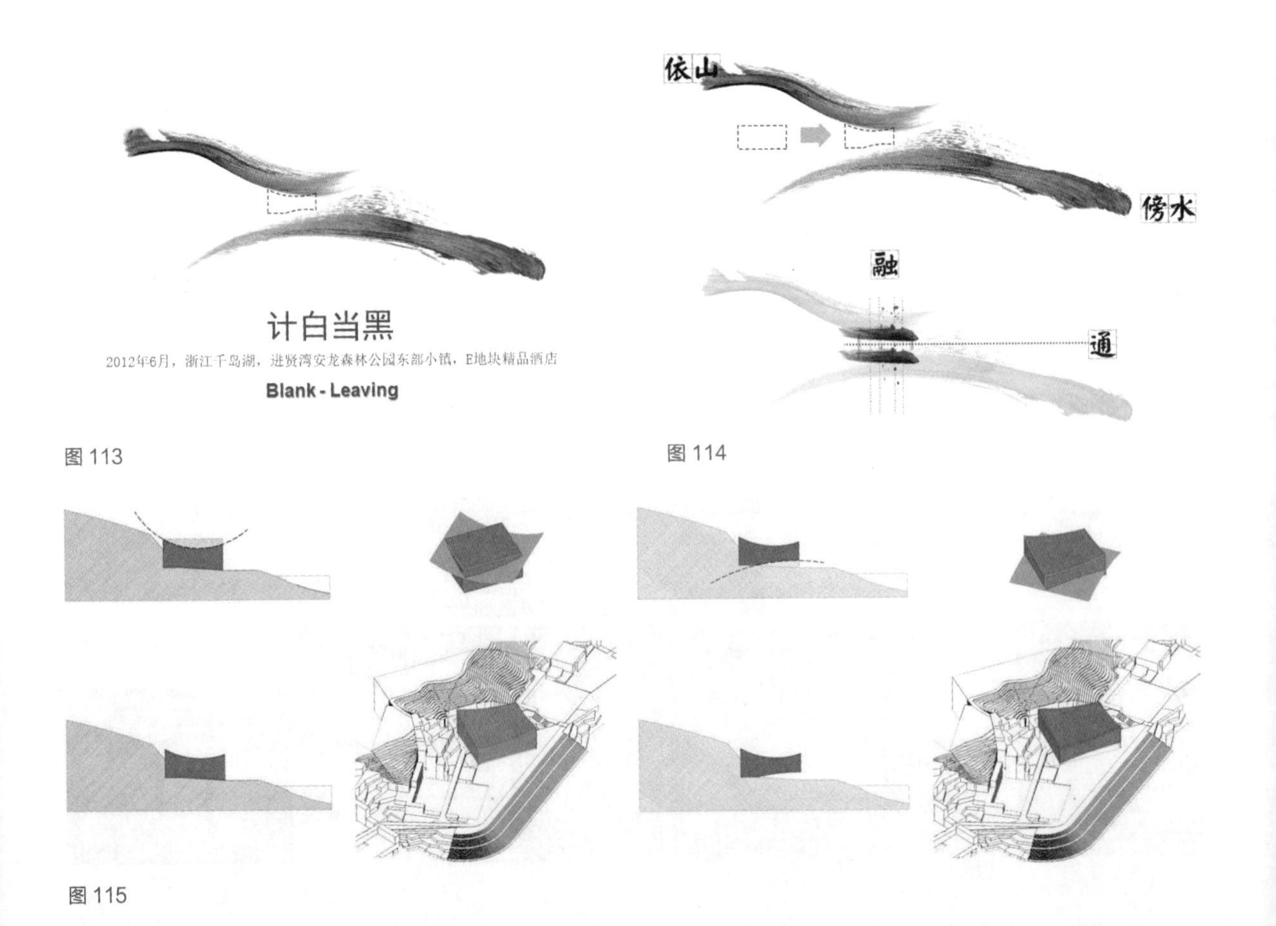

图 113

图 114

图 115

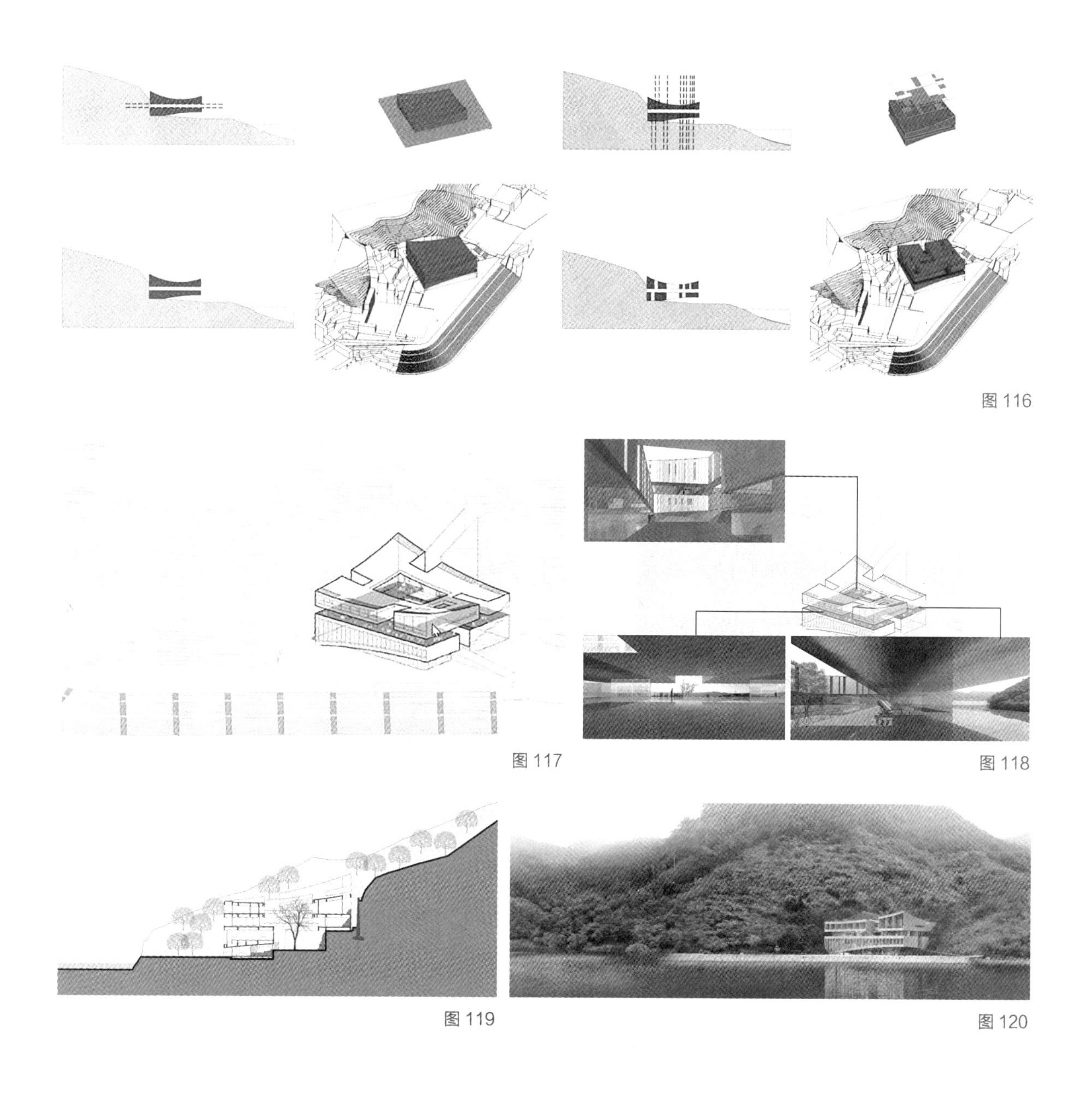

图 116

图 117

图 118

图 119

图 120

4.3 介入的方式

继续谈介入的方式（图 121），还有一个关键词就是挖掘。

这是我们的原作设计工作室（图 122）。图 123 是我们刚进入时候的状态，断壁残垣，但屋架还存在一些保留。原来老的工厂，除了高窗之外，基本上都是实体墙面。所以怎样让内部空间与外部空间产生关系是我们主要做的工作之一。

除“L”形的老厂房之外，我们还租赁了旁边一栋 20 世纪 80 年代的新厂房的部分空间。那么新厂房和老厂房之间会发生怎样的关联，包括新老之间这条通道如何去利用，都给我们带来很多可能性的议题。而这种可能性，恰恰是在现场的这种像考古一样的去挖掘后的自然产生。所以在最后呈现出来的场景中，包括院子当中的古树，大家可以看到很多被很好地保留下来的元素。

老厂房一侧相对完整；新厂房我们只租了底层的这部分，顶上是其他权属的办公。我们作为过程的介入在其间穿插处理了三个体块，由左至右分别是入口空间、餐饮和休闲空间以及较私密的办公空间。那么其他就是大空间和多义的办公空间，以及辅助空间和模型工坊空间（图 124）。

图 124 中左侧的这个部分是我们插入的院落系

图 121

图 122

图 123

统，其中三个是去顶而成的院落。大家知道老厂房都比较封闭，采光通风条件都相对较差，所以我们通过把屋顶去掉，但是保留屋架的方式，再配合绿植、小品的介入，就可以形成非常丰富、采光通风良好的办公环境。我们还保留了已有的两个小院落，所以我们称之为“五院一窄巷”的空间。

插入体的部分，因为是工业建筑，所以采用的锈钢板插入。插入之后，使得前面老厂房和新厂房间原本室外的部分，转变为进入主体的室内通道（图 125）。

去顶成院作为异化方式的介入（图 126），这里我们可以看到最后呈现的三个空间的状态。

院落场景的存在，丰富了办公空间的体验（图 127）。通过把封闭的墙体打开，让室内和院中保留的屋架、断壁残垣均有对话的可能（图 128）。

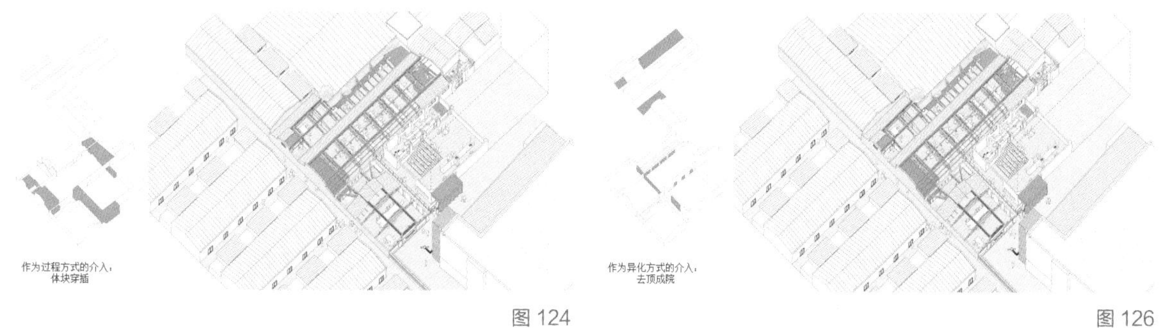

图 124　　图 126

图 125

在我们租赁初期，房东说“你完全可以把这个屋顶修复完整，得到更多的办公空间，创造更多产值”，但我们觉得恰恰是保留了这样的院落空间，才让我们的办公空间更具品质，进一步提高了办公效率。我们用不同的时辰来给院落起名字，疫情时期，现在就在这个院落旁边的空间里给大家上网课。

屋架的部分我们是做了打磨处理，而非简单的覆盖油漆或者置换（图 129）。这些木屋架都有 90 多年的历史，工人使用机械打磨的方法，我们依然需要介入参与控制。建筑师就在施工现场看，打磨到合适的程度立即喊停，否则就会打磨成全新的样貌。控制打磨之后，这种材料所呈现出来的是时间的魅力，是新建建筑所达不到的。这就是所谓的场所的要素的挖掘，而这种挖掘再加以合理的改造，恰恰能够形成场所的诗意。

另外，复合加层作为进化方式的介入存在于案例之中（图 130）。

这个空间本来可以延续做加层空间，但我们特意将它做成挑高的空间（图 131），呈现了许多空间带来的多义性，我们可以做圣诞派对，做模型，开会，图书阅览等。

我们刚才说的这个断壁残垣的空间，逐渐演化成有植物、有动物、有阳光的诗意状态的过程，在这里用图片感受一下空间的时间变化（图 132）。

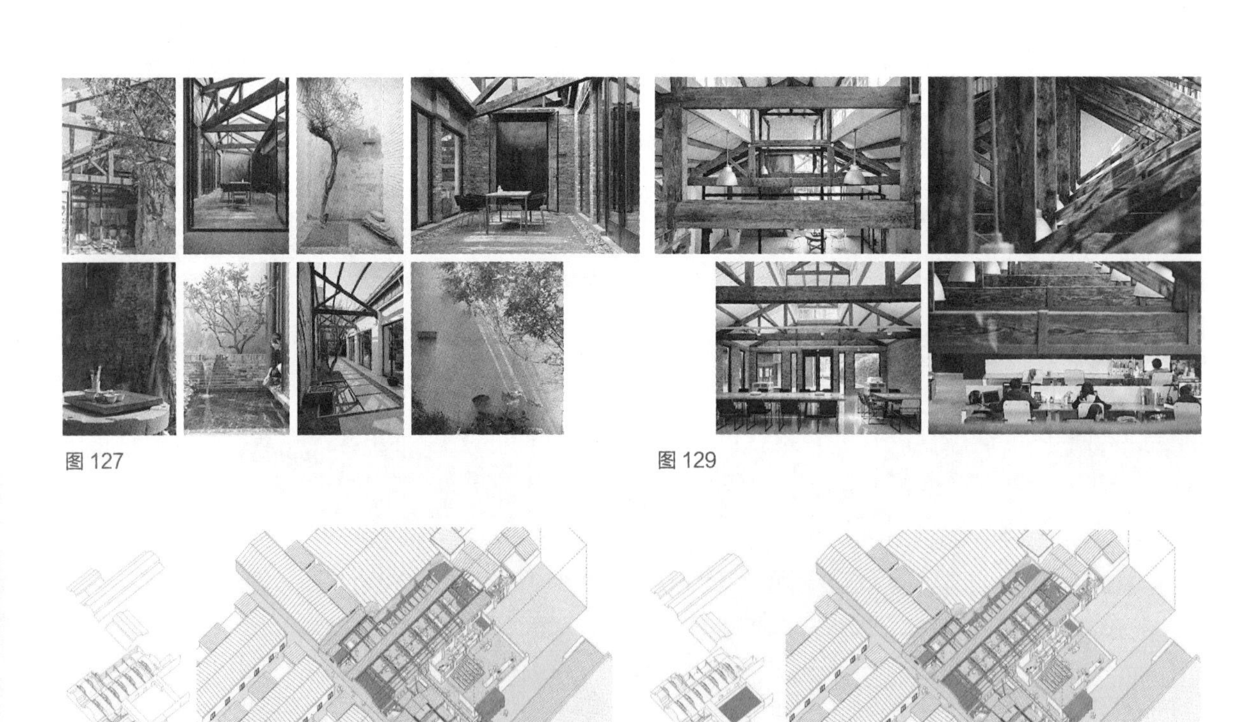

图 127

图 129

图 128

图 130

图 131

工作室里其他的一些小品，包括标识字体都是我们自己设计的。像洗手间，男性入口用了勒·柯布西耶的头像，女性则用的扎哈·哈迪德的头像（图 133~ 图 135）。

我们今天讲的四大部分：关系的前置，关系的进化，关系的观想，关系的诗学，均是一直以来我们关注关系的思考，供大家参考。

图 132

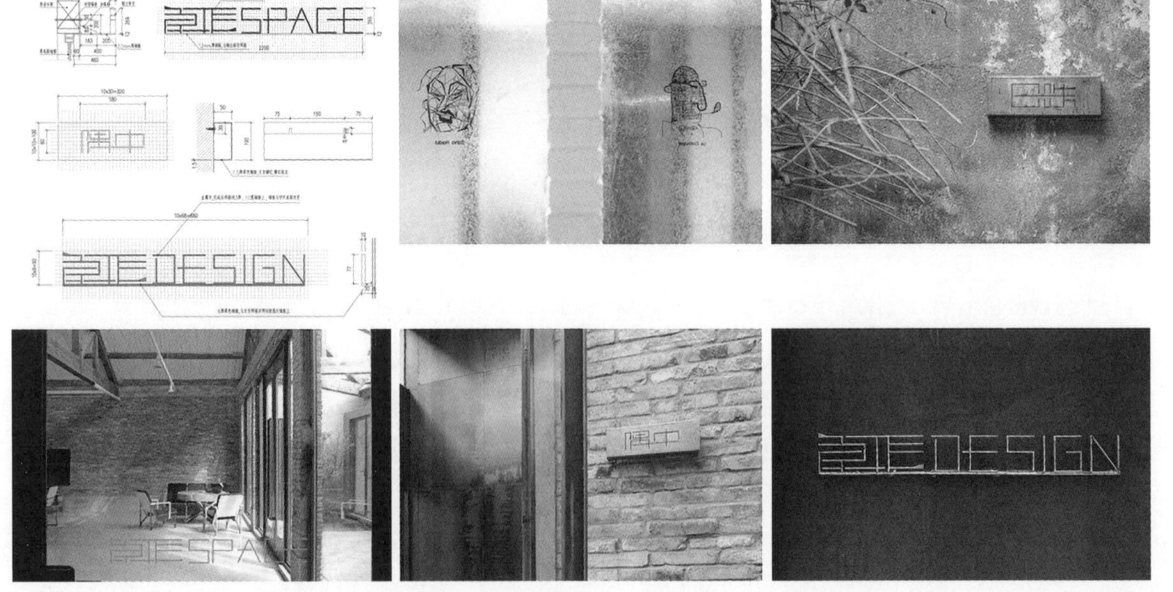

图 133

图 134

图 135

主讲人　陈　泳

同济大学建筑系教授、博士生导师
九城都市合伙建筑师
杨浦区社区规划师
中国建筑学会地下空间学术委员会理事
国际城市形态学会（ISUF）中国分会理事
丹麦皇家建筑学院、美国德克萨斯大学奥斯汀分校访问教授
主要研究方向是城市形态与城市设计

主　题　建筑设计：要素与体系

社会经济的快速发展促成城市形态的演变，空间集约化和体系化建设的需求日趋明显。面对复杂多元的城市环境，强调通过城市与建筑形态的互动研究，探索城市构成要素的类型特征与空间体系的整合机制，克服高密度城市发展中要素分离、建设形态和空间环境缺乏整体性的现实问题。场地文脉特征、空间要素整合、公共环境营造与步行活动体验是项目设计的主要关注点。

感谢黄一如老师和栾峰老师提供我和大家共同交流城市设计心得的机会（图 1）。我的主要研究方向是城市形态与城市设计，和规划强调偏政策导控的宏观城市设计有区别。本人参与的实践项目类型包括街区或地段型的城市设计和大型的建筑群体设计，另有节点建筑单体和景观设计，都是在设计前线和业主及其他利益方不断沟通中产生的。

设计师本人的城市价值观与设计理念会驱动城市设计的形成，并随着时间和经验的积累形成一些较为稳定的工作路线和技术方法。所以，在介绍实践项目之前，我会先介绍自己对于街区或地段型城市设计的理解和认识。

关于城市设计，不同研究者提出过不同的看法，但还没有统一的定义。其中，王建国院士曾经说过的三段话对于今天讲的城市设计内容会有启发。第一，城市设计是对城市形体关系进行的设计研究和工程实践活动，是一种把理论和实践相结合起来的设计过程。第二，城市设计是对城市空间秩序和环境要素的综合性设计。这两者与我今天要讲的体系和要素有关，而综合性设计就是整合性、系统性设计。第三，

同济大学硕士研究生课程 - 设计前沿

城市设计：要素与体系

建筑系 陈泳 教授

图 1

城市设计是建筑、景观与市政专项设计的前置性意识设计，这是做城市设计的目的，做好了后能够指导下面的建设环节，通过设计导则或其他方式将城市设计成果最终落地（图2）。

要素是城市设计的主要研究对象（图3）。雪瓦尼的《都市设计程序》、王建国院士的《城市设计》以及卢济威教授的《城市设计机制与创作实践》都有对城市设计要素的归纳。整理后我将按照六个方面去讲。

第一个要素是土地使用，这在规划专业中非常重要，涉及城市土地资源如何公平而有效率地分配。在城市设计中稍微不同，它更强调空间使用。土地是二维的，空间是三维的，城市设计更强调综合性使用。

首先，是功能混合。传统的城市规划偏大尺度的功能分区，现在更强调小体块的功能组合。例如矶崎新设计的深圳音乐厅和图书馆（图4），白天使用的一般是图书馆，晚上则是音乐厅。功能结合后，地下车库和地面广场错峰使用，保证了多时段的活力和有效使用。

其次，是强调地上和地下的综合性利用。图5左是陆家嘴商务中心，地下空间缺乏整体设计，只能通过二层公共步道将被快速车流切割的各个地块联系起来。图5右是纽约洛克菲勒中心，地下空间联通，并将城市各类交通站点连接，每天有25万人次在此穿梭。串联地面上下的城市步行活动让市民有更多的路径选择，也增强了地下商业活力。

英国《大不列颠百科全书》：“城市设计是对城市环境形态所作的各种处理和艺术安排”“是指为达到人类的社会、经济、审美或者技术目标在形体方面所作的构思，它涉及城市环境可能采取的形体。”

《中国大百科全书建筑·园林·规划卷》：城市设计是对城市形体环境所进行的设计，也称为综合环境设计。

培根：城市设计主要考虑建筑周围或建筑之间，包括相关的要素如风景或地形所形成的三维空间的规划布局设计。

哈米德·肖瓦尼：都市设计活动寻找制定一个政策性框架，在其中进行创造性的实质设计，这个设计应涉及都市肌理（fabric）各主要元素之间关系的处理，并在时间和空间两方面同时展开。

凯文·林奇：城市设计的关键在于如何从空间安排上保证活动的交织，“从城市空间结构上体现人类形形色色的价值观之共存”。

拉波普：城市设计作为空间、时间、含义和交往的组织，应强调有形的、经验的城市设计。

丹下健三：城市设计赋予城市更加丰富的空间概念，创造出新的、更加有人情味的空间秩序。

大谷幸夫：城市设计是通过对形体和发展过程的计划来控制城市的发展，以城市空间为设计对象。

围吉直行：“城市设计是包含为了要有一个快乐、舒适、富有魅力的城市所需要做的各种活动，也可以客观地说在这些活动中最重要的莫过于从城市空间形态方面涉及的那部分活动。”

城市设计是对城市形体环境进行的设计研究与工程实践活动，对城市空间秩序与环境要素组织的综合性设计，是建筑、景观与市政等专项设计的前置性意识与程序。

图2

要素

城市设计要素是将城市形态塑造建立在城市诸要素的系统性构成之上，导向整体的空间形态设计。

哈米德·肖瓦尼：《都市设计程序》

（1）土地使用；（2）建筑形式与体量；（3）动线与停车；（4）开放空间；（5）行人步道；（6）支持活动；（7）标志；（8）保存与维护

王建国：《城市设计》

（1）土地使用；（2）建筑形态及其组合；（3）开放空间和城市绿地系统；（4）人的空间使用活动；（5）城市色彩；（6）交通与停车；（7）保护与改造；（8）城市环境设施与建筑小品；（9）标志

卢济威：《城市设计机制与创作实践》

（1）空间使用；（2）交通空间；（3）公共空间；（4）空间景观；（5）自然历史资源

1 土地使用 · 2 建筑形态 · 3 公共空间 · 4 行为活动 · 5 交通可达 · 6 历史文化

图3

-(1)- 土地（空间）使用

土地决定了城市物质形体环境的二度（三维）基面，其影响开发强度、交通流线组织，关系到城市的效率和环境质量。

- **综合利用：特定地段中促成各种功能用途的合理交织**

  不同时间、功能与类型的整合

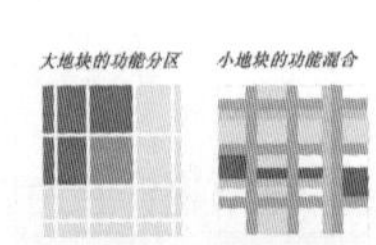

深圳音乐厅与图书馆 矶崎新

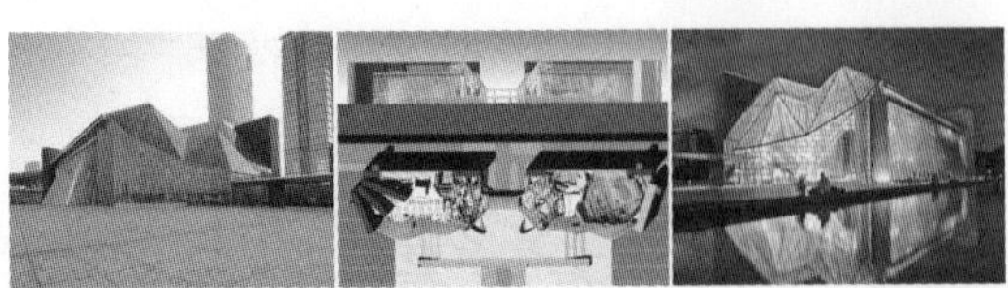

图4

- **综合利用：集约化利用土地**

  地下、地上的立体化开发

上海陆家嘴商务中心区

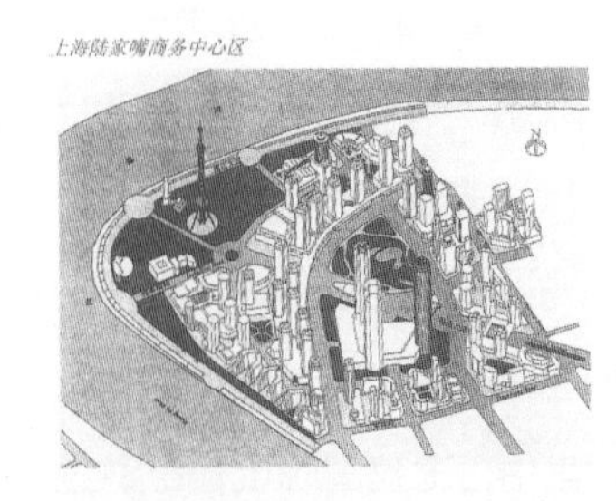

纽约洛克菲勒中心

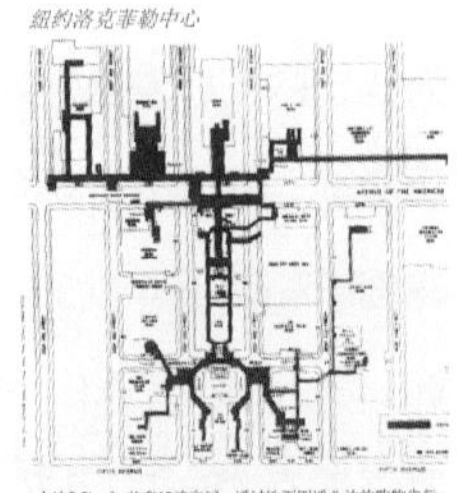

占地8.9hm²，共有19栋高层。通过地下四通八达的购物步行网络与周边的纽约公共汽车站、潘尼文尼火车站和中央车站连成一片，每天超过25万人次在此穿梭、逗留和消费。

图5

第三，是市政设施的复合利用。例如西雅图雕塑公园（图6），景观设计师通过“Z”字形的绿化公园连接了原本被高速公路和火车轨道隔离的滨水区和城市中心区，起到了复兴滨水区的作用。

第二个要素是建筑形态。建筑其实是城市当中最基本也是最主要的物质构成要素。不同于乡村，城市是由一定密度的建筑组成的。

吉伯德在《市镇设计》中写到城市设计师要同时考虑物体本身和物体与物体之间的关系。图7三张图呈现了不同的空间秩序，第一张是有中心点的十字轴形态，第二张是纵轴对称的形态，而第三张没有明显的轴线关系，呈现丰富与有序的平衡。不同的建筑组合关系代表了不同的空间设计目标，也就是说建筑群体的组合关系是要追随城市设计目标的，不同的城市设计目标会带来不同的城市形态。

在传统社会时期，参与城市建设的利益主体相对较少，目标与手段也相对简单，城市形态也就比较和谐统一；现代城市中，利益主体更加多元化，不同的开发业主、不同部门的管理者和不同专业的设计人员都会有自己的想法，除去技术手段，需要在目标定位上思考城市空间发展的整体性问题。

城市和建筑研究中很重要的一个内容是密度关系。在《拼贴城市》中勒·柯布西耶的圣·迪耶校园和传统的意大利城市帕尔马在图底关系上存在巨大的反差（图8）。培根说，勒·柯布西耶的现代建筑架空后，可以架在任何场地上不受土地限制的约束。传统建筑大多是从场地上“长”出来的，其空间肌理清晰，建筑形态则受限于街区地块的划分。现代主义之后，建筑设计与土地设计脱节，许多建筑师的兴趣在于建筑设计而不是土地设计。

再看同等比例下童明老师拍摄的曼哈顿和陆家嘴的照片（图9），两者的建筑密度差异巨大。曼哈顿呈现小街区密路网的空间特征，空间和步行尺度较好。陆家嘴则是宽马路大街区模式，没有空间的限定与围合。其对建筑的考虑更多在高层建筑的天际线，但人的视角和步行环境考虑欠佳。

● 综合利用：市政基础设施的整合

市政设施的复合利用

西雅图雕塑公园

图6

-（2）- 建筑形态

建筑是城市空间中最基本也是最主要的构成要素。建筑通过其体量、界面、空间、尺度与材料等在成就自身完整性的同时，也在塑造着城市的空间环境。

城市设计是将不同的物体联合，使之成为一个新的设计。设计者不仅要考虑物体本身的设计，而且要考虑一个物体与其他物体之间的关系。

——吉伯德《市镇设计》

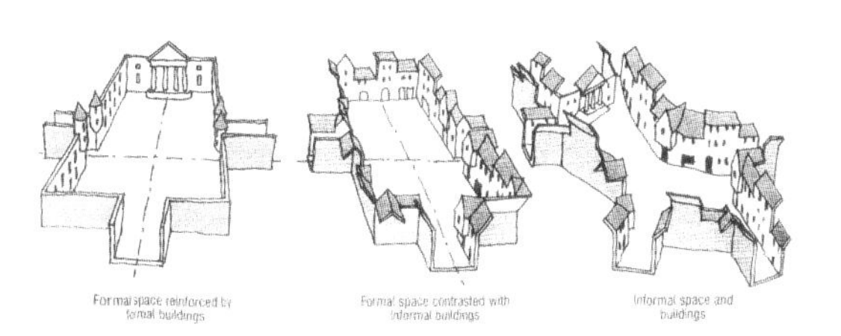

图7

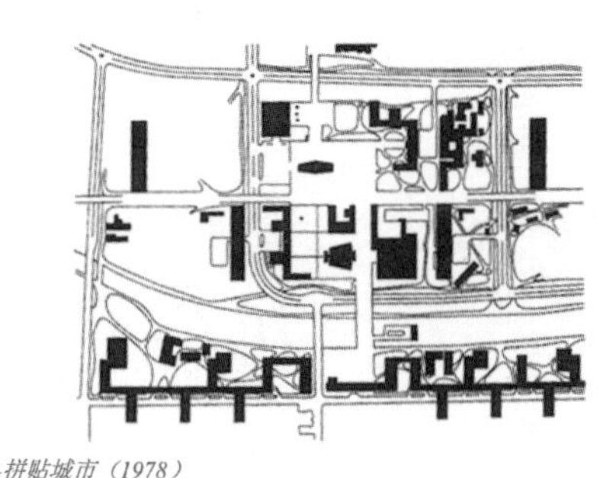

柯林·罗——拼贴城市（1978）

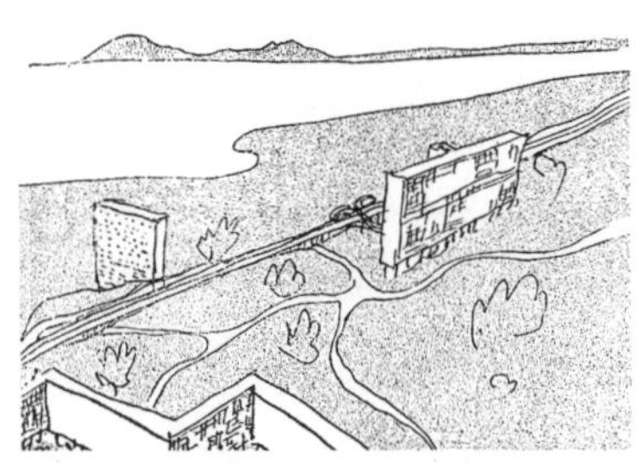

勒·柯布西耶: 明日的城市（1922）

图 8

图 9

空间结构设计

埃德蒙·培根—费城市中心城市设计

如果建筑师主要探究形式，他的成果在未来将被修改或否定，但如果探究运动系统，而这些系统在构想时联系到更大的运动系统，那么其成果会流传下去，即树干决定了树的形态。

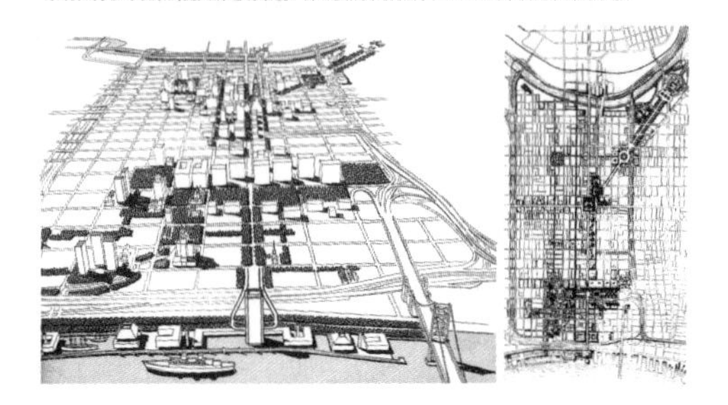

图 10

关于建筑，在现代城市当中，除去形态风貌，还存在结构性的问题。培根讲，如果建筑师主要探究形式，那么他的成果在未来可能会被修改或否认；如果探究运动系统，又联系到更大的运动系统，那么他的成果会流传下去，即树干决定了树的形态（图 10）。交通和活动的流动，其实才是对城市真正的感知与体验。他对建筑形态的管控，其实是整体空间结构与动线体系的管控，这对于我的设计实践来说很受启发。

第三个要素关于公共空间，城市规划和景观一般称之为城市开放空间。但公共空间概念更强调人的活动，卡尔在《公共空间》这本书里讲到公共空间要有三个可达性：视觉可达、步行可达、阶层可达。所谓阶层可达，即人群要在这里有归属感，不受社会种族、贫富差距等影响。由此，公共空间应该面向所有群体，大家相互体验、互相存在（图 11）。

当代城市中，公共空间的类型日趋复杂，但如果从空间的社会使用状况来看，就可以脱离所有权及使用权等界定。我们现在的城市中其实有很多类型不同的公共空间，但缺乏紧密的联系，因此建立连接的体系尤为重要，会对空间使用的开放性与公共性产生影响（图 12）。

另外，公共空间强调品质。目前，城市中公共空间不少，但大多品质不佳。纽约通过私有公共空间的制度建设（POPS），将经营开发和公共活动很好地结合在一起，这对我们未来的城市建设而言值得借

- (3) - 公共空间

公共空间是城市设计特有的，也是最重要的研究对象。
城市公共使用的户外空间，包括街道、广场、公园、滨水区、自然风景与休闲娱乐空间等。
广义地看，也包括私人开发的公众可达的公共场所。

可达性

图 11

私有公共空间（Privately owned public space）

当代城市的公共空间日趋复杂，空间的所有权、管理权和使用权往往相互分离，人们更趋向于用空间的实际使用状况来判定某一空间是否属于公共空间。私有公共空间的意义应落实在如何将它通过步行体系与城市外部空间融为一体，而不是一系列孤立的岛屿。

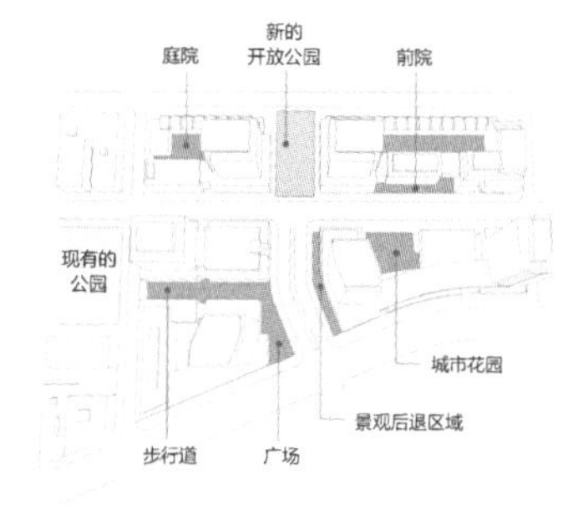

图 12

公共空间的意义不在于它的量而在于如何设计，并处理得与开发相联系。

纽约派雷袖珍广场

图 13

- (4) - 行为活动

人在城市空间环境中的行为活动与感知是城市设计关注的重要问题

人的环境行为：城市设计空间与人的行为相互依存。

简·雅克布斯（美）
威廉·怀特（美）
凯文·林奇（美）
扬·盖尔（丹麦）

OPTIONAL ACTIVITIES
(URBAN RECREATION)
NECESSARY ACTIVITIES
WILL OCCUR REGARDLESS
OF THE QUALITY PROVIDED
CAR INVASION
PUBLIC URBAN SPACES
PEDESTRIAN STREETS
TRAFFIC CALMING

图 14

鉴。如图 13 著名案例纽约派雷袖珍广场，空间很小，但环境品质很好。

第四个要素是行为活动。公共空间品质好坏取决于行为活动评价。在当代城市设计理论中，不少社会学家、行为学家在关注如何使我们原本带有宏大叙事色彩的现代主义城市设计转变得更微观、更人性化、更具有社会学意义。图 14 是扬 · 盖尔对街道活动的历史演变分析：从行人来看，1900 年左右，街道上以生意买卖和上下班等必要性活动为主；但到 2000 年，街道上的休闲交往活动增多。从汽车来看，20 世纪 50~60 年代后，街道上的车辆数目保持稳定，但部分地区的汽车稳静化设施越来越多。这反映出街道休闲交往活动依赖的空间品质越来越重要。

当代的公共空间和历史上传统的公共空间不完全一样，因为容纳的社会活动发生了很大变化。这像微信群，有些人特别喜欢发表讲话，有些人喜欢“潜水”观察，还有些人与这个群里的主导观点不同，就退群。图 15 一个美国公园，原先活动很丰富，后来出现一些违法犯罪行为，大家就不敢去了。人们用围栏将公园分成不同人群的活动区域，尽管损害了公园的公共性，但人们又回去了。人们重新拥有自己的空间领域，但又可以透过围栏看到其他区域发生的活动，这可能是当代社会群落中的一种新公共空间关系，这涉及人对空间的归属感与体验感问题。

第五个要素，交通可达。现代城市形态的演变和交通的发展密切相关，特别是机动车。机动车的发展拓展了人的出行距离，但也产生很多问题。图 16 原以细密路网、步行为主的波士顿的中心区，因 1986 年引入高速路，中心区被切割，道路变宽，路网变疏，建筑空间肌理也发生很大变化。可见，高速路对城市空间的割裂与空间尺度的破坏是很明显的。

所以要从城市整体的角度去思考交通问题。我们的目标应该是可达性，而非机动性（图 17）。这个可达性包含两个方面：其一，可达性应该面向不同的交通方式，步行、公交、小汽车等出行方式的选择根据自己的出行状况自行调节；其二，还应该面向不同阶层的人群，交通出行应该是贫富公平的，特别是对于一些出行困难的残障人士，国内目前尤其缺失。

大城市应该强调公交导向的建设模式（图 18）。以小汽车和步行为导向的城市，它的可达性是相同的，建设密度与容量是均质的，它的天际线很可能是平的；但以轨道交通为导向的城市，站区的交通可达

图 15

图 16

图 17

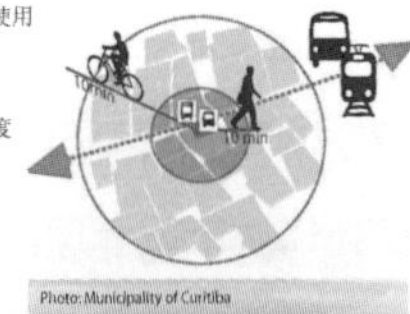

图 18

性最高，所以天际线是起伏的，地铁站区天际线高，建筑密，站区之间交通可达性不高的地方就做绿化，城市疏密有度，符合交通可达性和人的行为。

同时，城市应提倡以步行导向为主的城市开发（图 19）。步行路网安全便捷，步行环境愉悦舒适。其中，步行安全和车行速度有关，愉悦的步行环境和建筑的底层界面设计有关。

人车分隔看似安全，但助长了车速。汽车时速越高，被撞行人的存活率越低，因此欧洲很多地方强调共享街道或街道安宁设计。图 20 案例的车道铺地上有一条曲线，增加视觉丰富性的同时使小汽车驾驶员放慢速度。另外，密植树木遮挡驾驶员视线，也可以让小汽车放慢速度。

最后一个要素是历史文化（图 21）。全球化的时代文化趋同性会越来越明显，大家的思考方式会越来越相似，对地方传统文化特色的保护与发扬显得越来越重要，这包括了一切与文化识别性有关的实物遗存与文化传统。针对不同的保护对象与文化价值，保护方法不应该是单一的。

BIG 公司做的丹麦国家海事博物馆（图 22），为了保护世界遗产哈姆雷特堡的天际线，放弃了他们擅长的具有冲击力的建筑形式，将建筑埋在地下。地下展厅围绕具有工业时代特征的老船坞布置，新旧材料并置，体现各自的时代特点。同时入口坡道对向哈姆雷特堡，成为主门厅的对景，体现了设计师对于古典建筑与工业建筑这两种不同的文化价值的理解。

历史建筑的保护不能是静态化、统一的方式，而应该依据多元的、特殊的文化价值，去思考保护和设计的程度。保护很重要，但保护性的设计更为重要。

城市的复杂性在于要素的相互交织。如果只考

步行导向的城市开发

- 安全的步行环境
- 便捷的步行路网
- 愉悦的步行场所

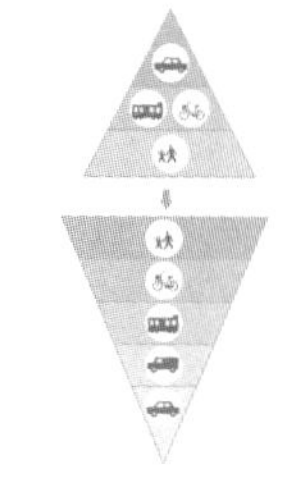

图 19

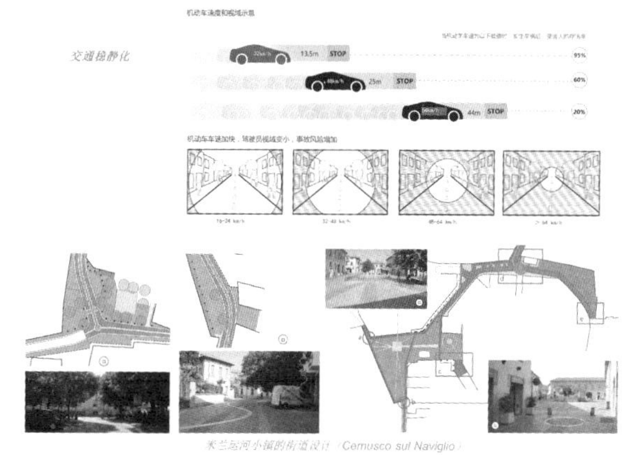

图 20

-（6）- 历史文化

在工业化与全球化引发的“文化趋同”背景下，基于传统文化多样性的关注，保护是为了保存人类文明进程中多种文化的完整连续，唤起昔日回忆和文化认同感。

● **保护内容与对象**

（1）从文物建筑单体扩展到与人们当前生活休戚相关的既有建筑、历史街区，以至整个古城。

（2）从经典的建筑艺术品扩展到由于时光流逝而获得文化意义的在过去比较不重要的作品，如工业厂房、铁路码头及仓库等废弃地段。

（3）从实物文化遗存扩展到有助于社区健康发展的文化习俗与行为活动。

图 21

丹麦国家海事博物馆

位于丹麦联合国世界遗产——哈姆雷特堡入口处的绿地公园。建筑师没有对有着六十年历史的船坞墙做任何变动，而是将画廊设在了地下，游客可以在这里体验到船舶建造的规模。三座双层的连接桥横跨在干船坞上，不但发挥着连接城市的作用，同时还为游客参观博物馆的不同部分提供了捷径。

不同于单一文物建筑的那种静态的保护，而应是依据历史遗存的多元而特殊的文化价值思考哪些是有保护意义的，哪些是可保留的，哪些是可延续的，哪些又是可改变的……

图 22

体系

● **城市设计是将城市形态塑造建立在空间诸要素的系统性构成之上，导向的整体设计**

需要以一种要素相互开放与空间系统整合的思路来观察和研究城市建筑形态的生成方式，克服城市发展中要素分离的现实问题。

图 23

基于要素整合的城市设计

a. 公共空间是城市设计的重点研究对象

b. 复杂城市要素的三维整合是主要内容

c. 城市行为是空间形态组织的基本逻辑

选题类型	整合要素	理念引导
城市中心区	建筑与公共空间	城市功能空间混合多元，激发社会活力
城市滨水区	步行与机动交通	改善道路交通系统，倡导步行与公交优先
历史街区	自然与人工空间	保护自然山水资源，发挥生态景观效应
交通枢纽	历史与新建环境	尊重历史文脉，发扬地域文化特色
城市综合体	地下与地上空间	土地集约利用，地下与地上一体化发展

城市设计的主要任务虽然是“授形”，但不能是“点金手”，而是要从社会功能与环境品质来综合考虑城市设计要素。

图 24

城市设计工作程序

价值与理念

问题与资源（WHY）

定位与目标（WHAT）

策略与形态（HOW）

实施与管理

图 25

轨道交通站区

上海M10号线四川北路站区城市设计

（2007全国优秀城乡规划设计二等奖，2007上海市优秀城乡规划设计一等奖）

图 26

虑历史空间，就是建筑的保护与再利用问题；如果只考虑交通问题，就是做交通规划；如果只考虑商业发展，可能就是业态策划。但城市并非如此，它建立在空间诸要素的系统性构成之上的，需要思考要素的整合关系（图 23）。

从要素整合这方面来看，公共空间是城市设计的重点研究对象。公共空间可以把各个要素联系在一起。它不是平面二维的，需要从三维的空间环境角度去思考城市各种社会行为的逻辑关系。

图 24 中的这些场所正是多种要素需要整合的地区。我们只针对需要的地区去做要素整合，而每个地区有可能会涉及多个要素。

如何整合这些要素无疑会受到设计师自身的理念即价值观的影响。所以城市设计虽然是在做一个物质性的整体空间设计，但并不是“点金手”，需要保持城市的生命力。如张庭伟教授说，需要从社会功能和环境品质来综合考虑。

从整个城市设计过程来说，设计师的价值观或理念在设计之前已经产生了，那么以下三点则是设计的各个重要的工作环节（图 25）。第一，每一个地块都有自己的问题和资源，设计首先要去发现场地的特性。第二是定位和目标，城市设计需要和委托方及各个业主、使用者互相沟通，你的定位和目标要和委托方不断协调。如果一致，接下来的操作就更体现设计师的技术方法与业务能力，即第三点策略与形态。最后的实施主要依靠设计导则，当然方式多元。下面介绍我主持或参加的 5 个设计项目。其中两个是地段型的城市设计，一个是街道的微更新设计，一个是建筑项目层面的城市设计思考，还有一个实施型的综合城市设计项目。

第一个是卢济威老师主持的四川北路 10 号线轨道交通站区城市设计（图 26）。

四川北路是上海传统商业街，地铁站作为交通空间，其建设涉及地下空间，这里涉及的城市设计要素主要是历史环境、地下空间、交通和商业（图 27）。

现场分析主要考虑四点：第一，根据场地信息和现场资源，综合考虑四川北路、地铁站、历史保留建筑、公园现状，由此和规划及委托方商量确定设计范围；第二，对于位于商业区的城市主要道路，地铁和小汽车同时可达；第三，具有历史文化特色的里弄保护建筑必须要保留；第四，考量北侧的川北公园的影响（图 28）。

设计首先考虑地铁站 300m 步行易达范围和 500m 地铁服务范围，前者主要考虑地上地下空间整合，后者考虑与东侧与南侧的两条主干道的步行过街问题（图 29）。

地铁站的站厅把地下的两层空间连在一起。因为地铁站一般在地下 9m 左右，它相当于在负二层，所以站厅集中围绕商业空间，外围是小汽车停车的地库（图 30）。

负一层由于城市路网管道的存在，道路边界无法联通。设计建议将四平路、吴淞路和海宁路的过街

设计理念
地铁站综合开发
在城市旧城更新和新区开发过程中，通过城市设计，衔接城市规划与地铁交通规划，将多种城市功能与地铁站设计、建设和开发结合，从而充分利用地铁站所集聚的大量人流，所提供的交通可达性，以及由此创造的公共活动和区位经济优势，推动城市开发与旧城更新，从而实现城市的可持续发展。
城市设计
目标：宜人环境、活力环境、特色环境、公正环境
机制：城市要素三维整合
本次设计重点要素整合
交通空间
地下空间
商业空间
历史环境
图 27

二、现场分析
环境资源分析
2.1
图 28

500m
300m
地铁站辐射范围
3.1.1
图 29

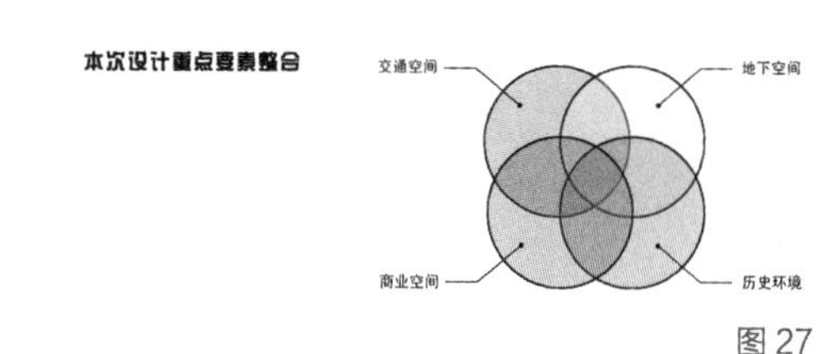

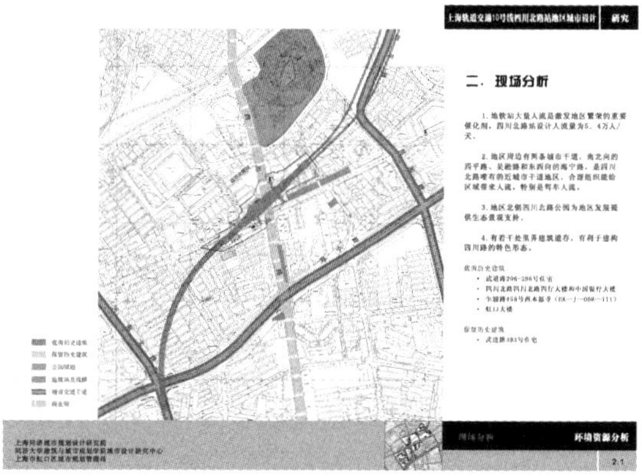

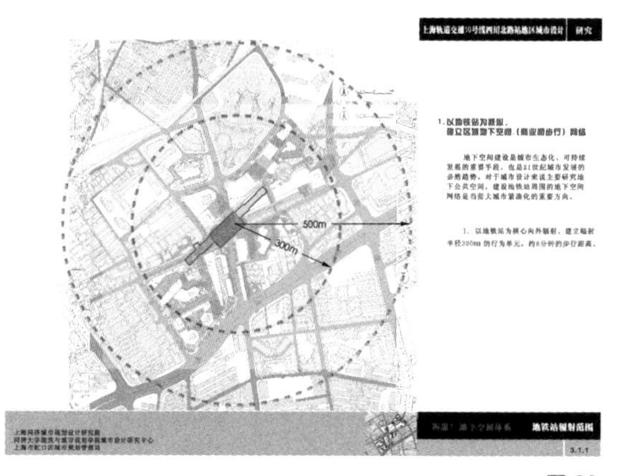

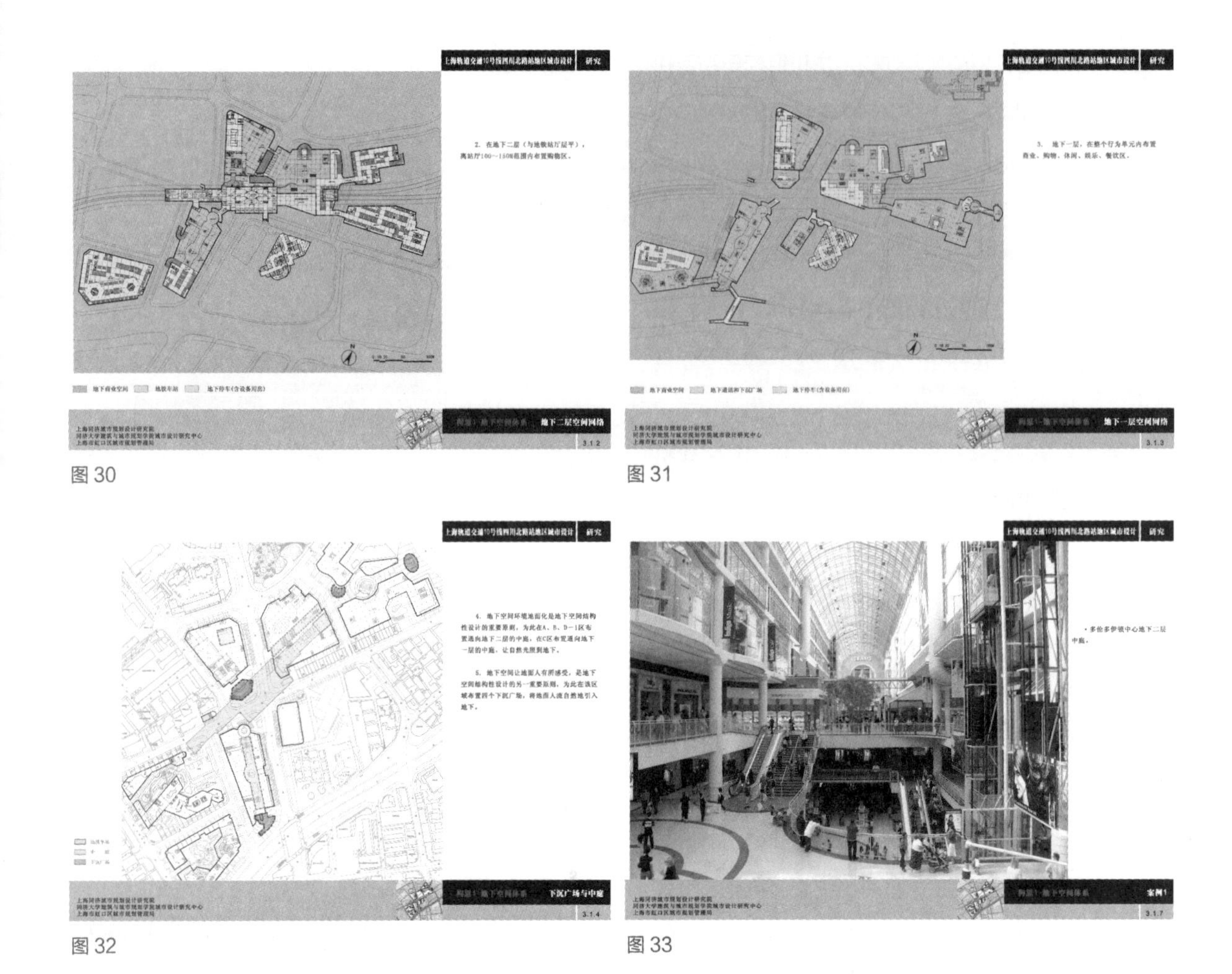

图 30

图 31

图 32

图 33

增加地下方式，如果能够开发地下空间，则可直接从负一层下到地下商业空间，再到地铁站，避免穿越马路（图 31）。

地下空间的环境品质也很重要，所以将出入口做成下沉广场导入人流，围绕的路径就做采光的中庭（图 32）。

图 33 是多伦多的伊顿商业中心，其地下二层的商业空间将两个地铁站的出入口连接，并通过玻璃顶棚的中庭加强空间的引导。

地铁和商业的运营时间并不完全重合，需要考虑非商业营业期间的人流到达，浅色线即是不用穿过商店而直达地铁站台收费区的流线组织（图 34）。

这张模型照片（图 35）表达了站区地上的玻璃廊道和下沉广场位置，通过这个路径体系把搭乘地铁和步行逛街的行为结合在一起。

站点边上还有两个保护建筑，其南面是面向街

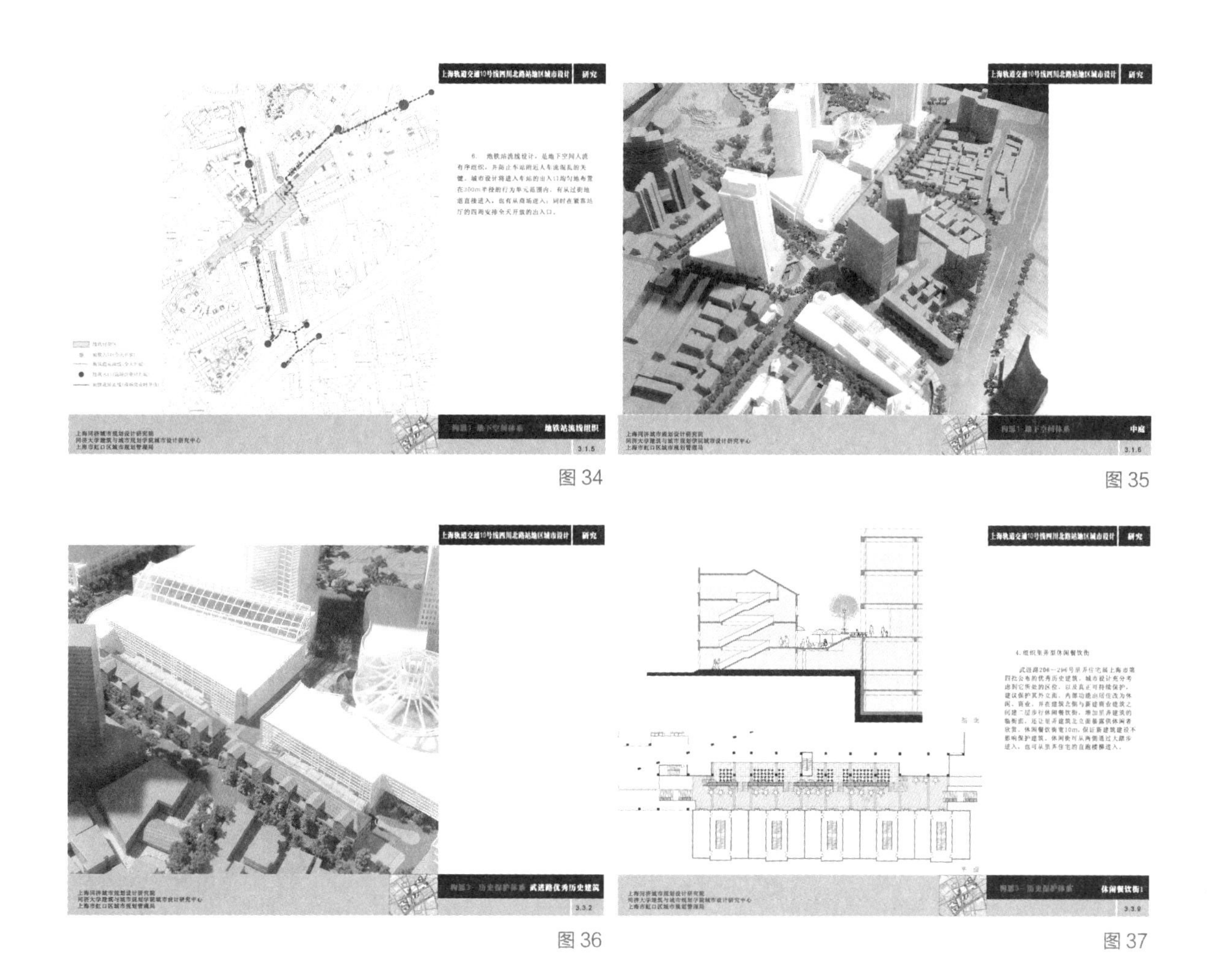

图 34

图 35

图 36

图 37

道的商业店面（图 36）。新建筑布局与保护建筑相平行，通过二层公共平台把两者结合在一起，底层用作站区的自行车停放。

由于里弄建筑的层高和新的商业建筑不同，相互之间会有高差，方案依此形成平台间的庭院。设计重点在于通过新旧空间关系的营造，形成新的场所（图 37、图 38）。

四川北路原本很窄，随着机动车增多，建筑后退距离加大，道路越来越宽，破坏了传统的商业街尺度与肌理。我们提出建筑尽量压着红线做，希望通过加檐廊使街道空间尺度缩小，保证步行空间的通畅（图 39）。

前面讲的是对这个地区的地铁交通、商业、地下空间和历史这些核心要素的整合，这些是这个地区的特殊资源，需要整体考虑（图 40）。同时，城市设计也涉及其他城市要素，例如土地使用，这在原有规划中已规定好，城市设计参照执行。

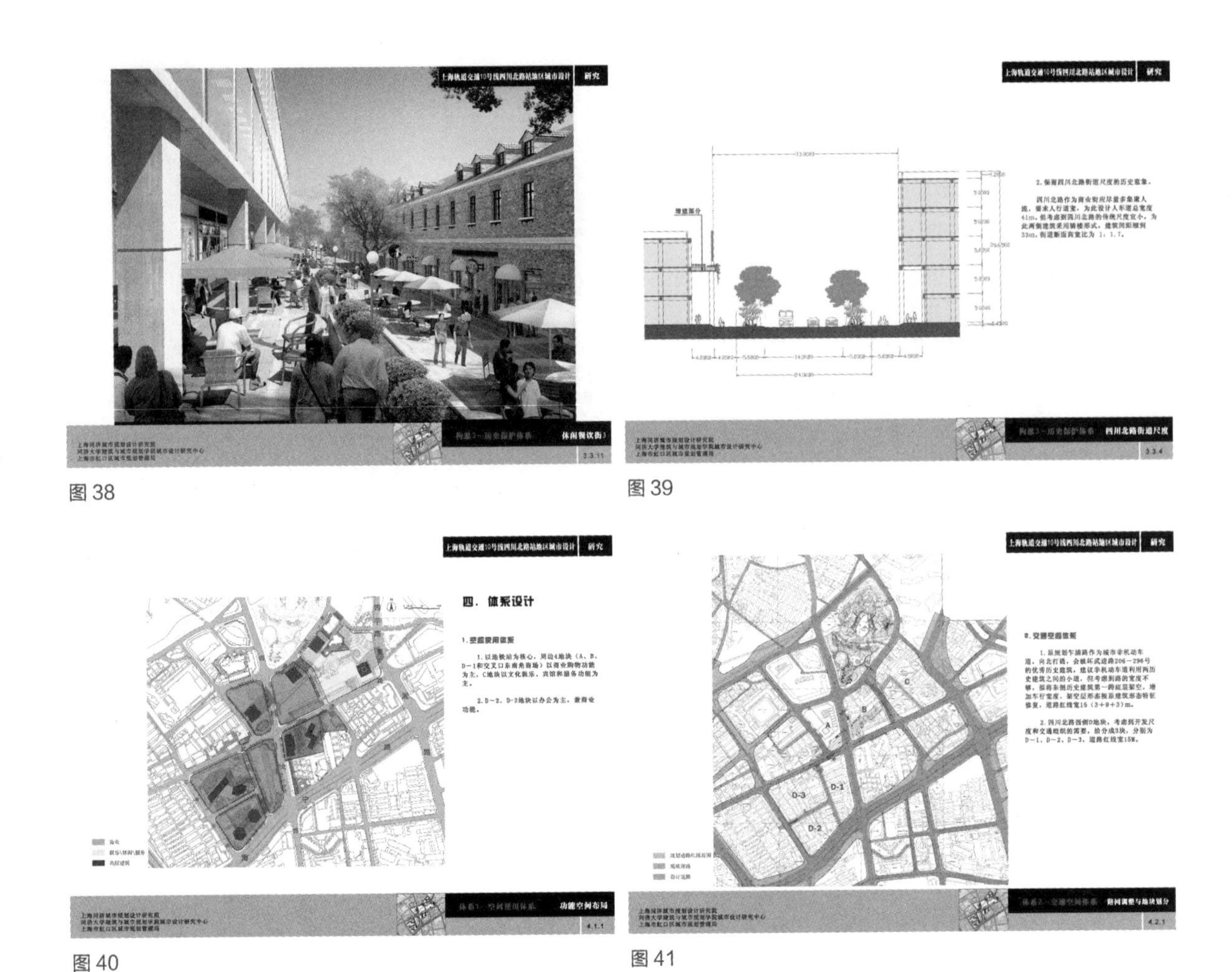

图 38

图 39

图 40

图 41

在交通路网组织中（图 41），我们将原规划的路网与现状路网进行叠加研究，对西侧的大地块进行了加密，并针对保护建筑做出路网线型的调整。

这条路在规划中是单向行驶的双车道，如放在两个里弄建筑之间路宽不够，所以建议将小汽车穿越保留建筑的底层，大车可以从里弄建筑之间走，解决道路红线和建筑文物保护紫线之间冲突的问题。如同欧洲这个案例，车辆从内部通过，但建筑保留（图 42）。

另外，对于单独地块的开发，需要配置独立地下停车库和各自车库出入口。我们则通过整体设计，使地下车库相互联通，不仅可以减少车库出入口数量，还将出入口集中在外围，不影响核心区步行空间。因此城市设计相对单个地块开发的建筑设计更具有有效引导的优势（图 43）。

从城市设计前后的站区平面对比（图 44），可以看到，城市设计将地铁站厅与周边的建筑地下商业

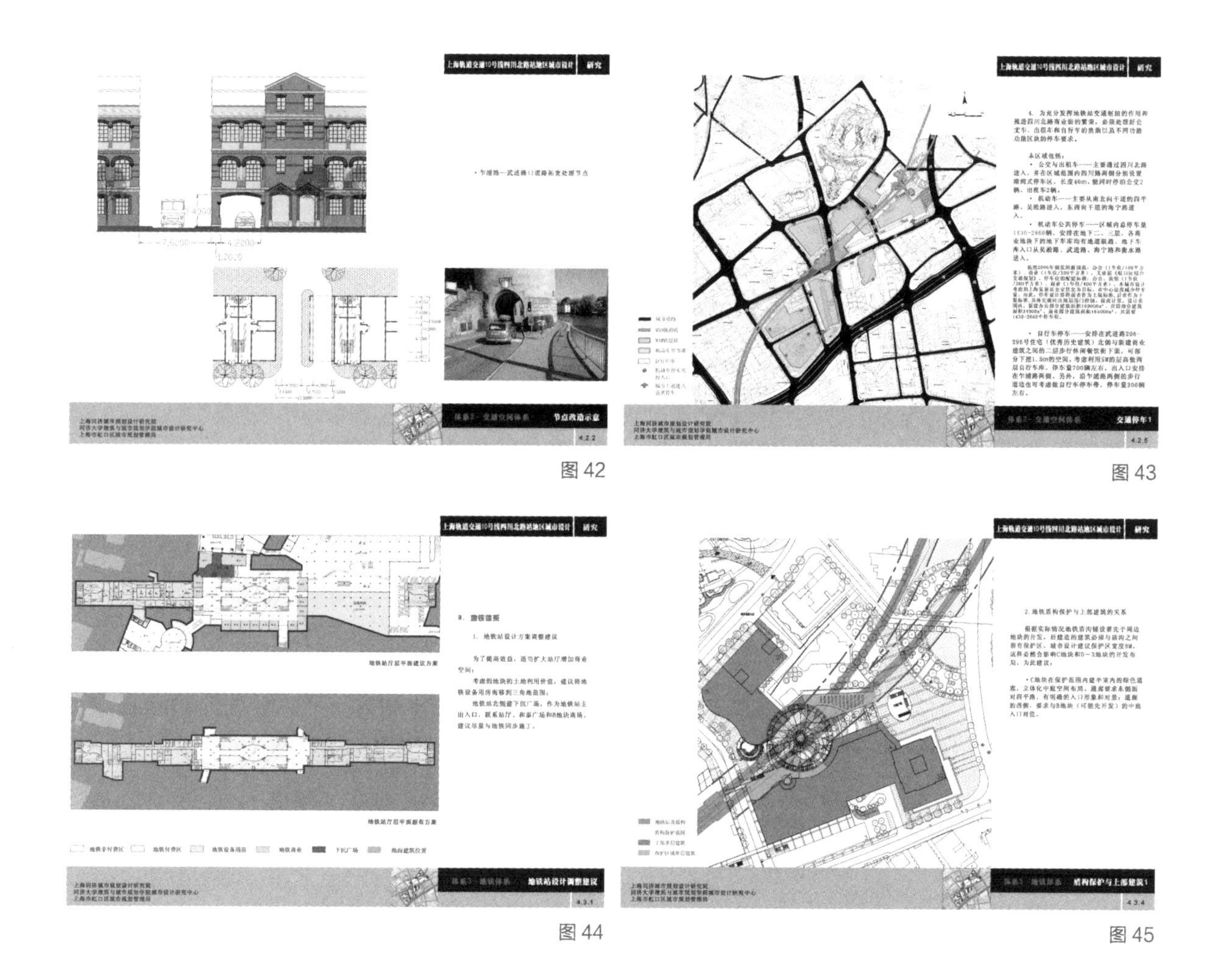

图 42

图 43

图 44

图 45

空间进行了整合，提高了地下空间的使用效益。

同时地铁设计里存在盾构隧道保护即地面上方不能做多层建筑的问题，为了有效利用地面空间，我们设计了一条公共步行连廊。通过这条公共步道建设使四川北路与四平路联系变得更紧密，防止步行通行被不合理的道路和建筑阻挡（图 45）。

对于风井和楼梯出入口，楼梯出入口可以和商场入口广场结合在一起，风井可以和建筑裙房立面结合在一起，利于城市空间的集约化使用（图 46）。

对于川北公园而言，周边地块的开发会对其原有的建筑天际线产生影响，新建筑与已有建筑通过高层界面的对齐与高低的搭配，能很好地融于原有环境中（图 47）。

同时，对于城市道路的转角处，或者曲线路的地段，都考虑城市空间的对景设计（图 48）。

此外，对于地铁站的地块开发，考虑未来不同

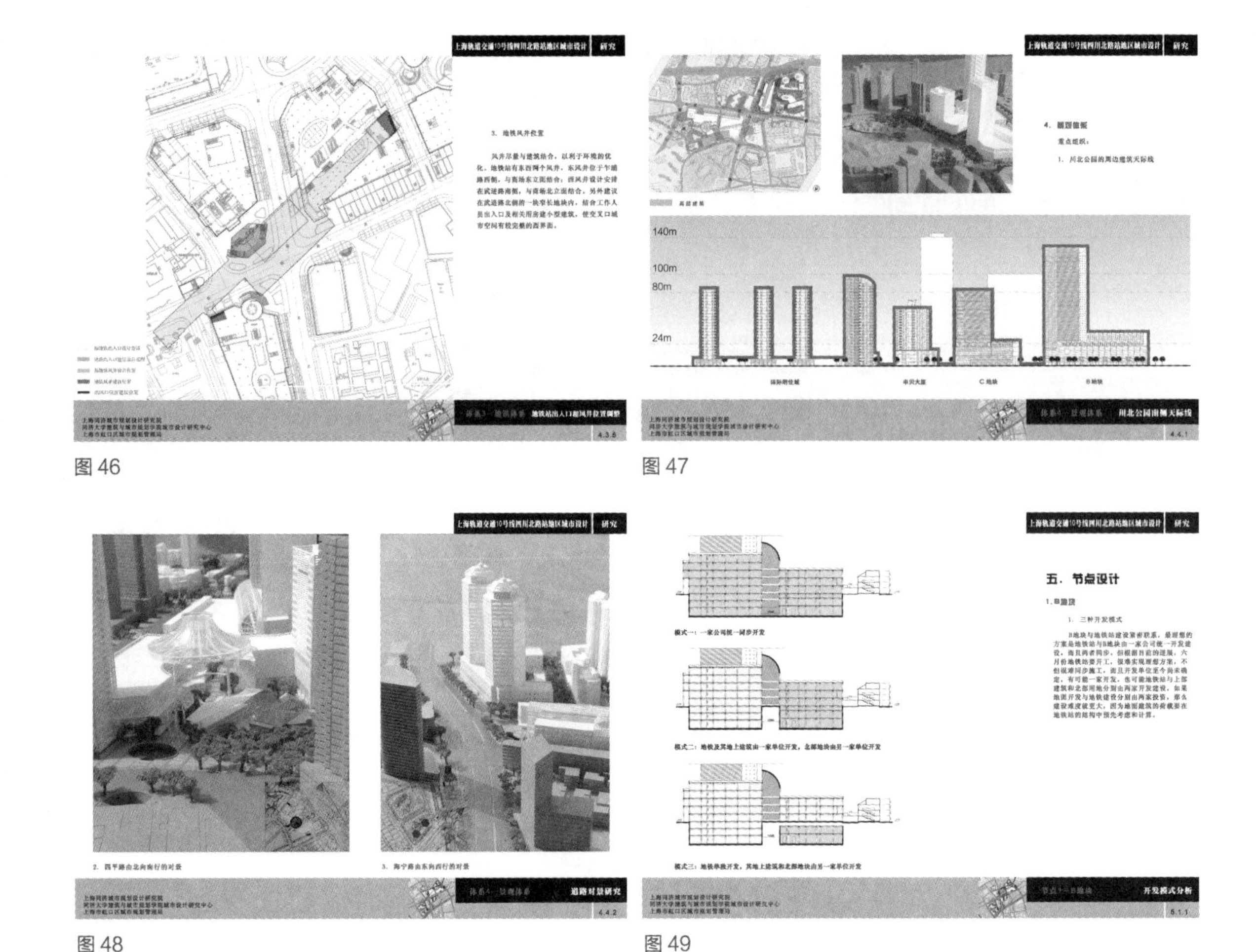

图 46　图 47　图 48　图 49

开发主体的合作建设，我们提供了多种开发建设的可能性（图 49）。

最后是设计导则，通过导则对每个地块的未来建设开发进行管控与引导（图 50）。

地块设计导则是将城市设计内容进行落位，如明确公共通廊、退界线、高层位置、自行车停车和历史建筑之间的关系，有图则示意与文字规定这两部分内容（图 51）。

这是地下空间（图 52），导则明确地块地下空间的功能布局以及与相邻地块联通的位置。

这个项目后来获得建设部当年城市设计类的最高奖项，但可惜的是设计没有完全实施。可见，目前城市设计不是只靠技术思维就可以解决，在实施程序方面确实存在很多问题，牵扯到各方利益、建设时间以及领导任期等。

刚刚说的是城市更新，下面一个案例是关于新

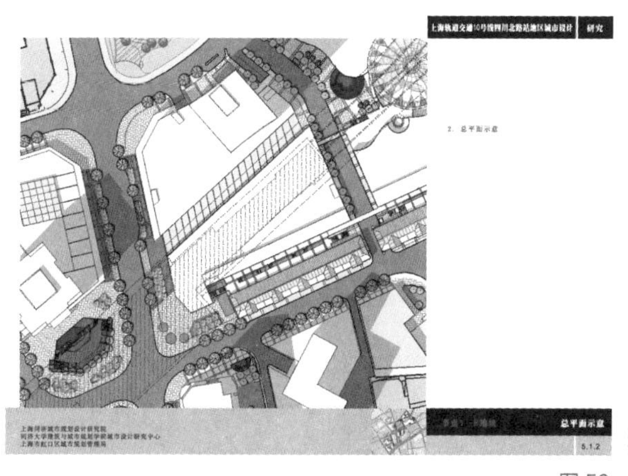

上海轨道交通10号线四川北路站地区城市设计 研究
2. 总平面示意
总平面示意
5.1.2

图 50

上海轨道交通10号线四川北路站地区城市设计 导则
1:1000

图 51

上海轨道交通10号线四川北路站地区城市设计 导则
地下控制
1:1000

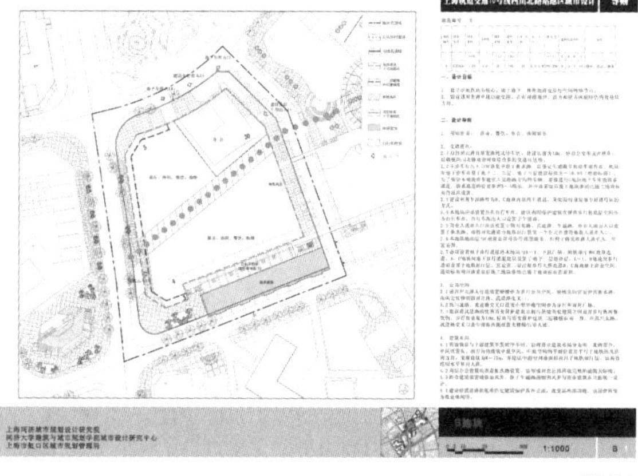

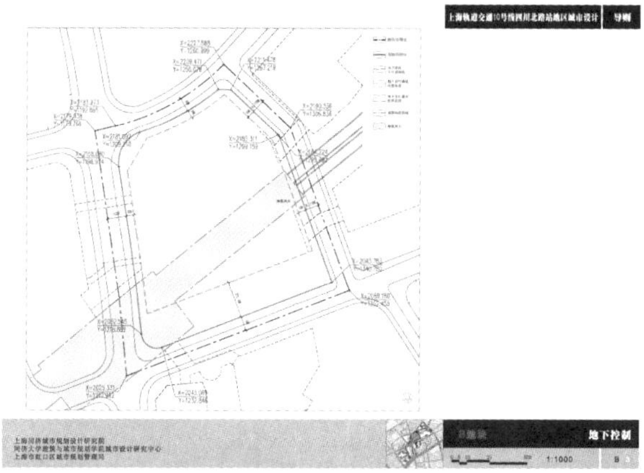

图 52

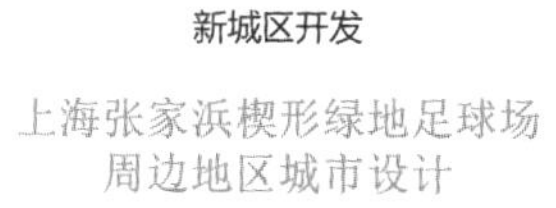

新城区开发
上海张家浜楔形绿地足球场
周边地区城市设计

图 53

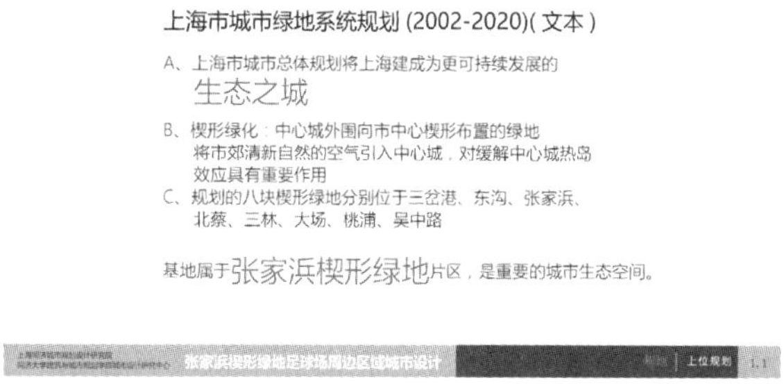

上海市城市绿地系统规划 (2002-2020)(文本)
A、上海市城市总体规划将上海建成为更可持续发展的
生态之城
B、楔形绿化：中心城外围向市中心楔形布置的绿地
将市郊清新自然的空气引入中心城，对缓解中心城热岛
效应具有重要作用
C、规划的八块楔形绿地分别位于三岔港、东沟、张家浜、
北蔡、三林、大场、桃浦、吴中路
基地属于张家浜楔形绿地片区，是重要的城市生态空间。
张家浜楔形绿地足球场周边区域城市设计
上位规划
1.1

图 54

城区开发，是我们两年前做的一个项目——张家浜足球场（图 53）。

相对而言，做新城区的城市设计比历史老城区更难，因为通常缺少资源环境和现状问题的制约。上海城区外围有 8 块楔形绿地，这块场地在中间这块楔形绿地的边上，附近有两个地铁站，还要在这里建一个浦东足球场，现在要对足球场周边地区进行开发（图 54）。

分析周边资源条件，我们提出：第一，是把足球场和社区办公、住宅与商业区联动发展；第二，是发挥绿地的生态景观资源；第三，是 TOD 发展（图 55）。

由此我们提出体育和社区的结合、绿色生态的渗透以及打造地铁站区 TOD 模式这三个策略（图 56）。

从功能定位上说，体育社区、居住社区、办公社区都应该强调公共空间的相互联系，带动商业活动

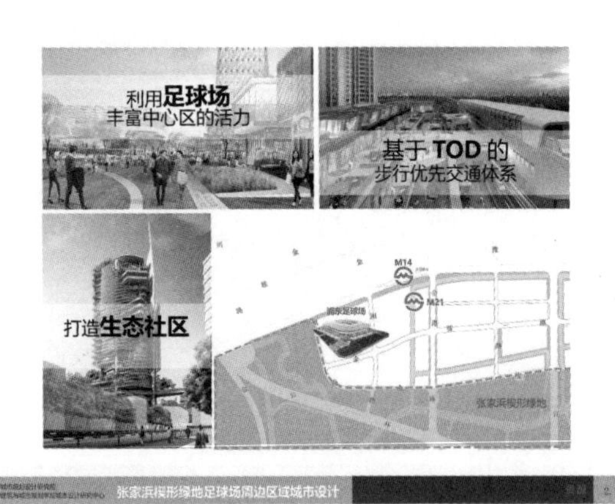

利用足球场
丰富中心区的活力
基于 TOD 的
步行优先交通体系
打造生态社区
M14
M21
张家浜楔形绿地
张家浜楔形绿地足球场周边区域城市设计
图 55

体育社区
绿色生态
TOD 发展
体育
社区
城市共生与资源共享
多功能综合发展
立体步行与轨道交通
生态绿地的内向延伸
倡导绿色交通
紧凑式布局
生态建筑设计
地铁站与周边地区开发
地铁站与地下空间开发
全程步行可达
张家浜楔形绿地足球场周边区域城市设计
图 56

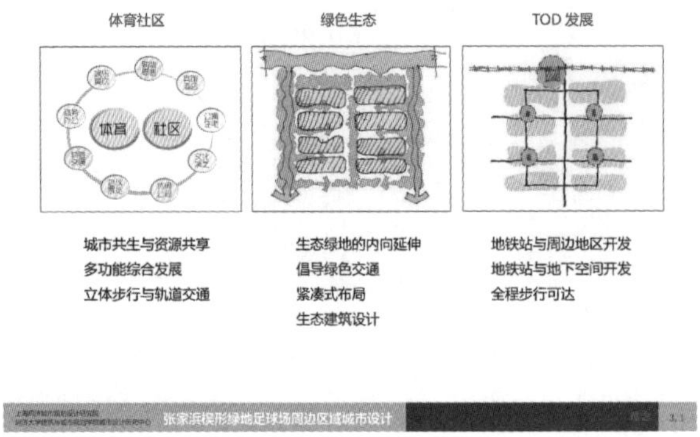

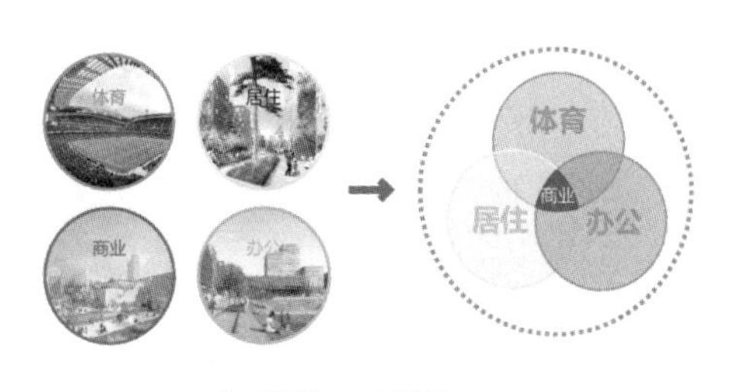

体育
居住
商业
办公
体育
商业
居住
办公
生态型的以 TOD 为导向的
居住办公体育 综合社区
张家浜楔形绿地足球场周边区域城市设计
图 57

建成区
M14
中心商业街
体育休闲区
办公居住区
张家浜楔形绿地足球场周边区域城市设计
空间结构
图 58

的发展，目标是打造生态型的 TOD 的居住办公体育综合社区（图 57）。

从空间布局上说，南侧是楔形绿地，北侧是地铁站，首先通过中心商业街（地下和地面）将地铁站和楔形绿地联通；其次利用南北向的河道水系建设滨水步道，加强空间的引导性（图 58）。

图 59 是对功能的考虑。围绕地铁站，我们更强调功能以商务办公为主；而景观和绿地则和住宅靠近；商业位于地块中部，连接着不同功能区，并利用东侧的地铁站使东西向的连通街道布置沿街商业，形成生活主街。

这里的空间结构体系强调通过一条商业街把地铁站和楔形绿地结合，另一条水平向的商业街则是将住区、地铁站和体育场串联起来（图 60）。

同时，我们通过水系把绿化生态资源往城市腹地渗透（图 61）。

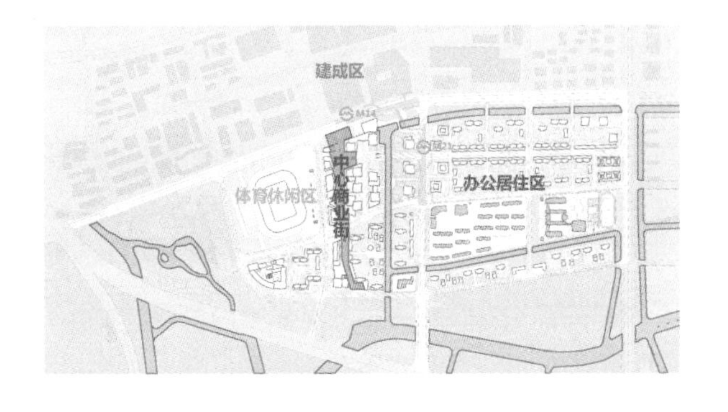

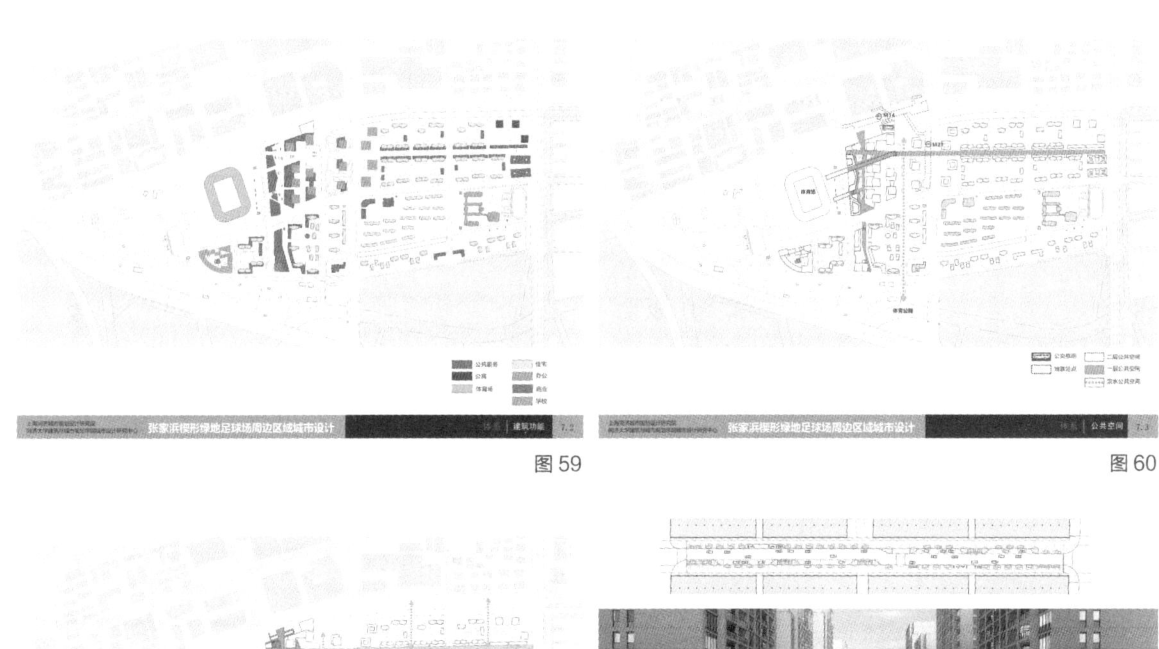

图 59

图 60

图 61

图 62

对于生活主街设计，我们强调人车和谐、适合休闲与消费的社区生活氛围塑造。通过沿路停车与商业外摆的交错设计，使道路线型曲折化，达到车行放缓、降低车速的目的（图 62）。

图 63 是地区步行的二层体系，考虑到足球场的二层出入口，将其和商业步行的二层体系相结合，同时有利于场馆人流的疏散。

地下商业空间各个地块相互联通，停车则集中在外围（图 64）。

关于水系，我们建议在河道转弯处适当放宽做一些水港，不仅为了增加滨水节点空间，也用以保证绿化水系的渗透性（图 65）。

图 66 是地下停车和公交车停靠的位置。

图 67 在原有路网上增加了一些生活支路，防止地块划分尺寸过大。

对于建筑高度（图 68），设计在南北两侧布置

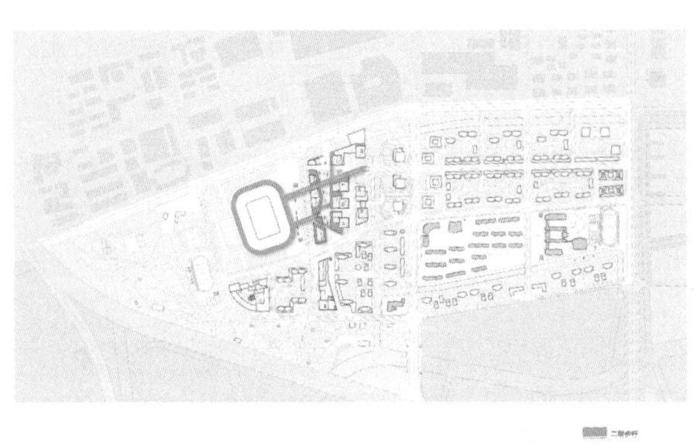

图 63

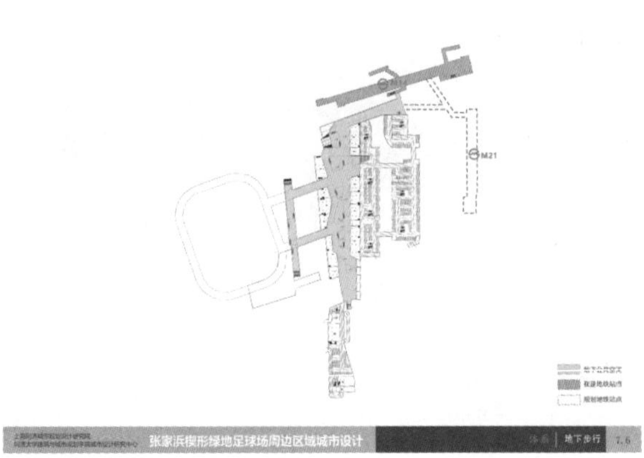

图 64

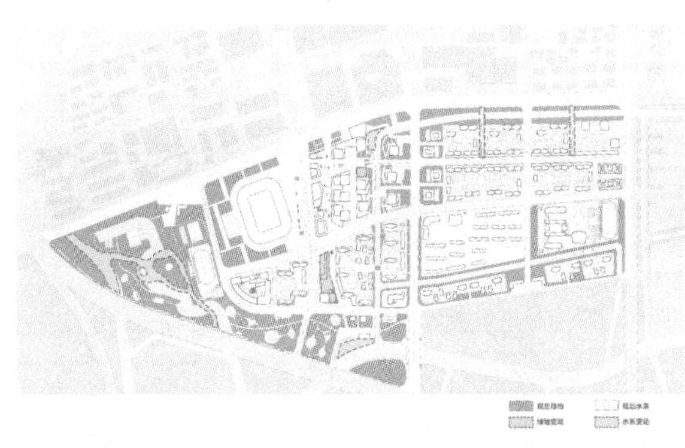

图 65

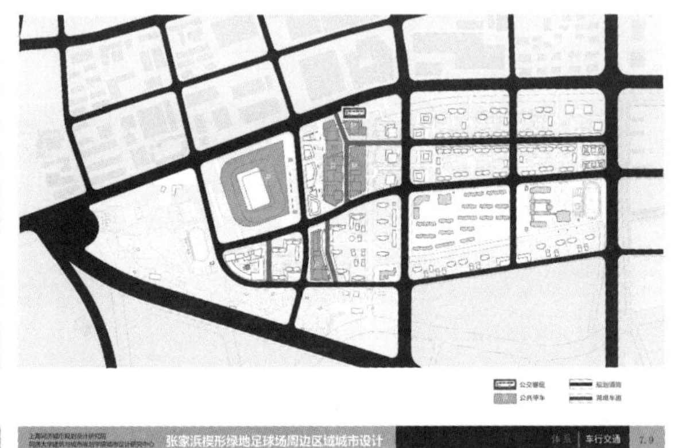

图 66

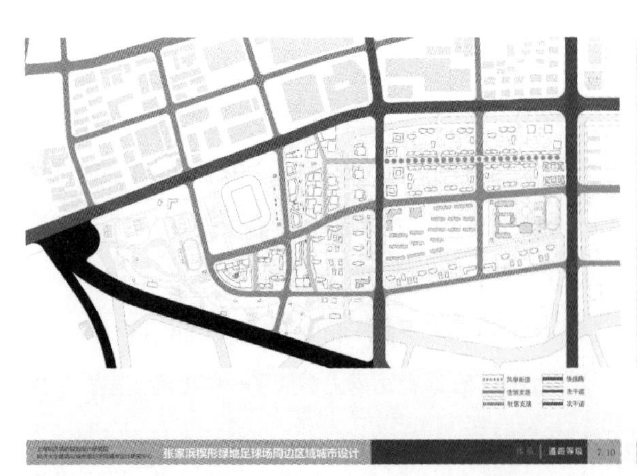

图 67

图 68

图 69

图 70

图 71

图 72

的两个超高层（黑色），强调大区域的标志性，其他区域高度控制较矮，从而形成一个能够烘托足球场主体的建筑高度关系和界面效果。

效果图可以较为清楚地看到建筑高低的控制关系（图 69）。

沿足球场建筑形成清晰的建筑界面围合效果，建筑高度呈多层（24m）、中高层建筑（50m）和高层（100m）进行递级控制（图 70）。

图 71 是楔形绿地附近的高层宾馆，成为中心商业街的对景，引导人们通过商业步行街到达楔形绿地。

从楔形绿地方向可以看到水面放宽的水港，也可以看到步行街和滨水空间的连接（图 72）。

对比原有规划，原先的土地规划在中部集中放置商业办公。而城市设计倾向于小地块、多功能混合，将住宅移至南面和楔形绿地放在一起，商业、办公则集中布置在地铁站周边，后来的控规按此方案做了调整，实现了城市设计的意图（图 73）。

2019 年 6 月，委托方又找到我们进行修改，主要是因为地块北侧要建设新的金桥副中心，对这个地区重新提出了新的要求（图 74）。

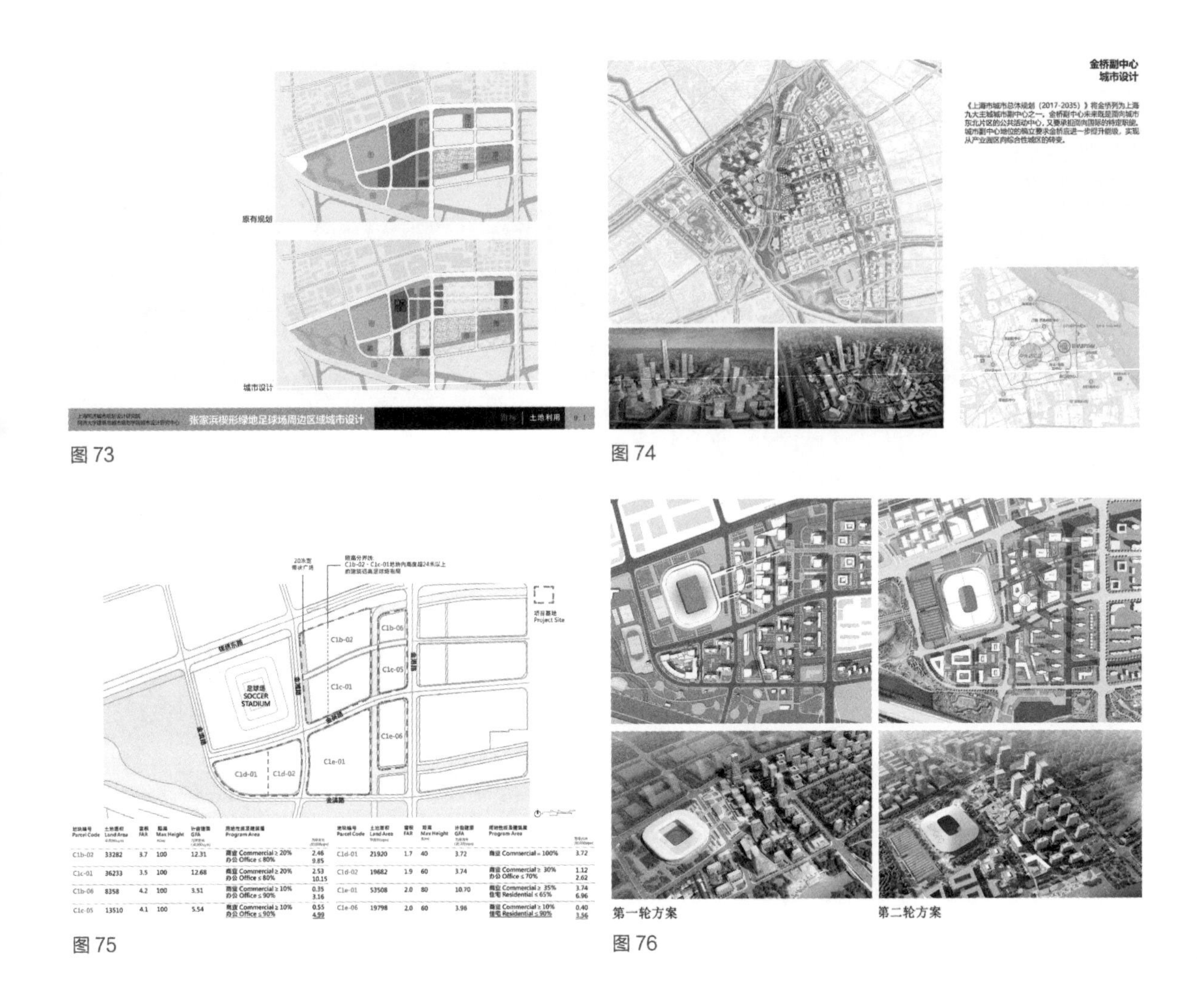

Parcel Code	Land Area	FAR	Max Height	GFA	Program Area	
C1b-02	33282	3.7	100	12.31	商业 Commercial ≥ 20% 办公 Office ≤ 80%	2.46 9.85
C1c-01	36233	3.5	100	12.68	商业 Commercial ≥ 20% 办公 Office ≤ 80%	2.53 10.15
C1b-06	8358	4.2	100	3.51	商业 Commercial ≥ 10% 办公 Office ≤ 90%	0.35 3.16
C1c-05	13510	4.1	100	5.54	商业 Commercial ≥ 10% 办公 Office ≤ 90%	0.55 4.99
C1d-01	21920	1.7	40	3.72	商业 Commercial = 100%	3.72
C1d-02	19682	1.9	60	3.74	商业 Commercial ≥ 30% 办公 Office ≤ 70%	1.12 2.62
C1e-01	53508	2.0	80	10.70	商业 Commercial ≥ 35% 住宅 Residential ≤ 65%	3.74 6.96
C1e-06	19798	2.0	60	3.96	商业 Commercial ≥ 10% 住宅 Residential ≤ 90%	0.40 3.56

图 73

图 74

图 75

图 76

市规划部门重新提出了高度控制，总体高度不超过 100m，我们原来提出的超高层没有被采纳，但地方开发部门希望这个地方能再高些，如果建筑全是 100m 高的话，体现不出副中心的定位。后来他们就拿着这个设计任务书先去找国外事务所设计，但方案没有通过，就又重新找我们深入方案（图 75）。

新方案中（图 76），可以看出仍然保留了南北向的公共步行通廊。由于业主需求和新消防标准的提高，我们加大了高层建筑的标准层面积，由此调整了高层建筑体量与布局，在新方案中建筑最高为 150m。

从这些体系分析图来看（图 77），原来城市设计的空间结构与功能布局没有发生本质性变化。

二层步行体系与地下空间布局也基本一致，新的设计中细化了地下车库的出入口布置（图 78）。

按照新规划要求，车道路网和建筑高度做了适当调整（图 79）。

围绕建筑高度议题，我们做了三个不同高度的比较方案，并进行了多视点的场景模拟分析（图 80~图 82），供规划管理与地方开发部分共同商讨决策，这不只是视觉美学的考量，还涉及土地开发的运作成本问题。

下面这个城市设计案例可以认为是街道微更新设计，目前正在实施阶段（图 83）。

湖滨路位于南京江宁区，全长约 1km，绿树成荫、环境雅致。其南侧紧邻百家湖，湖面不大，但环境非常美，周边有几家宾馆酒店，沿街开了许多小餐馆，有不少是网红店。从百家湖的范围看，整个地区 $1km^2$ 左右，地铁站位于四角，交通可达性高。沿湖的内圈环路景观资源佳，又连通了许多的住宅小区、集中商业、酒店宾馆及历史景点区域，我们提出这个内圈环路应该成为百家湖的一个景框，而湖滨路是整个景框的上边框（图 84）。

但从现场来看，街道虽然叫作湖滨路，离湖面很近，但很难看到湖。从业态功能的布局上来说，商业店面主要在街道的北侧，南侧的居住、办公与宾馆建筑，阻碍了街道的观水视廊（图 85）。

整个沿街的建筑高度和尺度控制还不错。公共空间方面除了街道两端有地铁出入口广场（西端）与街角公园（东端），沿街还有些放宽了的人行道以及结合了庭院的街道商业界面（图 86）。

图 87 是街道人行道宽度的示意，深色的表示小于 3m 的路段，好的步行环境需要足够的路宽，而过多的汽车出入口会对街道的步行连续性产生影响。

我们也做了活动和车行流量的调研，发现街道的步行量远远少于车行（图 88）。

总体来看，街道绿化环境很好，但与周边的环境

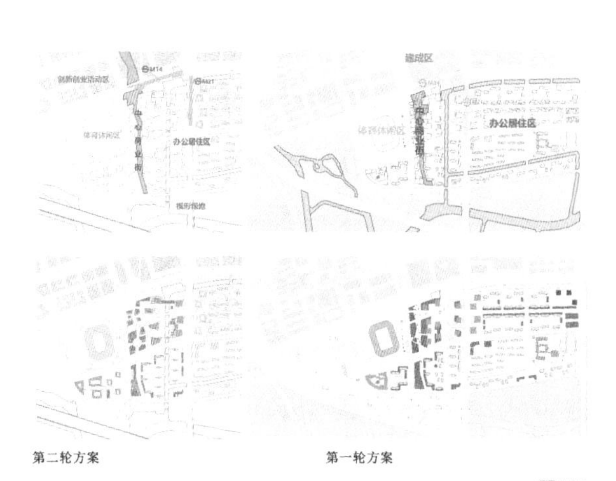

第二轮方案　　第一轮方案

图 77

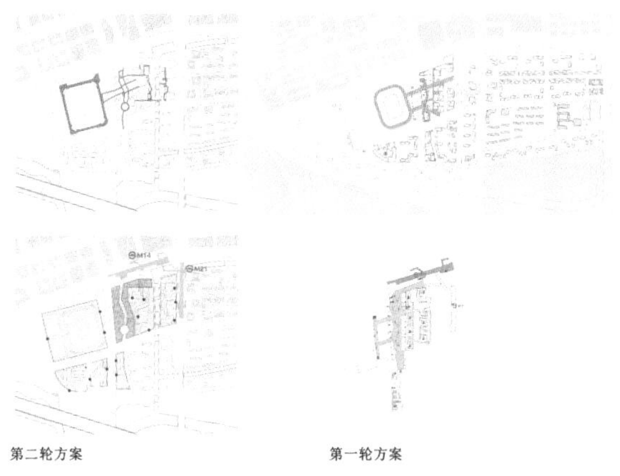

第二轮方案　　第一轮方案

图 78

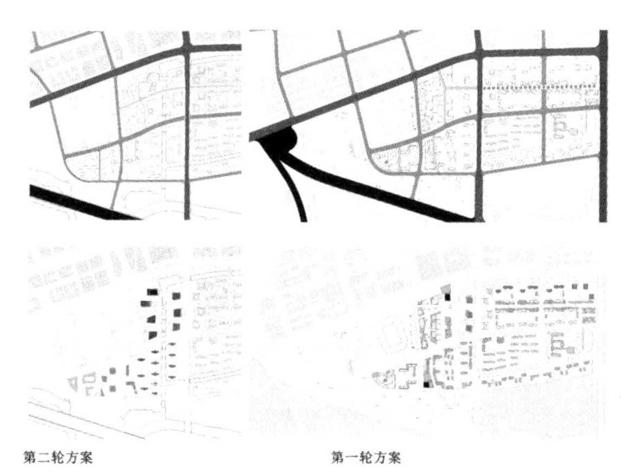

第二轮方案　　第一轮方案

图 79

07 总图 | 张家浜楔形绿地足球场周边区域城市设计概念方案

■ 建筑高度比较

图 80

07 总图 | 张家浜楔形绿地足球场周边区域城市设计概念方案

■ 建筑高度比较

图 81

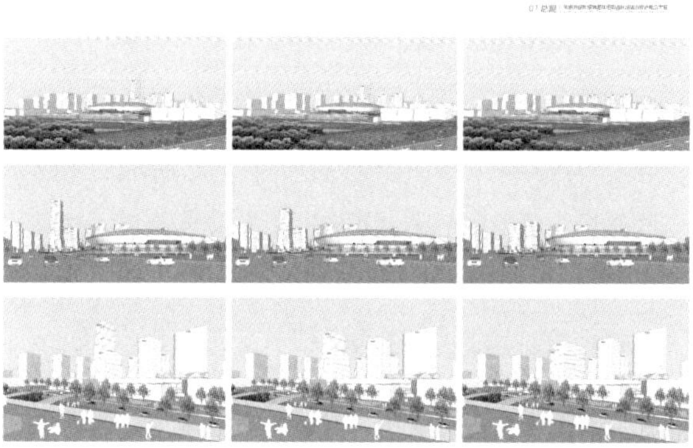

街道微更新设计

南京湖滨路街道环境改造提升

图 83

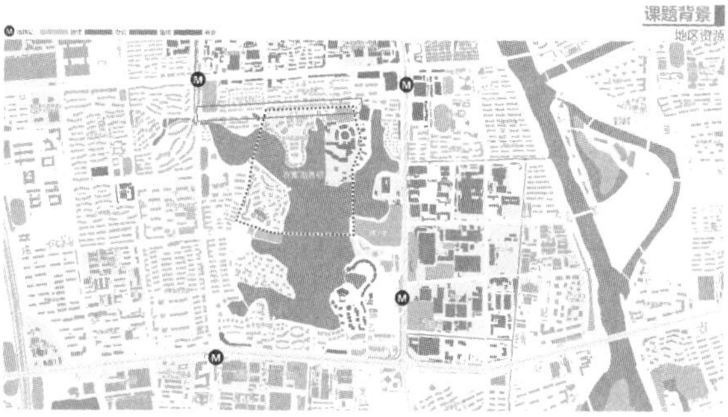

课题背景

地区资源

图 82

图 84

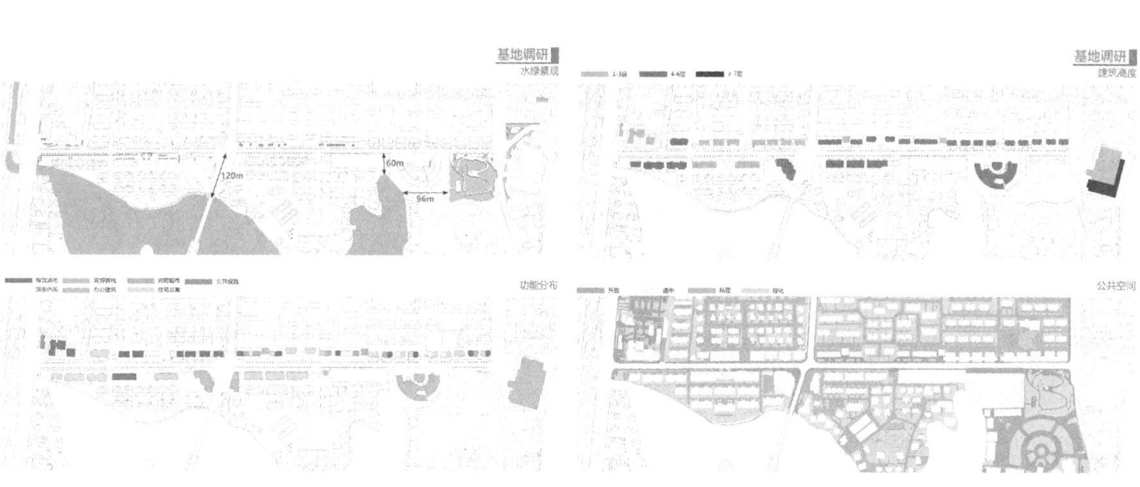

图 85

图 86

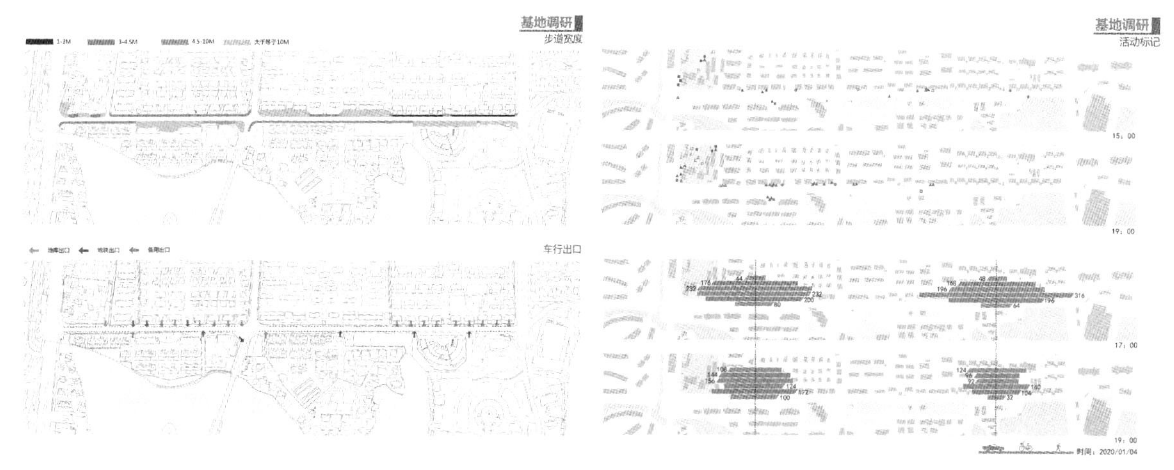

图 87

图 88

资源联系不大，缺乏活力，街道西端的地铁站附近还有个停业倒闭的商业建筑，东端有个未建成的宾馆。我们需要在整体研究的基础上重新定位与设计（图 89）。

如何将上述环境元素联动起来发展，是我们设计的起点。这个设计虽然是街道环境的微更新设计，但要考虑到此区域点、线、面要素整合在一起的问题，同时思考商业活力、休闲生活、交通组织与滨水场所等要素（图 90）。

综合以上分析，我们将其叫作“风情湖滨路，慢享百家湖，缘梦凤凰台，繁盛闹江宁”（图 91）。其中，湖滨路应该是比较高档高雅的，需要和社区生活结合，“慢享”强调百家湖边的绿色景框，“缘梦”强调凤凰台的历史文化场境，“繁盛”则指百家湖东南角集中商业区的消费活力。针对湖滨路休闲社交和风景慢行的目标定位，我们提出了水廊、闲庭、缓径、雅景和趣汇五大设计策略。

首先是组织水绿网络，打通观水视廊（图 92）。对现状能够直通湖面的节点 A 和 B 进行改造。在 A

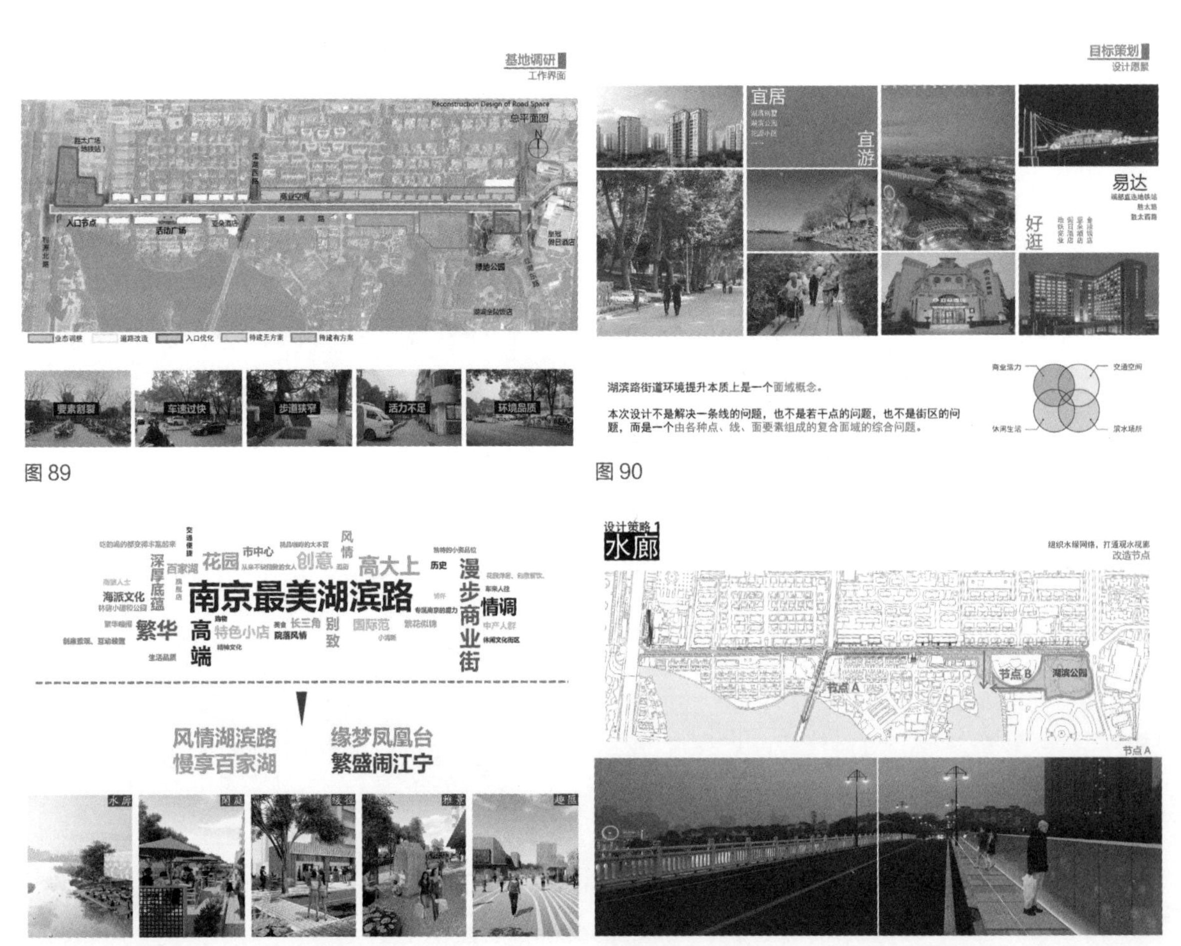

图 89

图 90

图 91

图 92

处建设通向湖面的林荫路，促进百家湖水绿资源向湖滨路乃至北侧城市腹地的辐射，并拓宽现有桥梁的两侧人行道，将混凝土栏杆替换为通透的玻璃材质。在B处通过打造无边界水池及亲水平台将水湾和湖滨公园的绿化联系起来，打通湖滨路的观水视廊。

水池边提供大量外摆空间，沿街布置叠水景观，纳景入路，吸引行人驻留观赏，实现街道景观、公园绿地与湖光水色的有机整合（图93）。

第二点是闲庭（图94），丰富功能业态，营造街道生活。结合现有空间资源，我们试图营造“街”“场”“院”“园”四种空间场景，如充满情调的人行道、富有活力的广场、悠闲雅致的庭院和绿意盎然的公园，并预设相应的活动主题，如餐饮、集市、文创与健身等。

第三点是缓径，我们要使街道慢行化，人车和谐共生。首先，要保持步行的通畅。边缘绿化改做花坛式的垂直绿化，增加人行道的净宽（图95）。

其次，沿街地块的车行出入口处铺设人行道的石材铺地，增强步道的安全连续性（图96）。

图93

图94

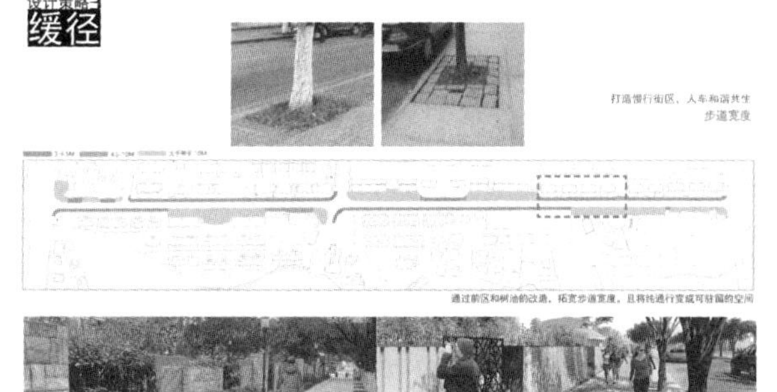

图95

图96

然后，采用缩小交叉口转弯半径、抬升过街人行道路面与设置石砌车道减速带（间隔 100m 左右）等方式降低车速，使步行环境更为安全（图 97）。

第四个是优化街道界面（图 98）。

调整目前不合理的绿化植栽布局，加强商店前区开放性，在零售商铺集中的街段结合保留树木设置休闲座椅（图 99）。

在休闲餐饮集中的街段布置商业外摆，从而增强街道空间的驻留性（图 100）。

这是庭院住宅部分（图 101），沿街的建筑最初是停车库。在后期使用中，居民们自发做成商业，设计允许其他业主也可以置换临街车库功能为时尚的精品店铺，丰富沿街消费行为。

这是对围墙的一些想法（图 102），现状是简单划一的标准化做法，考虑商业的不同可能性，我们做了各类型的改造参考，如图 102 胡家花园网红店围

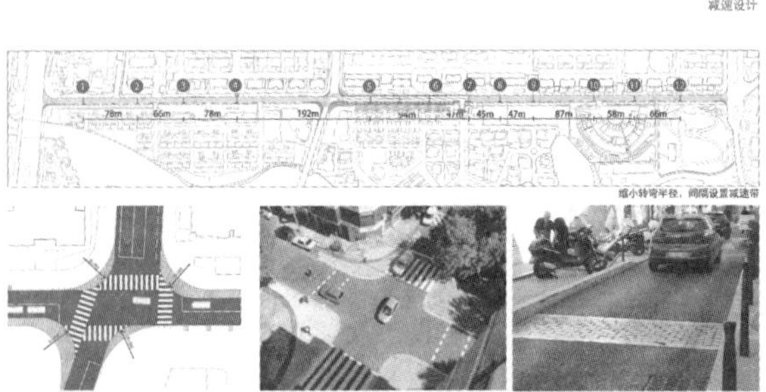

图 97

图 98

图 99

图 100

栏的降低。

最后一点是趣汇，强调街道入口的重要性（图 103）。

东面街角公园原本如图 104，绿化景观较为单调乏味。设计利用街角湖滨公园的草坡地形植入覆土的咖啡店激发街角活动，吸引酒店住客与外宾人群进入湖滨路。

西边入口结合地铁站前广场，设置了明显的街道名片标记（图 105）。

图 106 是从地铁站出来拍的照片，设计将现状遮挡进出站人流的绿化景观与停车位移除，以充满动感的流线型铺地图案将出站人流引向湖滨路。

再往前走，可以有一些秋千吸引周边的人群活动。我们将自行车活动、广告牌和地铁的一个安全出入口结合在一起进行了统一设计（图 107）。

原本停业的建筑造型很封闭呆板，我们希望通过改造创造比较温暖的社区氛围，和地铁站结合起来

图 101

图 102

图 103

图 104

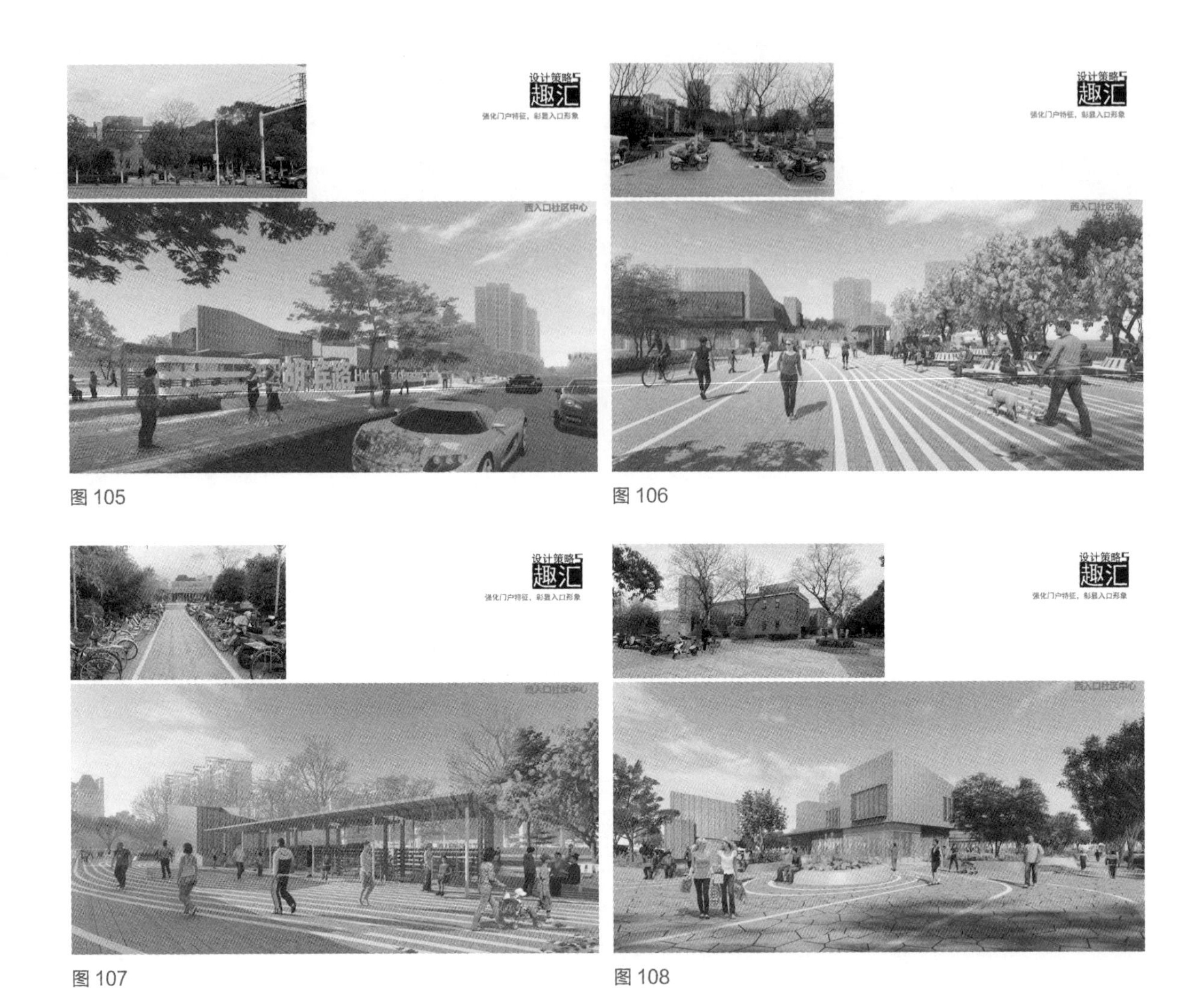

图 105

图 106

图 107

图 108

做社区活动中心，底层界面尽量通透，里面设有超市和各种文化休闲活动（图 108）。

整体来说，这个设计的空间布局有两个要点：一是把东边的园和西边的市和地铁站结合起来形成一个很好的街道入口环境，两者通过林荫路连通；二是将北面的小院落和南面的湖面，通过新开的水廊连通，由此将这块场地的特色资源都挖掘出来（图 109）。

第四个案例则是将城市设计理念运用到建筑设计层面（图 110）。

苏纶厂是苏州最早的机器纺织厂（图 111），其更新项目来自房地产商的委托，但我们做的不仅仅限于这个设计场地，而是从城市外围环境去考虑设计的生成。

这个厂早已倒闭，但它的位置很好，就在苏州

東园西市绿径联，北院南湖一水通

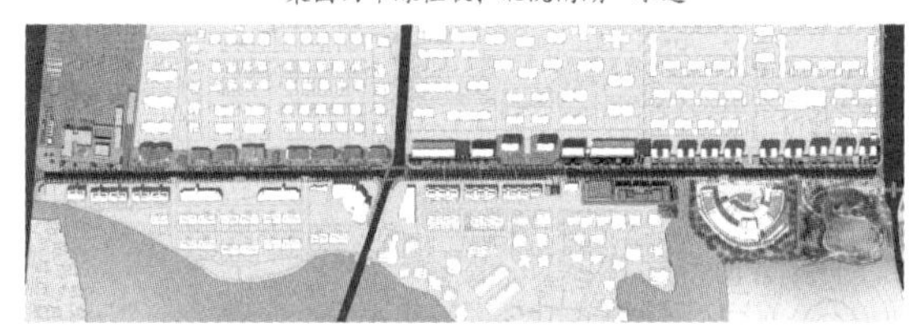

图 109

工业厂区改造再利用

苏州苏纶厂近代产业街区再生设计

（2015第八届中国威海国际建筑设计大奖赛特别奖----城建金牛奖）

（2015上海国际城市与建筑博览会·全国优秀设计案例展区项目）

（2017入选“苏州十大优秀地域特色建筑”）

图 110

苏纶厂始建于1895年，由苏州状元陆润庠得到洋务大臣张之洞的鼎力支持而创办，是苏州最早的机器纺织企业，与南通大生纱厂、无锡勤业纱厂同为“中国纱业之先进，亦新工业之前导”，见证了苏州近代民族工商业的崛起，至今保存了一批极具历史价值和厂房建筑特点的工业遗产建筑。

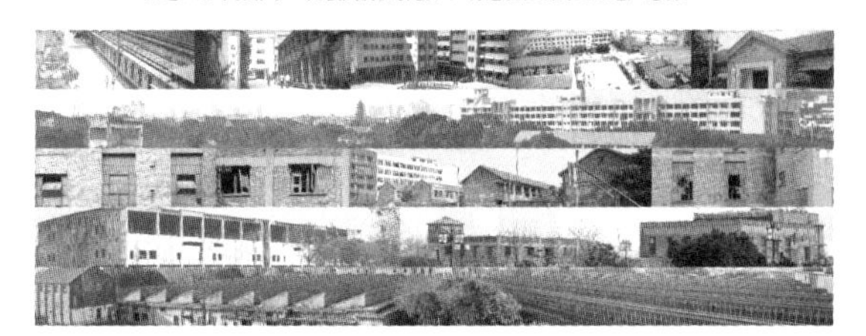

图 111

1982年
1992年
2004年
城市中心
水绿环境
交通网络

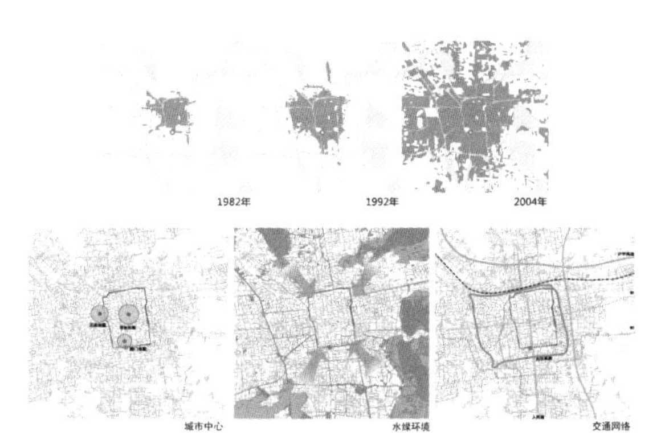

图 112

古城南面，靠近护城河，河对岸是南门商业中心，只是被护城河割裂，相邻的人民桥主要服务通车而不适宜步行。我们建议将南门商业区和基地联动发展，开发商与区政府都很赞同，便形成了最初的城市设计意向（图 112、图 113）。

这是场地现有的绿化（图 114），我们通过一个公共平台联系滨水绿化。被作为集中商业综合体的大体量工业厂房通过滨水平台和桥连接南门商业区。

桥是可以跨越车行道路与护城河而立体通行的，既可以连接二层的商业空间，也可以往下到滨水区的游船码头。而大厂房屋顶可形成观景平台眺望整个古城区景观。经过步行桥和北部区域的街道连通，结合附近的盘门三景和南门商业区，可以形成小街区密路网的适宜步行的城市空间肌理（图 115、图 116）。

基地
1.地铁站
2.南门商区
3.盘门
4.文庙
5.沧浪亭
6.人民路
7.南门路
旅游景观
水陆交通
商业构成

图 113

厂区基地
水绿网络
两岸缝合

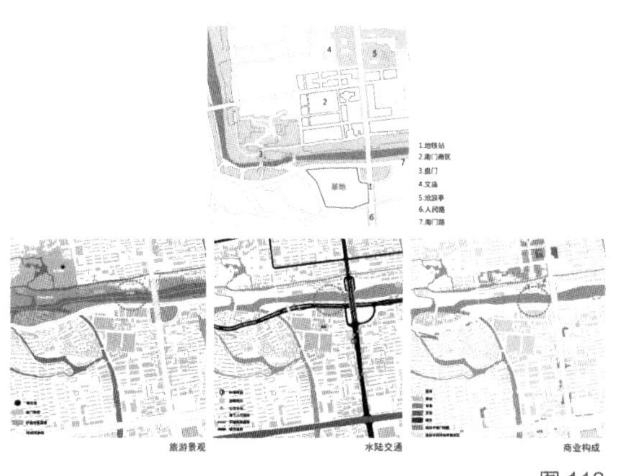

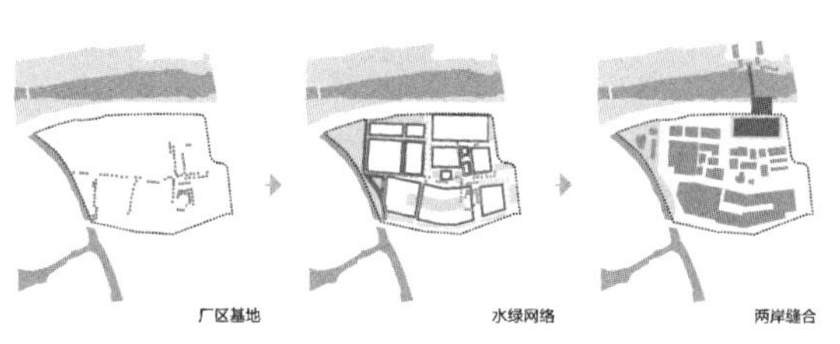

图 114

我们对步行桥也做了深化设计。桥的意向，因为在护城河边，有城墙的概念（图 117）。后来因不可控原因，桥的设计搁浅，只是完成了一个地块的设计开发。

在基地内部，我们研究了保留建筑的重要景观立面，希望将之展示出来（图 118）。

因此，围绕这些立面是作为公共空间的一些场地，强调新老建筑的结合（图 119）。

图 120 上图左侧是原有的厂区建筑肌理，中间的是原规划方案示意，右侧是我们的设计方案，可以看出是通过里弄院落的空间组织化解场地建筑尺度差异性大的问题。

同时结合东侧的地铁站，开发地下层的商业空间，利用下沉街与广场联结滨水区，引导步行通达（图 121）。

因此整个商业区不是平面的，而是可以通过地上、地面和地下立体联通的，建成的北片区现已呈现

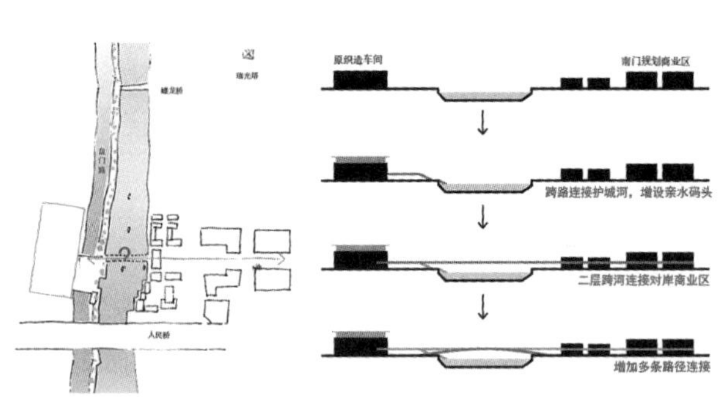

图 115

图 116

图 117

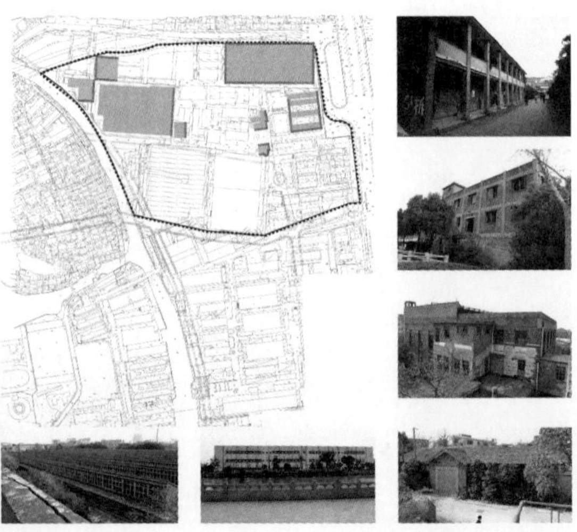

图 118

立体开放的商业街区模式（图 122）。

这里是面向护城河的北入口（图 123），我们希望这个墙上面有一些历史，记载下老建筑的山墙做法，作为沿护城河的起点。

这个房子在地块的西端，是个配电间（图 124），上面做了这个百年老厂各时期使用过的厂名。

这些是新旧建筑结合的效果（图 125、图 126）。有些老厂房的立面改造，我们将结构暴露出来

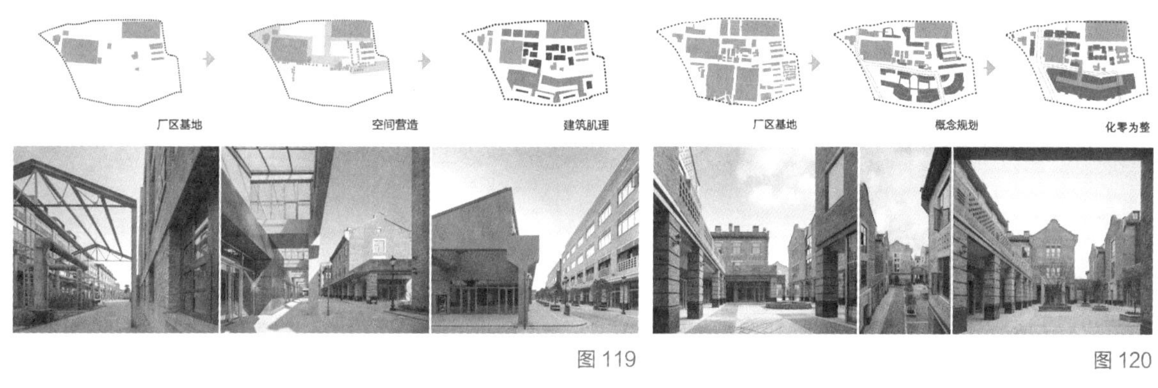

图 119　　图 120

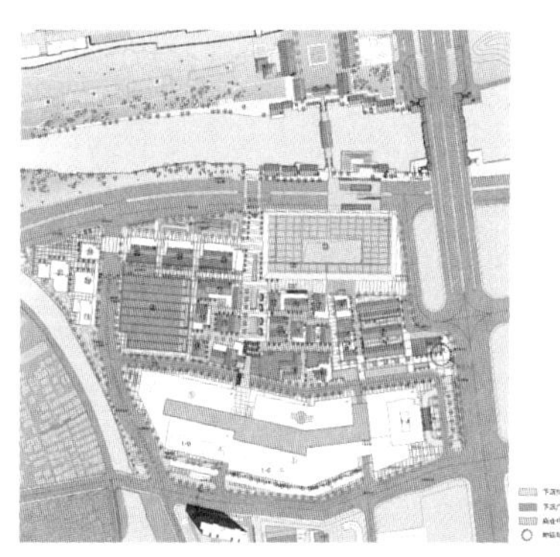

图 121

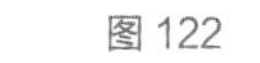

图 122

图 123

图 124

图 125

图 126

图 127

历史滨水区复兴

苏州浒墅关滨水区城市设计

（2014首届江苏文化创意设计大赛——建筑及环境艺术专项竞赛紫金设计奖）

图 128

图 129

形成户外公共走廊（图 127）。

最后，再讲一个比较综合性的城市设计项目（图 128），历时八年多。苏纶厂做好以后，浒墅关老镇的领导找到了我，他觉得那边大运河正好要拓宽，需要沿河做个相似的商业建筑。现场勘查后，我觉得依据现有的环境条件只做个商业项目开发估计不成熟，可以先做个面向老镇区的城市设计试试，后来做好后，他觉得很好，规划部门也非常认可。

浒墅关古镇离苏州古城不到 10km。明清时期京杭运河上共有七个税关，它是商船到达苏州的税关，类似目前的高速公路收费站，自明朝建立税关后，这个镇的经济迅速发展起来，原来的镇名是浒墅，由此改为浒墅关（图 129）。

其实这个镇的历史很长，长达两千多年（图 130）。近代以后由于交通条件优越，经济一直在发展，建筑风貌杂陈，显现了不同时期的建筑类型拼贴图景。

后来了解到这个镇区之前做过一个城市设计。由于河的东西两侧归属两个行政区管理，两岸的中心

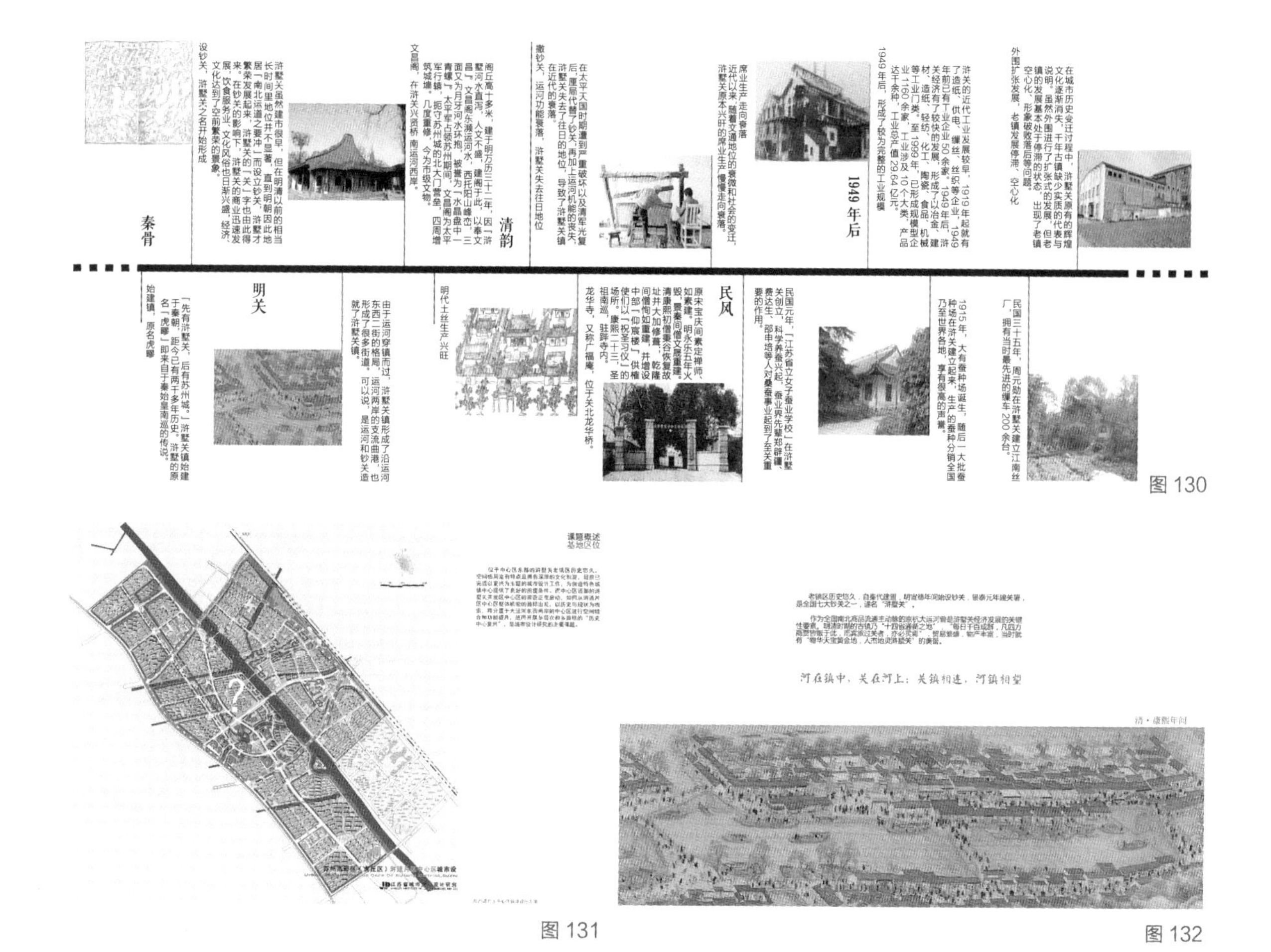

图 130

图 131

图 132

区规划各自独立。但从历史来看，这个老镇的中心就在河岸两侧。新的城市设计其实是重新调整了原来的城市设计和控规布局，目前两个行政区也合并在一起了（图 131）。

从清朝康熙年间的历史地图来看，运河位于镇区的中心，老镇沿着运河的两岸发展，税关在河道上，关镇相连，河镇相望，民居建筑都面向河道。图 132 展示了两座桥、税关和滨水广场的古镇空间意象。那么基于对历史文献的解读与未来滨水区的考虑，如何将此和古镇的复兴建设结合在一起考虑呢？

图 133 是 1949 年前后的历史地图，表明古镇的商业街区依然是沿着运河的两岸发展，但之后的多次河道拓宽将沿河商业建筑拆除，滨水区活力越来越差。

但滨水两岸仍保留了一些老房子，我们依据现场调查将这些建筑逐一在地形图上标出（图 134）。

其中比较重要的是大有蚕种厂主厂区，它与附近的蚕桑学校都是由近代从日本留学归来的郑辟疆先生创立的，曾经开设 19 家分厂，在国内当时是规

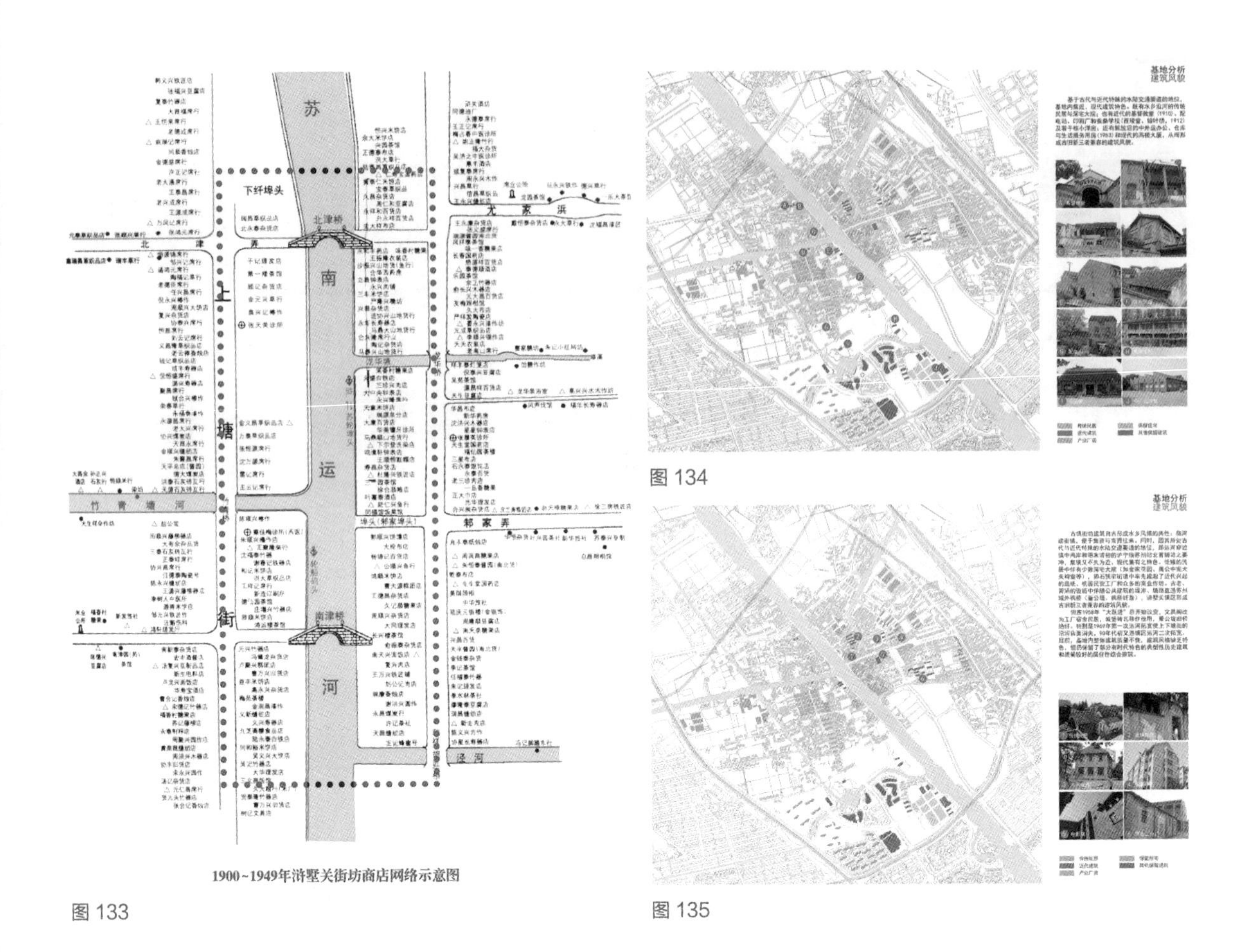

图 133

图 134

图 135

模最大、技术最先进的，代表了镇区的近代工业文明（图 135、图 136），怎么把它发扬起来是设计需要考虑的。

除了路网，我们对成片的绿化和林荫路还有直径 20cm 以上的树都做了测绘（图 137、图 138）。

深色的是现状路网，浅色的是规划路网（图 139），与其他城市的路网相比之下，这里的街区划分尺度太大，而且到达滨水区的道路很少，我之前判断这里仅做个商业项目开发的条件不成熟，这是个原因。

现状的步行路径也很稀疏，很多是尽端式的，并没有形成连通的网络，特别是滨水区的可达性不高，这会越来越衰败（图 140）。

镇区相关的生活配套设施也很匮乏，主要是居住和商业这两种功能（图 141）。

通过基地信息的叠合，凸显问题在于割裂的步行空间和边缘的滨水场所，可达性很差；公共设施缺乏，水绿资源与历史景观都有，但都是孤立碎片的状态，缺乏整合（图 142）。

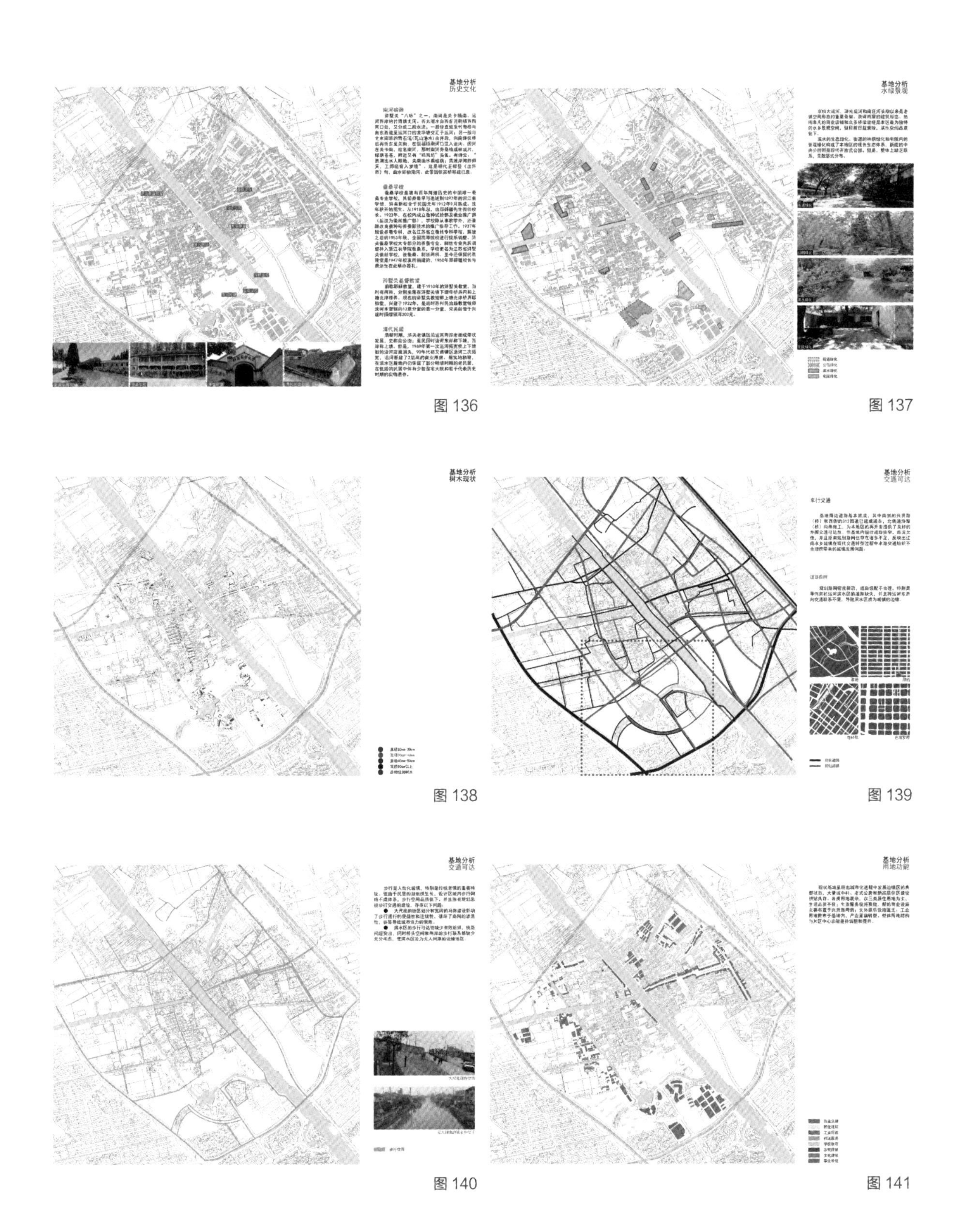

图 136

图 137

图 138

图 139

图 140

图 141

图 142

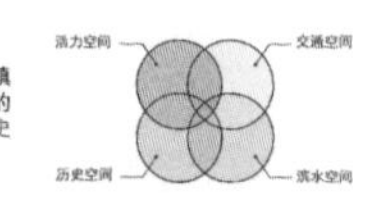

图 143

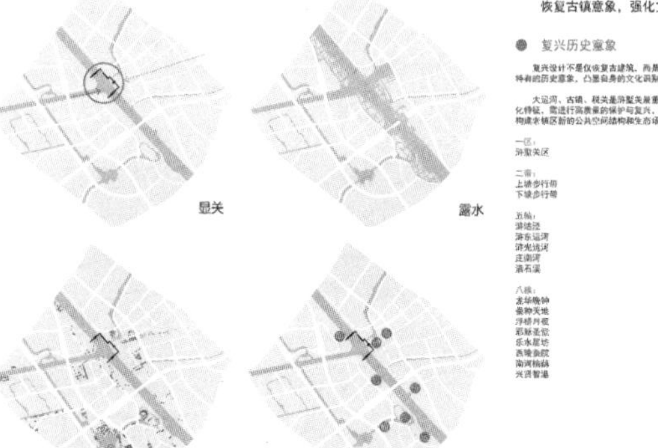

图 144

图 145

这个城市设计思考的问题，主要是强调活力空间、历史环境和运河滨水环境与交通可达性的综合性设计与品质提升。所以我们提出建立以大运河为核心的公共活动中心，从五个策略上去做（图 143）。

策略一，恢复古城意象，强化文化特征（图 144）。设计建议做两座步行桥和恢复龙华晚钟的景点。规划本来这里就要做桥，我们希望再加一座，以龙华晚钟景点的布局，在这里形成税关区的意象，船经过时能感受到历史的场所感。而龙华晚钟又是老镇区传统商业街的对景，可沿滨水区都以步行为主，修复绿化生态和历史景点。

考虑到大运河的通航要求，步行桥采用桁架结构。桥两侧的水塔和印刷厂老厂房被保留下来，我们希望这两座桥是穿插在建筑里的，立体连通了二层的商业建筑群与博物馆区，而非桥与房子相互分离（图 145）。

面向大运河的龙华晚钟景点由黄印武老师设计，通过现代钢构件的设计诠释传统建筑的神韵。朝向老镇一侧的前面的中心广场节庆时期可作为公共活动，

设计策略 1
恢复古镇意象，强化文化特征

图 146

设计策略 1
恢复古镇意象，强化文化特征

● 蚕种天地

图 147

设计策略 1
恢复古镇意象，强化文化特征

● 耶稣圣堂

图 148

设计策略 1
恢复古镇意象，强化文化特征

● 影院

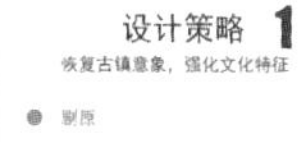

图 149

平时是个浅水池，由此步行街的端头就有了龙华晚钟的景点（图 146）。

图 147 是大有蚕种厂，也在步行街上，我们将本来道路建设要拆掉的一栋民国建筑移到了街角，让它成为步行街的重要对景。

这边上是一个天主教堂（图 148），本身比较小，后面增建了一个大一些的教堂。

这是步行街上的老电影院（图 149），门厅部分之前被拆掉了。我们将门厅按原形态比例复建，但用新的材料技术，并与新的影视文化街区结合在一起。总体而言，每个场地都有自己的特色，新的设计主要采用一种灰色的方法将老建筑联成一体，把不同时代的建筑特色呈现出来。

策略二，发挥环境潜能，镇区面向运河（图 150）。原有规划的道路和运河关系不大，我们的城市设计希望通过林荫路可以直接达到滨水区，使滨水区成为整个镇区的公共空间。图 150 下面是对天际线高度的控制，使其能看到小阳山。

从老镇的鸟瞰示意图（图 151）中，可以看到很强的空间辐射作用，引导人流通向运河边。同时加强路网和运河的联系，在每条路的尽头设置小广场和雕塑。

滨水区基本以步行空间为主，并加密路网，提升机动车的到达性（图 152）。

步行桥和沿岸建筑的二层步行体系联系在一起（图 153）。根据通航要求，步行桥的水面净高 9m，相对地面，大概 6m 左右的高度，正好是建筑的二层平台标高，有利于商业的立体开发。

步行桥的连通同时考虑了与建筑的结合和对景关系（图 154）。

步行桥与河对岸的吴文化博物馆二层相连通（图 155）。这里有个小故事，老馆长喜欢收藏老物件，他说建筑风格一定要有老味道，不喜欢现代建筑。博物馆的外立面呈现传统建筑风貌，但中庭好像钻石形态，意喻运河之钻，表达的是收藏物都是精品，与步行桥相互呼应。

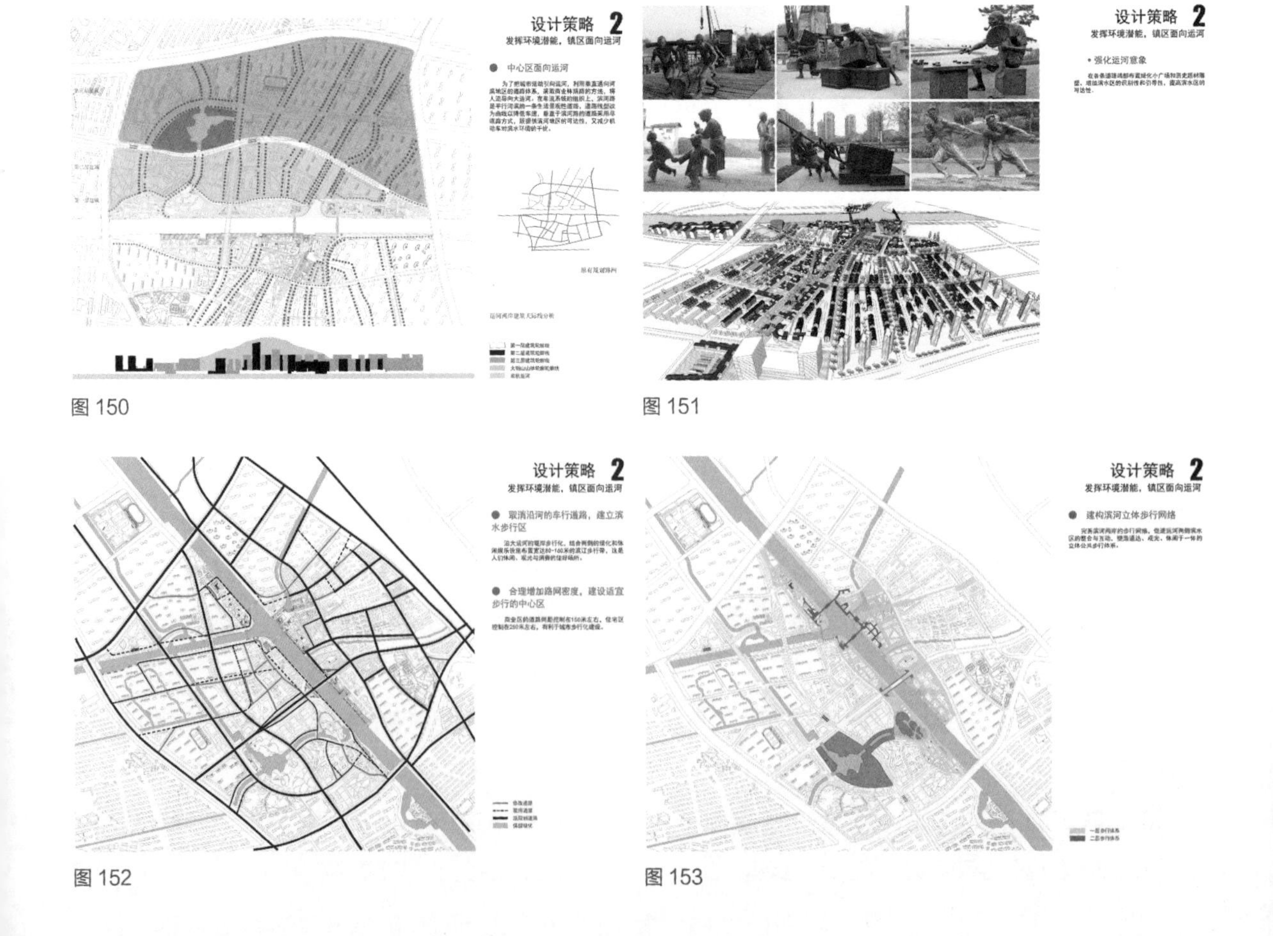

图 150

图 151

图 152

图 153

这是与步行桥联通的保留的老厂房（图 156），可观景休闲，右侧则是保留的水塔。

关于步行桥，我们调整了桁架桥的结构形态，将边角切掉，希望它矮一点，可以和边上的民居建筑体量保持协调。桥的内部我们做了二层空间，二层以后做茶座咖吧。同时我们加宽了桥中部的观景平台（图 157）。

桥的外部是钢结构，内部是温暖的木质装修。为了强调中部的放宽，两旁的廊道尽量做窄，到当中就自然放开形成广场（图 158）。

从桥面入口可以看到保留的水塔和对面的老街区（图 159）。

桥入口的尺度做矮还有个好处，可以突出内部空间的高。上桥的沉降缝处刻上大运河的遗产编号，能让人认知到脚下的运河是世界遗产，突出场所感（图 160）。

图 161 中的图片是桥体内部从一层通过楼梯步入二层空间并望向河面的实际场景效果，桁架结构形

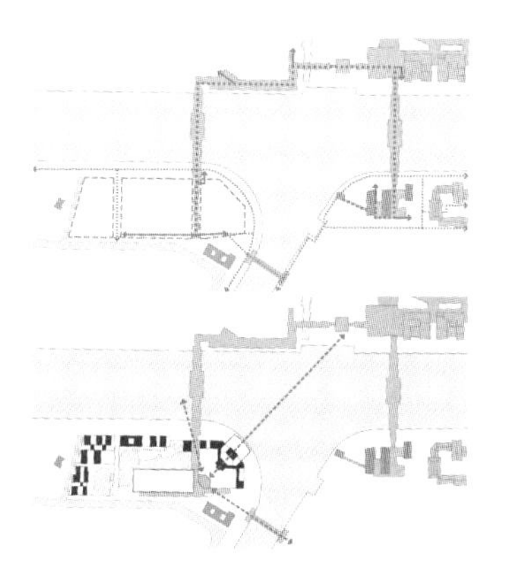

图 154

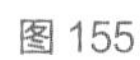

图 155

图 156

图 157

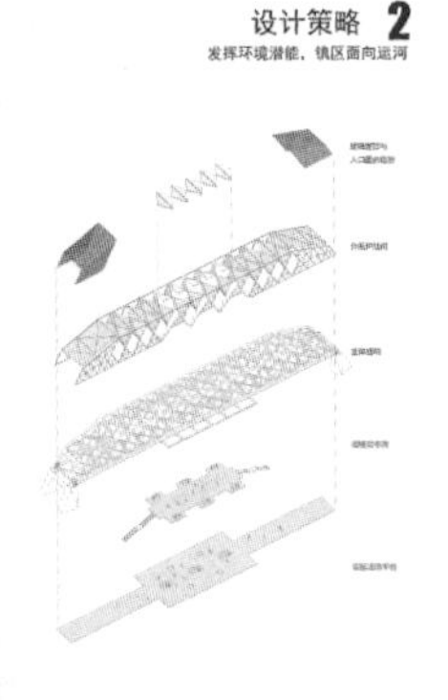

图 158

图 159

图 160

图 161

成的空间既可以作为观景平台也可以作为书吧或茶室使用。

在桥出口处可以看到小阳山。内立面采用了传统园林的花格窗图案（图 162）。

底层中部放宽的平台设有 WIFI，可以休憩，也能看到对面的桥（图 163）。桥的底层是公共通行区，二层是消费空间，希望通过消费空间和公共空间的互相监管与维护，促进各种活动的交织与共享。

图 164 上部是同济研究生们画的关于历史上大运河苏州段古桥的图，所以这个桥还有展示桥文化的作用。

夜里白色透明的桥外立面和室内温暖的灯光极具吸引力（图 165）。

策略三是关于功能布局（图 166）。我们主张这里由外来游客与本地居民共同使用，更偏向于服务社区，依据不同人群的需求，来考虑白天或晚上的商业、文化以及福利与盈利的相互关系。

策略四关于旅游服务设施（图 167）。方案前后

设计策略 2
发挥环境潜能，镇区面向运河

图 162

设计策略 2
发挥环境潜能，镇区面向运河

图 163

图 164

设计策略 2
发挥环境潜能，镇区面向运河

图 165

设计策略 3
丰富功能布局，促进地区繁荣

● 提升片区中心活力，构建运河为特色的公共活动中心（CAZ）

对活力的强调是新时期城市竞争力提升的重要保障，功能复合与活动多元化是营造持续活力的关键措施；公共中心同时应着力塑造地方特色，营造宜人的步行和公共活动环境。

与传统CBD、RBD不同，CAZ（公共活动中心）强调不同时段的持续活力，以及各种活力的高度集中，成为更优质的公共中心发展理念。

居民 — 游客
老人 — 小孩
富商 — 工薪
商业 — 文化
盈利 — 福利
白天 — 晚上

图 166

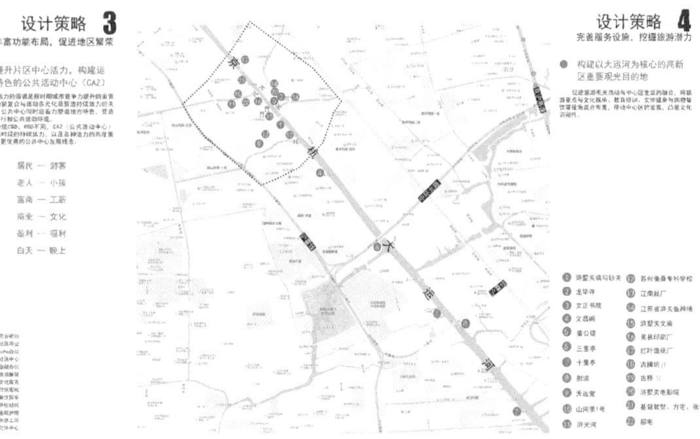

图 167

修改历时 8 年，其中一个阶段正好是省里强调大运河文化，浒墅关这边因为我已经做了很多相关设计研究，希望将这里作为宣传重点，因此我们又做了一个关于运河苏州新区段的整体规划，把前后两侧一起连通考虑。

这里同时容纳了各时期的历史文化遗存，丰富多彩，不同于一般意义上的江南水乡古镇（图 168）。

旅游规划需要考量怎么走到各个景点，怎么联通这里的七座桥和五条河（图 169）。

还要考虑怎么去用这些老房子（图 170）。

这是与旅游相关的停车组织和步行游线（图 171）。

策略五是关于慢行社区（图 172）。因为这里最终还是居民来使用，我们建议老镇区应该是步行友好的。

图 168

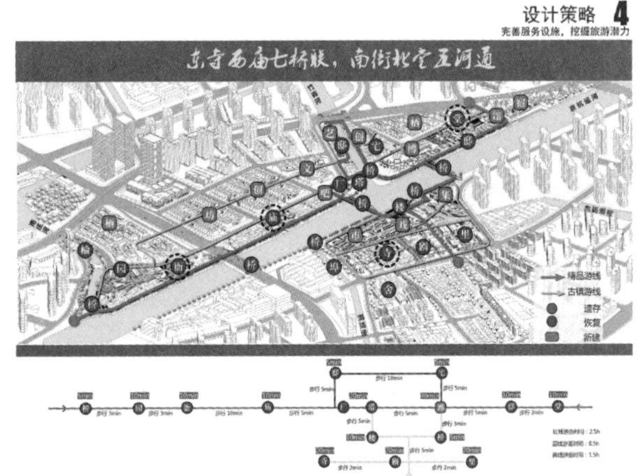

图 169

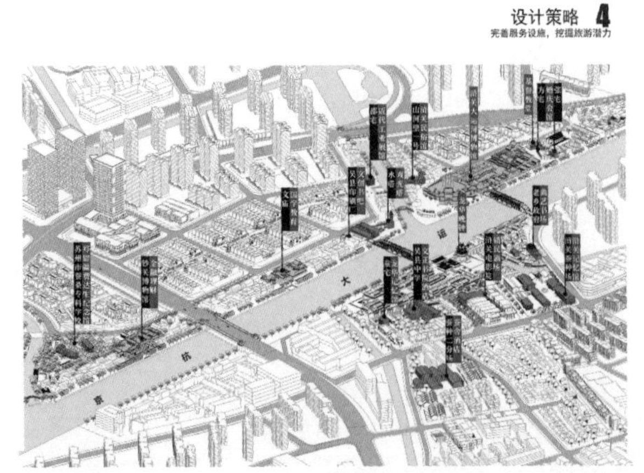

图 170

图 171

老镇区建筑高度应该以水塔和龙华晚钟最高，其他地方限高，高层建筑布置在外围（图 173）。

图 174 是我们最初工作方案的模型。

目前，这个镇区在城市设计研究的基础下，进行分地块的街区单元再生建设，有的已基本建成（图 175、图 176）。

今天的讲座时间到了，谢谢大家的聆听！

图 172

图 173

图 174

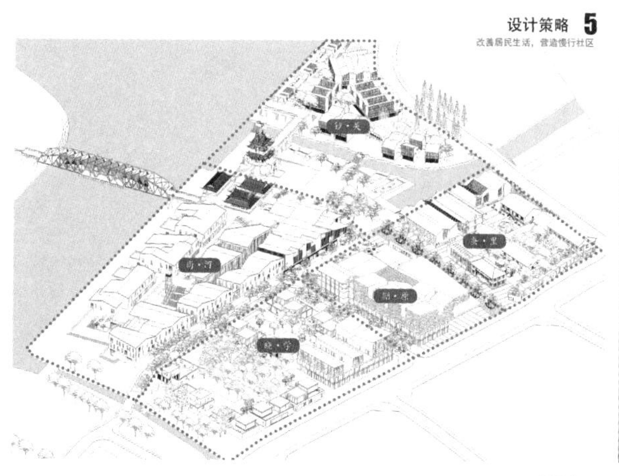

图 175

图 176

主讲人　田宝江

同济大学建筑与城市规划学院博士、副教授，博士生导师，注册规划师
上海同济城市规划设计研究院有限公司总规划师
中国建筑学会资深会员，城市设计分会理事
美国夏威夷大学访问学者
江苏省泰州市，浙江省衢州市、台州市、龙游、常山，甘肃省平凉市、华亭等地的城市规划建设顾问

研究方向为城市设计、城市开发控制及城市景观规划，主持编制完成大、中型规划设计项目百余项，出版《总体城市设计理论与实践》《全国注册规划师执业资格考试考点讲评与实测题集——城市规划原理》等专著8部，《控制性详细规划》教材一部（合著），在专业杂志上发表论文多篇

主　题　不同阶段的城市设计应对策略——城市特色风貌塑造

快速城镇化进程中，很多城市面临特色缺失、“千城一面”的问题。城市设计作为塑造城市形象、凸显城市特色的重要手段而日益受到重视。城市建设实践中，对城市设计的阶段、层次、内涵尚存在诸多认识上的误区，不同阶段城市设计的工作内容、对象、重点均有所不同，如不加以厘清，对城市设计作用的发挥将产生不利影响。在梳理现代城市设计研究的四个领域的基础上，提出总体城市设计的核心策略在于“设计结构”引导下城市整体空间框架的建构，为城市空间整体和谐发展建立规范机制；局部地区城市设计的核心理念在于对总体设计结构的落实及特色要素的植入。

今天我讲的题目是《不同阶段的城市设计应对策略——城市特色风貌塑造》(图 1)，主要谈一谈在城市风貌的塑造过程中，城市设计在不同层次、不同阶段上能够发挥什么样的作用。城市设计现在是一个热门的话题，但不同的人、不同的专业背景，对城市设计的理解以及对城市设计的认识是不同的。因为城市设计既是一个学科，又是一个专业，也是一种实践行动，还是一项城市管理的行为，而且城市设计又分为不同的阶段和层次，在不同阶段上面对的对象、工作的重点、应采取的策略也不尽相同。

图 1

我们谈到建筑、规划、城市设计这些概念关系的时候，平常可能更多的是强调他们之间的区别。比如我们在谈城市设计的定义的时候，总是会先说它跟规划有什么区别，跟建筑有什么区别。我想作为定义一个专业的学科边界来讲，这样说也未尝不可，但实际上，建筑、规划、城市设计所面对的是同一个对象，这个对象就是城市空间环境，怎么来提升它的环境品质。所以，我认为不要太刻意地去强调它们之间的区别，建筑、规划、景观都可以发挥各自的作用。

城市——建筑——城市设计

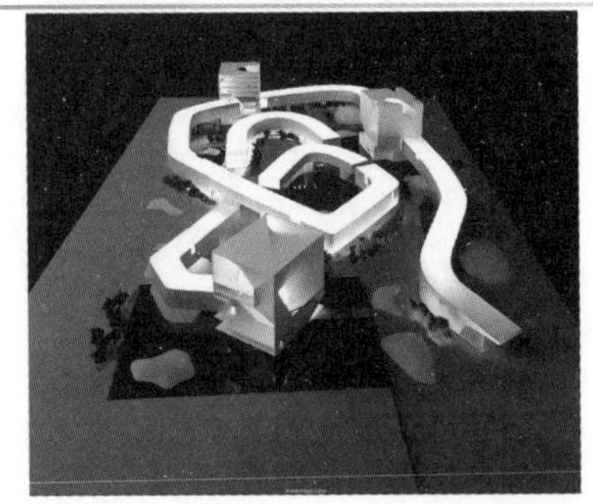

青岛文化艺术中心（斯蒂文·霍尔）

图 2

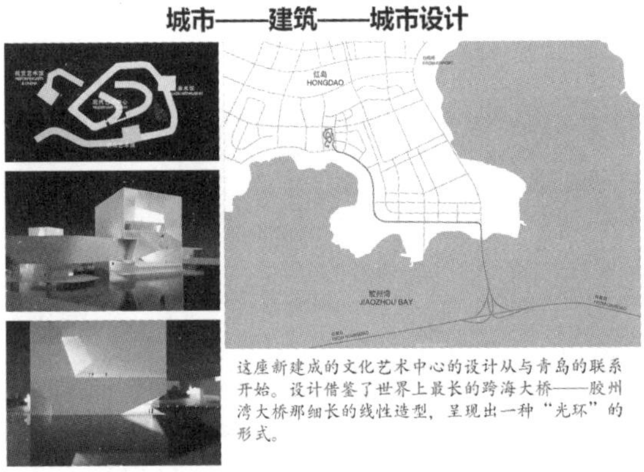

城市——建筑——城市设计

这座新建成的文化艺术中心的设计从与青岛的联系开始。设计借鉴了世界上最长的跨海大桥——胶州湾大桥那细长的线性造型，呈现出一种“光环”的形式。

图 3

城市设计进入数字时代：四代范型

城市设计经过第一代注重物质空间的传统城市设计、第二代注重城市功能的**现代主义城市设计**、第三代注重生态优先的**可持续城市设计**的发展，现在正逐步向基于大数据和新技术的第四代数字化城市设计转型（王建国，2018）

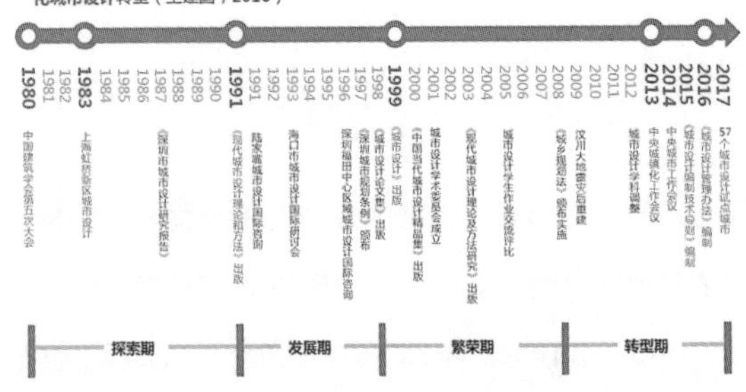

图 4

我给大家看一个案例。这是斯蒂文·霍尔设计的青岛文化艺术中心（图 2），这个设计最明显的特色是用一条回廊把四个博物馆建筑连接在一起，形成了独特的建筑形态。

当然，这是一个很典型的建筑设计。但是这个方案中标的一个很重要的理由是它充分考虑了建筑与城市结构的关系。在设计说明中明确提出，该设计一开始就是从与青岛这个城市的联系做起，还借鉴了世界上最长的跨海大桥——胶州湾大桥的线性造型，以此形成建筑的基本形态。这个线形的回廊不断环绕，最终接入了城市的整体结构（图 3）。所以从这个意义上讲，它是一个建筑设计，但更像是一个城市设计，因为它是从城市的整体结构出发，用场地与城市的关系来定位这个建筑的，这样也为建筑的成立找到了依据。与此类似的案例还有很多，比如贝聿铭设计的费城的三栋住宅塔楼，三个塔楼的位置不是随意摆放的，而是通过对城市结构网络和街道肌理的延伸来确定的。这些都是运用城市思维来进行建筑设计，所以，建筑、规划和城市设计从某种意义上讲，应该是综合的、一体化的考虑。

对于城市设计的发展阶段，王建国院士提出了城市设计四代范型的理论（图 4）。第一代，是注重物质空间的传统的城市设计；第二代，是注重城市功能、现代主义的城市设计；第三代，是注重生态、绿色、可持续发展的城市设计；第四代是与新技术、大数据相结合的，人机交互的城市设计。我们国家的城市设计发展历程，从 20 世纪 80 年代引进城市设计概念到现在也不过三四十年的时间，但是，我们可以说经历了国外一两百年的历程，我们一开始也注重物质形态，然后开始注重功能，注重绿色生态，现在开始与大数据、新技术结合。可以说我国城市设计发展过程是一个浓缩版的城市设计的四代范型发展的历程。所以在我们国家研究城市设计，更加有样板意义。现在，全世界有一半的混凝土是在中国的，我们的建设量是世界最大的，但是在城市设计的理论范式方面，我们尚未形成系统的、有示范意义的理论贡献。这是我们接下来努力的方向。

关于这四代城市设计的范型，我们来看一下它的基本价值取向。

第一代，是美学导向的、主要是遵循美学的原则：以轴线、对称、放射等形式为特征。代表人物如卡米洛·西特写了《城市建设的艺术原则》，克里尔对欧洲广场进行的类型学分析等，都是基于美学的观点。

第二代，是强调功能组织的现代主义城市设计，比较典型的就是现代建协 1933 年的《雅典宪章》提出城市四大基本功能。柯布西耶做的印度昌迪加尔的规划，就是功能主义具有代表性的一个案例。

第三代，是生态导向的城市设计，强调生态、绿色和可持续发展。代表人物如麦克哈格，提出了设计结合自然的设计理念。

第四代，就是我们现在的与新技术、大数据结合，人机互动的城市设计，强调发掘城市空间肌理的构成机制和内在规律。如希利尔提出的空间句法、巴蒂的智慧城市、吴志强院士提出来的城市树、城市发展推演等。需要强调的是，这四代城市设计，我们可以这样去给他做一个断代，但是后一代与前一代不是取代的关系，而是一个融合的关系。

怎么理解是融合而不是取代呢，比如说，手机的最新一代是可以取代前面一代的，它包含了前代所有的功能，而且还比它更先进更强大，但是，我觉得城市设计的四代范型不是这种取代的关系，就算做数字化的城市设计、生态的城市设计，也得讲功能，也得讲审美，也得讲空间品质的提升。所以我认为它是一个融合的关系，不是一个互相取代的过程。

城市设计这几年为什么这么受重视，主要的一个原因，或者是一个背景，就是在快速的城市化过程中，大家发现一个问题，我们建设的量非常大，但是精品不多，很多城市看上去都很像，千城一面，城市的特色没有了，居民失去了归属感和认同感。用什么样的手段来解决这个问题？大家发现城市设计可以有这样的功能，因此希望通过城市设计来塑造城市风貌，凸显城市特色。

面对这样的一个局面，中央最高层面已经开始重视这个问题，我们可以简单地梳理一下，从 2013 年到现在，六七年的时间里边，一些重大的跟我们城市规划设计相关的决策：

2013 年 12 月，《中央城镇化工作会议公报》提出来我们大家现在都耳熟能详的口号：望得见山，看得见水，记得住乡愁。

2014 年 10 月，文艺工作座谈会提出不要搞奇奇怪怪的建筑，在业界引起了很大的反响，什么是奇奇怪怪？到底是建筑师的问题，还是规划师的问题？像鸟巢、央视大楼“大裤衩”算不算奇奇怪怪？这些问题需要在理论上做出回答。

2015 年 12 月，中央城市工作会议时隔 37 年后再次召开，从建设与管理两个方面做出了顶层设计。

2016 年 2 月，《中共中央国务院关于进一步加强城市规划建设管理工作的若干意见》提出：塑造城市特色风貌，提升城市建设水平，并提出了“开放式街区”的概念，从此“开放街区”“小街区密路网”

等做法开始流行。

2017年3月，颁布了《城市设计管理办法》，明确了总体城市设计和重点地区城市设计这两个层次。此前，城市设计一直没有法律层面的明确定位，所以，我们总说城市设计有点名不正言不顺，直到这个管理办法出台，它的地位和内涵才得以明确。从这样的一个过程看，决策层是希望城市设计能解决实际问题，在城市的风貌塑造和提升空间品质方面发挥关键作用。

关于城市特色

我们先来看一看什么是特色。所谓特色，是指事物所特有的性质、特征，并与其他事物相区别。就是和其他的事物不一样的东西，我有的，你没有，这就是特色。对城市特色来讲，也是一样。它是城市的建成环境、社会文化和经济特征的综合的体现，它是在一定时空条件下，城市各要素形成的系统所呈现出来的一种差异性特征和关系，使观赏者产生对该城市特有的理解和认识。比如看到悉尼歌剧院，就知道是悉尼；一看到黄鹤楼就知道是武汉了，所以它是一种差异化的呈现。当然，我们说特色，它并不一定是好的，特色是个中性词，不一定是褒义的。

城市特色的属性包括四个方面。

第一个是唯一性和排他性。唯一和排他是形成特色的基础，如果我有、你有、大家都有，这就不叫特色了。第二个就是整体性，就是我们看特色不能看某一个方面，要看它整体的一个综合的反映。我们城市都是由建筑、桥梁、绿地等这些元素组成的，为什么还会呈现出差异化的特征呢？原因就在于这些元素的组合方式不同，最终呈现出来的整体性特征不一样。第三个就是时空的属性，也就是说它有时间和空间的特点，特色随着时间可以发展，可以变化。第四个就是特色有主客观的两面性，也就是说，你这个特色可能在那里客观存在，但是，我这个观看的人能不能感受到、能不能认识出来？这点非常重要，我们做了很多设计，希望能够被人所感知，但有些时候往往事与愿违。比如说，在曼哈顿这种高楼林立的地方，你做一个高层建筑很难成为特色，别人可能意识不到，但是，你做一个低矮的小教堂，反而可能成为特色。因为它和周围的环境有显著的差异，所以在城市设计中，我们要考虑到这种主观和客观的联系。

因此可以说，城市特色是一种时间、历史、文化、物质，各种元素组织在一起的一个综合的积淀。我们可以看欧洲的一个典型的城市空间——威尼斯圣马可广场，它这种高密度的，周边式的建筑围合，以实体为主等，这就是它的空间特色（图5）。

再来看看我们的苏州园林（图6），可以看到不同的空间特色。这种空间的差异，其背后反映的是一种文化和哲学的差异。我们可以看到欧洲的空间概念，它是以实体为中心的，比如说，我要突出一个建筑的重要性，我就把它的尺度做得非常巨大，比如说佛罗伦萨的百花大教堂，它的尺度比周边的房子大很多倍。中国人的概念则更强调一种虚的空间，所以我们看到苏州园林，都是围绕着中间的一个院子、一个水池，边上做一圈亭台楼阁，即围绕着一个空的东西来组织景观要素，用空间来组织形成一个整体的意向，这是一种文化的差异，或者是一种哲学的差异。所以我们认识特色，一定要去认识到它背后的文化和哲学的理念是什么，对我们理解特色会有帮助，而不是简单地去分析表面的对景、轴线等这些物质层面的东西。

城市特色缺失的原因，我把它总结为三个方面。

第一个，由于经济文化的交流，全球化带来了一种人类文化价值观的趋同，即所谓的共同价值，大家都认为这是好的，我们就按照这个方向去做，而且文化交流过程中，有强势文化取代弱势文化的一种趋势。比如，由于好莱坞的文化风行全球，使得好莱坞电影的文化、价值观，会潜移默化地影响我们。我们看这个小男孩在长城上喝可乐的照片（图 7），这是 1979 年某可乐刚引进中国的时候一个外国记者拍摄的。可乐真的好喝吗？不一定，你看那个小朋友的表情好像不是很好喝，那为什么大家都去喝可乐？因为觉得这是时尚，是一种流行，这就是某种程度上的文化入侵，是一种强势文化对你的影响。当文化价值趋同的时候，都认为这个东西这样做才是好的时候，大家最后表现出来的状态一定是跟这个相关的，都是比较相像的。

城市特色缺失的第二个原因，是城市总体结构的同质化。我们国家编制总体规划是有一套严格的规章和编制办法。道路的间距、主干道多少米、次干道多少米，都有严格的规定，规划成果要有哪些图纸、文本说明书怎么写都有统一的要求，所以最后我们看到的一个城市的整体骨架基本都是方格网，道路的间距都一样，方格网的大小都一样。所以在这样一个整体结构都给你定“死”的情况下，做出来的城市空间肯定是比较雷同的，我们可以看到，现在有特色的那些城市，像青岛、大连，往往他们的道路是依山就势，是自由型的路网，从而带来了城市形态的变化，形成了某种特色。

城市特色缺失的第三个原因，是建筑材料与建造方式趋同。在生产力比较低下的时候，人们只能就地取材，我这里产竹子，我就用竹子；我这里有石头，我就用石头做建材，最后呈现出来不同的地域特征。现在工业化以后，我们建造的材料都是钢筋混凝

二、城市特色的属性

图 5

二、城市特色的属性

图 6

三、城市特色缺失的主要原因

- 经济全球化，文化交流与碰撞，人类文化价值趋同
- 城市总体结构同质化
- 建筑材料和建造方式趋同化

图 7

土、玻璃这些材料，全世界通用，建造的方式也是大规模的工业化生产，所以造出来的建筑形象肯定是相像的，这个房子放在纽约、上海、芝加哥都是可以的，这样就造成了千城一面的局面。

在城市建设领域，我国前段时间流行欧陆风，流行搞城市灯光亮化工程等。为什么？因为大家都觉得这样是现代化，这样是气派，这样的价值观就带来了这样一种同质化的空间的塑造。

城市特色体现在哪些方面？说到底，我觉得就是两个方面，一个是物质的，一个是精神的。物质的就是城市的物质形态，包括它的自然山水环境格局以及建成环境的特征；非物质的这一块就是城市的社会、文化、经济特征等这些东西的影响。城市的风貌就是这两个方面的综合：风就是指的风情、风韵，是精神层面的东西；而貌，就是外貌、容貌，是物质层面的看得见的东西。所以风貌就是城市的外在形态和内在品质、内在文化内涵的一个统一体。

什么是城市设计？

城市设计的概念有很多，我在这里给大家列举几个比较权威的。第一个是《城市设计管理办法》，指出：城市设计是落实城市规划、指导建筑设计、塑造城市特色风貌的有效手段，贯穿于城市规划建设管理全过程。通过城市设计，从整体平面和立体空间上统筹城市建筑布局、协调城市景观风貌、体现地域特征、民族特色和时代风貌。

《城市规划基本术语标准》指出，城市设计是对城市体型及环境所作的整体构思和安排，贯穿于城市规划全过程。

《中国大百科全书Ⅲ》对城市设计的定义是：城市设计主要研究城市空间形态的建构机理和场所营造，是对包括人、自然、社会、文化、空间形态等因素在内的城市人居环境所进行的设计研究、工程实践和实施管理活动。

虽然上述定义从不同角度对城市设计进行了阐述，但其中的核心内容是相同的，这个核心内容体现了城市设计的本质内涵。

我认为主要从三个方面来理解城市设计的基本内涵。第一个就是形体空间，我们说城市设计是三维的设计，是立体的空间，是人能够进去、能够感受到的空间，这个和广义的综合的规划有所区别，规划更加关注功能布局和土地使用，而城市设计更加关注空间。比如说城市总体规划的土地利用规划图，图上的两块黄颜色，代表两块居住用地，两片黄颜色在图纸上是一模一样的，都是二类居住用地，但在实际空间中，这两个小区的空间品质可能会差异非常大，一个是环境非常好、品质很高的小区，另一个可能是像火柴盒一样的、很枯燥的空间。但这种空间上的差异在规划图纸里面是不体现的，这就是城市设计要关心的内容。

城市设计内涵的第二个方面，是关注整体的关系组织，它是一个整体的组织与协调。城市设计的重点不在于建筑个体，那是建筑学要关心的事，我们要关心的是几百个房子、几千个房子放在一起，他们整体的关系是不是协调，整体的空间品质如何。

城市设计内涵的第三个方面是美学创造。我认为这是城市设计非常重要的一个核心内容。它的最终目的就是要提升空间的品质，要做得好，要给人美的享受。这方面以前我们很羞于提及，被那个物质空间决定论给说怕了，其实我觉得城市设计就是要创造美的空间，给人物质和精神两方面的满足感。

综上所述，城市设计的核心价值就是体现在空间塑造、整体组织和美学创造这三个方面。

关于城市设计研究，张庭伟教授提出四个研究方向，我在这里也给大家做一个介绍。

第一个方向，是政治经济学的角度，也就是谈空间的政治属性。这是 1980 年代后出现的研究角度，以西方马克思主义、结构主义为框架。代表人物一个是列斐伏尔，其著作《空间的生产》（1992）提出绝对空间和抽象空间，讨论空间的社会政治意义及空间与资本的互换；另一位代表人物是大卫 · 哈维，其代表作是《反叛的城市：从城市权利到城市革命》（2014）。这个研究方向主要以研究为主，强调空间的生产是资本主义在新自由主义发展阶段的一个特点。这类研究不太重视空间的使用，基本上是理论层面比较多。

第二个方向是空间形态学角度，探讨空间的物质属性和社会属性。从形态学（morphology）、类型学（typology）等设计理论开始，进一步加入生态学、社会学、历史学等方面的丰富内容。

这个研究方向的代表人物及著作，包括 F · 吉伯德的《市镇设计》，E · 培根的《城市设计》，凯文 · 林奇的《城市意象》，G · 海克的《场地设计》，J · 巴奈特的《城市和郊区的生态设计》，H · 雪瓦尼的《公共建筑之外》等。

这个方向上的研究，不仅关注空间的功能和形态，还拓展到可持续发展、生态环保、地方特色、历史保护、社区参与等诸多方面，是当代城市设计研究的主流，比较实用、落地。

第三个研究方向关注空间的文化社会意义，即空间的文化属性，强调文化对人居环境的决定性影响。代表人物有拉波波特和佐京，拉波波特的著作包括《建成环境的意义》和《住房形式及文化》；佐京的著作《城市文化》（1996）探讨了文化对美国城市拓展、形成美国当代城市社会的重要作用，以及美国文化对全球的负面影响。

第四个研究方向是数字技术及大数据应用，这是未来的发展趋势。该研究从 1990 年代以后兴起，探讨高科技在城市设计中的应用。主要方法是建立数学模型，运用 GIS 等技术方法，对城市形态及使用状况进行模拟分析，支持设计并形成新的、有特色的、融入文脉的公共空间，这个方向将会产生新的设计理论和技术。

城市设计的层次

《城市设计管理办法》第七条规定，城市设计分为总体城市设计和重点地区城市设计两个层次。我们在平时实践中还是喜欢把它说成是三个层面：宏观层面，指城市整体的设计；中观层面，指城市的区段，比如行政中心、商业中心等；微观层面，包括城市的节点、广场、居住小区等。由此看出，城市设计具有层次性和阶段性，每个阶段面临的对象和重点也不尽相同。

在总体城市设计的层面，规划专业更具有优势，比如我们做的山东平度市中心城区的总体城市设计，规划面积约 150km^2，这样的尺度和规模对传统的建筑学来讲，把控起来可能会有一些困难。而对于微观层面的节点城市设计，建筑学和景观专业的优势会更明显。对于中观这个层面，我觉得是两个专业领域结合的一个地带，建筑向外扩大为建筑群，就到了地段级别；总体城市设计再往下做详细的规划，就到了地段级，所以城市设计是各个专业的一个融合，但在不同的层面上，各个专业发挥的作用不太一样。

接下来我分两个阶段，总体城市设计和地段级的城市设计，来给大家讲讲在不同层面，城市设计在塑造城市特色风貌方面所要发挥的作用和采取的策略。

总体层面的城市设计策略

我们先来看总体城市设计，总体城市设计这几年才越发受到重视。但其实它并不是一个新概念，总体层面的城市设计自古有之，中外都是如此。

比如我们大家都知道的《周礼 · 考工记》里的记载：匠人营国，方九里，旁三门，国中九经九纬，经涂九轨……左祖右社，前朝后市，市朝一夫……这短短 32 个字，大家不要去小看他，统治了我们将近 2000 年。所以我们可以看到唐长安也好，明清的北京城也好，都是采取了这个周王城的礼制，它是封建等级制度及礼制在城市空间中的反映。它就是反映的这样一种等级的概念，而且这个概念可以控制全城，每一个人都根据自己的职位、社会地位找到自己在这个城市里面应有的位置。

西方的案例，如希腊的米利都城，这是方格网城市的鼻祖；中世纪的理想城市、霍华德的花园城市，赖特的广亩城市、柯布西耶的光辉城市等。我们可以看到这么多的城市规划设计的理论也好，思潮也好，概念也好，它们都是从整体上去来观照这个城市，这就是总体城市设计的一个最基本的特点。

我在 2006 年出版的《总体城市设计理论与实践》这本书里面，给总体城市设计做了这样的定义：总体城市设计，也称整体城市设计，是城市整体（全局）层面的城市设计，是将城市及其周边环境的整体作为研究对象，以总体规划原则为指导，从全局上把握和制定城市空间发展整体框架，整合城市与自然环境、城市各功能片区、城市局部建设与城市整体景观体系的关系，指导下一层次的城市设计及具体的项目建设活动。我认为它是一个全局的设计，是把城市和周边的山水环境作为一个整体来考虑的，这个和我们传统的总体规划有点不一样，总体规划我们要先做一个城市用地评估，将用地分为适建区、限建区和禁建区，那些限制建设和禁止建设的区域往往就是一些生态、湿地、山体、水体等，由于这些地方不能建设或限制建设，所以我们就在可以建设的适建区范围内画路网、做结构、摆功能。这样做的结果就是从一开始就把这些城市周边的自然山水环境甩在外面不予考虑了。我觉得总体城市设计就是要把这个捡回来，要把周边自然环境和城市空间整体来考虑，制定一个整体的发展框架来指导下边的详规、具体地段的建设和建筑单体项目的设计。

《城市设计管理办法》对总体城市的要求是：确定城市风貌特色，保护自然山水格局，优化城市形态格局，明确公共空间体系。这就是总体城市的基本任务和要管控的内容。所以，我们可以看到总体城市设计所关注的并不是具体的某一个房子，而是城市整体的特色风貌格局。针对这样的基本任务和要求，总体城市设计必须要体现整体把控的特征。具体说来包括三个方面的整体框架建构：第一是城市的物质空间框架，包括公共中心体系、骨架轴线体系、空间标志体系等内容；第二是生态网络体系，包括水绿廊道体系、道路景观体系和绿地游憩体系；第三是人文活动体系，包括文化承载体系、文化风貌体系和文化活动体系。这就是城市总体设计层面我们要关心的内容。

同时，要理解总体城市设计与城市总体规划之间的关系。总体规划是确定了平面的功能布局，更注重指标、用地性质等，是一个平面的东西，城市设计要把它落实到空间中去，要找到在空间上去落实总体规划原则的最佳形式。因此，我觉得在总体城市设计这个层面，城市设计的基本的策略是建立引导空间发展的一个设计结构。也就是说，在这个层面上，我们并不关心那些具体的设计手法，而是在于整体设计结构的建构。设计结构这个词我是沿用了培根在《城市设计》这本书里面的提法，但是内涵上又有区别。

我这里提到的设计结构，是一种组织的方法，或者是组织的方式，就是用什么样的方法，把城市里边的中心、轴线、片区等要素组织起来。平时大家看到的城市功能结构图，我觉得那不是一个“结构”图，只是一个要素分布图：一心、两轴、三片等，只是这些要素的位置分布，而我们所关心的是这些要素是怎么联系、怎么组织在一起的，组织方式是什么，是通过什么样的功能流线把他们给组织起来。

设计结构所涉及的因素包括三个方面，第一个是基地条件与资源禀赋；第二个是项目需求，将来城市要达到什么目标，要解决目前城市空间里面的什么问题，第三个是组织的方式。

设计结构的建立，就是上述三方面相互作用的过程：在基地条件和项目目标之间建立起空间、功能和形态方面的联系，这种联系和组织方式在设计师头脑中概括为设计的主导观念和策略，设计结构体现为将这种主导观念以清晰的三维形式落实到基地上，引导、规范城市空间和谐有序发展，这个就是我们说的设计结构，用这个设计结构来引导空间的发展。所以，培根说好的城市设计，在城市形态引导方面，可以有一种内在的逻辑和内聚力。就像一个树干，我们可以预判他未来下一个树枝是怎么生长出来，这就是它的一个基本结构，它不会倒着长也不会斜着长，因为这违反它内在的形体生长逻辑。其实设计结构就是形成这么一个主导的框架，来引导下一步的城市空间如何发展。

关于城市整体层面的设计结构，可以找到很多现实的案例。比如巴黎的城市主轴线：法兰西发展轴（图 8）。粗看巴黎的路网，会觉得很没有规律，是非常复杂的结构，还有很多放射性的道路相互穿插，但是，如果把这条中轴线提炼出来，你就会发现它就像人体骨架的脊椎骨，从中可以看到城市空间发展的脉络。

我们简单梳理一下巴黎城市空间的发展过程（图 9），从 1300 年开始，巴黎发端于塞纳河上的一个小岛——城岛，1600 年，建设了勒诺特花园，它是对称式的布局，有一条很明确的中轴线呈现出来，然后随着卢浮宫等的一些建设，把这条轴线进一步塑造强化，然后一直延伸到现在的德方斯新区。这条轴线串联起从卢浮宫到德方斯的巴黎城市空间，你沿着这条轴线走过来，相当于走过了巴黎 700 多年的历史。

有了这个主轴以后，又生发出若干次轴，把一些重要的建筑联系起来，像埃菲尔铁塔等（图 10），然后再向下逐步延伸，就形成我们现在看到的这个密密麻麻的放射性的路网，但是，中间这个脊梁骨的核心主导作用，仍然非常显著。

下面我以浙江省龙游县城总体城市设计为例，谈谈如何来建立设计结构。大家可以看到龙游这个城市，它是一个非常典型的山水城市（图 11），其空间特征可概括为：两江——衢江和灵山江；两山——凤凰山和鸡鸣山；两滩——两个江心洲；两片——老城片区和城东片区，城市和山水紧密相邻。

针对这样的资源禀赋和城市现状，我们的设计

四、总体城市设计基本策略：建立引导城市空间整体发展的设计结构

图 8

四、总体城市设计基本策略：建立引导城市空间整体发展的设计结构

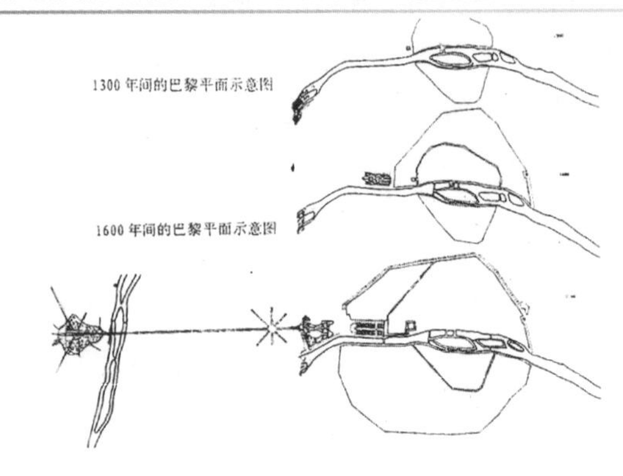

图 9

四、总体城市设计基本策略：建立引导城市空间整体发展的设计结构

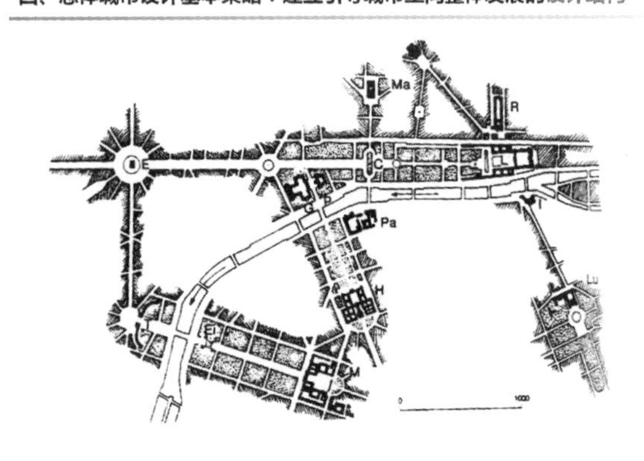

图 10

四、总体城市设计基本策略：建立尊重城市固有特色格局下的设计结构

图 11

结构就是要在城市和周边山水之间建立关联，形成统一的整体。设计结构概括为：外环内通，山水城相融（图 12）。第一步，用公共空间廊道把鸡鸣山与船厂洲联系起来，做了一个类似于华盛顿 mall 的一个开放空间，然后，再利用老的浙赣铁路沿线绿廊把鸡鸣山和西部湿地公园联系起来，再沿衢江支流上去和江心洲及龙游石窟所在的凤凰山串联起来，由此形成了一个外部的生态环。这样做了以后，我们就可以看到城市变成了自然环境的一个组成部分，同时也把山水导入了城市。两江交汇的地方，景观非常好，我们用一条斜轴线把它引进城市，同时在老城片区中部打造一条城市中轴线，来带动老城的更新，并将南部的南门文化遗址联系起来。这样就完成了设计结构的基本框架。

接下来，城市片区的设计都是在落实和延续这个结构。比如在阳光小区的规划中，小区内部的中央景观轴线就是落实了两江交汇景观轴线的原则和意图（图 13）。

再比如城东片区的城市设计，中间的公共空

四、总体城市设计基本策略：建立引导城市空间整体发展的设计结构

龙游城市设计结构：外环内通，山水城相融

图 12

四、总体城市设计基本策略：建立引导城市空间整体发展的设计结构

图 13

四、总体城市设计基本策略：建立引导城市空间整体发展的设计结构

图 14

四、总体城市设计基本策略：建立尊重城市固有特色格局下的设计结构

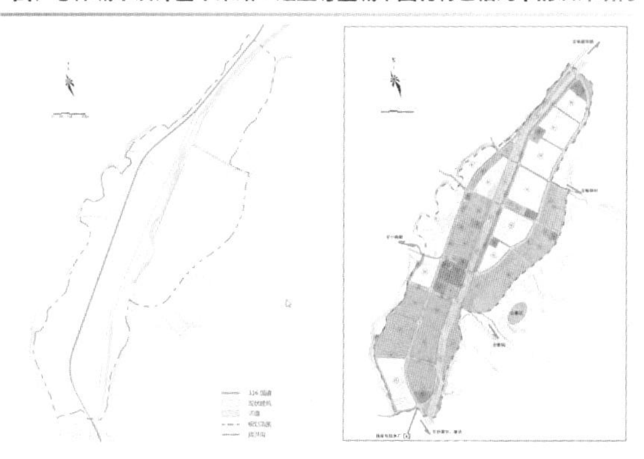

图 15

间廊道，就是落实连接鸡鸣山和船厂洲的景观轴线（图 14）。

接下来再介绍一个特色小镇的总体城市设计，甘肃省天水市的钱家坝镇，规划面积约 1.5km^2。

这个小镇的基地条件很好，是两山夹一川，中间一片平坦的用地。原来的规划方案就是把大城市的方格网直接套用到这个小城镇里面来，采用的仍是大城市的尺度，与基地环境没有产生关联，因此很难体现出基地的特色（图 15）。

我们在总体城市设计中提出了四个策略。

第一个策略是建构符合基地特征的设计结构，打造整体形象。充分尊重基地地形和特点，采用与方格网不同的自由式路网，依山就势展开，自然划分不同的功能组团并将过境交通引导到外围，由此形成小镇自由活泼的空间形象基调（图 16）。

第二个策略是打造宜人的空间尺度与步行系统。小镇和大城市最大的区别在哪，就是它尺度亲切宜人。通过对过境交通的疏导，交通形成内外两个环，在中心区形成了完全的步行化空间和滨水空间，创造出亲切宜人的空间尺度（图 17）。

第三个策略是尊重山水环境，城镇和周边的自然环境有机相融。我们规划了若干条绿色廊道，把镇区和周边山体结合起来（图 18）。这个并不完全是从景观的角度来考虑的，在我们做钱家坝规划的时候，正好赶上甘肃的舟曲发生地震和泥石流，钱家坝这个地方也有泥石流发生。我们就和当地的地质部门一起，预测了泥石流可能经过的路径，然后结合这些路径做成了绿化的廊道，将来真有泥石流下来的话，它就会顺着这个绿化廊道来走，对城镇的破坏和影响是最小的，所以这些绿廊不仅仅从景观方面考虑，也是生态和防灾结合起来考虑的体系。

第四个策略是传承地方的文化特色，展示现代城镇风情。我们把陇东的民居建筑特点做了一些提炼，把当地的向内的单坡建筑特色运用到新的建筑中，使得镇区的建筑既有现代的韵味，也有地方的传统特色（图 19）。

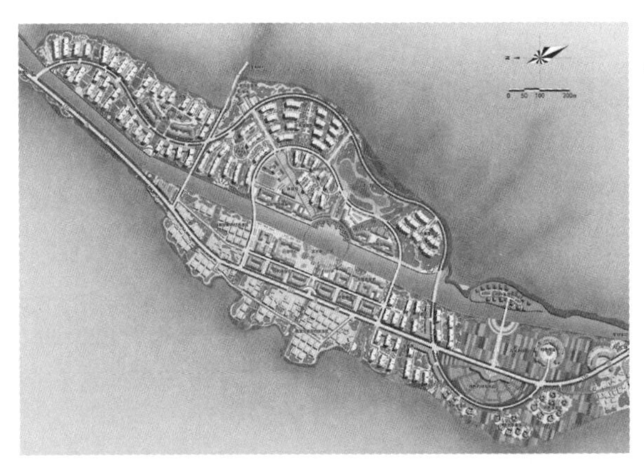

图 16

图 17

图 18

图 19

总体城市设计层面的几个重点问题

一是建筑风格。地方领导都很关心我这个地方要做什么风格。我们经常会面对传统的与现代的问题，到底应该做传统风格，还是现代风格？我认为在建筑风格的问题上不要简单化和符号化。北京以前提出“夺回古都风貌”，不管什么建筑都要做一个大屋顶，连西客站这么现代化的一个大型的交通建筑，上面也要做个小亭子，其实是非常可笑的一件事情。我觉得传统与现代完全是可以融合的，我们可以用现代的材料和语言来诠释传统，比如 SOM 做的金茂大厦，这当然是现代建筑。但是他充分借鉴了我们宋代密檐塔的做法，把层层收分的做法融入高层建筑，创造出崭新的建筑形式，这种对待传统的态度，比简单的复古和模仿要高明很多（图 20）。

再比如谷口吉生设计的铃木大拙馆（图 21），是和魂洋风的极好体现。既有日本特色，又充满时代特征。体现地域文化传统，同时又结合最新的技术，传统和现代有机融合。

二是城市色彩问题。城市色彩跟当地的文化、气候、建筑材料等密切相关，它是一个历史沉淀形成的过程。人为地划分色彩分区和规定建筑必须是某种色彩，往往是得不偿失且很难操作，甚至会形成新的千城一面。

人们普遍认为不能把红的绿的，这种太跳的对比色放在一起，但是欧洲的一些小镇就是把这些颜色放在一起，也很协调（图 22）。所以，关键要看他的文化背景和地域条件，经过多年积累和沉淀，它会变成合理并被人们所接受。

三是城市天际线。城市天际线控制也是总体城市设计的一个重要内容。关于城市天际线，我想强调两点，第一点是认识城市天际线，一定要知道城市天际线不是一成不变的，它也在不断发展变化中。比如纽约的天际线，原来有世贸双塔，现在没有了，变成了一个新的世贸中心，天际线开始发生了变化。我们可以看一下纽约城市天际线变化的过程（图 23），最

五、总体城市设计基本控制领域和内容

传统——现代

图 20

五、总体城市设计基本控制领域和内容

案例三：铃木大拙馆

图 21

图 22

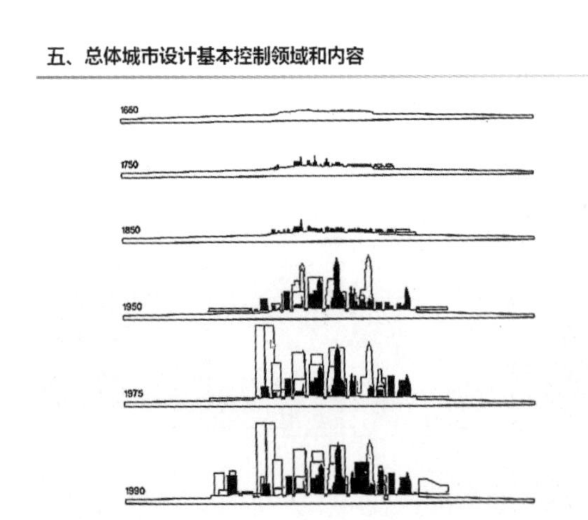

图 23

初只是一个小渔村，没有什么天际线，一直到了 20 世纪 60~70 年代，以世贸双塔为代表的一大批高层建筑拔地而起，它才呈现出国际大都市的天际线。所以城市天际线随着城市的发展而发展、变化，是动态的过程。第二点要强调的就是天际线不是城市每个地方都要控制。一般是对于特定的重要区域，比如滨水区、公共中心区等。而且，观察天际线一定要有特定的观赏视角和观赏的距离，天际线的形态才能得以成立。比如说，我们看外滩，你从浦东滨江大道来看，外滩的天际线是比较清晰的（图 24）；而你从东方明珠上往下看的时候，外滩的天际线就淹没在整个大环境里面，不那么明显了（图 25）；你如果在外白渡桥上来看，外滩的建筑都叠加在一起，天际线也就不存在了。所以天际线不是一个固定的东西，一定要有特定的观赏点和观赏角度，它才存在。很多城市设计中提到天际线起承转合，前提是必须在特定的地点观赏，换一个角度，它就不存在了。所以，我们在做特定的滨水区、重点地区的天际线设计的时候，一定要考虑从哪里去看，从哪个角度去看这个天际线才实际存在。

五、总体城市设计基本控制领域和内容

图 24

总体城市设计的价值取向

整体观，即对城市空间的整体把控。我们说，望得见山看得见水，一定要在整体层面上去控制才能实现，整体上不管控，到了局部去看，一个大楼已经建起来，已经挡死了。所以，一定要整体控制，这是总体城市设计最重要的价值观。以香港为例，为了实现观看太平山的景色，通过多方面的协商，最终形成了七条视廊，这七条廊道里面不能建高层建筑，以免造成对视线的遮挡，这样的工作必须在城市整体层面进行才能发挥效用。

五、总体城市设计基本控制领域和内容

图 25

片区层面的城市设计策略

第二个层面，我来介绍片区层面也就是局部地段的城市设计策略。

局部地段的城市设计，其策略就是要落实和深化总体城市设计的设计结构，在此基础上植入特色要素，体现地块的特征和优势，提升地块空间品质和价值。

我们采取的办法，就是特色植入，在地块中间规划了一条中轴溪，打造一个内部的滨水空间，提升了空间品质（图 26）。千岛湖素有秀水天下的美誉，

1. 千岛湖青溪新城及珍珠广场城市设计（特色要素植入：中轴水系）

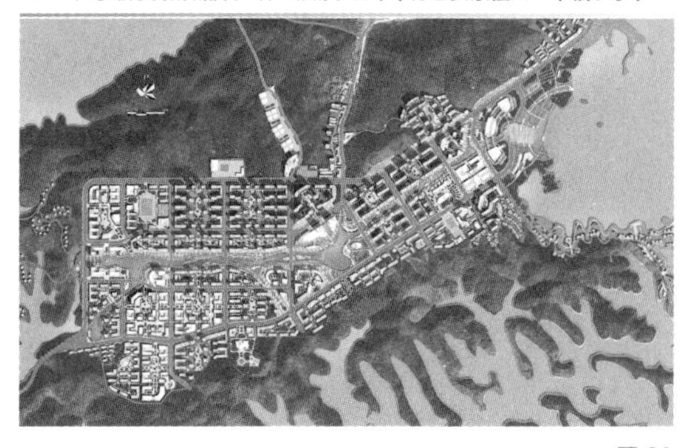

图 26

1. 千岛湖青溪新城及珍珠广场城市设计（特色要素植入：中轴水系）

图 27

我们就在这里把水的文章做足，做了各种各样的水的形态：有湿地、有湖泊、有落差，有人工的、也有自然的等等，同时把与水文化相关地方元素结合进来，打造了一条室外水文化展示长廊，把千岛湖的地方文化特色充分体现出来。

这是一期建成以后的实景（图 27）。

下面的案例是我们做的平凉市庄浪县南城区城市设计（图 28、图 29）。

3. 庄浪县南城区控规及城市设计（中心营造与空间发展框架）

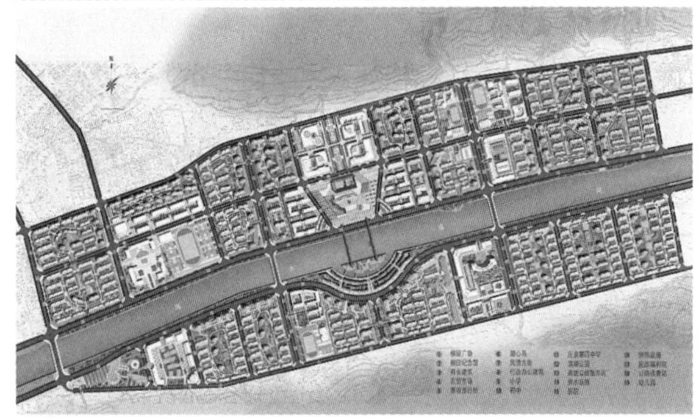

图 28

庄浪县是国家梯田示范县，以梯田闻名。南城区是城市新区，承担着疏解老城人口、提升城市品质的职能。基地也是两山夹一川的带形用地，为了塑造空间特色，我们在设计中特别突出空间中心的营造，并力求用清晰的空间框架引导空间发展。设计在基地中部规划了一条轴线，将两侧的山体进行联系，将山体梯田景观引入城市，在轴线与河流交叉点形成空间中心，将滨河南路做成圆弧形，自然围合形成中心广场，广场周边布置行政办公和公共服务设施，在东西两侧的组团内，分别引入庄浪四中和中医院。新区最缺的是人气，我们要靠这些公共设施把人吸引过来，由此形成了中心营造与空间发展框架相结合的设计结构。

3. 庄浪县南城区控规及城市设计（中心营造与空间发展框架）

图 29

小结

以上，我们从城市特色风貌塑造的角度，探讨了不同阶段城市设计的应对策略。新时期特别是国土空间规划背景下，对城市设计也提出了更高的要求。作为高校，我认为对于城市设计教育应注重四个方面素质的培养：

一是全局意识和综合能力；从整体上把握项目，

明确项目与周边环境、与城市整体结构的关联。

二是协调能力；可以清楚知道各工种在项目中应承担的角色并合理分配和协调。

三是执行能力；城市设计要求项目能落地，可操作，设计师的执行力不仅体现在对空间发展导则的制定，更体现在协调各利益相关方去落实空间导则的能力。

四是空间创意能力；城市设计的核心价值就在于对城市空间质量的提升。

城市设计需要综合运用多种专业知识，并明确不同阶段、不同层面城市设计面对的对象、解决的重点问题的差异性，有针对性地采取适当的策略。同时要强调城市设计与城市规划管理相结合，这样才能充分发挥城市设计的作用。

由于时间关系，我跟大家分享的内容就到这里，谢谢大家！

福荣里

主讲人　吴　伟

同济大学建筑与城市规划学院景观学系教授，博士生导师
建筑与城市规划学院学术委员，博士，注册规划师
英国、美国访问学者
上海虹桥风貌总控顾问、上海（迪士尼）国际旅游度假区特聘顾问
世界华人建筑师协会常务理事、城乡特色学术委员会主任委员
主持上海虹桥风貌规划、青岛市色彩规划、宁波东钱湖国家旅游度假区规划、澳门风貌规划、温州市绿地系统规划、苏州吴中区绿地系统规划等

主　题　规划设计师如何思考——方塔园、澳门及上海虹桥

研究型大学意味着什么？多规合一规划、大设计意味着什么？当项目出现一百个方案时、当规划设计师与别人的想法不一致时，不能不反思——如何研究、如何策划、如何规划、如何设计，才是合理有效的心法？

提纲：1. 各种研究思维、2. 实践与证伪、3. 规划设计思想、4. 设计思维、5. 规划思维、6. 策划思维、7. 决策思维、8. 结语。

1. 各种研究思维

体力和运动不是一回事，脑力和思维也不是一回事。规划设计机构称为建筑设计研究院、城乡规划研究院、园林科学研究院等，带有“研究”二字，研究型大学的学生应具备过人的规划设计思维能力。

思维有很多种。数学需线性的逻辑思维能力。经济学要建构和验证数学模型。历史学研究过去共同的客观现象，但思维路径各有不同，得出的历史逻辑也不同。社会学研究现在并预测未来，尽管准确预测未来像预测地震一样万分困难，但仍要合理解释现象，通过各种定性定量工具得出多元的结论。政治学是特殊的，法律、政策是确定的、稳定的，社会却是多元流变的。土木工程学面对地质、水文等复杂条件，须在不确定性中确定工程对策措施，不仅取决于合理取样、科学运算，也有赖于大师预判和推测。金融学被公认为复杂科学，管理学、生态学、艺术学难道就不复杂？军事指挥学被称为“指挥艺术”可见一斑。

规划设计思维具有非理性属性。如果规划设计一片军事防御阵地，建成之后会不会蓦然发现，这片“马奇诺防线”实际上是无效的？与金融、生态、艺术、军事指挥相比，规划设计也同样具有不确定性和高度复杂性。研究表明，除大脑皮层参与思维，大脑还有90% 是迄今未知的黑箱。牛的拉力可以犁地、撞击力足以毙敌，牛群在受到狮群攻击时所拥有的个体力量之和本该更大，然而实际上反而大幅地变小了——人类也一样，集体无意识导致群体不等于个体之和。规划设计师面对无意识，似在黑暗中摸象、在迷宫中寻路。

思维模式可以校改。用色彩画水体的时候普通人会选绿色，美术家却会画成白色、蓝色或橙色等，因为普通人"理性地认知"水体的固有色，而美术家会"思维矫正"地通过白色反光、蓝天云彩来"再现"水体。人类和动物的感觉、感知过程相似，但人类能够思维矫正和思维模式分工。

人类思维尚无法把控自主神经系统。思维训练和运动训练，都离不开大脑和非自主神经系统，也离不开交感神经、副交感神经等自主的神经系统的强烈影响。成人遇大事会提醒镇静，以免自主的交感神经、副交感神经干扰正常思维。规划设计师对客观规律孜孜以求，但无法克服"类恐高"等自主神经反应的干扰、无法逃脱人类无意识"本能"的驱使。执迷偏见、笃信假象、背离真理仍十分常见。"黑箱"存在于相关学科的前沿地带，大幅增加了规划设计思维的复杂性。

2. 实践与证伪

某县政府十分重视城市建设，长期秉持着徽派城镇"粉墙黛瓦马头墙"的"导则"。粉墙白色、黛瓦黑色加上马头墙符号，确实精妙。不过，徽派传统城镇实际存在的灰色（约占 30%）被忽略了。徽派建筑木构架、围合防护材料、内饰家具的棕褐色木材，在日常生活中的时间占比高达 85%，也被该"导则"忽略了！

传统两层、三开间住房，变成了六层、三门洞、多排的住区，"粉墙黛瓦马头墙"这个善意、精彩、但不完全的研究归纳，丢失了灰色、丢失了棕褐色，尺度足足放大 3×3×3 达 27 倍。该"导则"的选择性缺漏、无底线地放大，结局可想而知。

3. 规划设计思想

维特鲁威早先提出实用、坚固、美观。现代建筑大师赖特提出环境、空间、材料三要素。

设计大师理念比较一览见表 1。

设计大师理念比较一览 **表 1**

人物	维特鲁威	阿尔伯蒂	沃顿	拉斯金	舒尔茨	勃罗德彭特
建筑的要素	实用 坚固 美观	需要 便利 功效 愉悦	方便 愉悦 坚固	祭祀性 真实性 力量感 美感 生命感 纪念性 服从性	建筑 任务 形式 技术	适用 坚固 愉悦 工期 造价
人物	赖特	柯布西耶	格罗皮乌斯	密斯	阿尔托	路易斯·康
设计关注点	环境 空间 材料	造型 美学 精神	功能 经济 工艺	秩序 空间 比例	情感 环境 材料	哲思 原型 材料

国际设计大师提出了各式主张，其中勃罗德彭特所开创的创造学，提出了适用、坚固、愉悦、工期、造价五要素。哪一种最合理？共性是人们可以对照他们的作品并从中获得启迪，要素论是设计师生成理念和风格的基本模式。

进一步深入到要素和要素之间关系的思维，称为关系论，通常见诸方案比选、技术标准对照、规划设计分析、效能模拟、学位论文等。

生命周期、演替过程、阶段性系统调控等复杂有机的系统思维，称为过程论。各种过程理性、各种价值信念的分野，形成了不同的规划思想。规划思想表现为理论专著，也表现为信念与行动的模式。

社会没有兴趣绕弯——"最终思维"注重博弈和成败。古代有田忌赛马、猜硬币博弈，现代有矛盾论、

“囚徒困境”等，概括为博弈论。例如完全竞争市场中的产量依存关系，通过对方消失使自己获得重生，以“相互毁灭”达成动态平衡、相互依存的结果，所谓“存在即合理”。规划设计离不开这种产量依存性博弈。

上述要素论、关系论、过程论、博弈论的思维模式背后，存在着形式逻辑和辩证逻辑。规划设计师在撰写报告、发表学术成果时须符合形式逻辑，对于调查研究解决实际问题时，离不开量质互变、否定之否定等辩证逻辑。思维模式越靠后者越难言状、越趋近真实。手持锤子见啥都是钉子的思维，常见于学究思维、前计算机“辅助思维”。

4. 设计思维

将一段细铁丝弯曲成回形时，该铁丝就有了夹纸片的功能。对铁丝扭转、回弹力的认知是理性思维，通过形象思维弯曲形成夹纸功能的过程，称为回形针设计创作。

设计创作离不开相关概念、关系和规律的理性思维，也离不开形象思维和应变能力。设计创作是科学技术和文化艺术相结合的思维过程，需要脑力禀赋、学识眼界和反复磨炼。

上海松江方塔园是设计创作的典范。基地内有宋代木塔，明代照壁，清代天后宫，元代石桥以及周边地区出土、移地保护的文物，场地有河流、古树名木、竹林和部分乡土树种，规划定位为历史文物公园，面积 $12hm^2$，由同济大学冯纪忠先生主持设计。

受集体无意识的影响，通常会采用中轴线规划布局，冯先生根据实际情况，一反常态地采用独特的轴线错位、方向回转的解构重组规划布局。在传统木结构、灰空间原型的基础上，探索了砖、石、土、木、竹、钢等材料结构特性、形式表现及其美学特征。在传统“写意”原型的基础上，大胆探索、充分表现了“清新”“酣畅”“练达”“诙谐”“洒脱”等现代审美取向（图 1、图 2）。

方塔园迅速引起了各界关注。我当时作为推荐免试研究生有幸师从冯先生，曾向导师请教“设计创作应该如何面对高雅与通俗的关系”？冯先生平静而坚定地说道：“设计具有教育的功能”。这句话深深地影响了我，规划设计不仅仅服务于当代人。

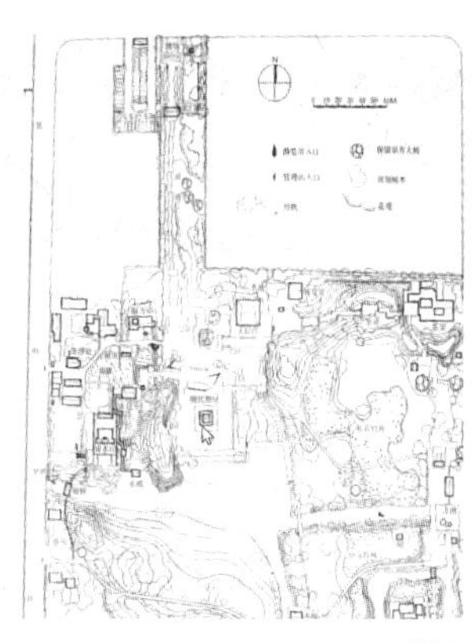

图 1

图 2

方塔园横空出世，既耳目一新又似曾相识，技术与艺术完美地融合至反常合道的境界。随着时间推移，方塔园越来越体现出穿越时代的价值，被中国建筑学会评为建国 60 年 60 个优秀作品之一（其中唯一的园林设计作品），被列入国家文化部颁布的新中国首批历史保护建筑名录。

5. 规划思维

规划作为公共政策须将个体理性转化为社会共识，并进一步外化为有序的集体行动。实质权威性是关键纽带，它源于技术经济的逻辑，也遵循政治的逻辑。

在技术、政治双重规律之间，充斥饱含着多元社会千丝万缕的辩证逻辑，包括个体与集体、局部与整体、历史与逻辑、确定性与不确定性、特殊性与普遍性、体验与认知等诸多关系。

上海虹桥商务区核心区风貌规划概况。核心区位于虹桥空铁枢纽、国家会展中心之间，面积 3.7km^2，规划定位是绿色低碳、创新共享的世界级商务中心。风貌规划由我中标主持，并作为常务顾问参与了规划实施过程。

存在问题与深层原因。新城风貌如何避免一放就乱、一管就死，避免与全国 600 个高铁新城“千城一面”？西方到 20 世纪 70 年代才想起“80 年前的西谛”被雪藏，我国到 2017 年才重拾起 2005 年规划编制办法所取缔的景观风貌专项。国际、国内为什么都不约而同地雪藏、取缔风貌专项呢？深层原因在于，现代城市规划一直浸润于自然科学、社会科学两大范畴，形成了“规划思维”的“锤子”。新城风貌却不是“钉子”，而是属于思维科学范畴，是空间文化取向、设计心理的社会协调过程。国内外不约而同地发现了“规划思维”无法解决风貌问题。

治理对策与管理依据。法国（1993 年）、日本（2004 年）先后颁布《景观法》，痛下决心走出了对自然科学、社会科学理性的“路径依赖”，为思维科学范畴的城市治理另辟了蹊径。从中国国情视角看，法、日《景观法》在新城风貌方面相对薄弱、在历史风貌方面则交叉重复，该体制似无必要。经研究发现，法、日在“思维科学范畴”的单独立法，在法学和公共管理学领域具有里程碑的意义。

虹桥风貌规划的对策之一，是针对思维科学范畴的特点，运用暗示心理学理论，在常规“规定性”“引导性”控制的基础上，新增了“启示性”控制。对策之二，是在尚无《景观法》的条件下，管控深度达到重点路口场域，风貌图则纳入附加规划条件。这两项对策使“启示性”控制（激发创作而不是单因素限制）与新城管控的实质“权威性”二者形成合力，借此顺应“思维科学”规律、摈弃简单粗暴的“导则”、现行法律法规适用。

规划措施和管理创新。围绕“祥云”而展开的风貌启示性管控与空间形态管控，二者相互分离、并行地纳入许可管理程序，在实现精细化管理的同时提高行政效率。该“分离培育型”的风貌治理模式，既吸收了法、日《景观计划》单列治理的优点，又保持了德国城市设计的空间形态控制效能，还融入了启示、激发创作的东方神韵。虹桥管委会将之总结为“业态、形态、生态、神态”管控。通过“启示性控制”，形成了有别于法、日程序模式、英美导则模式的“分离培育型”风貌治理机制——简称“虹桥模式”（图 3）。

如今虹桥风貌已揭开了面纱，公众对此评价如何？

新城风貌如何控制才有实效？有哪些经验和教训？对此展开的虹桥风貌规划实施评估报告，摘要如下。

样本选取。东部沿海五个副省级城市的新建商务区，包括：杭州东站商务区、宁波南部商务区、南京河西商务区、天津响螺湾商务区、上海虹桥商务区核心区。风貌实景照片采用相同型号相机、相同拍摄要求、相同气象条件，每个商务区 5 张共 25 个场景。

问卷设计与双盲调查。通过“问卷星”手机答题，收回有效问卷 435 份，有效率 94.6%，被试者来自不同社群、不同行业、不同年龄段。

统计分析的可靠性。得分排序如图 4 所示，为了验证排序的可靠性，又对被试者中从事建设或设计行业的 87 人增加权重（乘以 4）作为对比，结果分值排序正相关且进一步拉大距离，这表明专业人群的评价更为灵敏高效。

得分的线性回归分析。整体建筑群风貌评价得分与建筑色彩、肌理细部得分的决定系数分别为 0.834、0.799，与肌理色彩二者的决定系数为 0.846。该数值接近 1，表明因变量整体建筑风貌评价得分与自变量建筑色彩、肌理细部评价的得分具有强相关性。

五个商务区风貌生成机制分析。均为政府主导（管委会）、土地挂牌出让、采用城市设计，但是对待风貌专项的差异较大。天津在城市设计之前有色彩规划研究，成果部分采纳。杭州遵循城市总体色彩规划，它对该片区要求过于笼统单一。南京编制了城市设计和细致的导则，对于新城空间文化的辩证性难题应对不够。宁波重点深化了水系、屋顶、业态等人性化空间，影响显著，但对色彩肌理调控不足。虹桥在德国 GMP 公司城市设计之后，进一步增加了风貌专项，并建立了“分离培育型”管理程序。

双盲调查统计结果。五个商务区的得分（由高到低）排序是：上海虹桥商务区、天津响螺湾商务区、南京河西商务区、宁波南部商务区、杭州东站商务区。

风貌规划实施评估反思。风貌属于文化专题，应提前介入并融入城市设计的空间布局。调查实验发现，宁波的滨水步行街深受好评，而德国味、高密度小街区的虹桥，却没有类似的触动。实验设计则是按可比性原则将“建筑群体风貌”作为主要评价对象，其他如水体、大树等特例被隐去，宁波得分因此而下降。自然景观、商业街在城市风貌感知评价中的重要性超

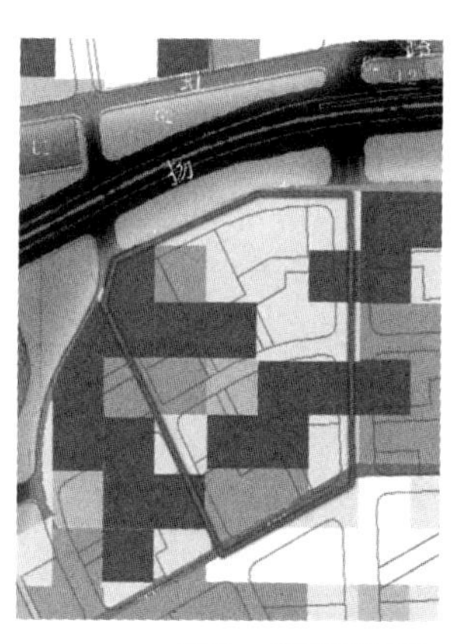

图 3 “虹桥模式”

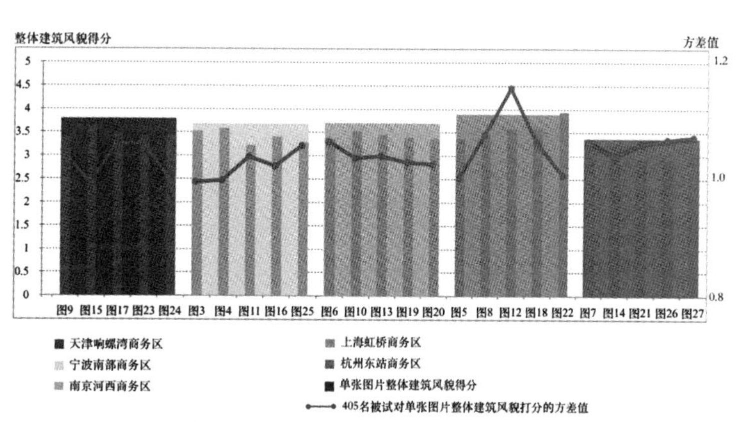

图 4 405 名被试者对单张图片的风貌评价得分及其方差值统计

乎预料。反思虹桥的城市设计过于“德国化”、未能充分利用好水网。同济规划组介入虹桥后对此专门提出了增添“滨水商务游憩环线”的补救方案，无奈市政道路桥梁已完工、调规在时间上也不可行，一切为时已晚。留下了经验教训——新城风貌调控应起步于城市设计之前，协调于具体场域关系之中，最后落实于附加规划条件。这种“跨阶段”全程控制要求，与成文法体系“一过性编制”的现实不相适应，这成了关键瓶颈。

6. 策划思维

策划思维关注生与死、行不行、要不要等根本问题。计划条件下的策划，表现为可行性研究、项目建议书等；市场博弈条件下的策划，表现为需求、产品、技术、竞争、融资、营销、门槛、护城河等“大规划”“大设计”。策划思维具有过程论、博弈论的特征，是在不确定性与确定性、必要性和可行性、风险与概率、成本和收益等对立关系中，寻求谋略性、可承受性的统筹过程。

澳门世界遗产地区更新，现状为小高层高密度老城中心区，道路十分狭窄、盘错，多为一车道单向交通。

第一，我们选取9个步行人流观测点，调查交通（图5），推算店铺租金分布状况。

第二，模拟道路全网效能，比较方案的性价比，以零拆迁，打通路网瓶颈（图6）。

第三，利用原有单向交通系统，组织投放免费电瓶车专用线，定向疏导现有步行人流。

第四，结合码头区复兴，打造成为澳门旅游枢纽，包括增加水上泊车、广场地下停车、现有地面停车改为旅游大巴专用；打开滨海视廊；置换鲜花码头和码头仓库功能，成为滨水餐饮娱乐不夜城（图7）。

第五，再一次更新步行街，将狭窄冗长的零售街改建成为蒲澳餐饮街区（图8、图9）。

十多年来，澳门聘请了许多城市设计国际大师，做过多轮更新规划。我们的方案采用了“游旅比”最大、风险与成本最低的更新策略，并打造了仅次于博彩旅游的又一个都市旅游拳头产品，被认为是“最具可行性的感人方案”，使该地区的房价、租金迅速飙升。

7. 决策思维

决策是为解决问题而确立目标、论证行动方案的判定过程。假设将相关要素罗列后进行排列组合，可

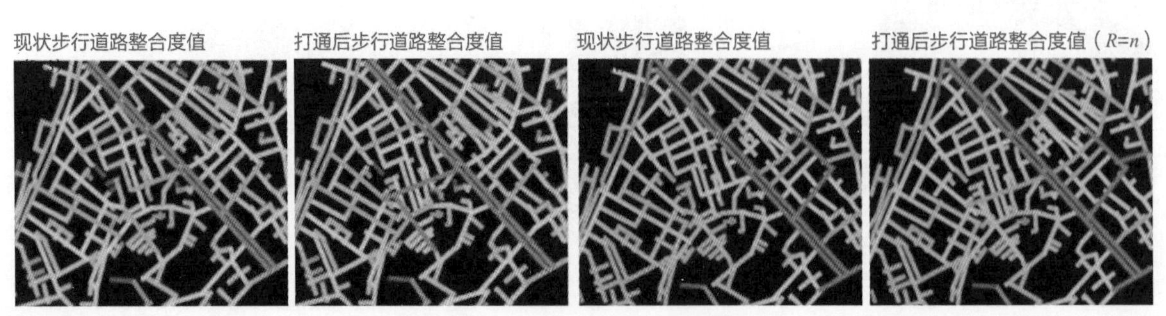

图5

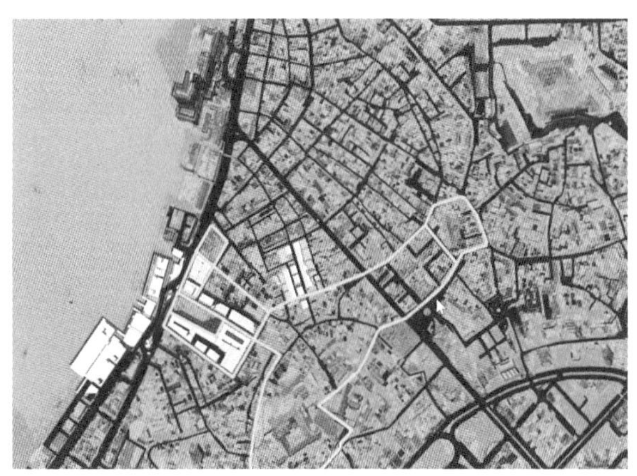

图 6

图 7　打通视廊、开放岸线、仓库功能置换

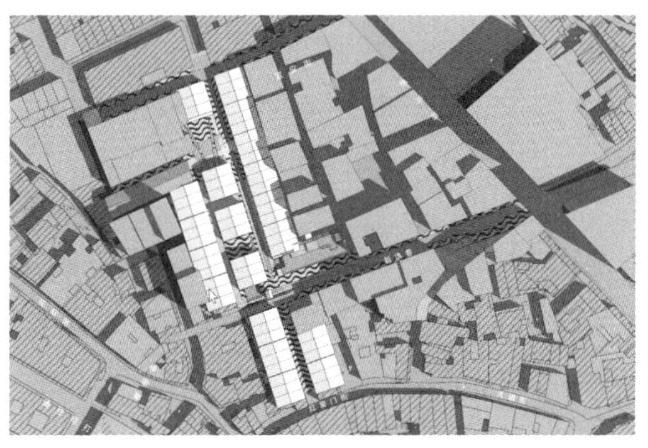

图 8　狭长形零售街改建成为街区型餐饮中心

图 9　蒲澳餐饮街区入口效果图

获得 9 万种结果，这意味着同一个地点会有 9 万个方案。加上宜居城市、绿色城市、生态城市、健康城市、休闲城市、海绵城市、韧性城市、智慧城市、浪漫城市、梦想城市、公正城市等，哪一个可以否定呢？

当规划设计方案一口气说出很多目标时，基本已可判定尚未找到目标；当局限于理论概念时，须增加对关键问题的关注；当热衷于口舌之快时，可用数据增加说服力、用身心体验形成吸引力。决策思维并不仅仅局限于左脑的皮层。

决策按类型可分为程序化决策和例外决策、经验决策与科学决策、低风偏稳健决策与高风偏冒险决策等。经验决策尽管快捷、高效，但脱离了科学决策、公众参与。规划设计一旦服务于公共事业，决策最终遵循的是满意原则，而不是最优原则。

8. 结语

作为规划设计师，有的手持锤子看什么都是钉子，有的看到钉子就用锤子。眼和手是有温度的，工具可以改用最合适的。

主讲人　张尚武

博士，城市规划系教授
建筑与城市规划学院副院长
上海同济城市规划设计研究院副院长
中国城市规划学会理事
中国城市规划学会乡村规划与建设学术委员会主任

主　题　上海 2035 空间战略展望——上海城市发展的过去、现在与未来

上海作为我国城市发展的一个缩影，正在进入经济社会及空间发展方式全面转型的历史阶段。面向 2035，上海既面临着作为国家中心城市参与国际循环、全面增强全球竞争力的任务，同时面临着发挥区域带动作用、增强城市发展动能的要求。上海新一轮城市空间发展战略，需要在充分把握重大趋势的基础上，建立从宏观、中观到微观三个层次空间结构优化的策略框架，提升超大城市的空间治理能力。

这堂课的内容主要给大家介绍一下上海面向2035的空间战略（图1）。上海2035总规于2017年12月获得国务院正式批复，这是十九大召开之后国家层面批复的第一个城市总体规划，对于上海的未来发展具有重大意义，也代表了当前国土空间规划改革的方向。

图1

从地理环境看，长江和沿海交汇决定了上海在国家战略中的重要性。上海的区位优势是随着近代工业文明的兴起逐步显现的。在传统农耕文明时代，长三角冲积平原演化成为我国重要的农业和商品经济发达的地区经历了一个漫长的过程（图2）。

鸦片战争后，上海成为中国最重要的对外门户。20世纪20~30年代，上海是远东地区最重要的经济中心城市，包括工业、金融、商贸等功能，当时的亚洲没有第二个城市能够跟上海竞争。那个时期的城市建设也为上海留下了许多近代历史遗产（图3）。

在上海2035总规里，把历史文化遗产保护放在了一个非常重要的位置，提出了历史城区的概念。上海近代遗产非常丰富（图4），包括外滩、里弄，特别是在滨江地区，是中国近代工业、市政设施建设的发祥地。杨浦滨江工业遗产的价值是世界级的（图5）。

上海的过去

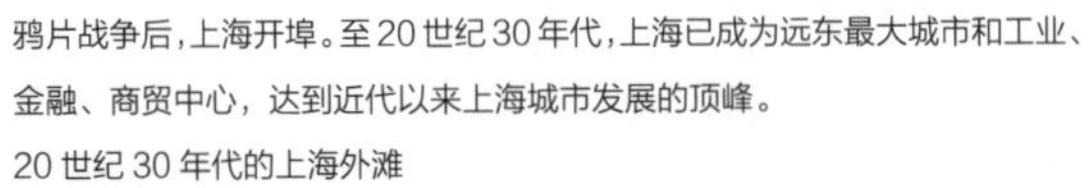

鸦片战争后，上海开埠。至20世纪30年代，上海已成为远东最大城市和工业、金融、商贸中心，达到近代以来上海城市发展的顶峰。

20世纪30年代的上海外滩

图2 豫园

图3

上海的12个历史街区

衡山路—复兴路历史地区

里弄

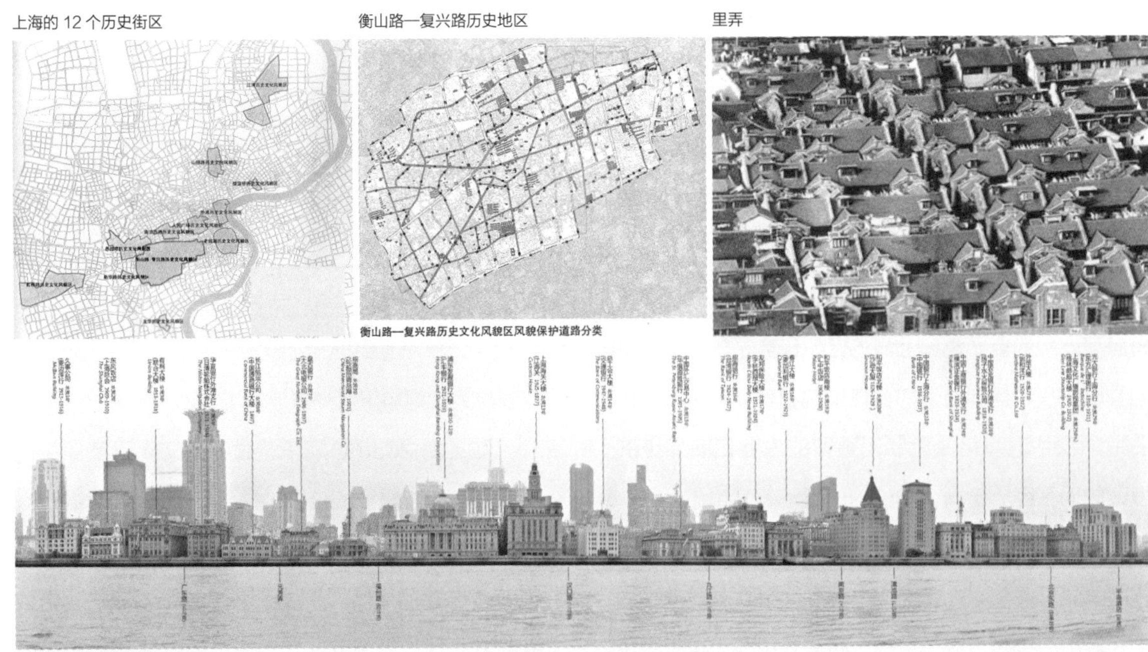

外滩：“万国建筑博览会”

图4

图 5

上海历史上做过几次非常重要的规划。20 世纪二三十年代的大上海计划，是上海近代第一次开展的比较重要的规划。主要围绕现在五角场地区规划建设上海未来的市中心，留存下来的历史建筑包括上海图书馆、市政府、江湾体育场等，还保留下来一项非常独特的历史资源，就是五角场地区的路网格局（图 6）。

另外一次重要的规划实践是在抗日战争结束之后，在 1946~1949 年间开展的上海都市计划，是当时面向未来 50 年开展的综合性规划，同济的金经昌先生、李德华先生等参与了编制工作。这次规划是中国近现代规划史上一次非常经典的规划实践，体现了有机疏散思想，对 1949 年后上海的城市规划也产生了很大影响。

从中华人民共和国成立到改革开放 30 年里，上海的城市功能发生了重大变化，由一个具有国际影响的综合性经济中心城市逐步成为国家最重要的工业城市（图 7）。为了尽快建立起国家工业化基础，城市工业生产功能大大强化。为了保障生产领域，执行“先生产，后生活”的城市建设方针。到了改革开放之初，上海第二产业比重接近 80%，城市用地高度紧张，生活设施建设严重滞后。

1983 年，上海市启动改革开放以后第一版总体规划，1986 年正式批复。当时的用地结构反映了城市基本状况。1982 年，中心城区建设用地 149m^2，人均 24.7m^2，意味着在 150km^2 范围内居住了超过 600 万人，每平方千米达到 4 万人，这是一个非常高的密度。各项用地指标都远远低于现在的城市建设

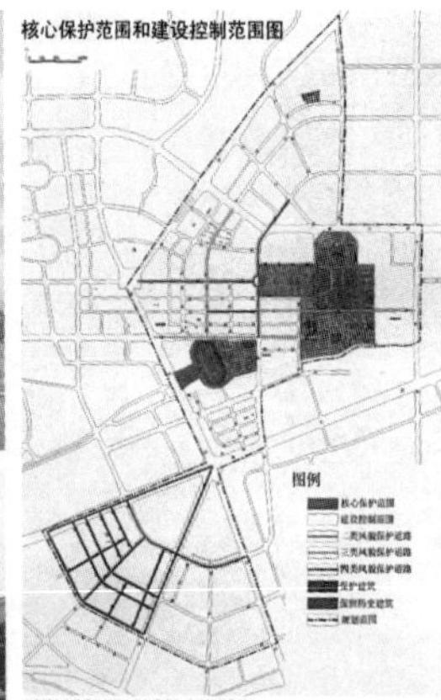

江湾五角场历史街区

图 6

解放以后的上海： 作为中国最重要的工业城市

从 1950 年代开始至 1970 年代末，在国家工业化背景下，上海成为中国最重要的工业城市。1980 年代：在改革开放的头 10 年，上海面临着艰难调整的要求。

1982~1993：城市空间格局的调整

用地类型	1982 年			1993 年		
	面积（km^2）	比例（%）	人均用地（m^2/人）	面积（km^2）	比例（%）	人均用地（m^2/人）
居住用地	48.4	32.5	8.0	135.1	27.8	16.1
公共设施用地	12.7	8.5	2.1	29.9	6.1	3.5
工业用地	30.5	20.5	5.1	137.6	28.3	16.4
仓储用地	5.8	3.9	1.0	21.5	4.4	2.5
对外交通用地	3.7	2.5	0.6	46.1	9.5	5.5
道路广场用地	13.7	9.2	2.2	35.0	7.2	4.2
市政设施用地	4.2	2.8	0.7	6.4	1.3	0.8
绿地	2.7	1.8	0.5	9.2	1.9	1.1
特殊用地	1.9	1.2	0.3	17.6	3.6	2.1
其他用地	19.5	13.1	3.3	47.9	9.9	5.9
总用地	149	100.0	24.7	486.0	100	57.9

图 7

标准，比如，居住用地人均仅 8m^2，道路广场用地人均只有 2.2m^2，绿地人均只有 0.5m^2。

改革开放后的第一个十年，是“上海艰难调整的十年”。一方面，城市建设面临很多历史欠账，当时的城市建设投资主要还是靠政府，市场化的投融资机制还没有建立。另一方面，当时改革的重心是非公有制经济，空间上主要在乡村地区，上海以大量的国有企业为主，发展速度滞后于周边地区。经过大约十年的发展，上海城市建设发生了很大改观。到 1993 年，上海启动改革开放后第二轮总体规划编制，中心城区的建设用地规模已经达到 486km^2，人均用地达到 58m^2。

1990 年代开始，上海进入了“浦东跨越的十年”（图 8）。在 1980 年代，改革开放试点主要以经济特区和沿海开放城市为主。从 1990 年代开始，以浦东开发开放为标志，国家开启了沿海全面开放的格局。当时的“两个大局”的战略构想，就是东部先发展，等东部发展起来，再带动内陆地区全面发展。

浦东的开发开放对上海来讲具有划时代意义，上海开始进入真正意义上的快速发展阶段。国家对外开放重心由珠三角逐步转向长三角，以沿海为主的开放格局逐步形成。城市经济发展和城市建设领域的市场化改革加快，推动了沿海地区大城市快速崛起。在这个时期，上海实现了由国家工业中心城市向国家综合性经济中心城市的转变。

进入 2000 年以后，上海开始进入“迈向国际大都市的十年”。2001 年中国加入了 WTO，中国经济开始全面融入全球经济体系。上海凭借区位优势，在外资、外贸、进出口等方面迅速成为中国最重要的链接国际的对外开放门户城市。10 年里，上海在全球城市体系中的地位迅速提高，实现了从国家经济中心向国际化大都市的转变，2000 年至 2010 年，上海在 GaWC 世界城市中的排位由 28 位上升到第 7 位。

上海总体规划（2001—2020）对这一时期的城市发展发挥了重要指导作用。明确了四个中心定位，

1990 年代：浦东跨越的 10 年

1990 年代，国家开始确立了沿海开放战略，1990 年浦东开放开发战略的提出，标志着上海进入快速发展时期。

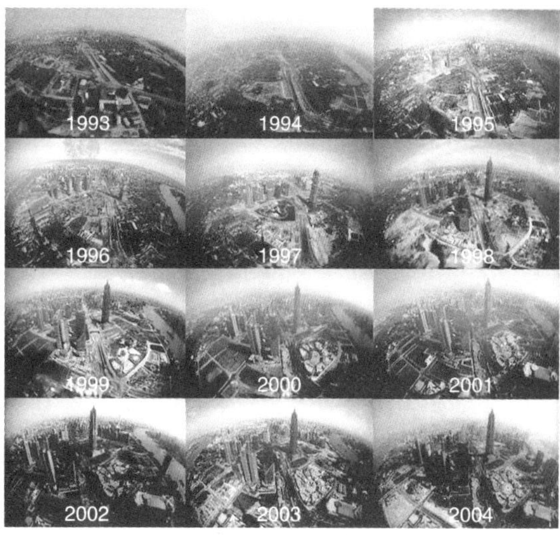

图 8

即国际经济、金融、贸易和航运中心，及中心城 + 新城的空间布局。这一时期建成了支撑国际大都市的战略性基础设施，包括洋山深水港、浦东机场等。目前上海集装箱吞吐量保持全球第一，超过 4000 万标箱，港口总吞吐量全球第二。上海虹桥、浦东两大机场总吞吐量超过 1 亿人次，是中国最重要的国际门户，国际货物吞吐量排在全国第一位。城市更新步伐大大加快，为了举办 2010 年上海世博会，从“十一五”开始，每年轨道交通建设里程达到 50~60km，这一建设速度一直保持到现在，目前轨道交通总里程接近 800km。这十年也是上海扩张速度最快的十年，每年土地出让面积在 70~80km^2，每年人口增长达到 60 万 ~70 万人。

2010 年以来，上海又进入了一个新的历史阶段，即“十二五”提出的“创新驱动、转型发展”。经过浦东开发开放以后的 20 年，城市格局已经发生了天翻地覆的变化。目前上海城市人口超过 2400 万人，建设用地达到 3150km^2（图 9）。

上海经济社会运行已进入一个新的发展周期，构成了 2035 总体规划编制的背景（图 10）。大约从“十一五”末开始，上海最早开始进入“新常态”，经济增速明显放缓，特别是制造业增速明显下降，服务业比重快速上升。从外部环境来看，2008 年金融危机对全球贸易、国际市场产生了巨大冲击，上海作为国家门户，受到的影响首当其冲。从内部环境来看，上海的人均 GDP 已经突破了 1.5 万美元，经济发展动能面临转换。过去上海一直强调双轮驱动，即现代服务业和先进制造业，过去的主导产业，如钢铁、石化、汽车等，都面临着过剩产能，并且经济运行成本上升，科技创新能力不足已经成为上海发展的瓶颈。上海要建设具有全球影响力的科创中心，正是在这个背景下提出来的。

上海的现在

过去 20 年上海的发展

- 人口：1500 万 ~2400 万人
- 建设用地：1600~3100km^2
- GDP：3600 亿 ~30000 亿元，人均 GDP 26000~129000 元 / 人
- 国家经济中心城市向国家门户和国际化大都市的转变

图 9

城市社会经济发展转型的挑战

- 城市发展已经进入新一轮发展周期
- 经历了快速发展和制造业发展黄金 10 年之后，经济结构面临调整要求，第三产业快速发展，目前已经超过 70%
- 经济运行成本快速上升
- 城市科技创新能力不足

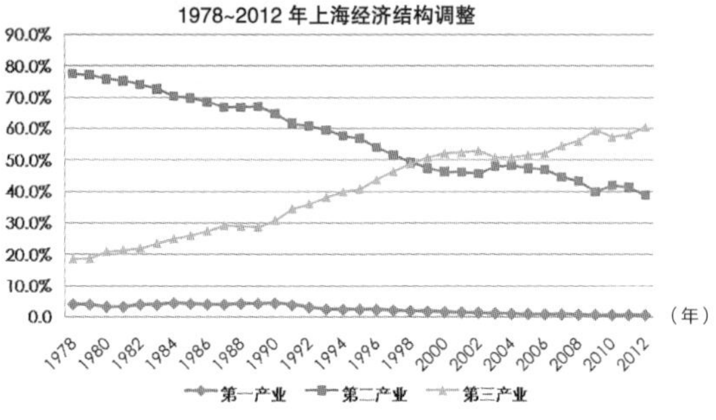

图 10

上海转型发展面临的挑战是全方位的，不仅在经济社会领域，在空间增长方式上同样也面临着转型要求。

上海是一个高密度的巨型城市。人口分布密度高，空间蔓延压力大。比较上海与国外城市的集聚状态，芝加哥的人口大概只相当于上海的 1/3，但空间 4 倍于上海。东京作为亚洲城市，人口密度相对较高，上海郊区的密度跟东京差不多，但从市中心向外半径 10~15km，接近 1000km^2 的范围，上海的人口密度比东京要高出一倍。

高密度带来的人居环境的挑战。从上海 2000 年到 2010 年人口密度变化情况来看，全市人口密度下降地区主要是崇明岛和市中心，内环至外环周边是人口密度主要上升地区。目前人口密度最高的并不是黄浦区、静安区，而是虹口区，杨浦区人口密度也在上升。

上海城市空间也面临结构调整的要求，突出反映在城市边缘带的矛盾。从这一地区人口增加看，人口密度上升，房地产大量开发，但基本公共服务缺口大，就业岗位缺乏，生活性中心发育不充分，轨道交通支撑不足，潮汐式交通明显，轨道覆盖密度和效率不够。

空间竞争力是城市竞争力的重要维度（图 11）。提升上海的全球竞争力是国家战略，是上海的历史使命和责任担当。尽管上海已经具备了全球竞争力，但主要还是在规模维度，在创新能力、文化、宜居性、生态环境等方面存在明显短板，这是上海未来发展的重大挑战。

未来的目标是一个城市制定空间战略的基础。上海 2035 提出“迈向卓越的全球城市”（图 12）。目标是成为比肩纽约、伦敦和东京的世界级全球城市。上海 2001 版总体规划提出的目标是“建设国际化大都市”，核心是“四个中心建设”，即经济中心、金融中心、贸易中心和航运中心。四个中心主要是围绕经济维度展开的，而上海 2035 提出的“迈向卓越的全球城市”之后，增加了三个支撑性的维度：创新之城、人文之城和生态之城。这包含了上海这一轮总体规划的基本思想和对全球城市的认识。作为一个更加具有全球竞争力的城市，包含了更加综合的发展维度，核心是经济维度，特别是金融中心的功能，但支撑维度是成为创新之城、人文之城和生态之城。

制定一个城市的空间战略，最重要的是对城市发展目标的理解和对支撑策略的认识。对于上海 2035，核心是要把握支撑上海“迈向卓越的全球城市”的空间逻辑是什么。其主要有三个方面：

提升全球城市竞争力

- 作为国家战略
- 竞争力的短板：创新、文化、宜居、环境

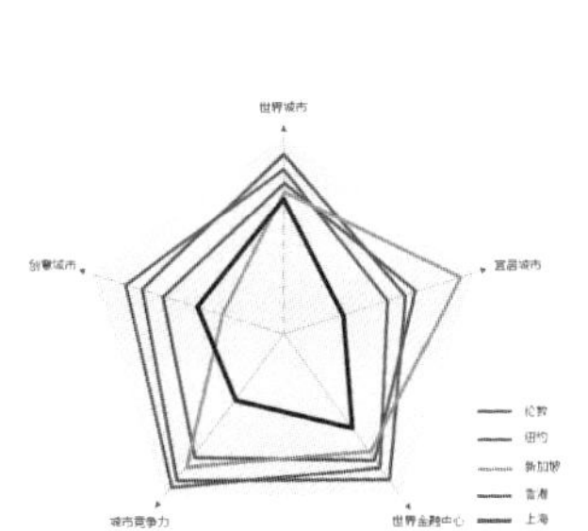

2000~2010 年上海在 GaWC 世界城市排名的变化

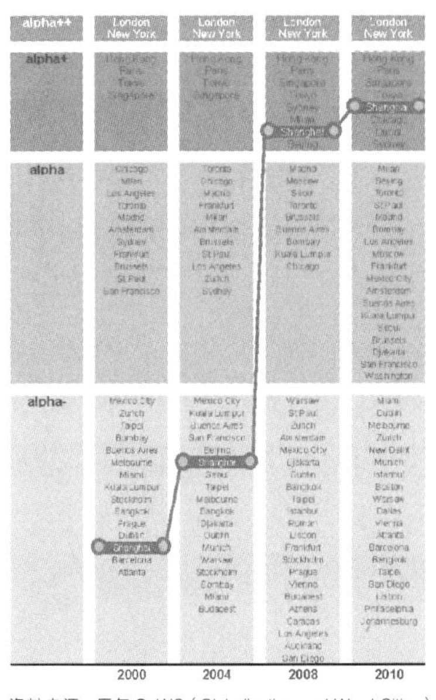

资料来源：历年 GaWC（Globalization and Word Cities）手册，拉夫堡大学 GaWC 小组

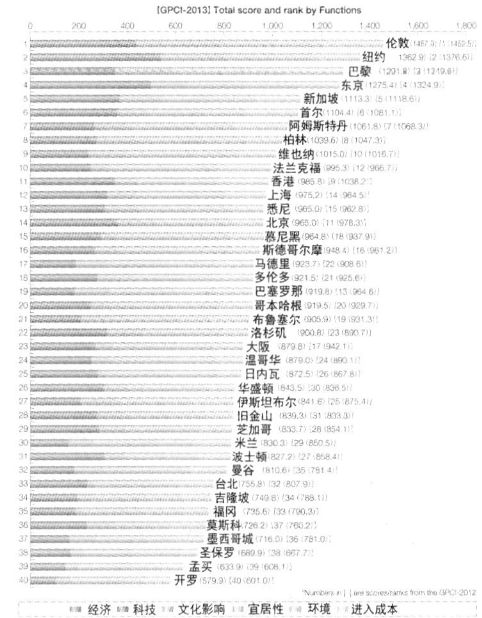

图 11

第一，未来城市的竞争力和可持续发展的根本，是四个关键词，生态、文化、宜居和创新（图 13）。生态是第一位的，良好的生态环境是未来竞争力的基础，上海是高密度城市，这对上海来讲是重大挑战。其次是文化，城市竞争力的本质是文化竞争力，深圳为什么能够迅速地成长为全球重要的科创中心城市，核心是因为深圳吸引年轻人，开放包容，充满活力。再次是宜居，不仅是生活质量，更重要的是公平，只要你付出了，就能获得成功的机会。最后，是创新能力，不仅要吸引创新要素，还要形成不断创新的迭代能力，就是我们讲的创新生态环境，包括软的和硬的，创新基础设施和创新公共服务。教育是未来发展的基础设施，未来社会是学习型社会，可以获得终身教育成为城市的一项基本功能。

这四个关键词与城市功能目标结合在一起，构成了城市确立发展新动能和空间战略的基础（图 14）。上海全球城市的功能目标，大致可以划分为三个维度，第一是基础维度，围绕着人力资本和物质资本，核心是支撑人力资源的宜居环境，并成为交通通信枢纽。第二是支撑维度，科创创新和文化创意，与经济发展形态高度融合。第三是核心维度，上海全球城市的核心功能是对全球经济活动的控制力，包括金融、全球或区域本部，以及发达的生产性服务业。上海的全球竞争力取决于顶层的核心维度，但离不开支撑维度和基础维度。

第二，强化两个扇面是上海全球城市基本路径（图 15）。上海是目前全球重要的金融中心和航运中心，但进一步分析这两大功能的构成，就会发现无论

上海的未来

上海2035城市发展愿景

迈向卓越的全球城市

三个目标维度:

——创新之城

——人文之城

——生态之城

图 12

把握城市发展的基本逻辑:

上海未来城市竞争力和可持续发展的根本是什么?

生态、文化、宜居、创新

全球视野下的大都市空间规划：以应对全球城市竞争（经济、科技、文化）、生态环境问题、提高生活质量作为核心

图 13

把握未来发展新动能

工业化时代:企业引导的经济城市

企业选择城市，人口追随企业，城市提供就业

决定企业与城市的关键是功能（关注成本优势，要素、交通）

工业城市的基础设施（港口和码头）

后工业时代:人力资源引导的创意城市

人才选择城市，企业追随人才，城市创造就业

决定人口与城市的关键是质量（关注整个生活环境）

创意城市的基础设施（便利性、研究型大学）

上海：迈向卓越的全球城市

——令人向往的创新之城、人文之城、生态之城

核心维度（经济影响力）

跨国公司全球或区域总部、金融中心

发达的生产性服务业

支撑维度（科技影响力、文化影响力）

科技创新、文化创意

国际性的旅游和会展目的地

基础维度（人力资本、物质资本）

精英人才汇聚地

信息、通信和交通枢纽

图 14

把握全球城市的上海路径：强化两个扇面

上海作为长三角区域的核心城市，发挥着向外连接全球网络和向内辐射区域腹地的“两个扇面”作用。

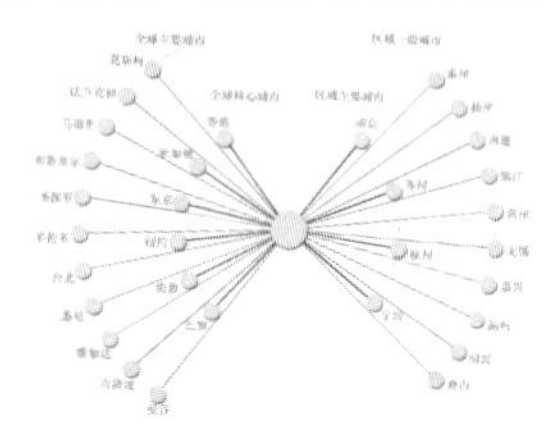

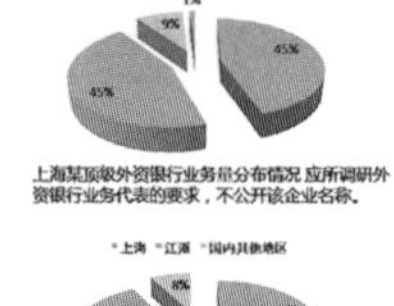

图 15

上海国际金融业务还是集装箱流向，都体现了上海连接国际和国内的功能。这是上海全球城市功能过去的成长道路，也是面向未来发展的重要思路，发挥上海的国际门户地区优势，加强与内陆，特别是与长三角的关系至关重要。

第三，空间战略是多层次的，需要理清不同层次空间战略的重点。上海 2035 总体规划建立了从宏观、中观到微观三个层次的分析框架（图 16）。宏观层次，主要是围绕全球城市功能的空间战略调整，包括全球城市功能定位对布局空间的影响，上海与长三角的关系，中心城与郊区的关系。中观层次，主要围绕提高城市的运行效率，包括处理好保护与发展的关系，交通和空间的关系，以及不同分区之间的关系。微观层次，主要是建成环境品质，包括增强城市人文特质，社区的品质和公共空间的品质。

接下来主要围绕这三个层次，给大家介绍一下上海 2035 空间战略的主要思路。

宏观层面，围绕全球城市功能目标的战略性调整（图 17）。首先，强化两个扇面格局和全球城市功能布局的引领。两个扇面既是上海的功能组织关系，也是一个空间组织关系。上海面向国际的功能主要位于城市东侧，比如浦东机场、深港口、自贸区等，西侧是长三角和上海的腹地。空间战略上要把对外服务的两大方向有效组织起来。同时，空间战略上支撑上海全球城市功能布局。比如国际金融中心功能高度集聚，主要位于核心区位。科创功能分为两类，一类是文化创意，另一类是科技创新功能，两者布局上存在差异，文化创意可以与中心城时尚生活结合，也会在外围形成集聚区。科技创新从基础创新到应用转化，会呈现圈层分布特点。全球城市核心功能布局及其支撑条件在空间布局上首先做出整体安排。

其次，与长三角的关系是上海大都市区战略调整的依据（图 18）。上海与长三角的关系依据通勤时间可以划分为三个圈层，第一个圈层是长三角地区城市群，第二个圈层是上海都市区，第三个圈层是紧邻上海的战略协同区，三个圈层都与通勤时间紧密相关。

交通一空间格局构成了上海与长三角关系的基础，核心是区域性廊道和枢纽的布局（图 19）。发展廊道应以铁路交通为基础，包含了功能和空间的整体优化。沿江、沿海以物流为主，客流为辅，沪宁、沪杭及沪苏湖以客运为主，物流为辅。同时应加强南北通道建设。对上海而言，要加强区域性交通对新城、重大产业布局及门户枢纽的支撑。浦东机场作为国家门户需要与长三角高铁网联通，同时浦东机场与虹桥机场也需要快速联系。

第三，在优化上海城乡格局方面，要强化郊区地位，分类指导郊区新城、新市镇发展（图 20）。上海 2035 中对过去新城的概念做出了调整，将新城分为三类：第一类是闵行、宝山，作为主城区的组成部分，面向中心城发展；第二类是嘉定、松江、青浦、奉贤、南汇，目标是面向长三角，建设区域节点城市；第三类是金山、崇明，作为专业化功能的新城。新市镇也一样，强调差异化发展，打破郊区均质化发展格局。

中观层面，优化超大规模城市的空间结构组织效能（图 21）。第一，是保护好上海的生态空间。包

空间战略框架

从扩张型发展向存量优化和内涵式发展，核心是高质量发展，要求城市空间结构在三个层次的优化和调整：

宏观层次：**围绕全球城市目标的空间布局调整**
全球城市功能定位与空间战略的关系
上海与长三角的关系
中心与外围的关系

中观层次：**探索高密度超大城市可持续发展的空间结构**
生态保护空间保护
交通与空间体系的关系
差异化分区策略

微观层面：**提升城市空间品质和文化内涵**
城市人文特色
社区生活品质
城市公共空间品质

图 16

1 宏观层面：围绕全球城市功能目标的战略性调整

■ **强化两个扇面和全球城市功能布局的引领**

两个扇面格局；强化门户枢纽；区域节点；区域廊道；功能分布形态

图 17

■ **与长三角关系是大都市区战略调整的重要依据**

明确三个层次的关系和任务

长三角城市群	**大上海都市圈**	**战略协同区**
功能引领	功能一体	东部沿海战略协同区
空间协同	空间一体	杭州湾北岸战略协同区
生态协调	设施一体	长江口战略协同区
	生态一体	环淀山湖战略协同区

图 18

长三角的发展廊道与交通格局

建立客运对接枢纽、货运沿边疏解、快速联系腹地的集疏运体系

客流：高铁、城际对接航空门户枢纽
货流：建立物流-港口-产业基地系统

图 19

■ **推动郊区发展，优化城乡体系**

主城区-新城-新市镇-乡村

优化提升主城区
全球城市功能核心承载区
中心城+四个主城片区

分类指导外围地区发展
新城：强化长三角节点城市功能
嘉定、青浦、松江、奉贤、南汇
新市镇：差别、特色、城乡统筹
重点新市镇、一般新市镇

建设美丽乡村

图 20

2 中观层面：优化超大规模城市的空间结构组织

■ **保护大都市地区生态基底**

保护“滩、湾、湖、岛”四大战略性生态空间
提升绿地生态网络效能
强化公园体系和兰网绿道建设

图 21

■构建大都市地区多中心、网络化框架

优化大都市地区多中心体系和功能网络

城乡体系

公共活动中心体系
——中央活动区
——城市副中心（主城和郊区）
——地区中心（30万 ~ 80万人）
——社区中心（5万~10万人）

专业化功能网络
——金融、商务、创新、文化、游憩功能

图 22

公交都市：重构大都市地区交通-空间系统

——构建以轨道交通为支撑、“多心、多廊、紧凑、开放”的空间组织模式

“三个一千公里”为骨架的公共交通网络
强化沿轨道走廊发展的空间组织模式
加强轨道交通网络对空间体系的支撑

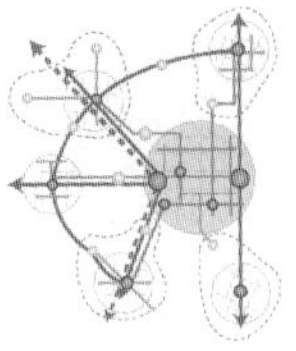

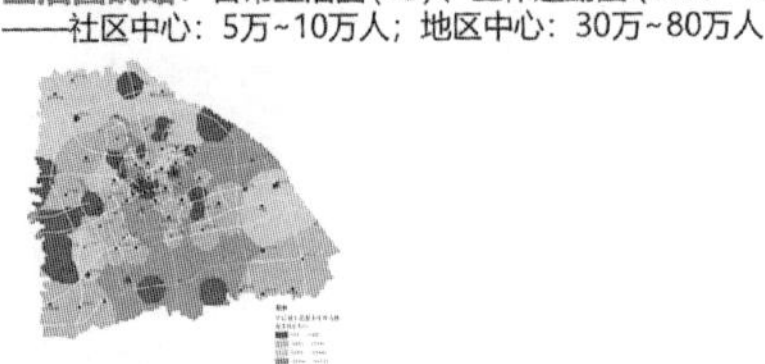

图 23

■城乡统筹与生活圈战略

城镇圈战略：通过城镇圈促进外围地区城乡统筹发展

生活圈战略：日常生活圈（15）、工作通勤圈（30万~40万）、
——社区中心：5万~10万人；地区中心：30万~80万人

图 24

括保护好上海四大战略性生态空间（崇明岛、海滩、杭州湾、淀山湖），构建整体的生态网络，建立公园体系和蓝网绿道游憩系统。

第二，构建多中心、网络化结构（图 22）。上海 2035 界定了多中心体系构成。一是城乡体系，包括主城区—新城—新市镇—美丽乡村。二是公共活动中心体系，包括市中心、副中心、地区中心、社区中心，特别强调副中心在全市域布局。三是专业化功能网络，主要对于全球城市核心功能，如陆家嘴金融中心、游憩、会展功能等，往往具有特定区位指向。

加强轨道交通对多中心体系的支撑,构建“多心、多廊、紧凑、开放”的空间组织模式（图 23）。上海 2035 提出“三个一千公里”的构想，第一个一千公里是快速铁路，包括高铁，城际、市域快轨。第二个一千公里是常规的轨道。第三个一千公里，包括局域的轨道网、中低运量轨道及 BRT 等。

第三，城乡统筹和生活圈战略（图 24）。中心城区建立 15 分钟社区生活圈，郊区通过城镇圈，加强外围地区生产、生活、生态等各类的组织。在城市边缘区加强地区中心布局，改善就业岗位、生活中心功能不足的矛盾。城镇圈采取差异化功能导向，包括生态型、综合型等不同类型。

微观层面，以城市更新提升建成环境品质（图 25）。主要包含了三个方面内容。第一，强化上海的特色和上海的魅力。强化滨水空间、郊野空间及历史风貌地区等特质地区。塑造世界级文化遗产，包括江南水乡遗产和上海近代的遗产。构建整体的城乡风貌体系。

第二，提升社区生活品质（图 26）。社区是城市生活的基本单元，建设高质量的 15 分钟社区生活圈是提升城市品质的主要目标。

第三，提升城市公共空间的品质，包括慢行交通、城市微循环系统、城市微更新、文化场所和特色的街区等。上海已经进入存量时代，需要树立城市有机更新的思维，以提升建成环境质量为目标优化存量资源。

面向 2035，上海的核心任务不仅是确立新的空间战略，更重要的是城市治理能力的提升（图 27）。涉及很多方面的改革和创新，需要树立以人民为中心的理念、加强城市精细化治理、推动社会共同参与、建设智慧城市和有效应对城市风险等。上海 2010 年世博会提出“更好的城市，更好的生活”，这是上海

3 微观层面：以城市更新提升城市建成环境品质

■ 塑造更有特色和魅力的上海

强化城市特质地区：历史风貌区、郊野公园、滨水地区。

塑造世界级历史文化遗产：江南水乡、近代遗产。

构建整体的城乡风貌体系：自然、历史、人文取向，多样化的人居环境。

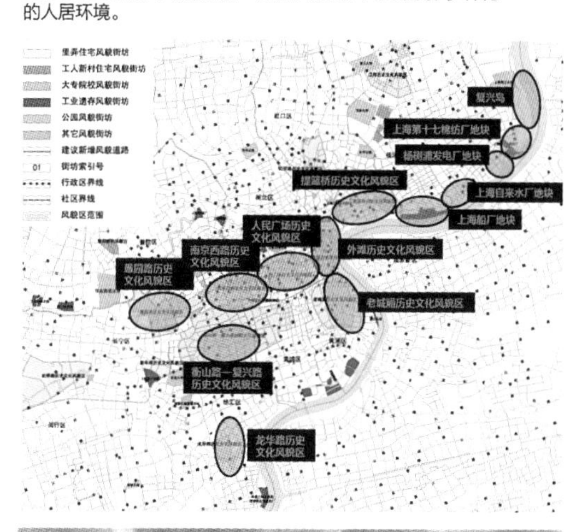

图 25

■以社区为基础的城市更新
打造15分钟生活圈

■提升城市公共空间的品质
提升慢行交通质量
改善城市微循环系统
都市微更新计划
丰富城市特色街区和文化场所

关键焦点：
树立城市有机更新思维
存量土地资源的更新和优化

图 26

——城市的三大和谐

The future of the city
- Three Harmonies

提升城市治理能力

-城市发展理念转变，以人民为中心
-城市开发管理模式转变，城市精细化管理
-政府和市场的关系，社会共同参与
-建设智慧城市
-有效应对城市风险

Better city, Better life

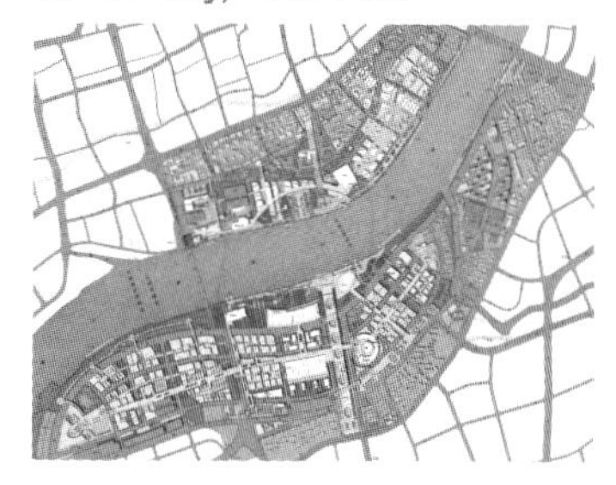

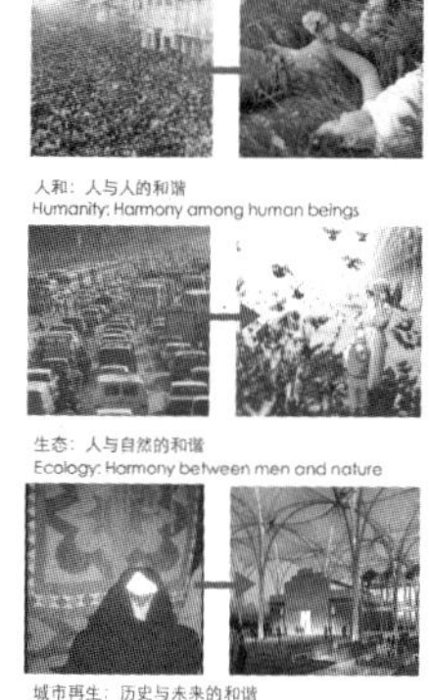

图 27

2035 的理想和愿景。唐子来教授在评价上海 2035 总体规划时，认为最大的亮点不在于提出了“卓越的全球城市”等方面，而是体现了对高质量发展、高品质生活的追求。城市发展目标往往是宏大的，也是长远的，但城市发展是一个过程，在城市不断更新和优化中，让所有的社会参与者都能够共享城市发展成果更加重要。

今天这堂课的内容，主要从历史维度回顾了上海的发展过程，针对当前所处的发展环境和面对的挑战，分析了从目标到战略之间的逻辑，以及这些逻辑如何跟空间战略联系起来。我想这些讨论和思考，不论对规划专业、建筑专业，还是景观专业的学习都是很重要的。

就讲到这里，谢谢大家。

主讲人　董　屹

博士，同济大学建筑系副教授
上海市建筑学会建筑创作学术部委员
C+D 设计研究中心主持建筑师
美国 UIUC 访问学者
关注建筑设计方法的研究，并参与大量文化、更新与教育类设计实践，主持设计青岛上合峰会新闻中心、2022 杭州亚运会亚运村国际区、南京夫子庙文化环境提升工程、上海豫园商城整体提升工程、宁波韩岭古村活化更新工程、上海平和学校金鼎天地新校区、上海中学临港校区、哈罗学校深圳校区等重点项目

主　题　从特殊问题开始的建筑设计

“任何脱离了问题的创作都是设计师的自说自话。”
在建筑设计中，推进设计的关键并非设计师自己想要什么，而是设计师准备如何去解决面临的问题。尤其是一些建筑之外的特殊问题出现，看似与设计无关，但往往成为主导整个设计策略和进程的重要因素。如何觉察和面对这些特殊问题？如何将这些问题的解决纳入建筑设计的轨道？如何通过设计的方法将它们转变为创造力的来源？这些就是我们需要讨论的问题。
各位同学下午好，我是董屹，今天受栾老师的邀请来做一个讲座——从特殊问题开始的建筑设计。

其实我觉得更像是和大家在下午聊聊天。这门课叫“设计前沿”，但是我觉得我做的设计其实都不是那么前沿，倒是更适合被叫作“设计前线”，是给大家讲讲在真正的设计的第一线会发生什么样的故事？你应该如何应对？我觉得这也是前沿的一部分。

那么今天要讲的最实际的东西是问题，这是我们的中心词。其实在设计实战之中，我们推进设计的最关键的地方并非设计师自己想要做什么，这个和艺术家不太一样，而是设计师准备如何去解决面临的问题。其实这个才是我们经常看到的最关键的点。我们一直说，任何脱离了问题的创作都是设计师的自说自话（图 1）。在建筑设计这个行业来说，如果脱离了问题，空谈建筑设计其实是没有什么意义。那么这些问题从哪里来？

在设计任务里，我们经常会遇到大量的，从各种各样的功能、容量、用地、造型等出发的普通问题。但是在设计过程中一些特殊问题的出现往往会成为主导整个设计策略和进程的重要因素。那么，如何觉察和面对这些问题，如何将这些问题的解决纳入我们建筑设计的轨道，如何通过设计的方法将它们转变为创造力的来源？其实，这个就变成我们今天所需要讨论的问题了（图 2）。

我们来看看今天都有哪些问题是需要讨论的。我在这里列了几个方向，其实特殊的问题的来源多种多样，我只列了这几个有可能会遇到的：第一个是特别的任务，这个其实是大家最经常遇到的，如果今后你们走上工作岗位的话，也是会经常遇到的。第二个是技术的变革，技术变革带来的特殊问题也会很多。第三个是话题的需求，如今是一个话题为王的时代，那么话题的需求会带来哪些特殊的问题？第四个叫

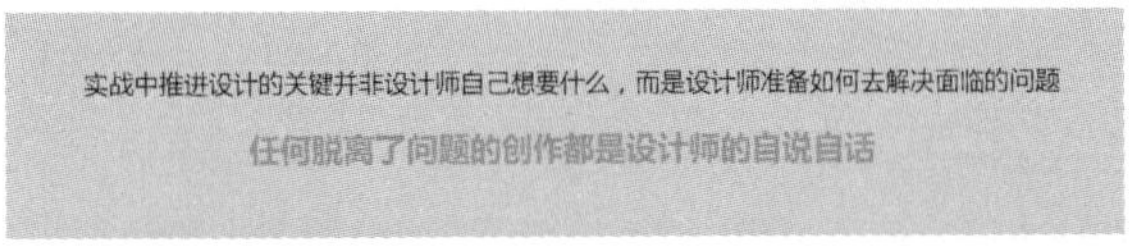

图 1

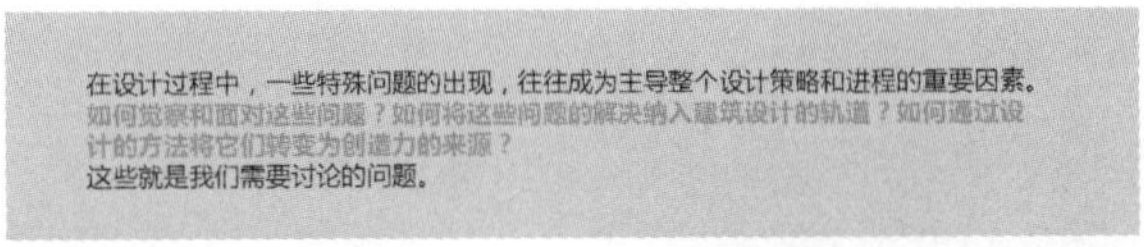

图 2

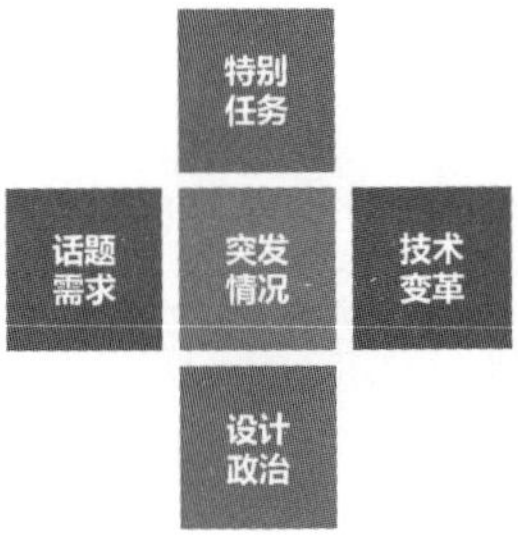

图 3

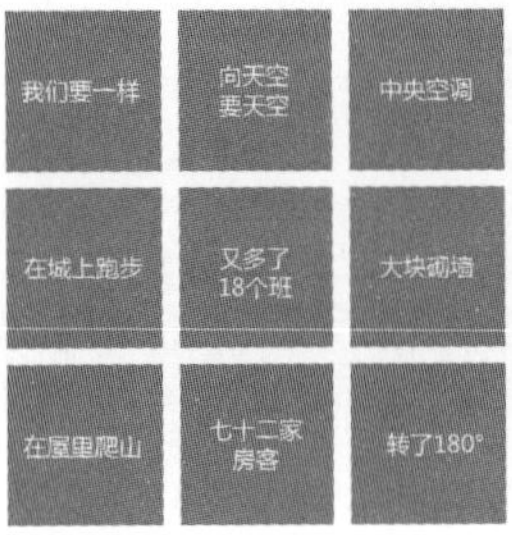

图 4

图 5

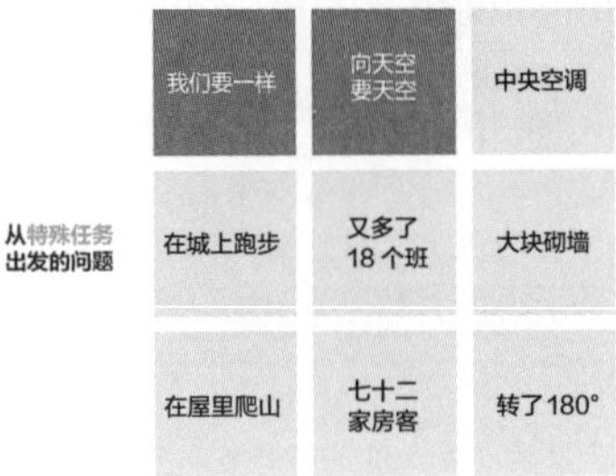

图 6

设计的政治，什么叫政治？“政治就是把敌人的朋友搞得少少的，把自己的朋友搞得多多的”。做设计没有敌人，但是有伙伴和朋友。在我们的推进过程中，它也是其中的一部分。第五个就是突发情况如何应对，基本上是分了这样五个部分（图 3）。

这里我选了九个案例，也就是九个故事。这九个故事大概分成了五类。第一个故事是“我们要一样”，第二个故事是“向天空要天空”。第三个故事是“中央空调”，第四个故事是“大块砌墙”。第五个故事是“在城上跑步”，第六个故事是“在屋里爬山”。第七个故事是“72 家房客”，第八个故事是“转了 180° ”。第九个故事是“又多了 18 个班”，这是今天讲座的一个基本提纲，就是这九个小故事。通过每个故事我们来看待某一个问题（图 4、图 5）。

我们先来看第一组的两个故事，一个是“我们要一样”，一个是“向天空要天空”（图 6）。这是两个什么样的故事呢？其实这就是我们刚才说的从特殊任务出发的两个问题，这是我们最常遇到的一些特殊问题。

我们先看第一个：我们要一样。这是一个在浙江的人才公寓的项目：鄞州人才公寓（图 7）。

这个项目其实当时比较有趣的地方在哪里呢？其实是鄞州区为了吸引大量的青年人才进驻，所以在这里设置了非常优惠的条件。第一年的租金是 60%，单身进来；第二年的租金是 80%，在这儿找到了朋友；第三年的租金就是 100% 了，这时候基本上就要结婚生子，可以搬出去了，基本上是这么一个流程（图 8）。

项目提出的要求非常得清楚，就是这里需要既做到比较高的容积率，做到 3.0 了，同时又需要所有的居住单元都要有相同的空间品质，这是得到的一个特殊任务。这个特殊任务对于设计来说是有很大的限制条件。因为在这么小的一块地上要做一千户这样的居住单元，那就都只能是小户型，中走廊的情况才能放下。中走廊的意思，其实就跟宿舍一样。但是如果是中走廊的话，房间就分了南北，那么这个“所有居住单元都有相同的空间品质”这一条就变得非常难以实现。最后，我们给自己定了两条原则：第一条就是每户都要有南有北；第二条是每户都要有楼上楼下和独立的起居室。不管面积多大，其实这里面有两种不同的户型，一种是 60 多平方米的，一种是 40 多平方米的。最终的解决方案是一个有点类似“马赛公寓”的设计（图 9）。

我们可以先看一下，这是当时的用地（图 10）。用地其实和南北向还有 45° 的夹角，旁边有城市道路和一条河，那么我们第一步，其实要想让大家都一样的话，那么大家都要有正南北的朝向，需要建筑转过来才有正南北的朝向。但是又需要有城市的临街道路的控制，它有个贴线率的要求，建筑还得转过来。那么沿街的建筑转过来之后，就和后面的两栋南北向的建筑产生了不一样的地方。那怎么把它再转回去呢？于是我们又把窗转了一次，保证每个窗都朝着正南，结果得到了这样一个立面（图 11）。

这个立面所有的窗都朝着正南，这是第一步，保证大家都有南向，但都有南向怎么还能保证每一户都有北向？因为毕竟有一半的户在走廊的另一边，所以平面上也做了如下的调整，就变成了每两层才有一条走廊（图 12）。

鄞州人才公寓

项目规模：10.8万m^2
项目地址：浙江省宁波市
项目进度：建成（2011）

图 7

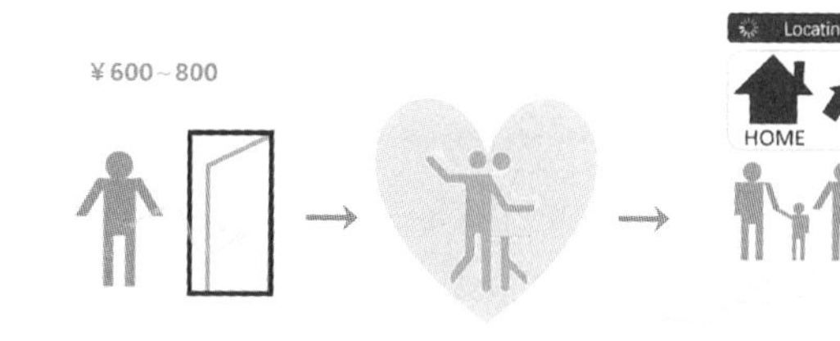

图 8

特殊任务：

在大容量高密度条件下要保持所有居住单元都有相同的空间品质

核心问题：

1000户，容积率3.0，小户型，中走廊，
如何做到每户都有南有北？
如何做到每户都有楼上楼下和独立的起居室？

解决方案：

当代马赛

图 9

户型与朝向

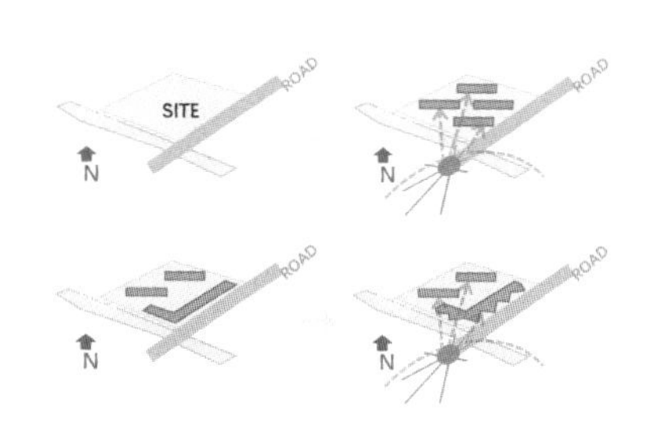

图 10

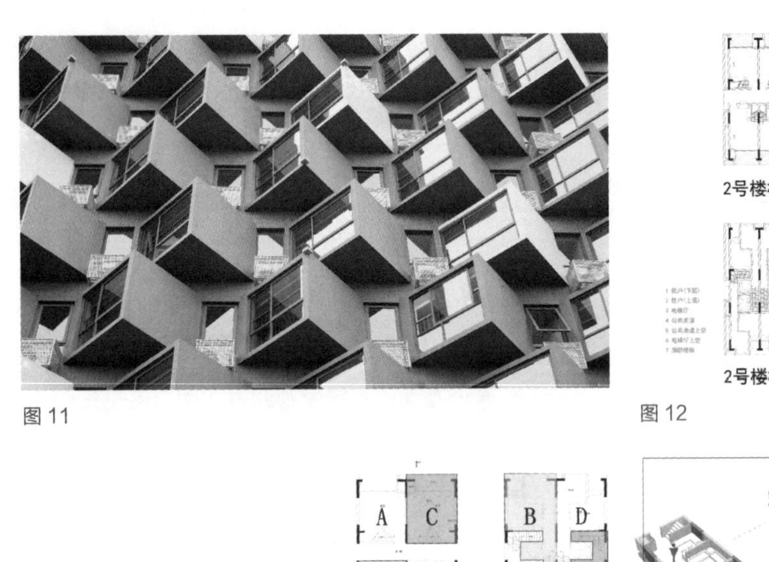
图 11

2号楼标准层住户下层平面

2号楼标准层住户上层平面

图 12

图 13

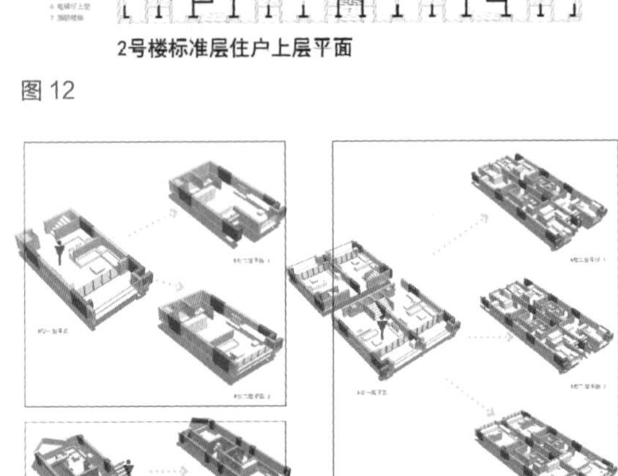
图 14

这有点像马赛公寓。马赛公寓是每三层有一条走廊，我们这个没有那么复杂。当然户型会比那个稍微简单点，它那个面宽比较小，我们的这个面宽相对大一些。但每个户型都还是变成了一个从楼下走到楼上的过程。

从剖面上来看，以 B 户型为例，人从南边进入，然后上楼走到了北边，A 户型是人从北边进入，上楼走到了南边。这里展示的上面的大写的 ABCD 是大户型，下面的小写的 abcd 是小户型。通过这样一个“X”形的交叉，实现了每一户都有楼上楼下和每户都有南北通透。大家能看到的图 13 这个深色的部分，其实就是走廊的部分。通过了这种方式解决了最开始他们提出的那个“我们要一样”的问题，保证每户的均好性（图 13）。

图 14 是一个基本的结构。深色是结构部分。

户型建模之后是这样的一个状态（图 15），大家可以看到，每一户，人从门进来，然后通过楼梯上到另一边。中间的部分是对称的，布置了两个卫生间，两个卫生间是咬合的关系。另外一户，从这个下面上来到那一边。这个三角窗，就是刚刚看到的所有都是朝南的窗户。后来其实被布置成了一个很大的窗台。这个窗台甚至作为了起居阳台，有人

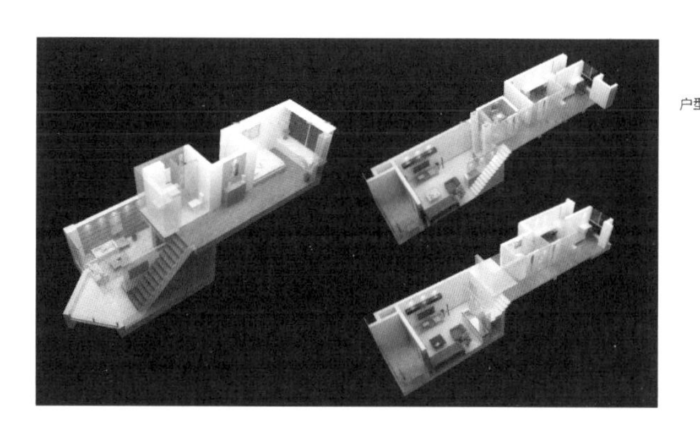

图 15

图 16

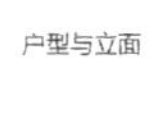

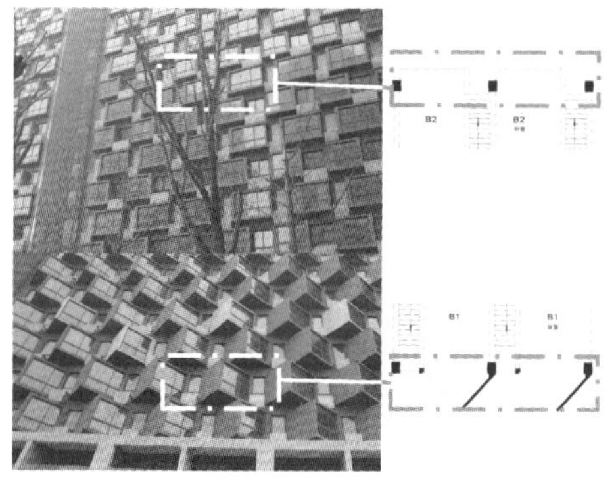

图 17

图 18

在上面铺了床，大概有 1.8m 长，是个非常宽敞的大窗台。

当然了，从立面的角度来说也会有一些变化，我们在保证大家都一样的同时，在立面上也做了一些细微的变化，然后保证了每一个单元的基本个性。这个变化其实是从它的内部空间的设置来的。可以看到下面的全通廊的就是一室一厅的立面：是上下两层全拉通的。上面两室一厅的这个立面，其实它中间就会再蕴含一个小盒子，这样它们的立面就会不一样（图 16）。

图 17 是它的反面，这是一室户的部分。我们可以看到，这是朝南的窗户和朝北的窗户，朝北的不用旋转，也会有一点不一样。

图 18 是建成之后的完整的景象，保证了这里一千户的每一户都有相对来说比较好的朝向，都朝着正南和正北。大家看到中间的这些镶进去的东西，其实就是公共空间，包括一些咖啡厅、茶室，现在还有些游戏房，镶嵌在这其中。其实这个项目相对比较早。真正开始做是 2005、2006 年的时候，建成大概在 2011、2012 年左右，所以当时还是在全国起到了一定的引领作用。

图 19 是建成之后。

图 19

图 20

空间公正
SPATIAL JUSTICE

最大限度地利用空间资源Use the spatial resource in a maximum way: maximize spatial resources for each person, such as sun light, natural air or view etc. Make space varied, interesting, compact, and useful.

给所有人公平的享有空间的机会Give everyone the fair opportunity to take part in the environment: minimize damage of the interests to lower class society in the process. Keep the opportunity of development is free, but not the result is same.

在开放的方式下进行空间分配Distribution in an opened way: make the space opened in a maximum way, and not only in the community itself, but in the area of the city.

图 21

我们要一样	向天空要天空	中央空调
在城上跑步	又多了18个班	大块砌墙
在屋里爬山	七十二家房客	转了180°

图 22

图 20 左是扭转的窗，这些扭转的窗反倒成为这个项目一个特别的亮点。

图 20 右是整体的立面。

在这个项目里面，从“我们要一样”这个问题出发，后来总结出了关于空间公正的几个原则：一是最大限度地利用空间资源。在这里，我们把南向北向整体的通风采光都利用到了极致，保证每户都有景观和日照。二是给所有人公平地享有空间的机会，这也是从这个问题而来的，最终也基本上实现了这个目标。虽然在高度上会有差别。但从阳光、景观、通风这些角度来说，基本上还是享有了同样的空间品质。三是在开放的方式下进行空间分配（图 21）。

这是第一个故事，“我们要一样”，这其实是应对一个特殊问题的特殊做法。

那么，在这个特殊问题或者特殊任务的条件下，第二个故事叫“向天空要天空”（图 22）。

这是一个国际学校，这个国际学校其实建筑面积挺大的，用地也比较紧张。它的特殊任务其实来自于业主的要求，国际学校对于户外活动的要求还是比较高的，提出需要更多的活动场地，但是对于相对比较高的容积率来说，很明显，这是一个矛盾。那么如何解决这样的一个矛盾？于是核心问题就变成了“如

赫威斯学校

建筑规模：10.5 万 m^2
项目地址：浙江省宁波市
项目进度：建成

图 23

特殊任务：

国际学校，用地紧张
建筑容量不能少，
户外活动场地还要多

核心问题：

建筑高度不能突破，建筑密度基本做足，
如何将建筑占用的场地转化成活动空间？

解决方案：

甲板

图 24

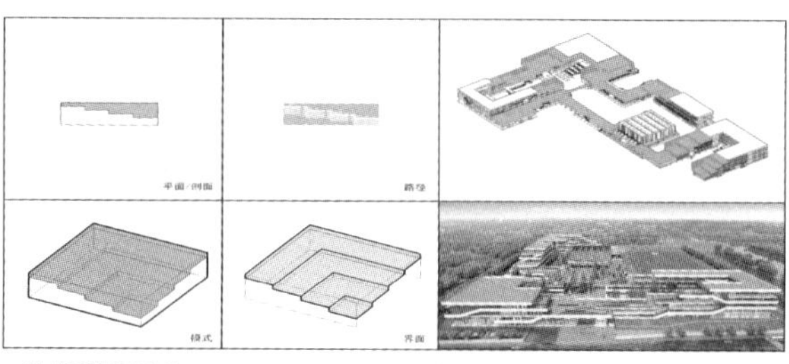

“向天空要天空”——
校园的核心空间位于层层退台体系的上部，下部是基本教学单元，进入方式由下而上，多个竖向交通不仅将公共空间渗透至整个校园，同时也将不同层面的公共空间连为一体。整个公共空间与其他空间的接触达到最大，也获得了最好的光照和视野。

图 25

【“折”·多重庭院】
建筑布局上采用折形，围合出多个不同性质的庭院：氛围活跃的运动庭院、静谧的学习庭院、舒适的生活庭院。

【“叠”·活动乐园】
建筑层层叠退，形成多个开敞的学生活动平台和绿植平台，使景观与建筑有机结合在一起。

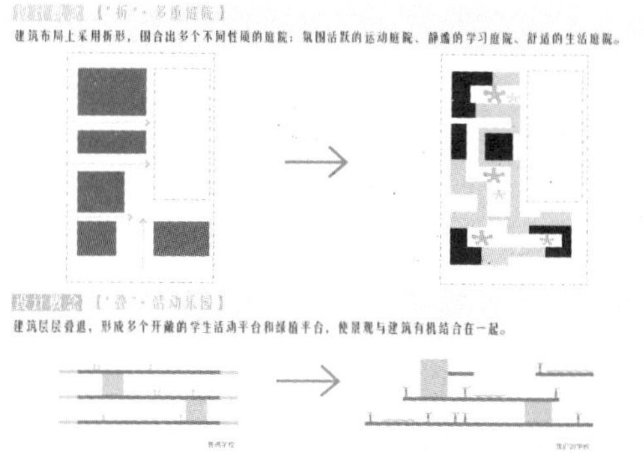

图 26

果建筑高度不能突破，建筑密度基本做足，如何将建筑占用的场地转化成活动空间？”这样一个问题。很自然能想到的一个解决的方案就是：甲板。甲板——大家都知道，船上这一层一层的，最终把船面上所有占用的水面都变成了能够活动的面。我们其实也想这么来做（图 23、图 24）。

它的整体的核心空间其实是由层层退台来形成的。下部是基本的教学单元，然后公共空间在退台的上部，进入方式是由下而上，整个公共空间和其他空间的接触达到了最大化，也获得了最好的光照和视野（图 25）。

它是用了一种叫折院叠园的策略，其实“叠”是更主要的一个状态。通过“叠”和错动之后，得到了大量的户外的活动空间（图 26）。

最终我们计算了一下，在这个项目中我们增加了 12000m^2 的活动空间。截至目前，这个在我们做过的学校项目中是一个记录了（图 27）。

这个项目其实分两期建成，图 28 是一期刚刚建成的时候。

图 29 是两期建成的时候，可以看到有大量的空中的平台出现，就是我们刚才说的甲板——层层叠叠的甲板。

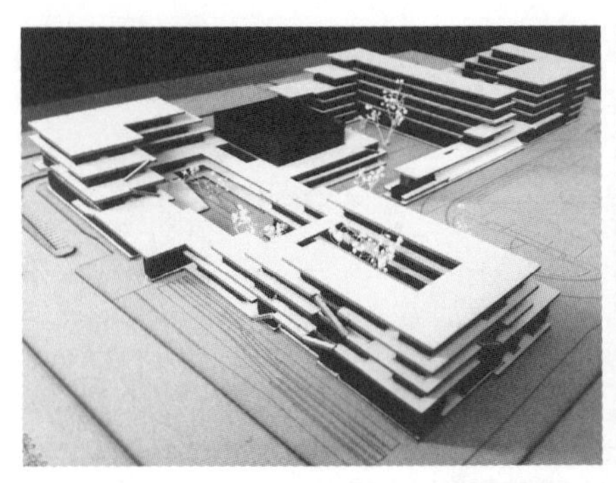
图 27

图 28

图 29

图 30

然后我们可以看一看这个甲板上的具体的场景，这是从建筑的内部去看这些甲板，大家会在这些甲板上活动（图 30）。

其实从活动的角度来说，甲板离教室最近，反倒也释放了大量的地面空间，可以作为绿化来使用（图 31）。

这是大家在这甲板上使用的过程。看日落、拍拍青春偶像剧其实都还不错（图 32、图 33）。

图 34 是甲板的日落。

图 35 是从操场来看。

图 36 是甲板的内部。内部的使用空间品质还是比较高的。

我们在一期完成之后，做了一个回访。

其实大家会发现，很多时候建筑师关心的东西和真正的使用者关心的东西，还真的不是很重叠。所以建筑师如果总是陷入自恋的状态，可能会错失对很多事情的敏感性。

刚才说的这两个是我们相对来说还比较经常遇到的情况，是从特殊的任务出发，然后会带来特殊的体验。那么接下来呢？我们想谈一谈，从技术变革出发带来的建筑的变化，那么首先是“中央空调”的故事，然后是“大块砌墙”的故事（图 37）。

我们来看一看空调会给建筑带来什么样的变化？大家都知道，空调出现之后，才出现了大量的室内建筑空间，包括 shopping mall 之类的（图 38）。

但是如果把空调用到了校园当中，尤其是这种

图 31

图 32

图 33

图 34

图 35

图 36

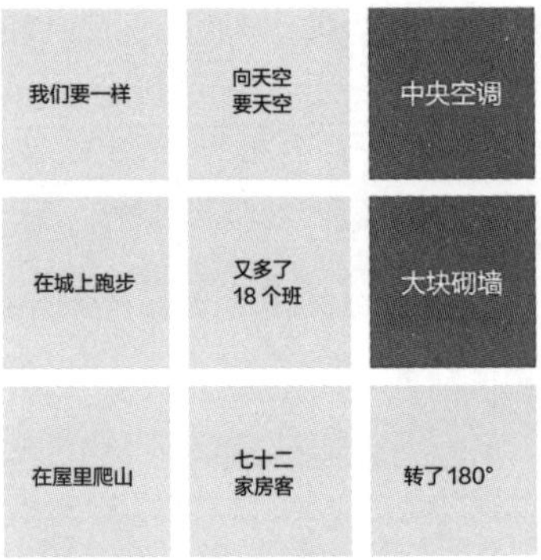

我们要一样
向天空
要天空
中央空调
在城上跑步
又多了
18 个班
大块砌墙
在屋里爬山
七十二
家房客
转了180°

图 37

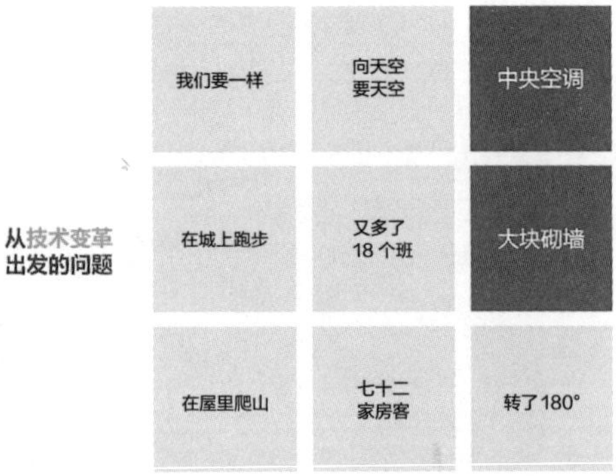

从技术变革
出发的问题
我们要一样
向天空
要天空
中央空调
在城上跑步
又多了
18 个班
大块砌墙
在屋里爬山
七十二
家房客
转了180°

图 38

江北城庄学校
项目规模：4.2 万 m²
项目地址：浙江省宁波市
项目进度：建成

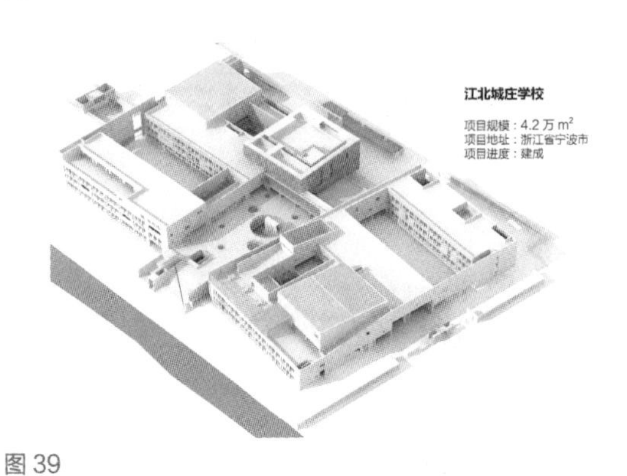

图 39

技术变革：
全中央空调的九年一贯制学校
核心问题：
设备选择如何影响空间发展的潜力？
采用中央空调的学校会有什么不同？
解决方案：
三明治

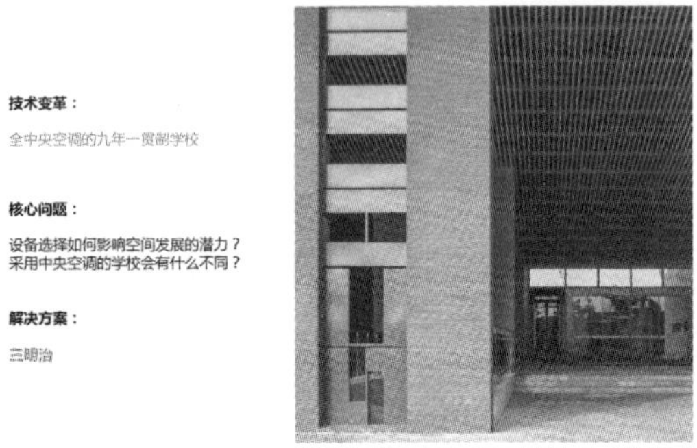

图 40

在城庄学校中，全中央空调的使用意味着全天候的室内公共活动成为可能，意味着门窗可以不再分割室内和室外，意味着需要降低与外界的能量交换而把关注的重心移向内部，意味着鼓励更为复杂和经常性的室内交流。

图 41

与分体式空调适应的空间模式
通常聚落式的校园布局
与中央空调适应的空间模式
整体式的校园布局

图 42

三明治策略

图 43

bread
bread

图 44

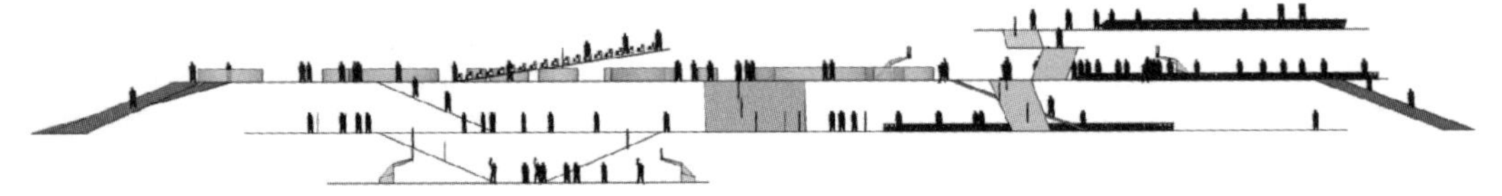

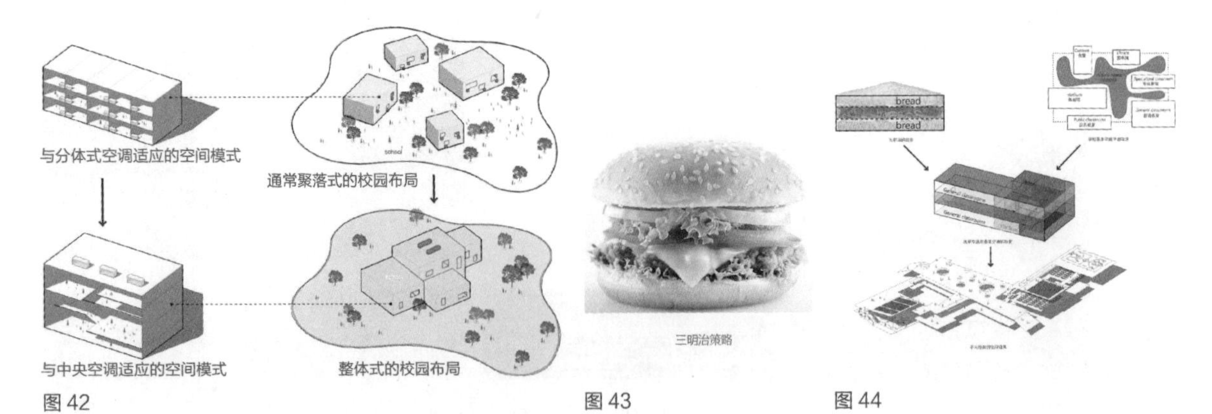

九年一贯制的中小学校园的话，会不会有一些不一样？这是一个宁波江北区的学校，这个学校也是我们迄今为止遇到的唯一一个使用全中央空调的学校（图39）。

它的核心问题就变成了：对中央空调这样一个设备的选择如何影响空间发展的潜力？在采用中央空调的学校会有什么样的不一样？我们的解决方案是三明治策略（图40）。

什么叫三明治策略？可以给大家解释一下，因为在这个学校里面使用了全中央空调，那么就意味着全天候的室内公共活动成为一种可能，门窗也不再分割室内和室外，降低与外界的能量交换，把关注的重心就移向了内部，那么更加丰富和复杂的室内交流就出现了（图41）。

而我们普通的学校通常是这种平面的聚落式的布局，那么当使用中央空调之后，如果需要在能耗上最低的话，它就需要把所有的空间聚集在一起，与中央空调相适应的空间也变成了另外一种模式（图42）。

就是我们现在所说的三明治策略，三明治和肉夹馍其实是一个道理，就是两片面包夹着菜，它的好处是你每一口下去都能既吃到面包又吃到菜（图43）。

那么在空间上，它会有什么不一样呢？在空间上不一样的地方就在于我们把水平向的移动转化成了垂直向的移动。原先公共空间和其他的功能空间是呈水平状分布的，但是在三明治的策略之下，我们的公共空间变成了处于二层的一个夹层。在一层和三层都是普通教室和功能性空间，那么所有的公共空间就变成了一个从垂直方向可到达的地方。同时在校园的任何一个点到达这个公共空间，水平移动距离可以约等于零。我们把这叫作零换乘的一个公共空间系统。这样的公共空间系统和我们前面所说的中央空调是分不开的，也只有全中央空调的使用，才有可能促成这样一个空间系统的诞生。其实我们原来觉得这个中央空调是不是今后会成为一个主流？在大量的公立九年一贯制中小学当中会大量使用，甚至觉得这是一个趋势。但后来发现这个还是一个孤例，一直也没有能够发展下去，因此这个项目本身就成为一个相对比较特殊的状态（图44）。

图45是我们把楼板掀开之后看到的场景，在二层连同图书馆的这些部分是一个相对公共的区域，而

图45

图46

图 47

图 48

图 49

图 50

上下两部分更多的是普通教室，公共的教室和实验室都是在二层的，这个区就变成了一个夹心的状态。

那么在内部的空间，就会大量的出现坡道、台阶等，使内部的空间变得非常丰富（图 46）。

图 47 是内部空间的一些场景。

而建筑外部和普通的学校也会产生很大的区别。外部会相对比较封闭，不会出现南方学校经常出现的外廊。图 48 是行政楼的部分。

它的外侧看上去其实更像博物馆，不像一所学校，这也是由设备带来的变化（图 49）。

图 50、图 51 是校园内部的一些场景。

整体来看（图 52），它更像是一个大型的博物馆的感觉，但它其实是一个学校。大家可以看到，如果有一个新的设备进入的话，会对建筑的空间带来非常大的影响。这个项目和我们刚才看的那个国际学校相比，它的整个的开放度、建筑形象和空间模式会有很大的不同。这个其实就是由设备开始的一个设计，设备在这里成了一个特殊的问题。

接下来的故事叫“大块砌墙”，说明建造技术会给设计带来什么样的变化（图 53）。

这个项目是一个城市建设档案馆，现在也已经建成了（图 54）。

图 51

图 52

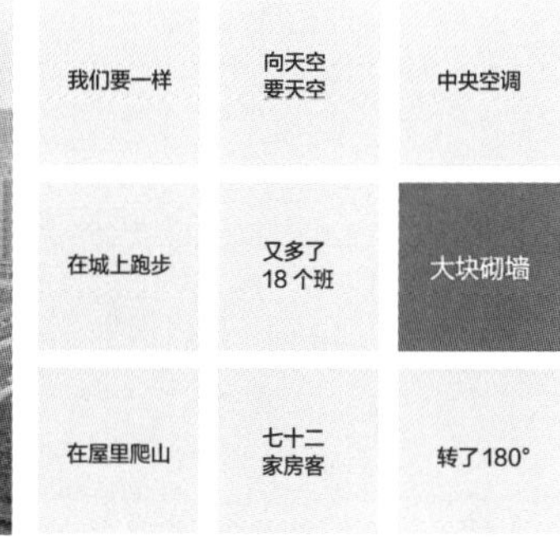

图 53

宁波城建档案馆

建筑规模： 2.4 万 m^2
项目地址：浙江省宁波市
项目进度：建成

技术变革：

宁波市第一个装配式高层框架公共建筑
标准层预制率 > 60%
整体预制率> 30%
装配率 > 50%

核心问题：

预制装配技术
如何成为形象塑造的出发点？

解决方案：

砌筑的历史

图 54

图 55

它是宁波市的第一个装配式高层框架公共建筑，标准层的预制率大于 60%，整体的预制率大于 30%，装配率大于 50%。对于这样一个建造的方式，我们怎么样把它转化成一个形象塑造的出发点？从建筑师的角度，如何利用这样的方式，使它成为一个我们能够作为设计出发点的抓手？这是我们在这个设计当中要考虑的问题。当然这个也是当时投标时，我们的概念的出发点，那么解决的方法叫作“砌筑的历史”（图 55）。

就是这样一个砌筑的方式（图 56）。

我们觉得从最早的砌筑本身出发是能够回应这个问题的。其实最早的砖块本身就是预制建造的单元，如果我们把这个砖块无限放大，然后让它成为砌筑的一个基本块的话，那么是不是有可能创造一个不同的建筑形象？正好这又是个城市建设档案馆，相对来说，整体的外形会比较结实，而且档案室对采光的要求不高，看起来倒是对这个大型砌块的诞生有一定的推动作用。同时，我们希望在这里能够把各种各样的材料加进去，预示着城市是由一些不同的材料砌筑而成的，来呼应我们的建造逻辑。

图 57 是当时的效果图。

在这里，我也可以跟大家说一下，所谓的预制装

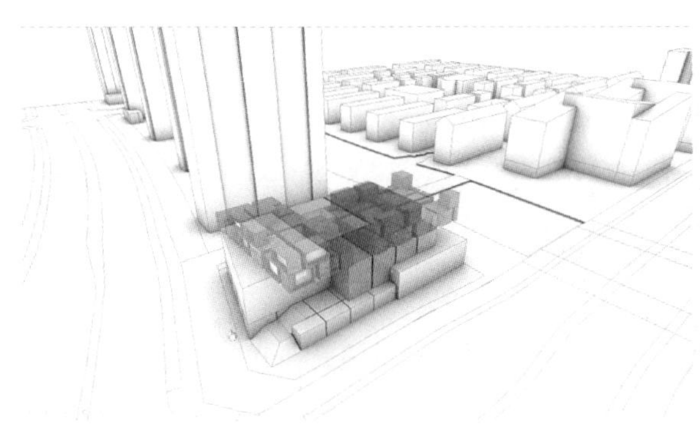

图 56

图 57

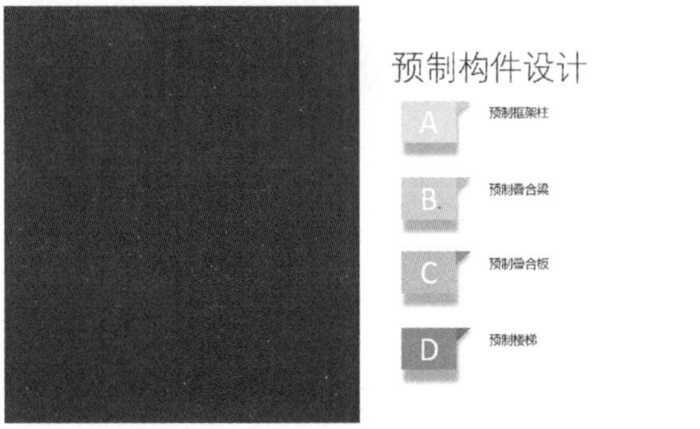

图 58

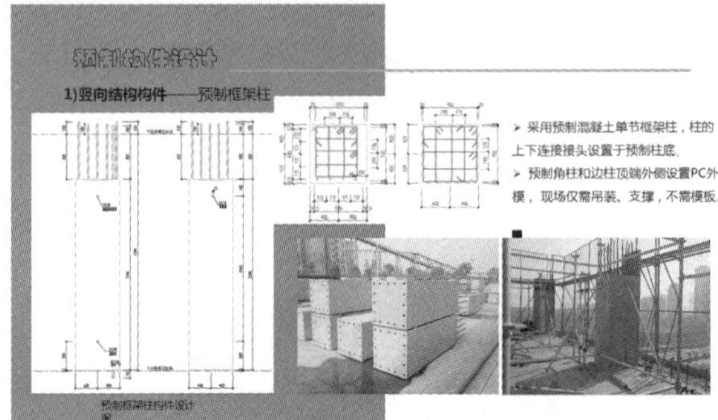

图 59

图 60

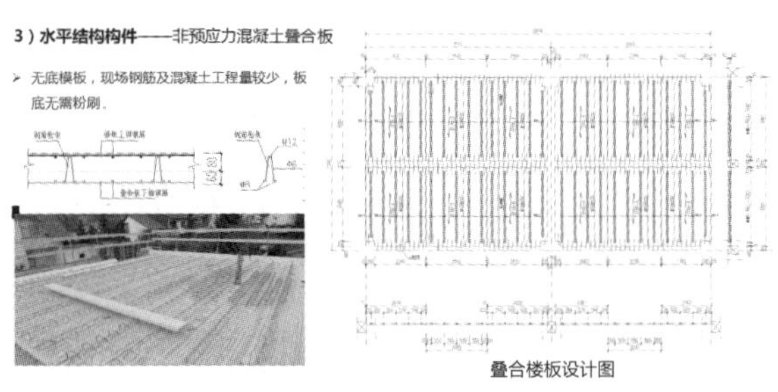

图 61

配到底包含哪些东西。其实在这里，从结构角度来说，构件主要还是柱、梁、板、楼梯这四大块（图 58）。

图 59 是预制的框架柱，主要是垂直构件。

图 60 是预制的梁。

大家可以看到，梁和柱都是在这个节点的地方交接，最后还是有一个现浇的过程。

图 61 是它的楼板，也都是纯预制的楼板。

图 62 是预制的楼梯。

图 63 是现场，这是梁与梁交接的地方。

图 64 是柱与梁交接的地方，这是楼板，楼板上

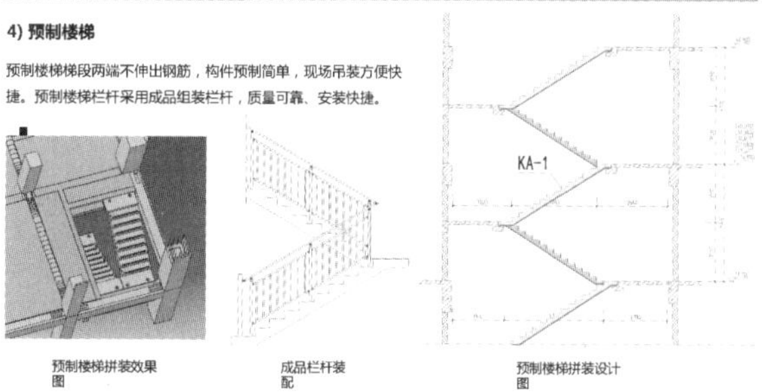

图 62

图 63

图 64

图 65

面还要再铺一层混凝土。但是楼板的结构本身都已经预制好了。

通过准备吊上去的这些梁，大家可以看到，这些梁不是在梁头和柱头的地方对接，而是在半空中对接，去过现场之后，觉得这一点还是挺有意思的。

它带来的好处，第一是工地特别干净，工地也不需要用安全网了，脚手架都不需要，内部非常干净。第二，建造速度非常快（图 65）。

刚才那个梁板柱体系是从结构角度来说预制这个事情，而从建筑师的角度，我们觉得最有趣的地方，就是我们如何把外墙这部分实现。我们采用了各种各样的材料，这些材料包括水泥板、洞石、玻璃、铝板、砖块，我们希望把它们都挂在这个建筑上面，成为一个一个不同材料的砌块，用这些砌块组成整体的建筑。但最后实施的时候发现，如果这些材料都往上挂的话会带来很大的问题，最后用了这个预制装配的 GRC 板来代替，但是大家可以看到最终的效果还是基本实现了效果的需求（图 66）。

图 67 是在砌筑的过程中。这每一块都是层高 4m 的，宽度大概在 2m 左右。一个柱网是 8m，是 2~4 块的拼接方式。

图 68 是建成之后的照片，现在外观已经基本上

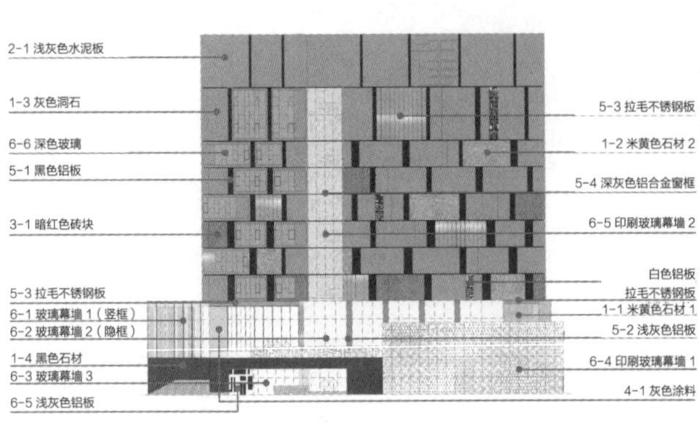

图 66

图 67

图 68

图 69

建成了，还是按照我们原先的设想在实现。

把这样的预制的砌块以最大的方式表现出来，在我们的建筑形象塑造的方面也能够表达预制这个概念。这是我们在这个设计里面想要传达的东西（图 69）。

从这个特殊的问题，然后引导出了一种特殊的解题思路，把它贯彻到最后，变成了一种特殊的形式（图 70）。

说完了这两个项目，我们再说下面的一组，这一组是跟话题相关的，一个叫“在城上跑步”，一个叫“在屋里爬山”，这个是相对来说比较押韵的两组（图 71）。

“在城上跑步”是个什么项目呢？其实是 2020 的杭州亚运村的国际区这个项目，这也是一个中标项目，目前正在建造中（图 72）。

它的话题要求很简单，就是这个区域需要有贯穿始终的一种主题能够作为宣传的着力点，我们在说“话题”这个东西的时候，其实更多是和宣传、媒体和大家的体验相关的。尤其是讲究网红打卡的这样一

图 70

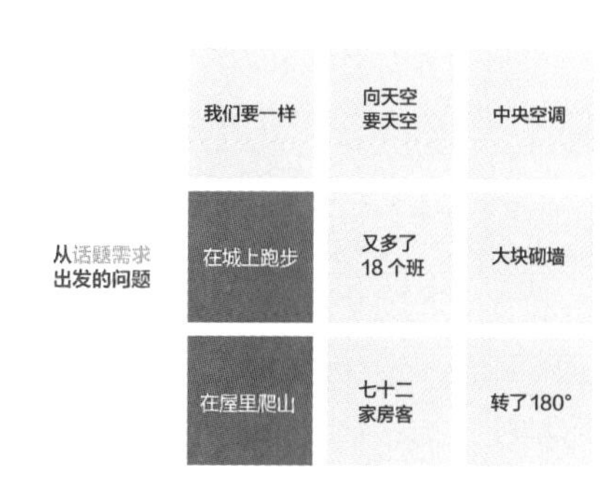

图 71

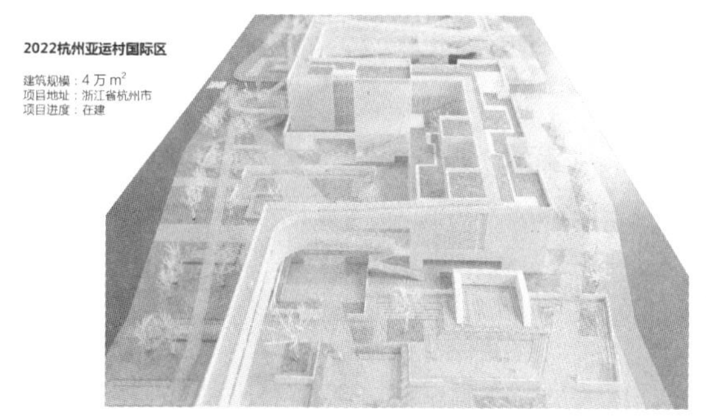

图 72

个时代，“朋友圈经济”会使“话题”成为一个大家避之不开的东西。那么在很多时候，我们所做的建筑本身就需要有话题性。那么话题从哪里来？这个话题其实是业主给的，而且这个话题非常明确，就是需要能在这样的环境中体现“运动”的主题。其实这块地原先是个运动公园，那体现“运动”倒是比较简单，后来因为在这里又要造国际区的行政服务中心、运动中心还有商务中心，那么一下子上来了四万多平方米的建筑体量，这个区域里面就变得非常拥挤。在这个状态下，如何能体现“运动”主题？最后的解决方案是一条 2.3km 长的超级跑道（图 73）。

大家可以看到，这块地实际上由四栋建筑组成，A、B、C 是今后要使用的运动中心、商务中心和行政服务中心。国际区在赛时，这些是作为行政和运动员的服务设施来使用的。D 是一个 110kV 的变电站（图 74）。

最后我们希望在这里通过一条跑道把它们串联起来，做成了一个半围合的城墙，然后在这城墙上面可以跑步和进行其他活动，同时，城墙的出现，塑造了几个不同的半开放的、面对城市的广场，叫作各种

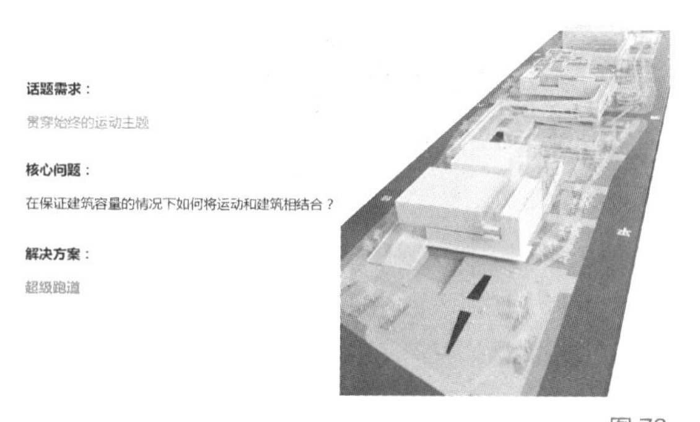

图 73

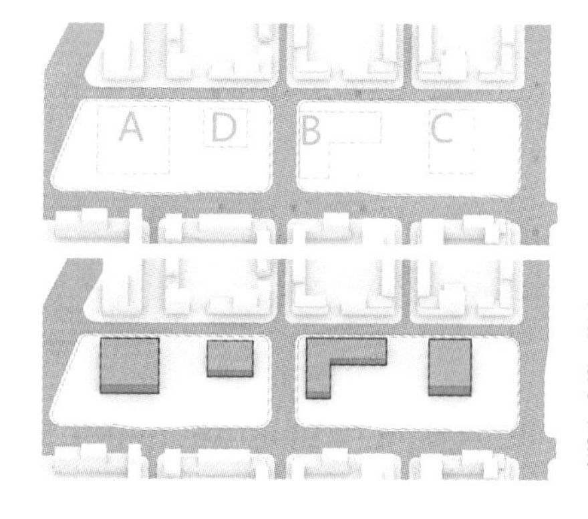

图 74

“活力场”，其实也是跟运动相关（图 75）。

然后再通过一些形态调整和细部操作，把内部穿通，最后形成了一系列相互联系的空间，我们把它叫作“一城六场”（图 76）。

图 77 是当时投标的时候做的一个展开图，根据人在这上面能够产生什么样的活动，做了这样的一个展开图。

到最后实现的时候，从材料、从使用上也做了比较大的变化。还希望能体现杭州的城市特征，用相对来说比较有特点的杭州材料来表达，所以最后选用了青色的釉陶作为外墙材料，建筑变成了一座青瓷碧玉之城。但是“跑道”这个主题倒是被一如既往地保留下来了，觉得这个会是今后最有话题性的东西（图 78）。

这个跑道本身贯穿了整个基地。我们可以看一看这个基地的形态，感受一下在上面跑步的感觉（图 79）。

这个项目目前正在紧张施工的过程中，完工以后看看能不能上去跑一跑，体验一下。

前面的这个话题其实很简单，因为亚运会的国际区需要的就是这样一个运动的主题。当时这个设计本身也是和杭州一半山水一半城的主题相关的，所以“在城上跑步”成为一个非常理所当然的选择。

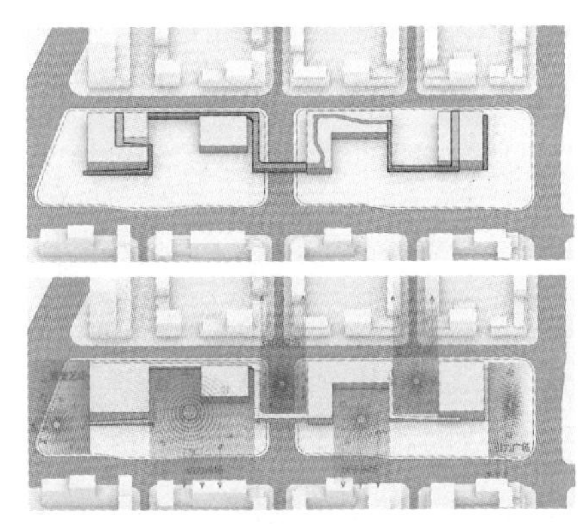

图 75

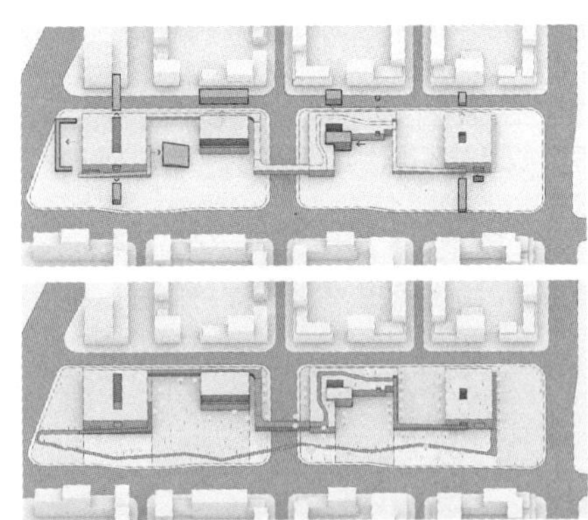
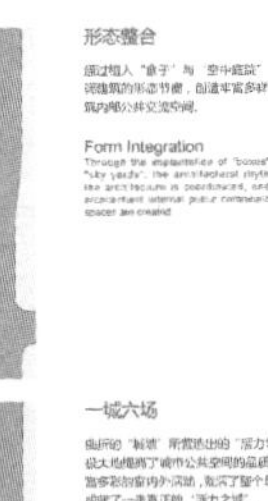

图 76

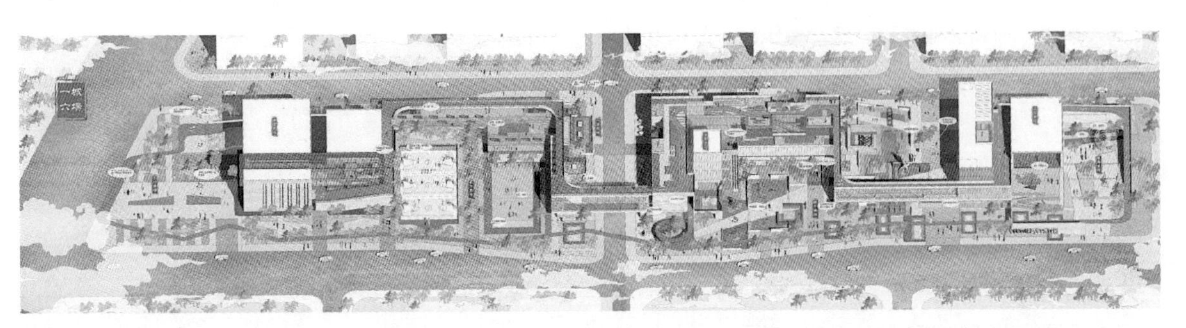

图 77

那么下一个主题呢？其实就相对来说难一些。下个主题叫作“在屋里爬山”。它的位置其实是在宁海。宁海是徐霞客开始云游全国的起点，所以旅游业是这个城市一个非常重要的支柱产业，希望在高速公路的出口做一个旅游集散中心，一定要有话题，能够被大家广为传播，而且需要能够体现他们的旅游的特点（图 80）。

通过多次讨论得到的一个结论是希望建筑能够带来登山的体验。从设计师的角度来说，其实提出了一个相对比较大的挑战，它的核心问题就变成了如何将这种特殊的登山体验转化为空间特点，而且如何在建筑内部创造一个外部世界，这就是这个问题所带来的一个挑战。最后解决方案叫作“藏山记”，就是我们如何把一座山藏到建筑当中（图 81）。

我们在内部真正设置了一条爬山的流线（图 82）。我们可以看到整体的一个流线是从底下一层层爬上去，然后穿过了一个瀑布，再穿到山洞底下，然后从山洞底下再穿出来。下部的浅灰色部分主要是旅游产品集散的位置，上面还有个酒店，整个建筑大概 18000m^2，面积不算很大。但是现场去看的话，因为空间比较开阔，我们为了塑造这样一个登山的体验，其实创造了一个非常宏大的空间。

图 78

图 79

宁海旅游集散中心

建筑规模：2.3 万 m^2
项目地址：浙江省宁海县
项目进度：在建

图 80

话题需求：

让建筑能带来
登山的体验

核心问题：

如何将特殊的登山体验
转化为空间特点？
如何在建筑内部
创造一个外部世界？

解决方案：

藏山记

图 81

图 83 就是进入内部能看到的空间。这是效果图，目前正在建造过程中，待会大家可以看到建造过程的一些照片。整体来说，在内部希望形成爬山的体验，上部这些构件形成了穿透密林洒下来的光线，相对来说会有一定的体验性，也会有一定的特殊性，如果你来过这里的话应该会有较深刻的印象，这是业主给出的最重要的一个指示，就是我们需要在这里有话题。设计师就得从话题出发来做这件事情。

图 84 是一个基本的模型，可以看到在这个大的顶下边，在室内创造了一座可以攀爬的山。

图 85 是一个剖开的状态，人从这爬上去，然后可以继续往山上爬。穿过这个洞穴之后，下到了底下的一个大厅，它有一个完整的爬山的流线。

图 86 是在建造的过程中的照片，可以看到它整体的“山体”已经慢慢出现。这是我们原来说的那个瀑布的位置，一个天桥会从瀑布这儿跨过去。

图 87 也是建造的过程中的照片，目前已经建造得差不多了。

在这个项目中，大家可以看到的是整体的山形的塑造，还有整个顶面的塑造。因为要创造这样一个室内的外部世界，其实做了很多大尺度的塑造工作。

接下来我们看看顶部的施工过程是什么样的。其实让人觉得有点叹为观止，大家可以看到那些工人是如何在上面操作的，它还没有建成，你已经有了一种爬山的体验，我也上去过这个屋顶，人站在上面的感觉，第一是害怕，第二是你会觉得这个建筑的尺度

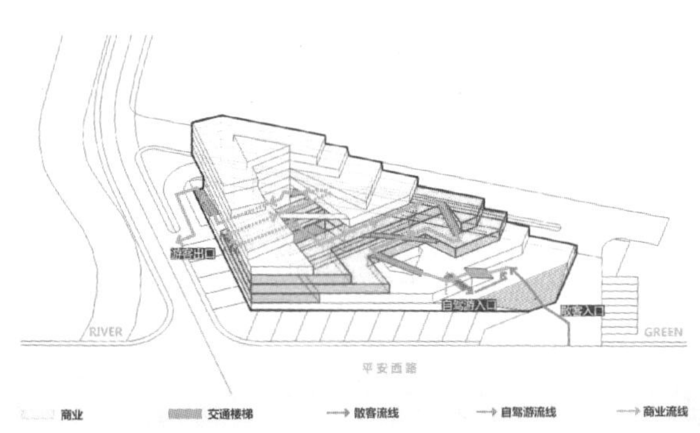

图 82

图 83

图 84

图 85

和你站在街上所看到的尺度是完全不一样的，它确实是有一座山的尺度。

目前，这个项目已经开始落架，基本区域已经建成了，整体的屋顶的构架也都上去了，已经有了那种森林的感觉。上次我开玩笑说，挺像隈研吾的建筑，我想到时候是不是把照片发给他，让他看一看有人在向他致敬。但整体的感觉和我们原先的预想还是比较接近，大家可以看这个尺度，我刚才说了，你站在街上看的时候，是不会有那种太强烈的震撼。但是当你走进这座山，尤其走到了刚才我们所看到的屋顶上，以及在这些构件的边上的时候，你会觉得那样的尺度还是很惊人（图 88）。

从下面看，构件显得非常纤细。但是实际上大家可以看到人和这个构件的一个基本比例关系。当你有机会站在构件中间去看的时候，它是什么样的一个尺度，其实我觉得在这个设计里面，把自然的尺度引入建筑当中可能也是一次冒险，但是现场的感觉还不错，希望造好了之后，请同学们去爬个山（图 89、图 90）。

讲完这个之后，我们再看接下来的一组（图 91）。接下来的一组是从“设计政治”出发的，设计也有政治，就是怎么“把自己的朋友搞得多多的”，怎么让更多的人支持你的设计，让更少的人反对你的设计。当然，在这过程中，你有时候要做出一些妥协，做出一些变化。

我们先来看一个叫“72 家房客”的项目（图 92）。

这是一个古村落的改造。图 93 是完成之后拍的照片，在这样一个湖边，整个村落隐在山坳之中，环境非常好。

那么，我们要做什么样的工作？其实，这个村落

图 86

图 87

图 88

图 89

图 90

从设计政治出发的问题

我们要一样	向天空 要天空	中央空调
在城上跑步	又多了 18 个班	大块砌墙
在屋里爬山	七十二家 房客	转了 180°

图 91

我们要一样	向天空 要天空	中央空调
在城上跑步	又多了 18 个班	大块砌墙
在屋里爬山	七十二家 房客	转了 180°

图 92

和一般的村落不太一样的地方是，它既有大量的新建的部分，原来的居民也都还在。那么你所建造的这些东西和原居住民的关系就变得非常重要。如何以一种谦卑的姿态融入原居住民的生活，成为大家是否接受这个设计的一个非常重要的点。核心问题就变成了：第一，如何小心翼翼地延续古村的肌理和居住习惯？这个是要通过研究和调研得到的。第二，是如何在设计中控制住自己的创作欲望，大家看到前面的很多设计，就拿我自己来说，设计师会有很强烈的创作欲望，去表达一些相对个人的东西。但是在这样的古村的更新设计里面，你的创作欲望可能是第二位，第一位的还是如何能够融入，如何能够成为这个千年古村的一个陪伴者？因为这个村落是一个历史文化名村，也有上千年的历史，那么解决方案就变成了你如何成为一个织补匠和倾听者？这是我们做这个设计的选择（图 94）。

我们可以看到图 95 是两张肌理的对比，左边这张是我们没有介入之前的图像，沿着中间这条路有很多已经破落的地段。这些地段是长年的火灾、洪水以及一些自然倒塌形成的，因此在村落里就形成了一些难看的疤痕。那么“如何通过我们的织补来修补这些疤痕”是做这个设计最重要的点，而不是突出自己的建筑形式或者是体现和周边不一样的地方。我们当时开玩笑，一共补了这个 72 针，才把整个村落缝完。

图 96 是那 72 针，也就是说，在里面做了 72 栋房子。这些房子有的是复建，有的是新建，但是出

东钱湖韩岭古村更新

项目地址：浙江省宁波市
项目进度：建成（2018）

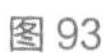

图 93

设计政治：

谦卑地融入村落原居住民的生活

核心问题：

如何小心翼翼地延续古村的肌理和居住习惯？
如何在设计中控制自己的创作欲望？

解决方案：

织补匠与倾听者

图 94

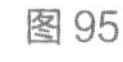

图 95

图 96

图 97

发点都是一样的，第一是要保持住原先的肌理，但是肌理有些已经不存在了。那么根据历史的脉络，根据周边的情况，如何重新梳理出来，这个是设计师在这个里面要做的工作，而不是形态本身的塑造。而在建筑形象本身的塑造上面，更多的是利用原先的工艺材料做一些微创新。我觉得对于设计师来说能够把握好设计的度，其实也是他有没有政治头脑的一个非常重要的点。在这个点上，其实你越是谦卑，你的设计越容易和环境融为一体。

图 97 是建成之后，中间打光的这部分都是一些新加入的建筑。我们叫作 72 家房客，为什么叫房客，是因为他永远不是主人，需要和这里原本的主人共融、共生、共处。

图 98 是鸟瞰角度看，我们新加入的房子和整个村落肌理的一个叠合。

图 99 是村落在朝阳初升的时候。

图 98

图 99

图 100 是建成之后，我们希望整个村落能够有一种“原先似乎就应该是这样”的感觉,但是仔细看，会发现有很多是新的做法。

当然，村落里面会进入一些新的业态，会进入一些新的居民。希望这些新居民和原居住民之间会产生相对和谐的关系。这个村落最有趣的地方就是，原居住民没有搬掉，所有新建的部分是以见缝插针的方式出现的，但这个工作已经做了整整五年，慢慢地把一栋一栋的房子穿插进去（图 101）。

图 102 是改造前和改造后的一些对比。肌理和氛围是保留了，但建筑还是会有很大的区别。这个是村头，上面是改造前，下面是改造后。鉴湖桥头就在这里，可以看到其中的一些变化。

图 103 是街巷，左上图是改造前保留的部分，左下图是改造后新加入的。新加入的这面墙的做法也是用了当地的传统的砌法。右上图是村头原先的一个仓库，看似特别破落，但是在最后做的时候，我们还是把它的基本形制给保留了，在基本形制的基础上又做了些添加，现在是花间堂的酒店，也成了村头一个非常重要的点。

图 104 就是花间堂的酒店，其实它不是特别耀眼，我们还是希望它能够相对谦卑地融入这个环境，这才是最重要的部分。

图 105 是它的内部。

大量的建筑都还是参照基本的模式在做，但是在局部会做一些微小的创新，然后带来一些话题（图 106）。

图 107 可以很形象地反映出老建筑、新建筑和传统巷道的关系。右边是新造的房子，是花间堂的一些客房，左边是老的房子，中间是条街巷，一个打工归来的村民正在街巷里行走。这个画面是我们原先在做的时候就想到，也是希望能够实现的，希望村民能够接纳的画面。

最终也采访了很多村民。村民对这次的更新整体上还是比较满意的，觉得这个既是他们记忆中的韩岭，也是他们想象中的韩岭，还是他们未来生活的韩岭（图 108）。

在这个基础上，其实也有一些新的东西，在村尾

图 100

图 101

图 102

图 103

图 104

图 105

图 106

图 107

原先有两块空地，后来作为平衡韩岭整体活化的经济因素的考虑，做了两块居住用地进行售卖（图 109），但是这个住宅肯定也不能和普通的住宅是一样的处理方式，那么就要研究它原先的居住模式。韩岭原先的居住模式是以宗族式的居住模式为主，就是一大家子都住在一组院子里。

我们最后还是采用了合院的方式，但有四合、六合不同的方式（图 110）。

比如图 111 就是一个六院合一的方式。整个这一套六组形成了一个大院。这里面每一户都有自己的前庭后院，是相对独立的，但是六户又共用一个公共庭院，从公共庭院进入到各自的小庭院当中去，可以分开居住，也可以整体地供一个大家族来居住。其实到这里来的更多的是呼朋唤友，几户人家一起在这里度假或者把这里作为第二居所。

图 112 是从顶上看到的整体的肌理。

图 113 是内部的公共空间，这是自己的庭院。

图 114 是六户人家共用的公共庭院。

从这个公共庭院可以进入自己的聚落（图 115），整体来看，这六户就像是一个大宅。它是以一种当地的砌筑方式在做，当地的空间模式，当地的材料。

项目还没有完全建成的时候，基本上已经能够反映今后韩岭这个老村里面新的和旧的生活之间的关系。我们希望，它们整体上可以更和谐一些。

图 108

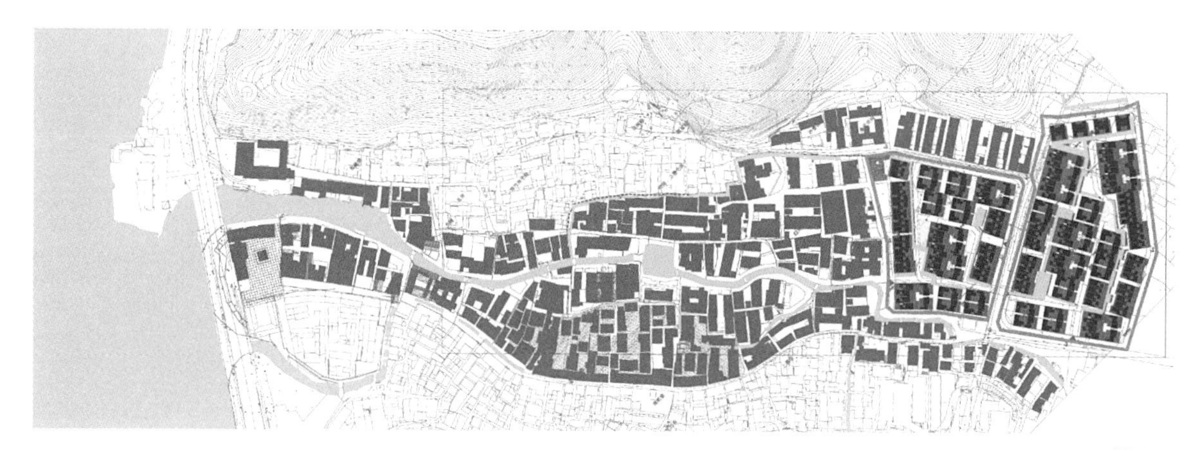

图 109

图 110

图 112

图 111

图 113

图 114

图 115

图 116

接下来的这个故事叫“转了 180°”，这是另外一个更加“政治”的故事（图 116）。

这个是某公司全球创新模式研究中心（图 117）。后来在青岛上合峰会的时候被用作上合峰会的新闻中心，也一直在央视的电视上播出。这个建筑的建成还是有很多故事的。当时是我们和一家著名的境外公司一起做的方案。

在这个方案往前推进的过程中，开始很艰难。主要是因为业主刚开始和政府的意见不是特别统一，所以政府不是特别支持。所以我们就在说，“怎么能让更多的人帮助项目的推进”使“特别的设计能够实现”是其中一个非常重要的政治理由。核心问题总结出来，变成了如何让掌握话语权的人有参与感，同时，建筑师如何适当地做出让步。这个听起来就很“政治”，解决方案是我们要做一个有原则的妥协者（图 118）。

海尔全球创新模式研究中心

建筑规模：3.55 万 m²
项目地址：山东省青岛市
项目进度：建成

图 117

设计政治：

让更多的人帮助项目的推进，
使特别的设计能够实现

核心问题：

如何让掌握话语权的人有参与感？
如何适当地做出让步？

解决方案：

有原则的妥协者

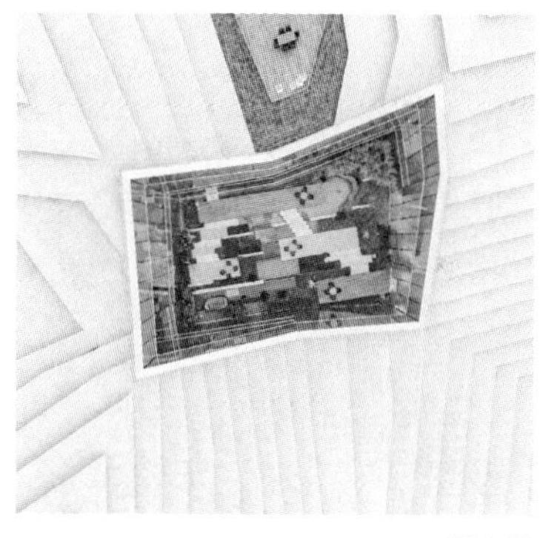

图 118

图 119

大家可以看图 119 这两张草图，左边是第一次的草图，右边是第二次的草图。大家看这些草图有什么不一样的地方？可能你一时还没有看出来它们的区别。

图 120 是第一次的效果图。

而图 121 是建成之后的场景，那么它们有什么不一样？也许你能看出来了。因为这个项目在海边，最早的想法是希望让大量的能上人屋面的坡地朝向海景。后来有了一个机会，能够让我们去见主管的市领导。当我们拿着第一次的效果图去见领导的时候，境外公司的主设计师介绍了方案之后，领导说：“为什么要把人朝向海景？为什么不把人从城市里引上来？”市长就把整个模型翻了个 180°。当时我的感觉是，作为这么一个国际著名的设计事务所的主设计师应该还是要坚持一下自己的想法。结果发现他稍微迟疑了一下，直接只说了一句：“perfect！”于

图 120

图 121

是这个问题就非常愉快地决定了。决定之后，其实最大的好处是，领导觉得这个设计里面有他的智慧、他的创造，然后就特别热心地推动这个设计。那么这个设计后面的工作就变得一帆风顺。

最终变成了图 121 的样子，就是把朝向城市的这个角摁了下去，那么建筑就可以把人流从城市里引上来，而对着海边的这个角变成了一个翘起的观景台。其实，后来我们想象一下，从设计的角度来说，这也是可以接受的。我最开始不太理解，为什么他能够那么快就答应了领导的这样一个更改的需求，后来我觉得这可能就是他们长期在这样的设计环境当中，总结出的一整套的设计政治，他很敏感，他能在非常短的时间内做出一个相对来说有利于项目推进的这样一个判断。

图 122 是建成之后。大家可以看到，最终有一个能够从城市引人上去的街角，把人引到了最高点上，而最高点朝向了整体的海岸线。这也是一个面对城市开放的建筑，最终其实并不影响整体的景观和形象的塑造。所以我觉得这样妥协的让步在某些时候还是必要的。好处是让更多的人觉得这里面有他的参与。大家在今后工作的时候可能也会遇到很多这样的情况。其实我觉得让更多人参与进来，并不是对建筑师创造的一种削弱，它可能是使这个项目能够正确地向前推进、能够实现的一个非常重要的动力。

图 123 是建成之后的样子。

图 124 是从另外一个角度来看。

图 125 就是面向城市的方向，从海边转过来，转了 180°。

这个时候如果再回头去看草图（图 119），你就会看到这个草图在第一次和第二次之间会有什么样的变化。

从建筑的屋顶上能够眺望大海。最后发现这也是一个非常不错的瞭望海景的方式。最终还有一些屋顶的露台，中间还有个院子（图 126）。

图 127 是底下的入口。

最后一个问题，其实是我们经常遇到的，就是在设计过程中有一些突发状况出现，如果有一些突然

图 122

图 123

图 124

图 125

图 126

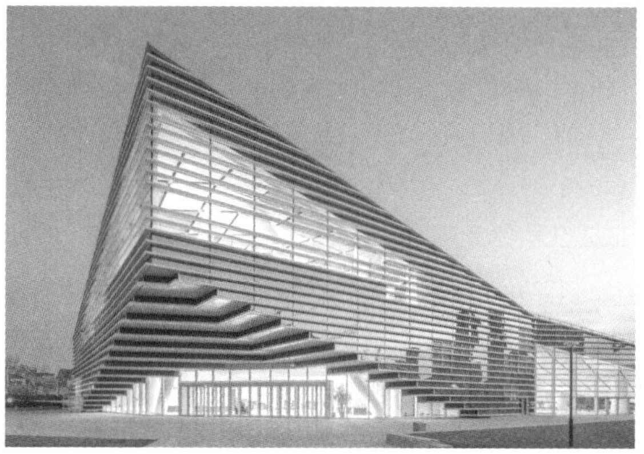

图 127

的改变，肯定会带来很多问题，那么应该怎么办呢（图 128）？

这个项目叫“又多了 18 个班”，项目名称叫甬江实验学校，大家可以看到，这是建成之后的总图（图 129）。

那么它的突发状况是什么呢？是在极限状况下，又加了 18 个班，那么怎么办呢？核心问题就变成了如何在不改变原有设计的前提下满足提出的新要求？如何利用边缘的最大效应提供最多的教学空间？我们在原先设计已经定型的情况下，面对这些突发的情况如何巧妙地做出改变？解决的方案是一个折院（图 130）。

图 131 是最开始的方案。最开始方案就是一个大院，因为原先要求的 36 个班对用地来说已经是非常紧张了。去掉了操场之后，场地基本上已经排满了，已经把它的边界占到了最大化，其中还有图书馆和体育馆两个非常巨大的体量加在当中。

在这个基础上又加了 18 个班，一下变成 54 个班，那么这个体量一下就多出来很多。当时对我们来说，真的是一件非常棘手的事情，但最终调整之后，

由突发情况
带来的问题

我们要一样	向天空 要天空	中央空调
在城上跑步	又多了 18个班	大块砌墙
在屋里爬山	七十二 家房客	转了180°

图 128

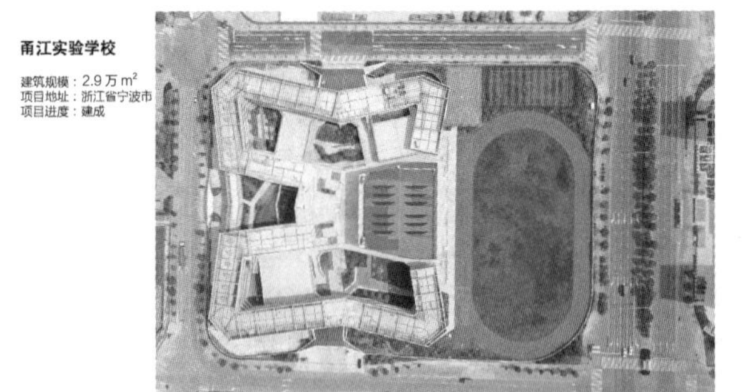

图 129

突发情况：

在极限情况下又加了18个班

核心问题：

如何在不改变原有设计的前提下满足提出的新要求？
如何利用边缘最大效应提供最多教学空间？

解决方案：

折院

图 130

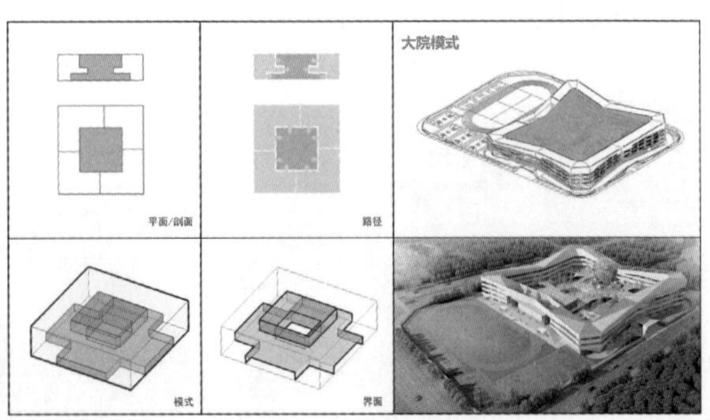

图 131

我们觉得似乎比原先的要更好一些（图 132）。

我们把这个院子在这个位置又重新折了一下。每个边就多出了 9 个班，那么就真正多出了 18 个班，同时把整个院落的尺度进行了消解。从一个大尺度的院落，消解成了几个半开放的小尺度的院落。当然在上面还能有一个大尺度的院落，这是在这个过程中做的一些改变（图 133）。

图 134 是模型。

立面也用了折纸的方式来做，“折”在整体的理念中就成为一个非常重要的主题。其实为什么用“折”这个主题？“折”是一个线形变化的过程，只要把线形拉到最长，那么学校可使用的空间是最多的，因为学校教室的排布还是以线形空间为准。我们希望将线形空间的长度拉到最长，那么就能够提供最大容量的教学空间，这是我们在做的事情（图 135）。

图 136 是建成之后。整体的建筑在建成之后是非常饱满了，但同时我们又希望它内部的空间不要那么局促。原先我们有一定的担心，但建成之后，现场感觉还是非常舒服。

图 137 是内部的空间，很多地方都很开放。包

图 132

图 133

图 134

甬江学校

建筑规模：2.9 万 m^2
项目地址：浙江省宁波
项目进度：建成

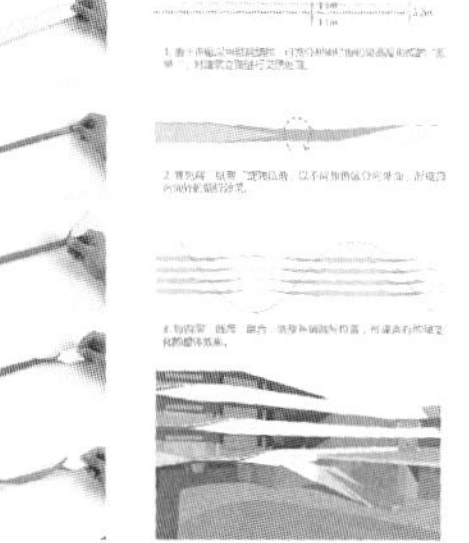
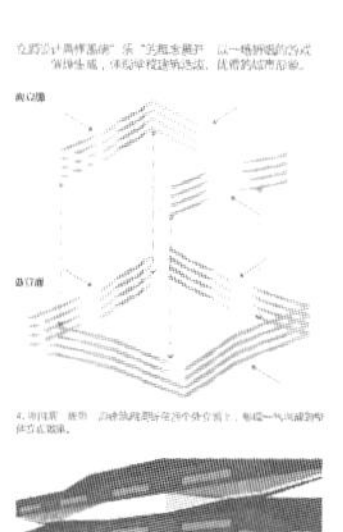

图 135

图 136

图 137

图 138

图 139

括我们的体育馆，它的门也是折叠的，是可以完全打开的。那么面对外侧的时候，就会形成一个相对完整的内和外融为一体的空间，包括这些看台，还可以直接看到体育馆的内部。

图 138 是孩子们已经在学校里面开始他们新的学习生活。目前可能只有一年级的小朋友在这里，但是对于这样的一个空间，通过“折院”所形成的更丰富的空间形式，对孩子们来说确实更有趣了。

图 139 是从下面的空间来看这个院子。

图 140 是在上面的这层平台，这层的平台整体的空间尺度又被放大了，这里的空间尺度比想象的要大很多。在整个过程中，因为加了 18 个班，设计师最开始肯定是抵触的，但是通过改变之后，最后发现如果没有加 18 个班的突发情况的话，这个设计可能

图 140

出来的效果还没有最终的效果好，所以对于每一个突然出现的问题，我慢慢地都开始接受他们。虽然很多时候，你刚开始的时候会觉得不合理，但最终都会觉得这些问题是合理的。

图 141、图 142 是最终建造之后的成果。

我今天的讲座就到这儿了。其实今天的主题就是想跟大家说，建筑其实是一门解决问题的艺术，所以不要害怕问题，而是要面对问题。越特殊的问题，越容易激发出特殊的建筑和特别的体验。谢谢大家！

图 141

图 142

主讲人　汤朔宁

同济大学建筑与城市规划学院教授、博士生导师
兼任同济大学建筑设计研究院（集团）有限公司党委书记、副总裁、副总建筑师
中国建筑学会、中国体育科学学会体育建筑分会副秘书长、常委
上海市建筑学会常务理事
《建筑技艺》杂志编委

主　题　复合化体育建筑综合体设计

随着我国经济的不断发展，民众对精神文化活动、体育休闲活动的要求也日益丰富，与此相对应的，传统的体育建筑也由单一功能的经济型场馆，逐步演变为以全民健身为主、兼顾竞技的体育场馆，并进而推演至与商业、休闲相结合的复合功能型的体育建筑综合体，这种集约化的趋势越来越明显。课程主要从体育建筑综合体的集约化发展趋势入手，从用地集约、功能组合、场地层叠、技术融合等四个方面，全方位剖析当下体育建筑的设计与运营的新趋势。

大家好，欢迎各位研究生选择这门课程。

虽然大家可能今后在学习工作中接触到大型体育建筑的机会并不多，但是基于当前体育建筑的设计趋势正在发生着很大的改变——诸如很多体育综合体一类的社区体育场馆不断涌现，因此今天我来给大家大致介绍一下整个体育建筑的发展趋势（图 1）。

本讲主要包括四部分内容（图 2），首先是体育建筑概述，其次是其发展趋势，然后是契合今天主题的复合化体育建筑综合体设计，最后是相关案例分析。

图 3 是最近在网上热传的广州某足球场的效果

图 1

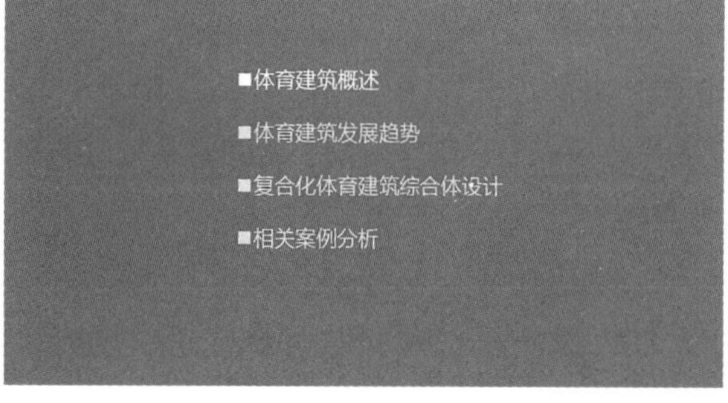

■体育建筑概述
■体育建筑发展趋势
■复合化体育建筑综合体设计
■相关案例分析

图 2

图，一时间网络舆论争议不断。我们原来也接触了这个项目，后来没有参与，最终由其他设计单位完成。这个项目在网络上激起了很大范围的讨论，从我们专业的体育建筑的设计角度来审视，不管是从审美还是功能的解决方式上来看，这个设计都存在较大的问题。

体育建筑大致分为几类，首先是体量最大的综合体育场，它们一般包含带有跑道的中心场地，周围由看台座席和罩棚围绕，大家熟知的鸟巢就是当中的代表（图 4）。

另外一类重要的体育建筑类型是综合体育馆，他是相对封闭的。图 5 是北京大学的体育馆，它由我和钱锋老师一同设计。这座体育馆也是北京奥运会当时的乒乓球比赛馆，右图就是当时男子单打四分之一决赛前的照片，场馆的顶部是当时北京奥运会祥云的图案。它是体育馆的一个典型代表。

图 6 是体育建筑中另外的一类——跳水游泳馆，图片所示是我们与德国 GMP 公司一同设计的上海东方体育中心。左图是跳水馆，右图是游泳馆。

我们通常所说的奥体中心就是由这样的一场（综合体育场）两馆（体育馆、游泳馆）构成，这是传统的一场两馆模式。近年来，又出现了很多其他类型的专业性场馆。

因为 2023 年第十八届亚洲杯要在中国的多个城市举办，而且此前的 2021 年世界俱乐部锦标赛（世俱杯）也落户中国，这个赛事的水平比亚洲杯还要高，但由于疫情的影响目前有所推迟。为准备 2023 年的亚洲杯，全国共十个城市目前都在新建专业足球场，虽然大家刚看到的广州某足球场不在此列，但它也是一个专业足球场。所谓专业足球场与鸟巢等综合体育场不同，它不带跑道。平时我们观看西甲、英超联赛的时候会发现，现场的球迷离比赛场地很近，这种就是专业足球场。我国将要修建的这十个足球场的规模各异，而且有的是改造，有的是新建，上海就有一座浦东足球场正在建设当中，它同时将作为上海上港队的主场地使用。我们同济院与 GMP 合作参与了昆山足球场的设计。

图 7 是昆山的专业足球场，它是为 2023 年亚洲杯专门修建的场馆，规模是 45000 座，目前正在紧张地设计当中，其材料采用了清水混凝土以及张拉膜。左图很好地将体育建筑的体量感和结构的韵律感完整地表达了出来，这个足球场我们目前正在积极地配合设计。

另外一个我们正在设计的专项场馆是位于上海的自行车馆（图 8）。这是一个难度非常高的专项比赛馆。众所周知上海体育界在姚明和刘翔退役之后，缺乏奥运会级别的标志性人物，目前上海唯一的夏季奥运会冠军叫钟天使，是一位自行车运动员，所以上海计划建设一个符合奥运会标准的自行车比赛馆。自行车馆的设计具有一定难度，右图所示并非拍照的失误，而是它的场地本身就是这样的扭面。因为它的设计是为更好地配合运动员的速度和离心力，所以整个赛道都是扭面，常人很难在上面行走。我们如果去现场参观，几乎难以相信自行车的速度居然如此之快，真的十分专业。而且这样的一个扭面赛道中的接缝极少，因而对技术的要求非常高。在运动员高速使用时，如果有接缝不好的地方，会给运动员造成很大的伤害。该场馆目前正在建设当中，选址在上海的崇明岛。

图 9 是体育建筑的一种分类，可以分为特级、甲级、乙级、丙级，它的分类方式很多，还可以从用途角度来分为竞技比赛用、全民健身用等。这些年来，尤其

图 3 体育场——广州某足球场

图 4 体育场——国家体育场（鸟巢）

图 5 体育馆——北京大学体育馆

图 6 跳水馆、游泳馆——东方体育中心

图 7 专项赛事馆——昆山市专业足球场

图 8 专项赛事馆——崇明自行车馆

是奥运周期之后，体育场馆的发展逐步向全民健身倾斜，开始主要考虑全民健身的使用，同时兼顾一部分竞技体育的用途，这也符合我们国家目前的发展需要。

体育建筑有四个主要特点。第一个特点是空间尺度大，对结构和材料的要求特别高，图 10 是水立方的内部，它由两个池构成，右边是标准的 50m × 25m 的游泳池，左边还有一个跳水池，整个空间没有柱子，结构难度比较大，材料标准要求也比较高，它的顶棚材料既要满足采光需要，又要满足保温节能，同时还要防止结露以及解决整个大空间的空调问题和混响时间的控制问题，因此有很高的要求。

第二个特点是观众数量多，功能流线、视线、舒适性等需要专项技术设计。图 11 是奥运会开幕式时候的鸟巢的内部，由此可见广州某十万人专业足球场在外面层层包围着几十万平方米商业的组合模式并不合适。我们如果到美国去参观，会看到很多像 NBA 球馆一样的专业球馆外面也包围了很多商业空间，但那是体量相对较小的篮球馆，和足球场体量差距过于悬殊，足球场外面围绕过多的商业会给疏散带来很大压力。

第三个特点是技术要求非常高，这里面有很多项的专业技术，要在场馆里形成综合。图 12 是上海

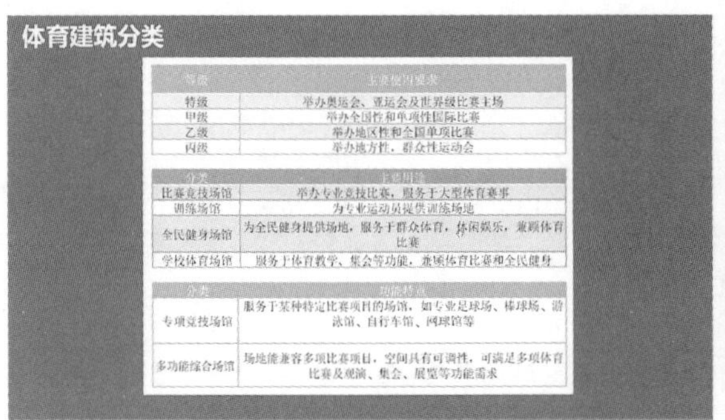

体育建筑分类

等级	主要使用要求
特级	举办奥运会、亚运会及世界级比赛主场
甲级	举办全国性和单项性国际比赛
乙级	举办地区性和全国单项比赛
丙级	举办地方性，群众性运动会

分类	主要用途
比赛竞技场馆	举办专业竞技比赛，服务于大型体育赛事
训练场馆	为专业运动员提供训练场地
全民健身场馆	为全民健身提供场地，服务于群众体育，休闲娱乐，兼顾体育比赛
学校体育场馆	服务于体育教学、集会等功能，兼顾体育比赛和全民健身

分类	功能特点
专项竞技场馆	服务于某种特定比赛项目的场馆，如专业足球场、棒球场、游泳馆、自行车馆、网球馆等
多功能综合场馆	场地能兼容多项比赛项目，空间具有可调性，可满足多项体育比赛及观演、集会、展览等功能需求

图 9

图 10

图 11

图 12

的旗忠网球中心，也曾举办了多届国际网联的大师杯赛，它的一个主要特点是屋顶可以旋转打开，这种开合屋盖的技术实现难度是非常高的。

第四个特点就是体育工艺特别复杂，行业内有一个专有的名词叫体育工艺，包括场馆内的计时计分系统和赛时管理系统，当运动员百米冲刺临近终点时，它要能够在最短千分之一秒的时间精度内来分辨冲过终点的名次顺序。图 13 这张照片是北京奥运会时期修建的五棵松体育馆，最明显的是当中悬挂的这个斗屏。这个技术其实实现起来也很难，尤其对于无柱的大空间，要在当中悬挂这么重的屏幕难度很大，周边一圈还有包厢，上面还有密密麻麻的灯光和音响，大量的灯和音响都要检修，所以上面还设有很多的马道，由此可见体育工艺内容之多、之复杂。

下面我们来看几个大型体育中心的基本情况。

深圳湾体育中心（图 14），在行业内被形象地称为“春茧”，它也是由体育场、体育馆、游泳馆组成，外面由一个统一的外表皮将三个场馆包裹在一起，在表皮里面可以看到一个大平台，大平台下面布置有大量的休闲娱乐设施，包括青少年的运动培训空间等。它除了承接大型赛事之外，平时也会吸引很多人流，因为它的多功能使用实现得特别好。

图 15 是山东济宁的体育中心，这里曾举办过上届山东省运会。位于最中间的是体育场，它不是一场两馆，而是一场三馆的模式。除了体育馆、游泳馆，还专门设置了一个射击馆，远处那个就是射击馆，也

图 13

图 14

图 15

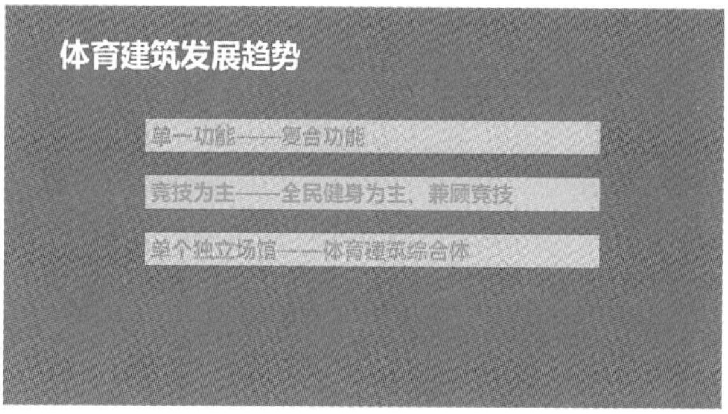

体育建筑发展趋势

单一功能——复合功能

竞技为主——全民健身为主、兼顾竞技

单个独立场馆——体育建筑综合体

图 16

是由我们同济院设计的。

第二个方面我想跟大家大致介绍一下当前体育建筑发展的主要趋势。

我想从三个方向来展开。第一是从单一功能向复合功能的发展；第二是从竞技体育逐渐向全民健身为主、兼顾竞技方向发展；第三是从单个的独立场馆向体育建筑综合体发展（图 16）。

下面我将具体展开来谈谈这三个趋势，首先是由单一功能向复合功能的转变。同样是五棵松体育馆，它不但能够举行篮球比赛、冰球比赛，同时能举办演讲活动和承办电竞赛事，它的功能是多样化的。相比之下，篮球和排球的场地尺寸比较小，在标准的比赛场地当中，冰球的场地尺寸是最大的，手球也相对偏大一点。为了能够容纳冰球场地，在进行篮球比赛的时候，场馆前面都是活动看台，它可以像抽屉一样抽出，这样可以保证运动员和观众之间较近的距离，形成较好的比赛气氛。而进行冰球比赛的时候，它在极短时间内（一个晚上或者半天），就要在场地上通过制冰设备形成冰面，这个过程我们称之为“冰篮转换”，即在冰球和篮球场地之间进行转换。现在的上海东方体育中心也具备这样的功能，既可以进行冰球比赛，也可以进行篮、排球比赛，此外还可以举办大型的演唱会和演讲活动，同时可以承办电竞比赛，以此形成的整个场馆的功能是非常丰富的。

第二是由传统的竞技体育向全民健身为主的方向发展，图 17 是当时位于北大校园内的北京奥运会乒乓球馆，现在的北京大学体育馆。在设计的时候，因为它建在大学校园里面，奥组委充分考虑到赛后使用的问题，所以除了在地面以上真正的乒乓球馆外，还建了很多为将来的北大学生以及周边中关村办公人员提供休闲锻炼的场所。比如它有地下的篮球馆、攀岩、壁球、拳击、击剑、荡桨等空间。这里解释一下，荡桨运动是北大和清华模仿了英国牛津和剑桥的皮划艇比赛所形成的模拟项目。皮划艇没办法设在体育馆室内进行，因而在体育馆中设计了一个荡桨室，正常的皮划艇运动是船动水不动，荡桨正相反，是船不动水动，利用这样的模拟效果进行训练。它还设有一个游泳馆。所以在奥运会之后，它就变成了一个利用率非常高的体育健身中心。特别是现在随着对全民健身的重视和倾斜，场馆的赛后健身使用就显得特别重要。

第三就是从单个的独立场馆逐步向体育建筑综合体发展。图18这个项目是同济设计的泰安新体育中心。最近我们一直都在研究体育建筑的发展趋势，我认为复合化是体育建筑发展趋势的一个重要方向。回顾我们的日常，其实我们的生活也在发生很大的变化：比如以前会为了买一支钢笔或者一个茶杯专门跑到商店去，那时候商店可能就只卖几种商品，因为当年的经济条件不好、物质匮乏。但现在不同，我们可能最初为了买一支钢笔去逛Shoppingmall，可能钢笔没买成，反而买了很多其他东西——可能逛了超市、喝了咖啡，还可能看了电影、做了美容，甚至做了健身，这说明我们的生活目标本身就是多样性的，体育建筑也在逐步发生这样的变化，运动健身不仅仅是运动员的事情，而是我们全民共有的需求。

所以现在体育场馆会和商业、咖啡、餐饮、体育培训、青少年的教育等功能结合在一起，像这个泰安新体育中心就包括了很多的全民健身功能。大家可以看到这个体育建筑是建在几层楼的上面，其实这是依托了一个山坡地势而最终形成的一种商业氛围，目前这个项目正在建设当中。

以上算是概述，下面第三个模块就进入我们的主题，即复合化的体育建筑综合体的设计，它可以分为四个方面，分别是用地集约、场地层叠、功能复合以及技术融合，这四个内容的统一就是复合化体育建筑综合体的基本内涵。我认为未来的发展趋势一定出现综合建筑，但未必就是体育建筑综合体，可能是体育、商业、教育、培训都整合在一起的综合建筑。

首先就是用地集约，这是一种在有限用地条件下进行的相对紧凑布局的方式。这点其实针对我们经常用的一个词：城市高密度。特别是像上海、深圳、北京这样的一线城市，这些城市在开发密度非常高的状态下，可能只能在有限的条件下进行相对紧凑的布局。图19是瑞士洛桑的一个体育综合体，它本身是一个传统的体育场，但是在体育场外面非同心圆的位置，游泳馆、跳水馆都被整合进来形成了一个大的综合体。通过利用一块土地,将多种功能都集中在一起，这是一种很紧凑的布局方式。

图20是深圳龙华的文体中心。它最下面一层是社会的停车场，地面是文体商业街区的多个功能整合在一起，然后再和公园相结合，但它的核心依旧是围绕着体育场来设计的。从左边的效果图可以看到下面的商业设施和上部的体育设施能够结合在一起来设计，这也是在有限的用地条件下进行的。

第二个趋势就是刚提到的场地层叠，这首先是一种城市高密度的发展需要，其次也是有赖于我们近

图 17

图 18

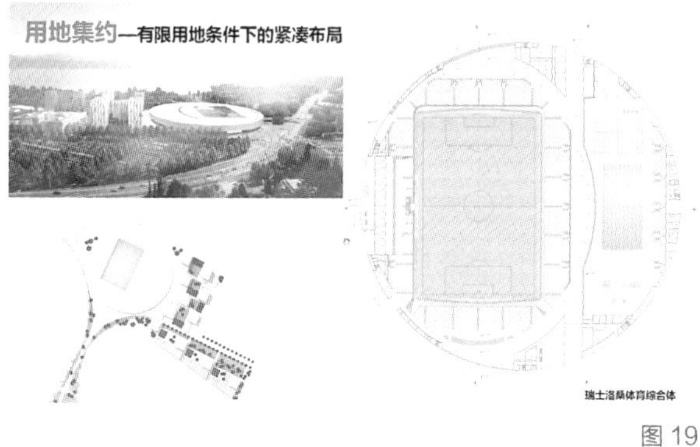

图 19

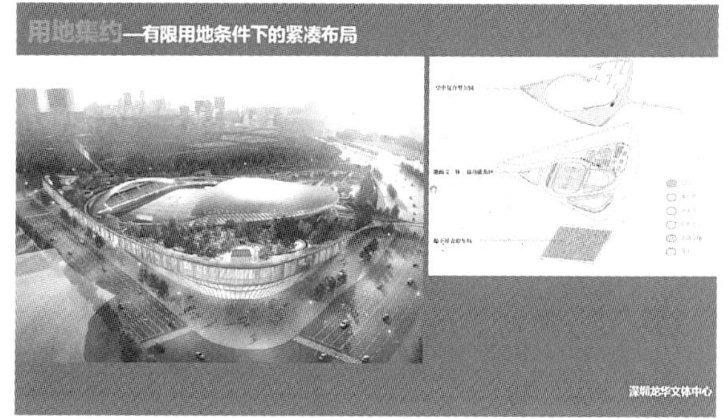

图 20

些年的经济条件和结构技术（特别是大跨结构技术）的发展。我们在学生时代做设计时，一个普遍的认识是大空间应该在上面，小空间在下面，因为小空间可以立柱而大空间是无柱的。当时老师们的教导是大空间叠大空间要尽量避免。现在不然，我们当下越来越多地出现大空间和大空间叠合在一起的空间模式。图 21 是一个深圳的案例，接下去两个案例也都是在深圳。因为深圳整个用地的情况非常紧张，没有办法留出很大的场地来设计，一方面是结构技术的发展，另一方面也是用地现状的紧张。另外像这类场馆也符合刚才提到的全民健身的趋势，这类场馆多是以全民健身为主，兼顾一部分比赛功能。我们结合左下角的剖面图设想这样的体育馆的内部空间，它同时包含一个体育馆和一个游泳馆在里面。但这样的场馆是不能举办国际比赛的，只能举办深圳市级或区级的一些游泳赛事，对于奥运会游泳比赛这样的国际赛事而言，因为观众人数众多，叠在一起的空间模式会使疏散的安全存在问题。可以说这类层叠式场馆顺应了我们侧重发展全民健身并兼顾部分竞技功能的趋势，所以这样的层叠式体育健身中心也越来越多。

图 22 是另外一个很有名的案例，都市实践的作品。可以看到左侧的这个空间形态其实已经不太像我们传统概念当中的体育建筑。右侧这张是它的剖面图，可以看到它内部的空间其实非常丰富，有两层通

高的运动空间和交流空间，也有满足疏散和人流集散的空间。灰色这一层虽然有很多的结构构件，但它利用了结构之间的空间，巧妙地形成了人和人相互交流的场所。当我们面对这样的一种层叠式的体育综合体时会思考，难道它还仅仅是体育馆吗？我想对于年轻人而言，在这样的场馆中休闲健身是一个目标，但同时它也会成为一个社交交流的场所。而这样的体育建筑就从空间模式上为成为综合体创造了条件。

图 23 是我们正在设计的一个项目，刚刚提到了体育建筑会向全民健身方向靠拢，会有很多的这种层叠式空间成为一种休闲交流的场所。这是我们最近才中标的位于天津的中国民航大学的体育馆。大学里面的体育馆更注重的也是全民健身的使用模式，主要用以满足年轻的学生进行休闲锻炼，兼顾承办一部分的区级的比赛。在这个项目中，我们也是用到了层叠式的设计概念，我们在游泳馆空间上面还叠了篮球馆，最大限度地为学生提供健身运动的空间，后面我还会详细介绍这个方案。灰色的是我们设计的一个坡道，你可以从广场一路沿着坡道走到屋顶上，也可以进入篮球馆等屋顶的休闲空间。这些都是我们颠覆了原有的传统观念的结果。在传统观念中，游泳馆这类大空间建筑，应当是一个轻型屋盖的建筑，金属屋盖架在桁架上是没办法上人的。现在随着结构技术的发展，我们整个的设计手法都在发生变化，因而它也越来越像学校里应有的休闲健身综合体，逐渐脱离传统意义上的体育馆形态，这也是一种发展的趋势。

第三是功能复合，它是体育建筑功能适应性的一个综合的提升。这里功能复合我们要讲两个内容，一个是体育功能的复合，另一个是非体育功能的复合。NBA 爱好者都知道，纽约有一个麦迪逊广场（图 24），它是一个综合的体育馆，也是纽约尼克斯队的主场。左边第一张就是纽约尼克斯队进行 NBA 比赛的现场照片，中间的一张是举办网球大师杯时的情况，右边是进行冰球比赛的情况，冰球在美国也是非常热门的一个竞技项目。从体育功能来看，它可以在同一块场地上进行多样的比赛，这种模式的场地举办拳击比赛也是没问题的，甚至大型演唱会也都没有问题，所以说它的体育功能实现了多样化。

那么我们再来看一个香港的单车馆（香港叫单车，其实就是我们的自行车馆）（图 25）。左边这张图就是自行车馆在进行正式比赛时的体育功能，周边那一圈的跑道，我刚刚介绍过它是扭面，人在上面是很难行走的，但自行车运动员能够在上面比赛。在比赛过程中，它会分成很多的格间，每个车队占据几个隔间，分别用于运动员、教练员休息以及比赛数据分析，此外还有一个重要的方面就是对器械的检修。这个场地跑道还有一个特点，它整个的木地板几乎是完美拼合的，跑道整个地板上表面异常光滑，接缝也极其细致。可以看到下面有很大的楼梯，所有的运动员包括器械都是从下面进来。这个场地不像我们前面看到的麦迪逊广场那样可以进行各种各样的比赛，那么它如何实现功能转换呢？在没有比赛时，周边的扭面场地无法使用，但我们可以把中央的场地利用起来。中央场地很大，可以划分为若干块羽毛球场，它的地上都划了线，支持羽毛球、篮球、排球都没有问题。我们还可以隐约看到它的顶部有一个深色的框，框里不是空调的风管，而是一层电动的帷幕，我们可以把整个帷幕放下来，这样外面的场地可以继续供运动员进行自行车训练，而内部就能够供全民健身锻炼（羽毛球等）使用，这也是一种多功能的使用方式。

图 26 下图是香港单车馆的剖面图，中间浅灰色的就是扭面赛道，可以从下面的一层钻进场地的中间来，场地中间可以进行多功能的使用，这就是一个单车馆功能复合的案例。

在功能复合案例中，体育功能的复合还有我们刚提过的中国民航大学体育馆（图 27），从右上角的功能分区图可以看出，它包含体育馆、形体训练、游泳馆、篮球馆、健身房等好多功能，我们将其叠合在

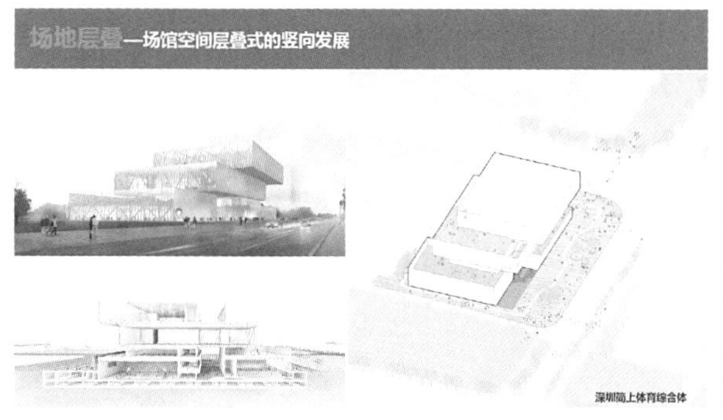

图 21

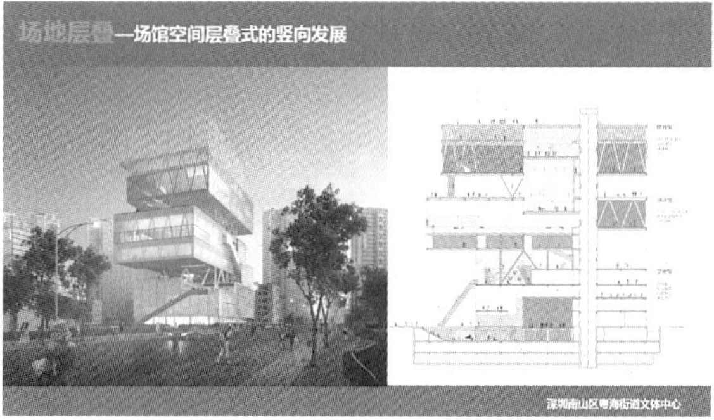

图 22

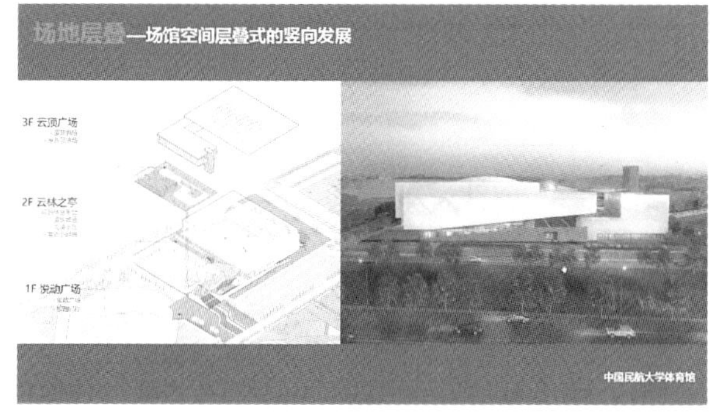

图 23

图 24

图 25

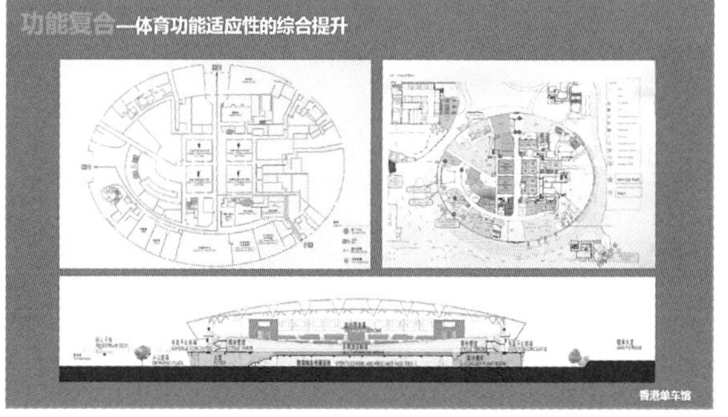

图 26

一起，所以它的形态并不像我们想象中的城市体育馆，更像一个校园建筑群中的综合体。在这里面，我们除了设置有训练馆、体育馆外，还设有攀岩等空间，这样可以把很多的学生日常健身功能融合进去。对于任何高校而言，建造一个场馆都非常不易，一旦建成，就应当让它尽可能的有多功能的使用模式。这个馆内部的体育馆还可以作为大礼堂使用，用来组织开学典礼等活动。

刚才我讲到的主要是功能复合中与体育功能的复合，此外还有一种与非体育功能的复合方式，例如洛杉矶湖人队的主场——斯台普斯中心。它像商业街区一样，周边有帝王影院、体育中心，有丽兹 · 卡尔顿和万豪这样的宾馆，还有商业广场。讲到这儿，我们再回看开头提到的广州某足球场，他们的概念是不一样的。这个体育综合体它是围绕着一个篮球馆展开，整个体量可控，周围像诺基亚广场这类商业空间，是隔着一条路来布置在场馆周边的，它并不是将所有空间都紧密铺在一起。而广州某足球场因为周边体量过大，加之商业全部都紧密围绕在球场周边，人员的疏散和功能分区上都存在不合理的隐患。

图 28 是业内普遍认为很成功的案例，刚才提到的深圳湾体育场——“春茧”。它由一场两馆构成，但在它整个建筑表皮和大平台下，布置有大量的商业设施和青少年培训空间。我很推荐大家到深圳去时能去这里看看，因为这里是一片崭新的区域，非常适合年轻人运动，里面也有很好的特色餐饮以及众多的培训、娱乐、休闲设施，外面则有一个大的公园可以晨跑，确实是非常好的设计。

最后一个趋势就是技术的融合，体育建筑逐步地跟很多的新技术融合在一起。图 29 是我和钱锋老师一同设计的南通体育场，它是我们国内第一个具备可开闭屋盖的体育场。现在可开闭屋盖应用的案例很多，我们同济大学的游泳馆屋顶也是可开闭的，但游泳馆的开闭屋盖相对较小，体育场的开闭屋盖更巨大，这为设计增加了很大的难度。我们可以看到在众多轨道当中，每一条轨道上都有两台小车在拉着对面的屋盖，每一片屋盖有 2000t 重。而且因为体育场顶部是球面，所以每一个车的线速度不同但角速度却要保证一致。在运行过程中，要通过电脑的控制，不断地修正它的姿态和角度以实现顺利的开闭。

这是一个模糊控制，因为一旦这两片 2000t 的活动屋盖被卡在固定屋盖上几乎没有办法将它分开，所以一定要不断地调整。此外还要考虑到比如风力对它的影响，以及两片屋盖合拢后中间的缝隙如何防水，所以这是一个很多技术融合在一起的场馆。

另外一个我想介绍的是我们同济大学嘉定校区前年刚落成的体育馆，它由体育馆和游泳馆构成，游泳馆部分的屋盖可以开启（图 30）。对于开闭屋盖而言，应用在游泳馆上是最恰当的，因为夏季在封闭空间内游泳会觉得闷热。所以我们将屋顶打开，以便看到蓝天白云，保证通风，这样就可以不需要空调来缓解室内的闷热感。冬季供暖时我们将屋盖闭合，它可以随着季节和天气来进行自由开闭，以实现一种可变调节。

图 31 这两个项目则体现了体育建筑与绿色节能技术的合作。因为体育场整个屋面面积很大，如果把它做成光伏发电屋面的话，其实能够提供很多新的能源。图中左边的案例位于巴西，右边的在我国高雄。高雄这个体育场也很有名气，由日本建筑师伊东丰雄设计。它屋面上条状的构件都是光伏发电板，同时还应用了很多其他的环境控制技术，比如采光方面。众

所周知采光对于体育建筑来说是一把双刃剑，无论是平时锻炼使用还是赛后清洁卫生我们都希望有天然的采光，这样可以减少人工照明以节约能源。但在正式比赛时是禁止自然采光的，必须采取人工照明，自然采光可能会影响竞技的公平，比如打球时的眩光干扰。因此，正式的国际比赛都极力避免这类情况，通常采用电动幕帘进行遮光。可见体育建筑中有很多环境控制方面的技术在合作应用。

图 32 左边是一张完整的照片，中间的黑色不是照片的分隔，而是一道幕，这是一个综合体育场的室

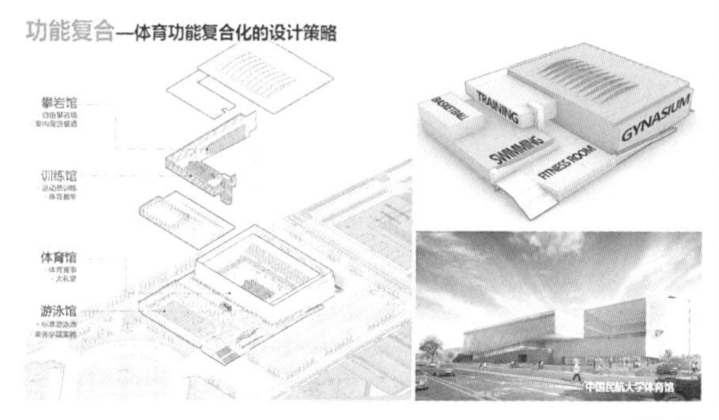

图 27

图 28

图 29

图 30

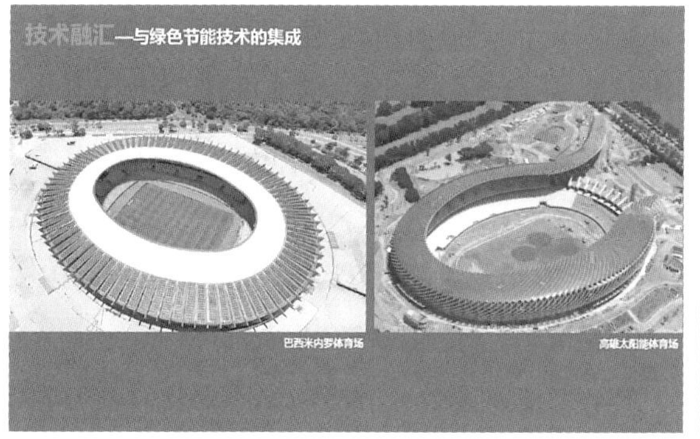

图 31

图 32

内空间。左侧原本也是足球场，后续通过抬升后向右移出一半，就可以进行冰上场地的布置，之后通过中间黑幕将场地一分为二，左边就变成了一个冰球场，右边变成七人制小足球场地。当我们把右边场地移回来的时候，它又变回一个标准的足球场。这种可变设施技术也为我们前面所说的体育建筑的多功能提供了更多的可能。

最后我将对我们设计的一些相关案例进行分析，也欢迎大家来批评指正。

首先是唐山新体育中心的设计（图33），图34是当时的整体规划。它建在城市新区，周边的自然环境非常优美，规划布局中有一条中轴线，中轴线正对的是唐山地震博物馆。

图35是方案的鸟瞰效果，位于左边的是体育场，右边弧线状的两个分别是游泳馆和体育馆，它们形态上连在一起。最上面的组合是一个商业中心和一个酒店式公寓。我们在这两组建筑当中通过一个下沉广场将商业功能融合进去。

图36是夜晚时的效果，因为主要的人流来向是右侧，我们主要考虑的是赛时及赛后当大量的人流从右侧涌入时如何进入更为合理。我们希望能够有一个商业广场起到缓冲的作用，把人流引到这边来，中间的这个就是商业广场。那么我们到底要体现一个什么概念呢？首先就是用地的集约性，通过把体育馆和游泳馆体量的结合设置来体现，并在腾出的空间上布置部分商业酒店公寓，同时形成一个商业广场。形成广场后，通过广场下挖一层，从空间的高度上提供多层商业的可能性。在这个下层广场当中，我们也布置了夜间可以使用的篮球场。可以设想在天气合适的情况下，这个灯光球场晚上就会有年轻人在里面打篮球，他的家长或朋友可以拿着饮料坐在四周，周边就是很多的跟体育运动相关的咖啡厅、运动酒吧等。再外围一圈都是跟它相关的一些商业设施。我想这样的一种气氛能够给整个体育中心赋予一种新的功能，使它不仅在赛时而且在平时就吸引很多人来使用。

左侧的体育场下面是大型的超市，大家日后会逐渐了解到体育场的西看台下面是很多的竞赛功能空间，包括运动员室、裁判员室、官员室、新闻媒体室、安保等空间都在下面，而东看台下面是没有功能的。本项目也是利用这个特点，将东看台下部做成大型的超市，同时与这侧的商业空间形成呼应。

图37就是下沉的商业广场，周边是一些商业空间。再往右边走，就可以进到超市里面。

图38是前期在建的情况，目前还没有竣工。但从这个角度依稀可以分辨出体育馆和游泳馆的形态。可以看到很多层都在地平线以下，但在这里运动的时候，几乎感觉不到身在负一层，你所感觉到的只是周边是商业环抱，中间是一个夜间运动的球场。因为周边商业满布，这样也无形中将负一层的商业价值开发到最大。

图39是我们当时拿到的基地情况，很像我们考研或者做课程设计时的题目。这块基地实际上就是给我们出了一道难题，图上标注了用地红线、采矿的塌陷波及区，这里曾经因采矿塌陷，以及变形的裂缝带。唐山因为曾经发生过大地震，所以是抗震设防八度地区，整个地震带就从唐山市穿过，这个变形的裂缝区内是不允许建设大跨度建筑的，也不允许建设过高的超高层，这对我们形成了很大限制。

所以当时我们做了很多的比较（图40），最后选择了最右侧的方案。因为我们体育场的东看台下面

图 33

图 34

图 35

图 36

图 37

图 38

图 39

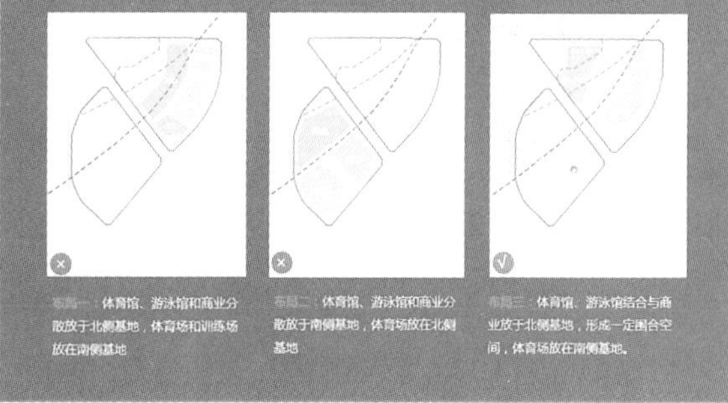

图 40

没有功能，这部分空间可以用来商业开发，所以我们把体育场放在这里，这部分商业开发用作超市，而把游泳馆、体育馆集中到角落上，然后把商业放在这里，同时高层放在端部，这样就避开了地震带。当时也是经过很多轮的讨论，最终形成这样一个用地集约的布局模式。

（图 41）这几个都是我们所做的体育中心的布局，左侧是最后形成的总平面图，右侧三个分别是常熟体育中心、济宁体育中心和唐山新体育中心。这三个项目的用地面积不同，常熟体育中心用地 38.6hm^2，济宁体育中心用地 49hm^2，而唐山新体育中心用地只有 23.6hm^2，从这里就可以看出用地集约带来的效果。当然常熟体育中心这样的布局，能够形成一个更好的体育公园，但在用地如此紧张的情况下，我们可能首要考虑的还是集约布局的概念，最终形成当前的布局形式。

图 42 是整个功能的布置情况，我们在中间用了两层的大平台将它们联系在一起。我们都知道体育场馆的一层往往服务于运动员、裁判员，观众进入都在二层。所以我们将观众都引到二层，而把面向广场的一层和负一层空间都留给未来的商业使用。这样可以保证在进行比赛的时候，观众和商业人流不会串流，从而有利于安保；而在非比赛日，又能够在这里形成一种很好的商业气氛。

图 43 就是我们希望形成的一种氛围，右下角就是目前按照这个想法正在实施的方案，我们希望整个负一层都能通过大的台阶和草坡往下走，从而形成一个商业广场。而这个商业广场在使用时，不会让人觉得身处地下，因为它上面就是室外的蓝天白云，很多孩子和年轻人可以在这个场地上进行打球、跑酷、轮滑这样的活动，周边会有观众喝着咖啡观看、闲聊，十分惬意。

这个案例就是我们通过对建筑空间上两馆的集约化处理来解放城市空间的一个体现（图 44）。我们通过游泳馆和体育馆的整合，能将这么大的下沉广场空间空余出来。其中的雕塑广场、健身广场、下沉广场、集散广场以及运动广场形成了一个完整序列，为整个体育中心尽量多地提供了户外开敞的场所，以满足民众的活动需求。我想此次新冠疫情之后，城市居民也会希望有更多的这种户外的活动空间。

下面我们来具体分析它的功能分布（图 45）。

这个就是之前提到的一种模式，上面是游泳馆，下面是体育馆，左侧是商业空间（图 46）。在游泳馆和体育馆的外围一圈我们也都设置了商业，并通过一个内部的中庭，将商业和体育功能适当地进行了分离，以保证下层商业广场的使用界面的完整性。我们在设计体育中心的过程中，不应忌讳去谈商业使用，因为体育运动设施的投入都是回报很低的政府性投入。一年之中真正的比赛并不多，单靠游泳馆的对外开放，或办几场演唱会是没有办法来平衡整体投入的资金压力，也没有办法去平衡每年运营和维护的费用。所以说布置商业一方面可以依托我们体育场地的设施为商业提供服务，如体育建筑可以提供很多的停车位；另一方面这部分商业租金能够反哺体育设施，这样能保证体育设施能够更加长久地为全民健身服务，所以我们不应避讳谈论体育建筑的商业价值。

项目内部布置的一些功能，如健身、游乐、度假等都在旁边这栋楼中，这样能够充分地利用空间。我们还在体育场的东看台下方布置了（除大型超市

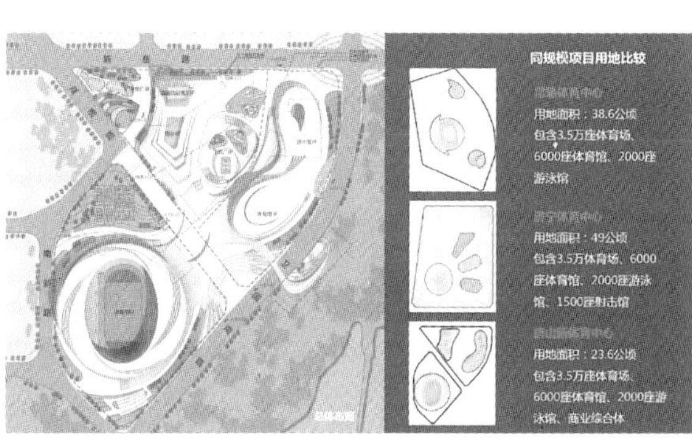

图 41

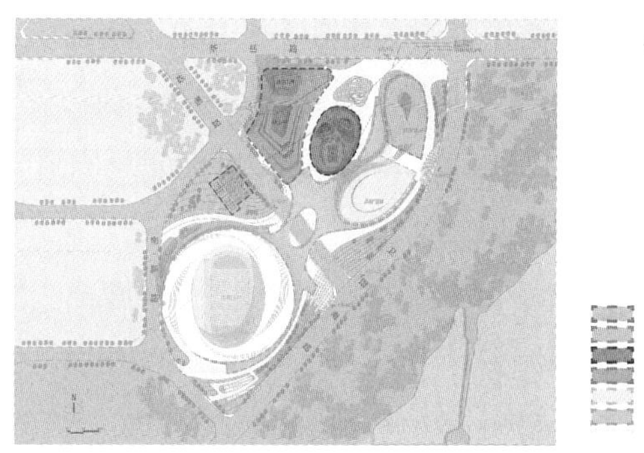

图 42

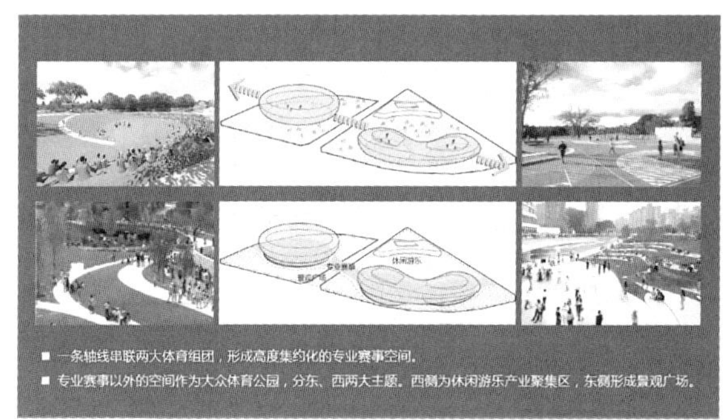

图 43

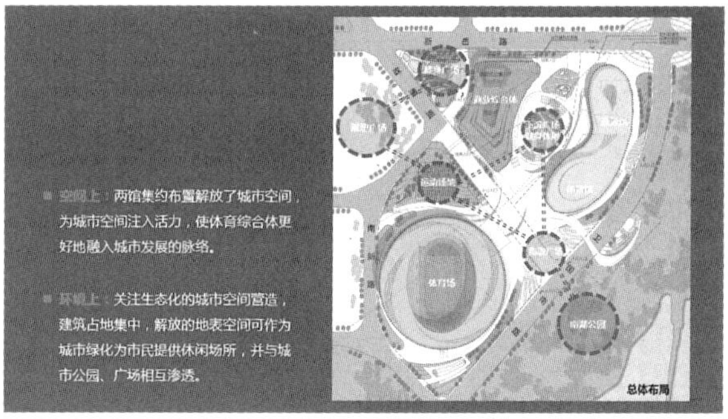

图 44

图 45

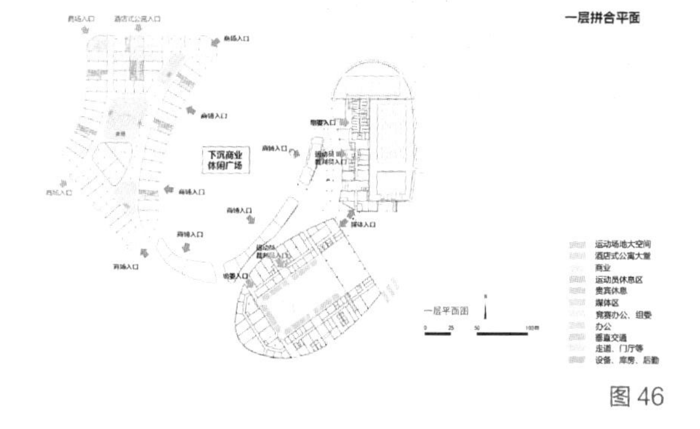

图 46

外）一些会展功能。因此它整体的功能比较复合化，能够为场馆将来的运营提供造血功能（图 47）。

同时我们将两馆紧靠在一起，从体育运动的内部功能来说可以设置共用的媒体区（图 48）。媒体区是运动员赛后接受媒体采访、召开新闻发布会的空间。一般来讲，每座体育馆和游泳馆都应该配有一套媒体区。但是当两馆相邻建设的时候，我们就可以在两馆中间的位置去设置共用的媒体区，以实现项目成本和资源的节约。

图 49 是对体育馆和游泳馆的一个比较，游泳馆

我们设置的是单侧看台，体育馆的东侧设置的是单层看台，布置相对集约，能够有效减小建筑体量和观众流线的距离，这属于场馆内部设计时空间排布的一些手法。

图 50 是我们场馆的多功能布置情况，左侧图一是我们预留的制冰用房和冰车房间，为场馆通过制冰成为冰球场提供可能。场馆同时还有篮球、排球、羽毛球场，从图中可以看到羽毛球场尺寸最小，而冰球场尺寸相当大，一块冰球场可以布置很多片羽毛球场。我们没有因为羽毛球场小就轻视它，羽毛球与乒乓球一样都是我们中国人喜欢的运动。在设计时我们也会考虑到使用者的从众心理，如果说这里只有两三片羽毛球场，那么它可能会空闲无人使用，但如果集中放置二十片球场，可能每一块场地都会被利用，甚至还会出现排队和会员制的情况。因为人群喜欢聚集在一起运动，这样会形成更好的氛围。

在场馆内部的技术应用中，我们会关注如何制冰的过程。之前提到了冰球场和篮球场的转化，需要确保在施工过程中实现制冰管线的预埋。图 51 下图说明了如何从一个冰场通过冰车进行打磨并将其整个切换到最后的篮球场的过程。这其中需要一定的技术支撑，而且技术难度较高，但现在已经形成比较成熟的做法，在此只做了解即可。

图 52 是冰篮转换的实际效果——因为冰球场尺

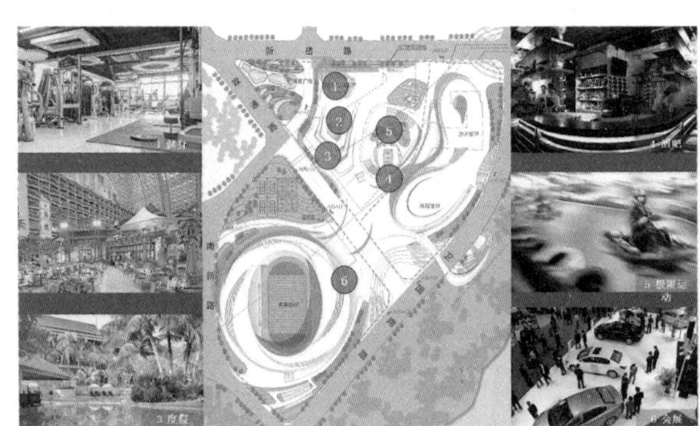

图 47

体育馆与游泳馆结合设计，将赛事辅助用房集中布置在两馆西侧，居中的媒体区两馆共享。外围与下沉广场之间布置商业用房，形成延续的共享商业界面。

图 48

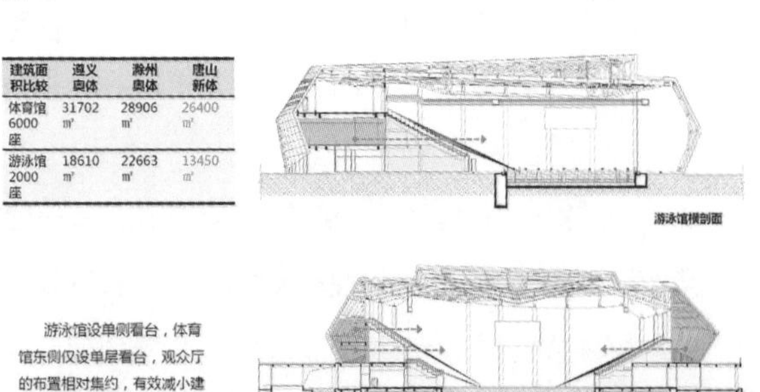

建筑面积比较	遵义奥体	滁州奥体	唐山新体
体育馆 6000 座	31702 m²	28906 m²	26400 m²
游泳馆 2000 座	18610 m²	22663 m²	13450 m²

图 49

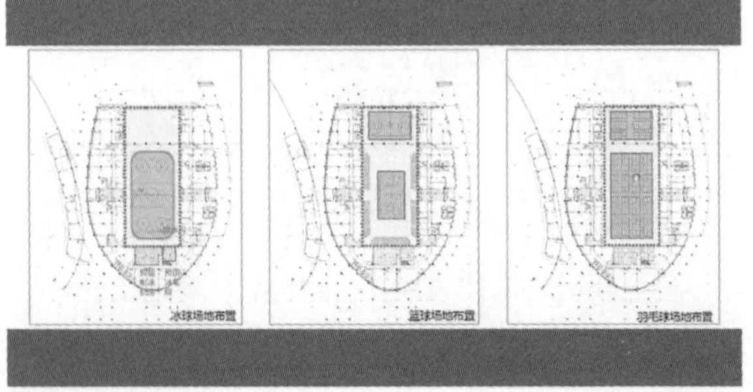

图 50

寸较大，周边的活动座席需要全部收起，右图中沿冰球场的一圈黑色部分就是活动看台。左图中篮球场较小，所以黑色的活动看台像抽屉一样被拉出，以此拉近观众与篮球场之间的距离。

图 53 是一些物理控制的技术。冰面上容易形成雾气，会干扰比赛时的观看效果，因此我们通过物理控制技术将其消除。

图 54 是因唐山的八度抗震设防要求而设置的减隔震措施。

图 55 这个案例是刚提过的泰安新体育中心，刚才展示的雪景效果图当中，视角是从内院看向几层的高度。这个项目其实是建在山坡上的，北侧还有一个体校，场地两侧存在明显的高差变化，可以说这个场馆是顺着山坡展开的，所以它在较低的高程上形成了一个大的疏散广场，可以支持我们将商业设施放置进去，这是一种体育综合体的处理方式。

从鸟瞰视角可以看到山体是比较高的，我们没有将山体全部削平，而是保留了山体作为体育运动中心的一个后花园，从而形成一个以体育为主题的全民健身公园，能够满足当地群众的散步、晨练的需求。倘若这里存在一个设计较好的体育运动公园，加之完善的运动设施和众多的商业中心配合地下大量的停车位，势必会吸引大量的群众来此健身和游玩。我认为这样的综合体就是将来我们要发展的方向（图 56）。

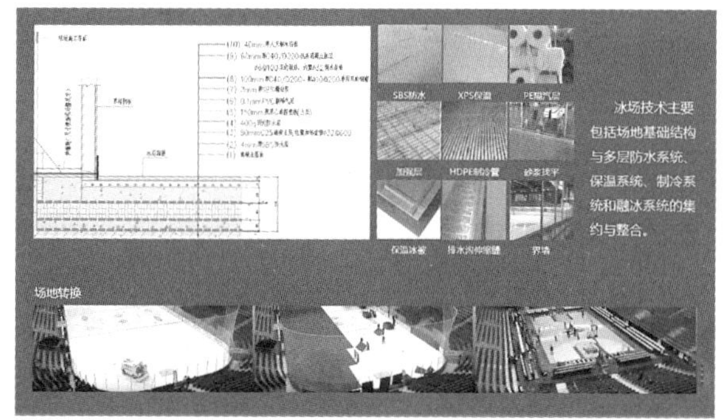

图 51

图 52

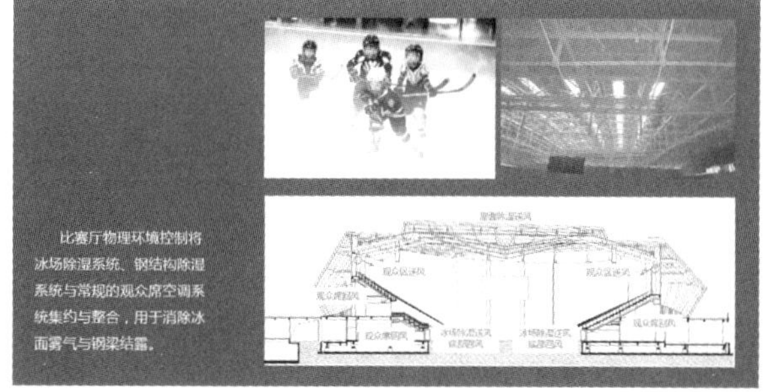

图 53

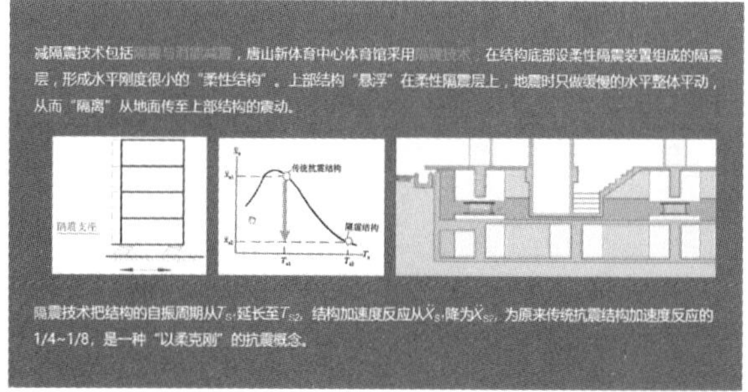

图 54

从图 57 这个角度可以看到它下面高差最大的部位有四层，各层商业服务设施在下面展开。这样可能导致体育场馆的观众辛苦一点，需要从大平台一直往上走一段距离才能到达观众层，这是专门是针对赛事进行的控制。在平时使用时，外来的人流通过疏散广场能够直接进入商业，也可以穿过商业到达北侧的山坡进行锻炼健身。为服务大量的人流，我们还设置了大量地下停车场和地面的停车场，从而为商业提供充足的停车配套设施。

从图 58 中可以很好地看到依托坡地设计后，商业设施被嵌入下沉广场。对场地高处而言它是下沉广场，但对于低处而言它就是一个平的广场。这是一个商业广场、商业建筑和体育建筑之间完美融合的案例，目前该项目正在紧张地建设当中。

图 59 是我们从广场上看到的不同商业设施和体育建筑之间的对比关系。大尺度的体育建筑、疏散广场和小尺度的使用者之间通过这种中间尺度的商业娱乐设施的介入，实现了人与大尺寸体育建筑之间的一种缓和，这种关系很有意思。

从用地集约性角度来看（图 60），这是我们最开始拿到的地形图（图 61），基地存在不小的高差。其中最高点 179m，最低点 136m，高差超过 40m。在整个基地当中，我们所用的主要是左上角这块，它的高点和低点分别是 166m 和 136m，高差也有 30m。我们之所以认为在下面做三四层的商业设施都没有问题，就是巨大的场地高差为我们提供了底气。

所以我们并非是提前构思好一个多层的层叠式体育综合体之后生搬到一块基地上去，而是根据基地的实际情况因地制宜。我们最初对这个基地的调研结果是非常不合适建设体育中心的，因为体育中心的操场是要求相对平整的土地的。但是我们想办法去尽可能利用这种不利因素，将其视为方案创作的一个限制条件，从而化不利为有利。当然我们也可以将山地直接平整，但这样的做法不值得我们探讨和推广，最好的方式还是要因地制宜地根据用地的情况来解决我们方案遇到的问题。

图 62 是当时的整体规划，它包含一个 6000 人的体育馆、一个 2000 人的游泳馆、一个体育学校和一个全民健身馆、一个糖果乐园，除此之外还有一个 30000 人的体育场，以及文化中心、附属商业，还有广场，后来还设计了一个青少年活动中心，同时它还有 60000m^2 的宾馆和一个生态公园。如此巨大的建设量只有因地制宜地利用这个坡地的条件，并将我们复合化的体育综合体的概念融入进去，才能把如此多的功能完美地整合在一起。

所以整体的规划经过反复讨论以后最终采取了这样的布置方式（图 63），这样能够最大限度地将望月台的公园保留，形成一个生态空间的布局。其他的建筑都依山而建，充分利用这个坡地，从而将大量的配套商业设施结合进去。同时因为一面地势偏低，我们就将所有的商业面、疏散面都向低侧展开，这样也有利于消防条件的达成，降低了设计难度。我们将唯一的一块比较平整的区域留给了体育场和疏散广场，因为这两个功能都需要较大的平地。

图 64 是我们将原有地形图叠加进去形成的效果，可以看到右侧列举的功能种类非常之多。望月台公园中有一些非常小的景点，可以结合健身步道一同设计。此外广场上也有非常多的儿童游乐设施、旱冰场、室外的活动场地以及跑酷、轮滑专用场地，还有

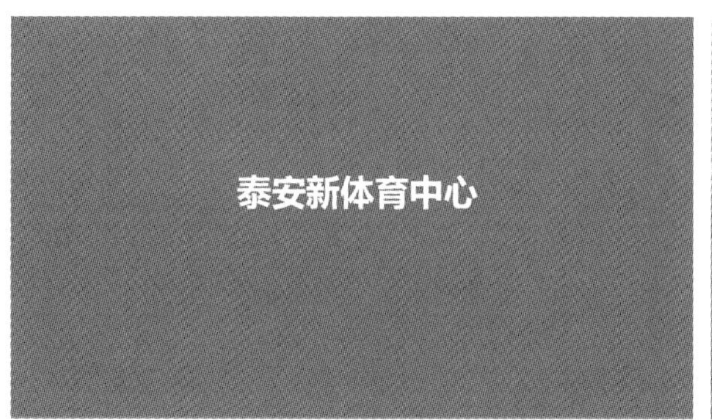

图 55

图 56

图 57

图 58

图 59

图 60

用地现状条件

用地范围内地形复杂，适合大型体育场馆建设的用地紧张

图 61

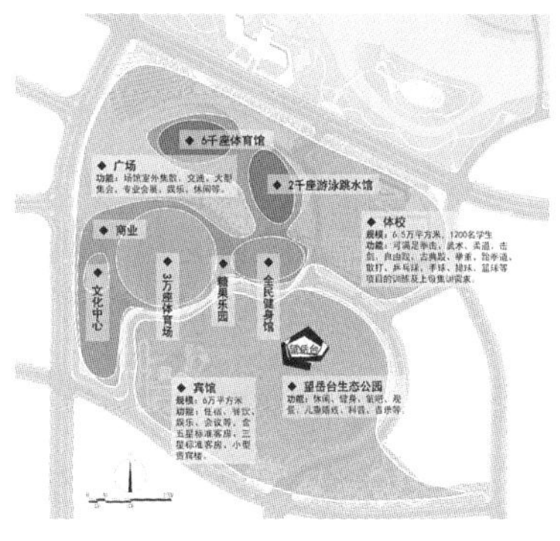

规划理念

“综合利用　引领发展”

本项目设计旨在突破体育中心的传统布局模式，打造包括体育竞赛、大型集会、专业会展、文艺汇演、体育训练、商业、文化、教育、健身、休闲于一体的大型体育综合体，并与登岳通道、生态休闲公园融为一体，构建赛时与非赛时，全年候、全天候的活力中心。

项目建成后必将成为泰安主城区西南部独具特色，富有魅力的公共活动与服务中心，引领周边地区健康发展，开创中国城市体育中心建设的创新模式。

图 62

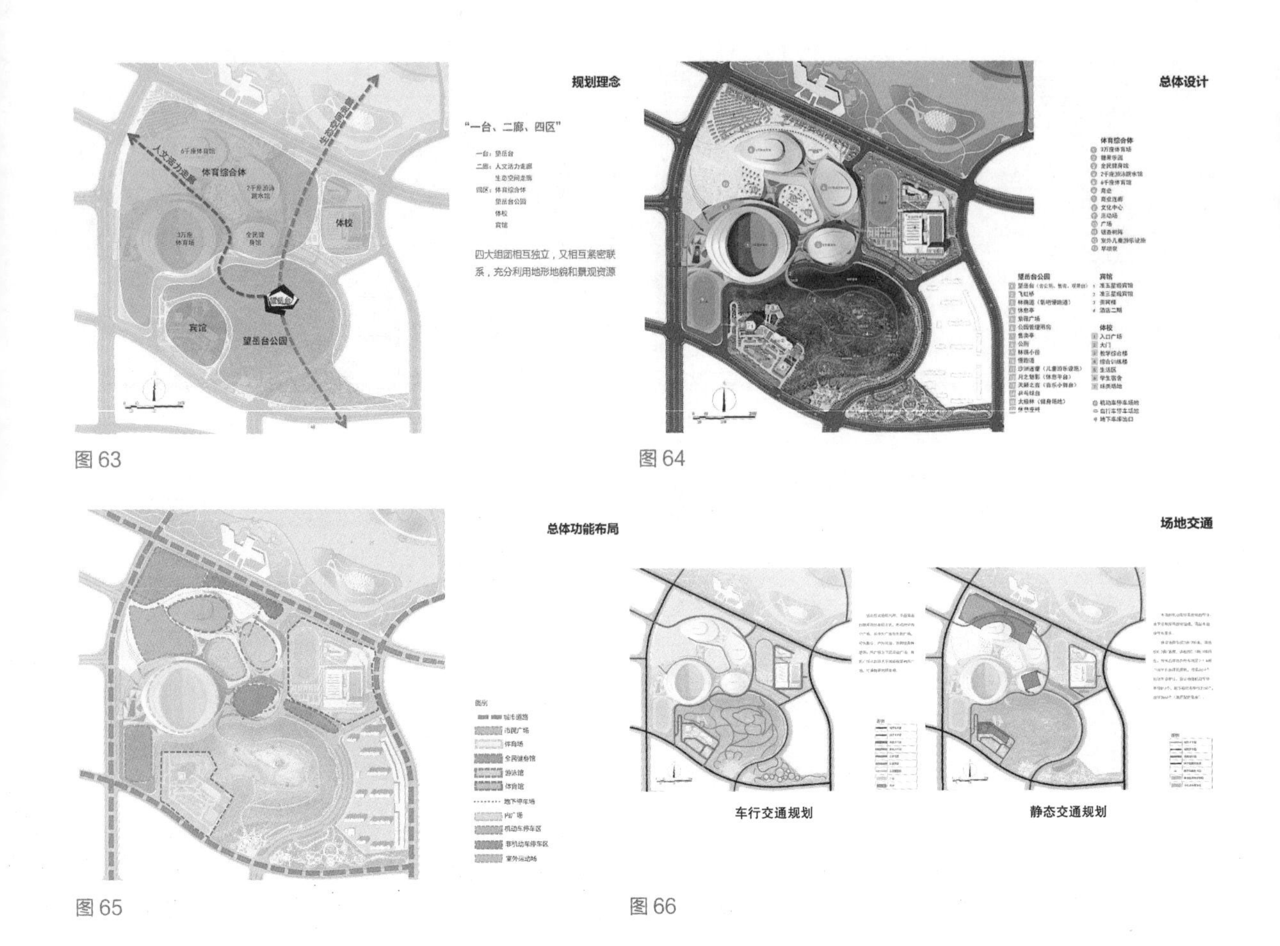

图 63

图 64

图 65

图 66

跳广场舞的空间。这里面有很多的功能都整合在一起，因而需要在设计中充分考虑多种使用的需求。在园区内我们还设置了公厕，这些场馆平时不可能都对外开放，但是早晚锻炼健身的人也需要公厕，这些我们都需要考虑进去。所以这种体育建筑纯粹向奥运会、全运会看齐的竞赛功能体现得越来越弱，或者说越来越与其他的功能并重，这是一个大趋势。

图 65 是它的功能分布以及一些交通分析。

图 66、图 67 是不同情况下的流线，反映出在赛时与平时不同的流线组织管理方式。

图 68、图 69 是各层平面图，可以看到地下和首层的标高就是 133m、139m，不同的标高有不同的处理方式，在 139m 标高处我们安置了大量的商业和场馆结合在一起，在 133m 的标高我们可以设置大量的地下停车，为赛事和商业服务。具体的每层功能我在此不做展开，但可以从中体会到我们在设计中的良苦用心。

最上面的整个四层基本上全部是体育场馆，体育场的东看台总是缺乏实际功能，所以我们依旧在此布置了大型超市（图 70）。

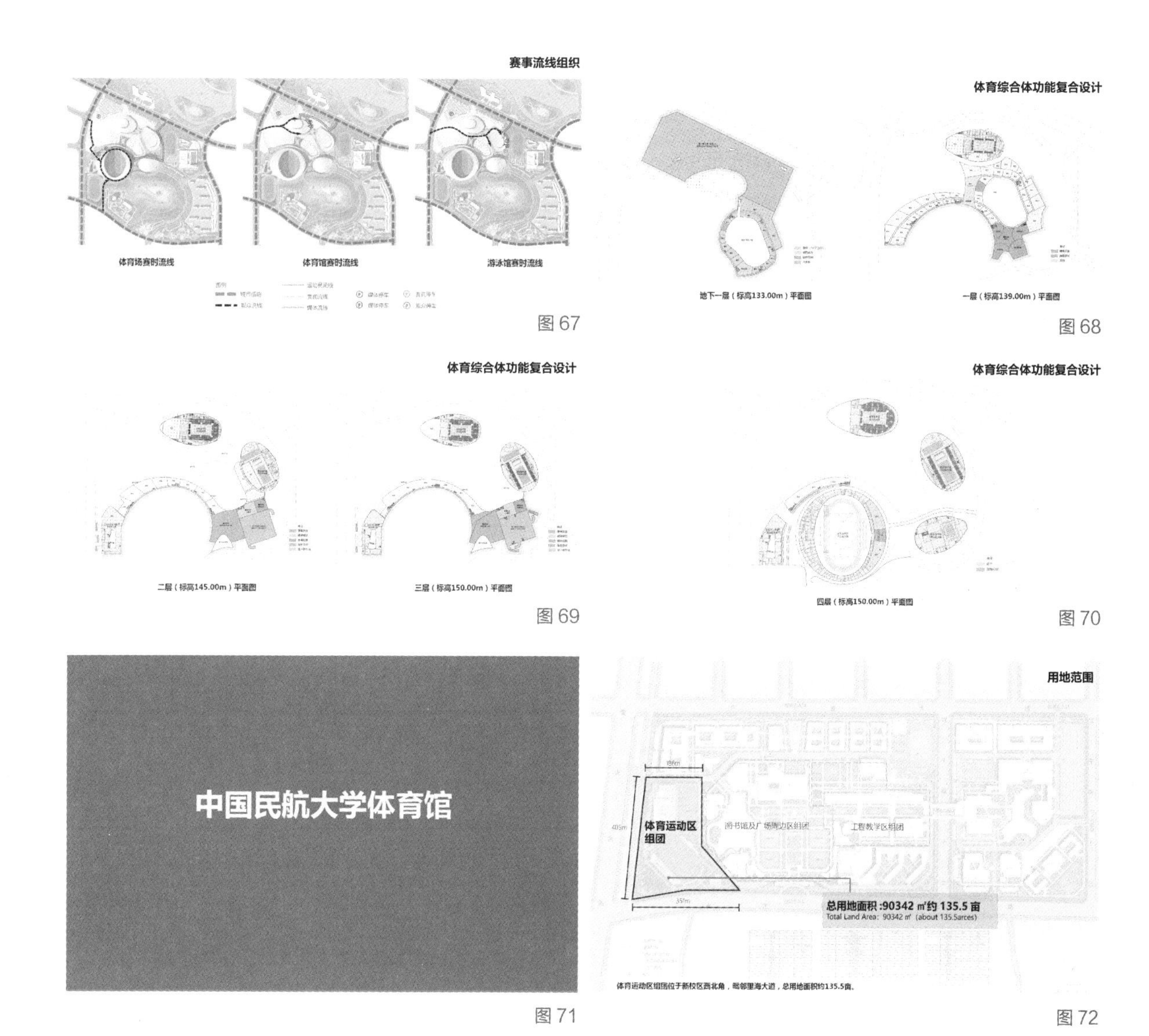

图 67

图 68

图 69

图 70

图 71

图 72

以上的唐山和泰安体育中心，依旧是传统的“一场两馆”“一场三馆”的体育中心模式，下面我将介绍一个外观与传统体育中心不同的案例。

中国民航大学体育馆（图 71），这个项目不像体育中心，它是大学中的体育建筑，也是前面提到的我们刚中标的项目（图 72）。此项目有趣之处在于这是一个校区的集合设计，我们所负责的一块是体育分区。东侧的图书馆是章明老师设计的，教学组团区是李振宇老师设计的，我们一起组队参与了这个设计竞赛（投标）。

方案设计之初，因为室外运动场地需要南北向布置，所以我们只能选择现在的位置。校园整体布局上左侧是体育馆，中间是图书馆，右侧是教学组团（图 73）。我们体育馆的下面有一个足球场，它必须南北向放置，右侧灰色的地块是民航专用的训练场地，是用来为飞行员、乘务员提供器械训练的场地。

在这个体育场的左下角我们设计了一片带洞口的草坡，设计任务书要求这边有一个 25kV 的开关站，还有垃圾房等很多的附属用房。所以我们构想结合利用体育场的看台的高起形成一个草坡，将这些空间都放进去。在体育综合馆这边，我们希望沿着道路的界面和沿着北侧入口的边界能够对齐，形成很高的贴线率。在面向校园和湖面的一侧，设有一个非常自由的云的形态的航天员广场，我们希望在此形成一个学生活动、休闲、集会和观看体育比赛的场所。

我们在最初设计这个体育馆时希望形成一个“航天之翼”的意象（图 74~ 图 76）。可以看出这个项目与之前介绍的体育馆不太一样。在当时投标汇报时，我也强调不希望在校园中去重复城市规模的传统体育馆模式，而是希望设计一座“不像”体育馆而更像校园建筑的综合体。因为项目本身在校园之中，也需要与校园风格相契合，所以最终呈现出这样一种形态。倾斜的体量呼应了我们“航天之翼”的概念，它本身是一个大的坡道。我们希望学生能够顺着坡道依次到达健身房、体育馆、游泳馆、攀岩馆以及最上面的篮球馆，一边步行一边交流。在晨练和散步的同时

图 73

图 74

图 75

图 76

将场馆功能串联起来，这就是大坡道的功能意义。

图 77 是夜景的效果，建筑一侧面向湖水，左边规定必须要有一个体育场。西侧设置了观众看台，看台的后面就是一片藏着功能用房的草坡。右边是体育馆，中间有一个云状航天广场，我们希望利用这个广场，将学生的聚会活动集中在室外，可以更好地观看新闻直播或者赛事，一同欣赏演讲或表演。

图 78 是从北侧入口方向来看的效果。校园的西边是一个沿着道路的入口。我们尽力地保持沿街和入口界面的完整，使整个界面贴线率很高，这个界面需要体现建筑对城市空间的围合，我们希望它尽可能标准。沿街一侧的大台阶能够直接进入体育馆，前面设置了大的集散广场。而在面向学校园区和湖水一侧我们则希望能够灵活灵动一点。

图 79 是沿街的视角，这一侧设有坡道一直向上，分别经过游泳馆、篮球馆以及上面的健身馆，可以通过坡道一直步行上去。

刚才提到设计之初有很多的功能要求，需要设置室内场馆、室外场地，还要有标准篮球场、标准游泳馆，此外航空院校还要设有航空体育场来进行特殊训练，周边还有一个 400m 的标准足球场外加一个篮球馆，周边还配套有 25kV 的土建、垃圾用房和指挥部用房等（图 80、图 81）。

面对如此多的功能，我们当时做了几个比较

图 77

图 78

图 79

图 80

（图 82），左边是我们设计的南开大学的体育馆，覆盖率 0.23；嘉定体育馆覆盖率 0.28；而中国民航大学的体育馆覆盖率高达 0.4，这说明它用地是非常紧张的。所以只能将前面所说几大功能模块放在一起解决。

当时我们还做了多方案的比较（图 83），最终选择了当前的方案，通过将后勤功能与草坡结合，既解决了转角的视线问题，又能够对整个立面进行控制。体育馆放置在北侧，便于与道路和北侧的入口结合。

图 84 是我们整个的形体构成逻辑——首先是将建筑紧邻校园主干道布置；接着将游泳馆、体育馆、云悦动广场等大的布局控制好；之后在游泳馆的上方布置训练馆和其余的大空间，形成所谓的层叠式。接着将空间的咬合关系以及坡道的体块关系体现出来，并使得二层的坡道和屋顶的布局联合在一起，保证从地面可以一直上到屋顶，最后再增加一些活力节点，形成一套完整的设计策略。

图 85 是整体的总平面图，变电站、垃圾房设在西侧，主体育馆设在北侧，旁边就是所谓的悦动广场和航天云。学生从入口进来，既可以通过坡道从这边走，也可以绕到屋顶上，它具备这样两种流线模式。

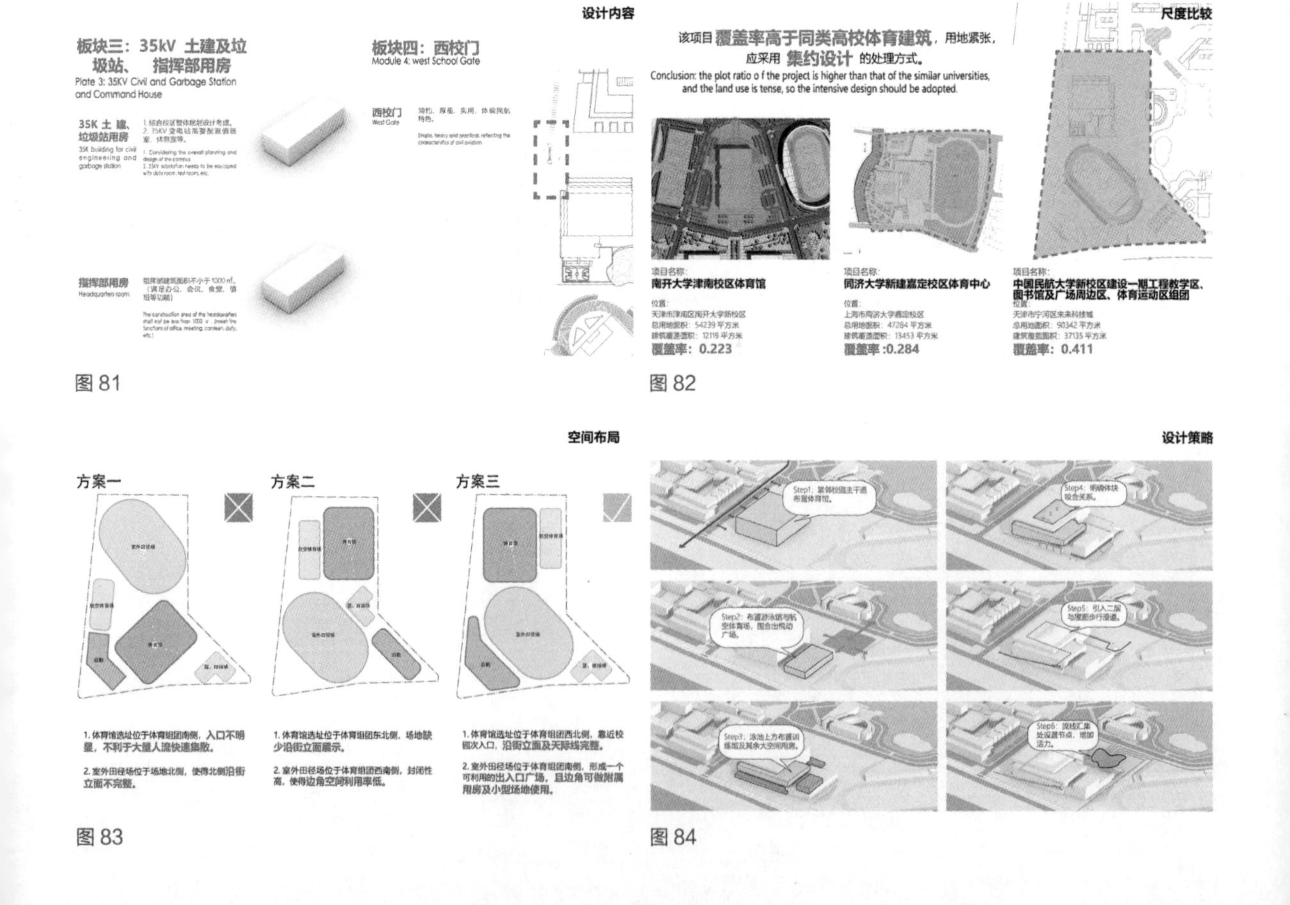

图 81

图 82

图 83

图 84

刚才分析了用地，下面我们来分析功能（图 86、图 87）。场馆的功能要求很多，包括各种配套用房、游泳池、户外场地、篮球馆、训练馆、攀岩馆、航空体育场、体育馆，还有乒乓球房、训练房等都需要在这里进行整合。该项目相较之前两个案例而言并非大型竞技场馆，但功能要求依旧很多，需要能够充分支持满足学校的各项活动。

虽然场馆整体功能复杂，但丝毫不会影响到空间的正常使用。主馆内场地为 70m × 40m，可以容纳 5000 人，同时还设有一个 1000m^2 的训练馆，右侧是游泳馆（图 88）。

我们可以看到他的各层平面，其中在二层部分（图 89），灰色的是活动看台。它中间围绕的是篮球馆，当进行篮球比赛的时候，灰色的活动看台可以展开，比赛的气氛会比较活跃。不进行篮球比赛的时候，我们也可以把灰色的看台收起来，留出一个完整的大空间，用以学校的开学典礼等活动，大家都可以坐在这边观看。左侧是主席台的位置，它同时可以进行大型团体操文艺演出，为此我们的固定看台是三边设置，其中一边是没有的。日后这边就可以搭建成舞台，

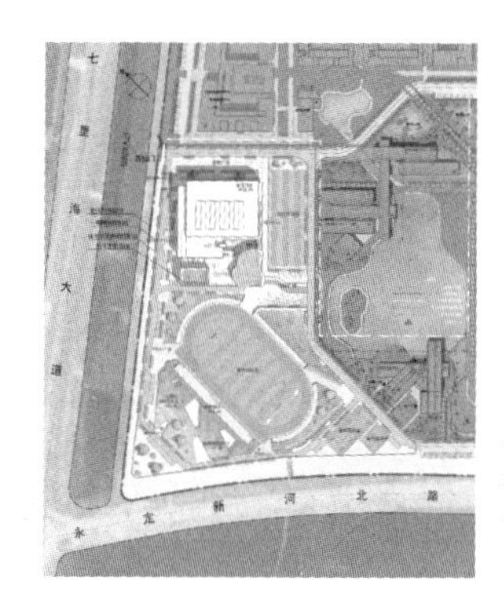

图 85

图 86

功能分区

图 87

一层平面

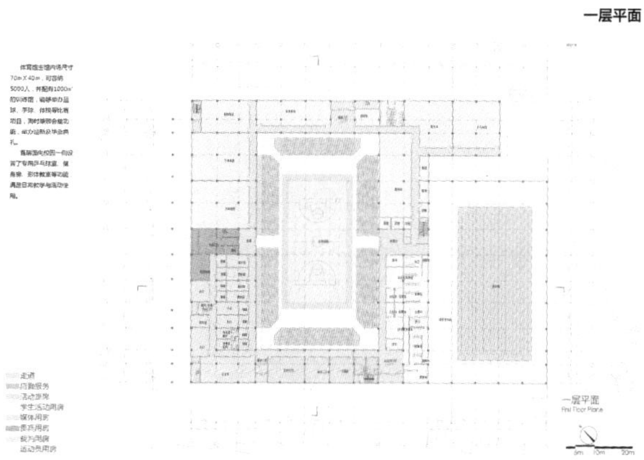

图 88

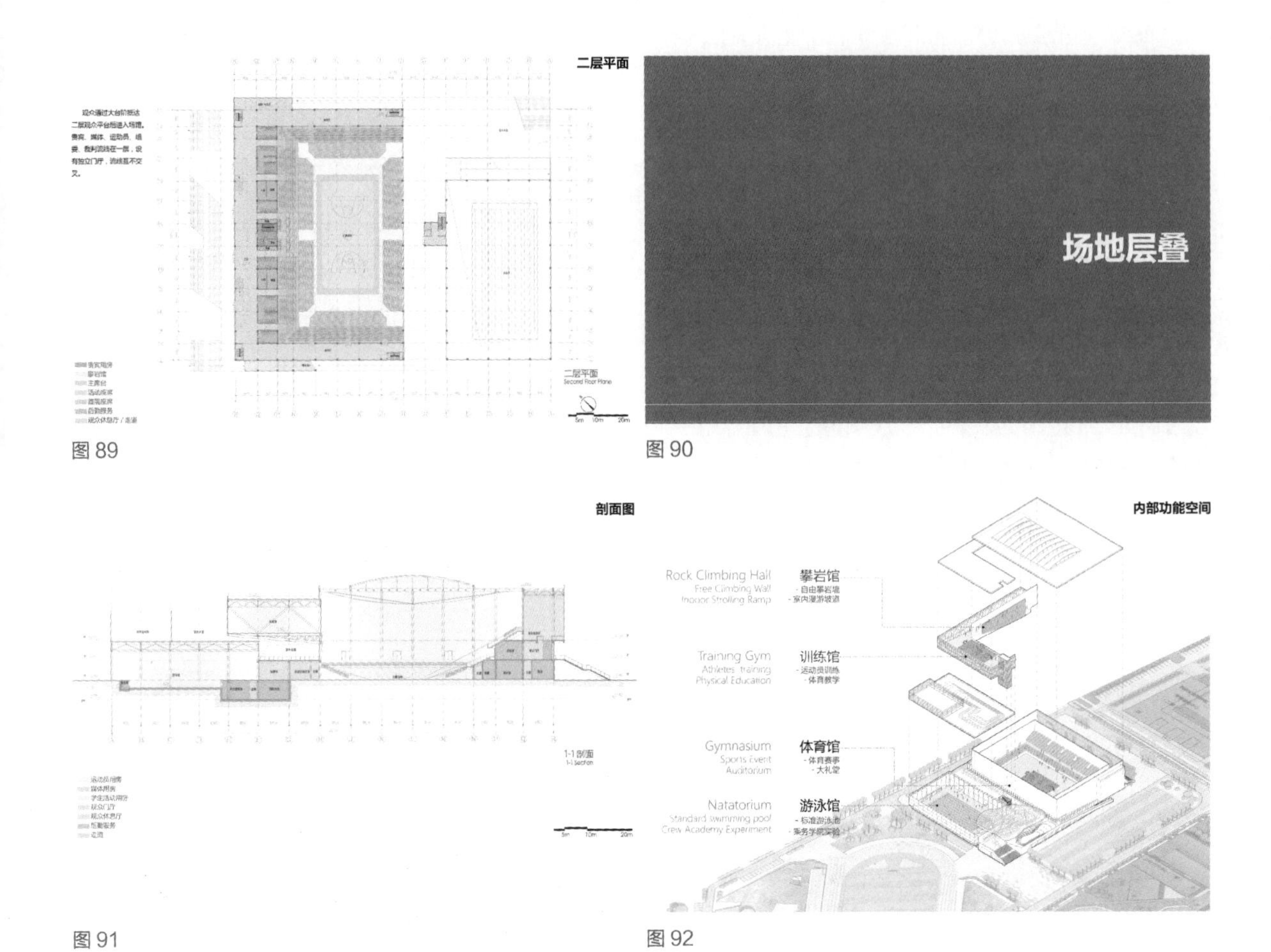

图 89

图 90

图 91

图 92

结合三边固定看台，结合当中布置的临时看台和主席台就可以进行文艺表演。可见这样的布置方式十分灵活，特别适合学校使用，大空间为之提供了很多的可能性。

这里涉及一个场地层叠的做法，我们可以从剖面看出比赛场地、训练馆、游泳馆相互叠加起来的做法（图 90、图 91）。

从立体的分析图（图 92）来看，游泳馆、体育馆、训练馆和攀岩馆在纵向的高度上其实存在一定的叠合关系，所以特别适合学校健身场馆的使用。

因此它在纵向的空间高度上有一些叠合，我们也为了将这些结合在一起的功能更好地联系而设计了一个漫游的立体步廊，就是图 93 中灰色的部分。我们从下边开始可以通过这个漫步道一直走到屋顶上。这个步道能够将悦动广场、主入口、健身房、体育馆、游泳馆、篮球馆、屋顶花园等全部串联在一起。我认为这种做法与我们以前的竞技性场馆不同，它更倾向于全民健身以及我们高校学生的使用。

图 94 是我们设计的一个场景分析图——学生可以在这里表演相声；学校可以组织学生社团来这里

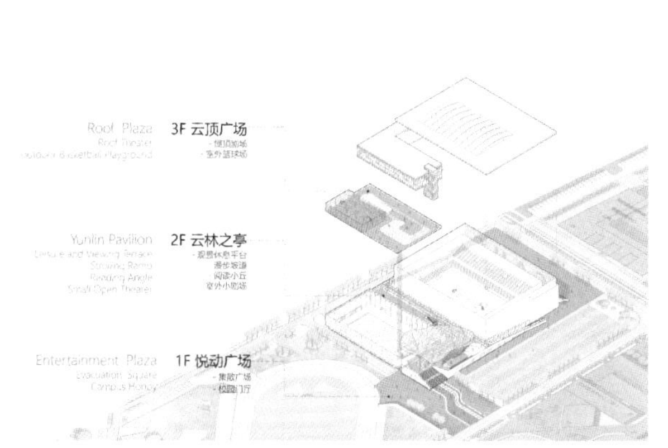

图 93

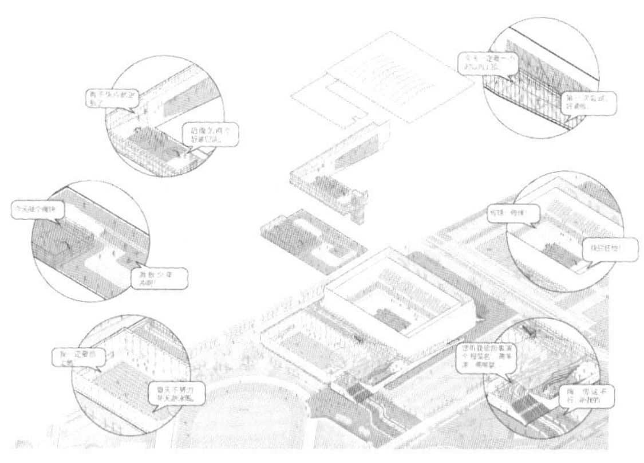

图 94

图 95

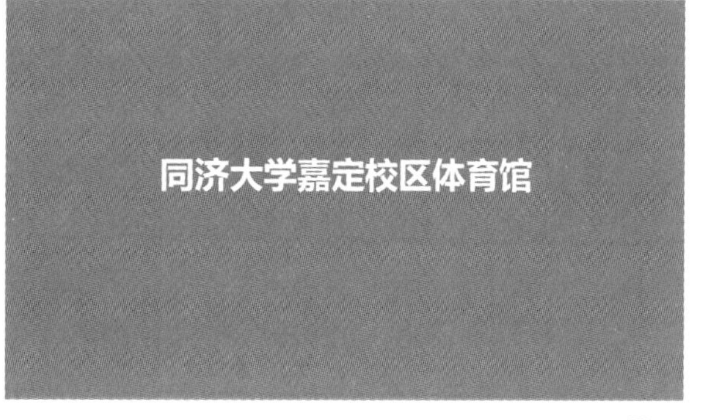

图 96

活动；可以组织篮球比赛；可以在攀岩馆组织攀岩活动；此外还设有篮球的训练场，以及屋顶上的青少年滑板区等，我们预想设计了很多的这样的场景。当时民航大学的校长在听取我们汇报时，也被场馆活动类型的丰富多样与多功能使用的场景所打动，最终选择了我们的方案。

图 95 是航天云下面的悦动广场，我们希望它能够和航空主题相切合，每当电视直播中有航天卫星发射等国家级航天新闻时，可以在此组织学生来集体收看直播为祖国加油。虽然主场馆形态外表很刚硬，但是在面向校园内部和湖水的时候，我们希望能够有一块相对灵动的空间，同时也与章明老师的图书馆之间形成一点互动。

在最后，我为大家简单介绍一个我们同济大学自己的场馆，也就是嘉定校区的体育馆（图 96）。希望同学们有机会都去看看，我们嘉定校区体育馆很有趣，它的屋面可以打开。

场馆的立面我们邀请袁烽老师一同做了参数化的设计（图 97）。

场馆沿着湖水的方向展开。图 98 是游泳馆，它的屋面可以打开。其实游泳馆不仅屋面，连墙面也可以一同打开。我们在同济本部校区的游泳馆中只设计了开合屋面，但嘉定校区的游泳馆可以连立面都一起打开，这样在夏天游泳的时候，可以欣赏蓝天白云以及周边良好的景观，非常舒服。

图 99 是它的平面图，游泳馆和体育馆也形成了复合型的场馆，这其中含有的内院、更衣淋浴以及健身配套的设施都可以共用，最终形成了一个供学生使用的复合型体育建筑。体育馆中可以同时布置三片篮球场以满足日常训练。比赛的时候它只设置一块场地，而训练的时候就是三片篮球场。

在这一部分中，我主要给大家介绍一些场馆技术的应用（图 100）。比如图 101 中展示的就是我们游泳馆屋顶闭合的时候，上面的一些天然采光带。

当它的屋顶逐步打开，阳光也随之可以照射进来。夏天去游泳馆经常会有憋闷感，因为它的室内空气湿度很大，但屋顶打开以后，良好的自然通风就会保证泳池周围的环境的舒适（图 102）。

图 97

图 98

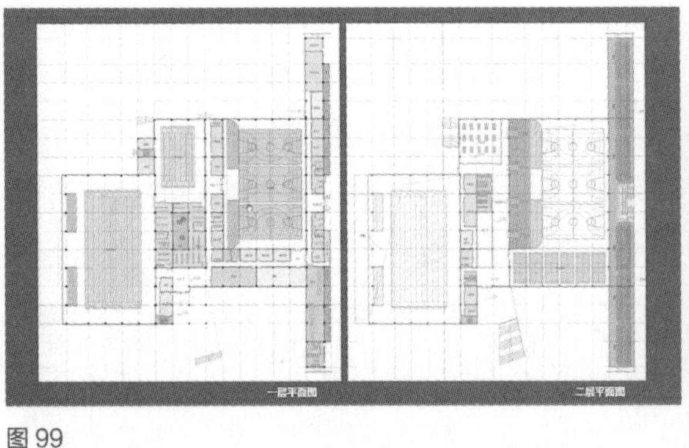

图 99

图 100

图 103 是另外的侧面角度，我们不要小看开合技术，虽然只是移动一下，但是要解决的问题却不少，比如说灯光如何设置，灯具是否跟随屋面一同移动，照明如何保证照度的均匀，此外还有我们游泳馆如何避免眩光——当救生员坐在上面之后，如果灯光控制不好，加之随着屋盖移动以后，整个水面会像一片镜面一样，干扰到救生工作。

当然在这里最主要的还是解决如何移动的问题，这就是它的移动轨道（图 104），我们仅作了解即可。在开合屋盖中最复杂的如前面讲到的南通体育场两

图 101

图 103

图 102

三千吨的大型移动屋盖我们都可以完成，那么游泳馆这种一两百吨重的屋面就相对简单，而且具体的做法也会有专门的厂家来配合我们设计，在此我们仅作了解。

此外还有一个想要介绍给大家的技术，这是一个体育馆的室内空间（图 105），图 106 右侧上方是固定看台，下面是可以像抽屉一样推拉的活动看台。屋面采用的是相对较为常见的鱼腹式桁架结构，上弦钢桁架下弦拉索。值得注意的是，它的竖向的撑杆底部是发光的，这就是我想介绍的光导管技术。

光导管通俗解释就是将室外的光通过纤维导进来，是一个很成熟的技术。它一般会在地下停车库大量使用，所以并非一种高端技术。地下停车库建好以后因为没有经营收入，24h 全天候人工照明又很费电，

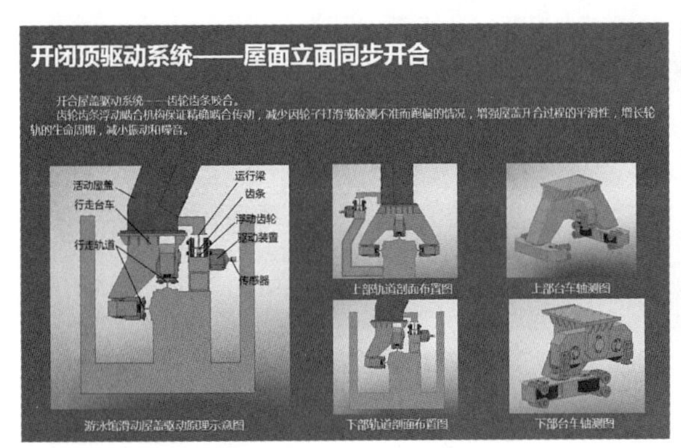

图 104

图 105

图 106

所以利用光导管从地面上引入一些天然光，实现节能以降低运营成本。

但光导管技术的一个缺陷是不够美观，它必须有线悬挂下来。为此我们恰巧利用竖向撑杆内部的空心，将光导管塞入钢结构的竖向撑杆中去，从而更加美观。这是我们设计师思考的结果，虽然是低端技术，但是当你把这两个技术集中在一起，它就变成一个很好的创新。该项目也因此获得了 2020 年中国勘察设计协会行业奖的全国一等奖。我们在这个竖向的钢结构的撑杆当中，将不愿外露的管线隐藏起来，只保留下面的发光点，这样就可以引入外面的自然光对室内进行照明。通过这个装置，我们可以像开关灯一样，控制光线的有无。前面讲到在比赛的时候，我们不希望有自然采光干扰，只有在平时训练、打扫、维护的时候我们使用自然采光。所以通过这个技术，一方面我们将一些影响美观的线路隐藏在结构构件之中；另一方面，还能够自如地对光导管进行开闭控制。只有这样，才能使我们场馆的绿色节能做得更好。我们现在都在宣传绿色节能，并不是要刻意去采用新的技术，只要我们能把已有的技术因地制宜地运用起来，绿色和节能就可以真正地实现。再如我们刚刚谈到泰安体育中心，之所以将它设计为多层，也是为了与自然的山地坡度相契合，当然我们也可以把山体全部铲平，但那不是最好的生态解决方案，也称不上是绿色建筑。

图 107 就是结构的撑杆，光导管从中穿过。每一根撑杆都有结构承重，但因为是钢结构，所以存在空腔，线路得以从里面穿过，同时便于检修。

同时我们也运用了一些 BIM 技术（图 108）。因为两个馆的中间结合部位的管线非常密集，所以我们利用 BIM 手段使光导管和移动屋盖两项技术在这里能够很好地结合。

时间有限，以上就是我本讲的全部内容，希望能够对大家有所帮助，谢谢大家！

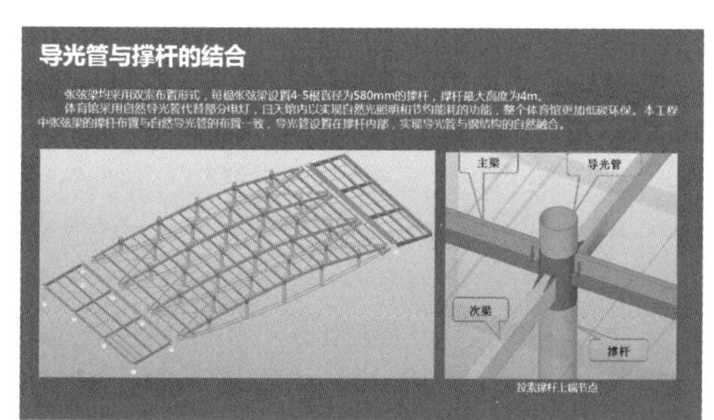

图 107

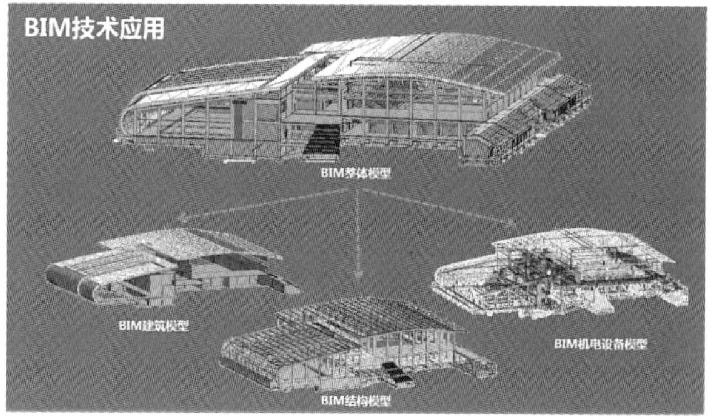

图 108

拙政园

主讲人　周向频

博士，同济大学景观学系副教授、博士生导师，注册规划师

上海同济城市规划设计研究院、同济大学建筑设计研究院都市院冶园创景工作室主持人

中国建筑上海院景观分院大师工作室主持人

法国里昂建筑大学访问学者

美国哈佛大学橡树园中心夏季研究员

法国 INSITU 景观设计事务所顾问

主　题　基于传统阐释的当代景观设计

中国园林的传统是不断变化、转折、积淀形成的。当代景观设计对待传统园林资源必然有所选择与取舍。虽然源于西方的现代景观设计理念影响全球并深刻改变了中国现代景观设计思想与实践体系，不同时期的设计师仍然处在传统的持续影响中，有必要在平衡普世价值与地域特色的前提下，结合社会发展与个人判断，系统地认知、阐释传统，突破固有观念与视角，创新当代景观的内涵与形式。

大家好，今天由我来给大家介绍景观设计学科的发展前沿。大家对景观设计应该已经有很多的了解，尤其“景观”这个词现在越来越常见，甚至成为社会上的“流行”词。那么就专业名称而言，我读大学的时候叫“风景园林”，后来曾经叫“景园”“造园学”“景观建筑学”“景观学”“景观规划设计”等，而目前国家的一级学科叫“风景园林”,我们系称“景观学系”。

我今天讲一个比较重要，也比较严肃的话题，就是所谓的“传统”。因为传统既可以非常宽泛地理解，又可以很狭义地理解。我本人研究园林历史，我觉得传统在当代景观设计里似乎正在发生某种改变，尤其是我们对待传统的态度在发生改变，当然在近代百年的时段中，中国人对待传统就是一个极具变化的过程，甚至会让人觉得前后矛盾。不过我们今天讨论的不是社会，更多的是讨论设计领域，但即使在设计领域里，传统也是在发生急剧的变化。所以我要在今天的课程里来做一些分析，当然是我个人的理解，但是通过个人理解也许能够帮助大家对景观设计这样一个专业或行业面临的问题和挑战，发出一些疑问或者形成自己的判断。

本讲的副标题叫“断、离、舍”（图 1），只是借用，这几个字现在一般指在日常生活中整理、收拾物品，我觉得用它来描述传统也比较恰当，我的意思有这样几方面：首先是“断不了”，就是说其实传统是无法中断的，它始终存在；其次是“离不开”，不过虽然我们离不开传统，它又是处在一种游离的状态，有的时候甚至呈现出模糊不定形式；而“舍不得”的话，是说我们更需要突破传统，需要创新，尤其是在设计领域里（图 2）。

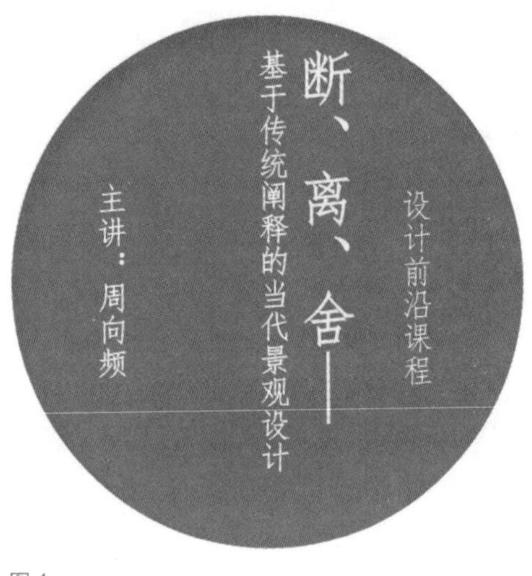

设计前沿课程
断、离、舍——
基于传统阐释的当代景观设计
主讲：周向频
图 1

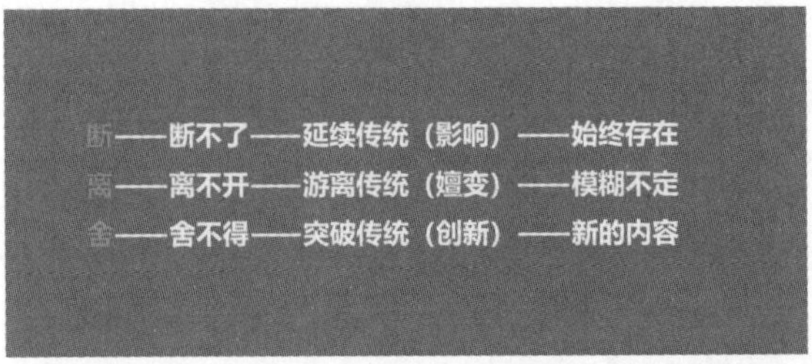

断——断不了——延续传统（影响）——始终存在
离——离不开——游离传统（嬗变）——模糊不定
舍——舍不得——突破传统（创新）——新的内容
图 2

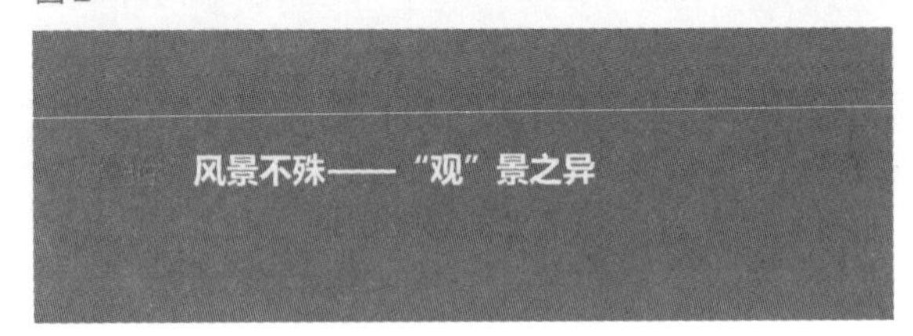

风景不殊——“观”景之异
图 3

（一）引子

在正式讲课之前，有一个小引子，我用了这个成语“风景不殊”（图 3）。如果大家喜欢历史，会知道它来源于西晋政权被迫南迁到建康建立东晋后，当时一些大臣在长江边上聚会，感叹眼前风景与北方没什么两样，但是中原已经易主，国家已经不在了。“风景”二字，其实在中国的文化里是有一些特殊含义的，我们这个专业把“风景”加在“园林”上，其实也有某种文化上的渊源。大家知道在欧洲，最早叫 gardening，我们国内之前有用“造园”一词，后来叫“园林”，然后就叫“风景园林”。这个专业名称传递了视觉上景象的感觉，而且又有着内在的文化特色。

图 4 是我几天前去学校拍的一张照片，因为疫情原因大家离开学校已经很长时间了，肯定会有点怀念，我觉得这个也有点“风景不殊，正自有山河之异”的感觉，风景还在学校校园，已经是春天，马上夏天了，这个景色年年如此，但是我们所熟悉的学校甚至上海这个城市，似乎都跟以前不一样了。这个其实也很能说明风景园林或景观的本质，景观不仅仅是表面的。

大家今年也没有机会看到樱花了，同济的樱花大道每年都是在这个时段最吸引人（图 5），我用这个做引子的话，还想说明一个非常热门的景观，它始终也处在不断的变化之中。我本科就来到同济读书，那个时候从来没听说过樱花大道，我所知道的是武大的樱花（图 6）。我在读硕士的时候比较流行的春天去看的景观是什么呢？看的是油菜花。那个时候只要坐着火车离开上海，几乎铁道的沿线上都是油菜花，当然离上海最近最集中的地方是皖南这一带的大片油菜花，图 7 是婺源。但油菜花的热门也没有持续很长时间。还有一段时间很流行看郁金香，据说当时上海植物园还专门从荷兰订购了几十万朵（图 8）。

图 4　图 5　图 6

图 7　图 8

图 9　图 10

再往前，回到我读本科的阶段，当时我们班同学想去看梅花，去南京的“香雪海”（图 9）或者去无锡的“鼋头渚”，这个是当时大家蜂拥而至去看的景象，现在已经不那么热门了。如果说更早的话，其实还流行看牡丹，洛阳牡丹名闻天下，一度有吸引无数人观赏的盛况（图 10）。

似乎在某一个时期杜鹃花也非常流行，有很多风景区、旅游区就是以看杜鹃花作为卖点，漫山遍野的杜鹃花形成花海，很多影视作品的镜头中表现出的漫山的杜鹃花，是用革命烈士的鲜血所染成，可见流行背后是有影响因素的（图 11）。

除了花海，能形成大片景观的还有竹子，就是竹海，四川、浙江有大片竹海，成为热门的观赏对象（图 12），李安在拍《卧虎藏龙》时也把武打的场景放在竹海的背景下（图 13）。如果大家去成都，走在武侯祠“红墙夹道”里，同样可以体会竹林形成的景观（图 14），所以竹子作为一种园林场景或景观背景，在中国有非常久的历史，很多文人都通过不同方式表达这个竹。

图 15 是我刚毕业不久做的一个设计，是我们学院 C 楼景观，C 楼当时刚建成不久，院领导安排我来做景观，他们在讨论方案时说做点竹子吧，其实这

图 11

图 12

图 13

图 14

图 15

个地方并不适合种竹子，因为通风条件不是很好，但我赞同竹子的形式和文化含义很好。

图 16 是我前两年做的敦煌国宾馆庭园，因为要接待外国领导人，所以业主要求既要体现中国传统文化，又不要全是亭台楼阁之类，稍微简洁雅致一点，所以我的方案里也用竹来分隔庭院空间。

此外，近几年乡村景观受到很大的重视，当然在城市里社区景观也在成为一个非常重要的类型。图 17 是我在山东诸城做的一个森林公园，它前面本来是大农田，当地政府希望这里面体现出一些中国特色，尤其是为都市人所喜欢的乡土特色，所以方案里种了大片桃杏梨这一类的开花果树。

通过这个引子，其实我想说的是，所有的人，不管你是专业者，还是普通公众，都有一种观看的方式。2017 年去世的英国艺术评论家约翰伯格，有一本书叫《观看之道》（图 18），它从大家习以为常的观看行为和理解方式，来透视我们对外部的认知，人在观看的同时其实在呈现出自己的思想，我们通过观看而塑造这个对象，同时对象也反过来塑造我们。所以他说我们观看事物的方式受知识与信仰的影响，而知识与信仰是和传统密切相关的，那么传统就是我们今天要讲的主题，接下来分 4 个部分展开。

（二）传统的变化

首先我认为园林的传统是变化的。不管是中国园林还是外国园林，或者叫景观传统，其实在不断地积淀形成，又在发生着流变和交融（图 19）。

（1）弱化的传统

我们可以举一些稍微具体的例子，先说这个台，我把它叫作弱化的传统（图 20）。对于很多人来说台是一个很熟悉的字眼，亭台楼阁，但我们脑海里亭是什么、楼是什么、阁是什么很清楚，但是台，你会觉得很难准确地把它描述或者画出来，似乎存在于园林中独立的台并不多，为什么如此呢？因为它作为一种传统园林要素确实一直被弱化。

古籍中对台有很多解读，一般指的是筑高而上

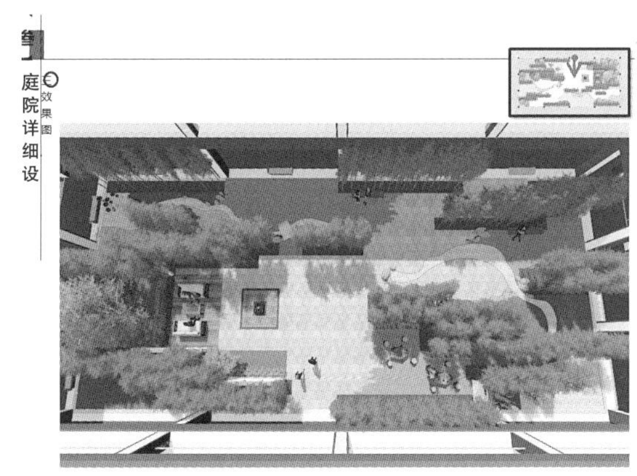

图 16

图 17

图 18

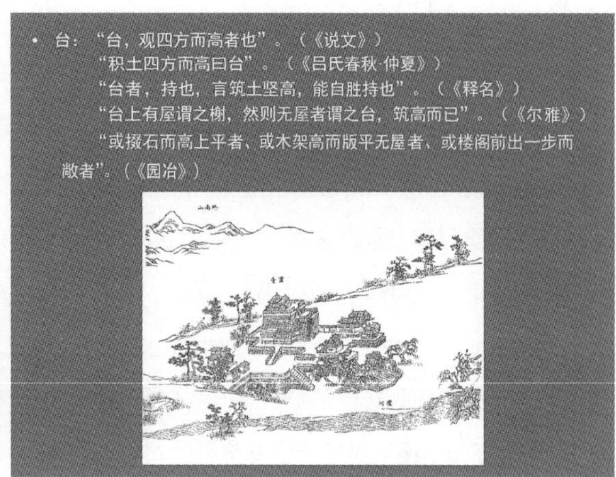

图 21

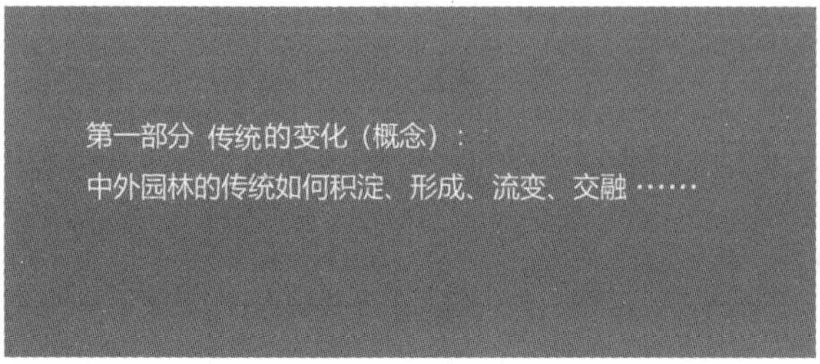

第一部分 传统的变化（概念）：
中外园林的传统如何积淀、形成、流变、交融……

图 19

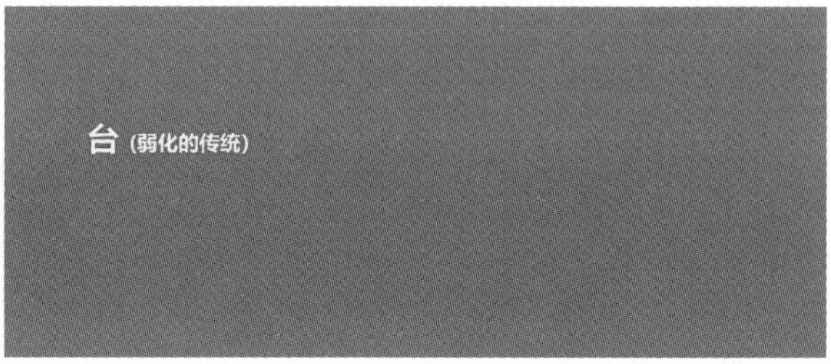

台（弱化的传统）

图 20

的台，而且台一般会跟建筑结合在一起，所谓台观、台榭就是在台上放了建筑供远眺，图 21 是后人想象中国历史上第一个比较完整的园林，春秋时代周文王的“灵囿”，里面最核心的景观构筑就是台。春秋时期有很多台，各个诸侯纷纷筑台，这个也是后人的一张想象图，当然建筑的造型未必是那个时期的，但大概反映了台的一种基本的形态，这是在太湖边上吴王夫差建的姑苏台（图 22），他在上面和西施共同游览、观赏太湖景色。从这里我们可以看出台曾经是一个庞然大物，是园林里非常具体的一种形态跟构筑，而且往往跟重要的建筑物结合在一起。但是似乎这样一种形式跟构建慢慢消失了，至今很少在现存的古代园林中找到。

图 23 是我出差的时候拍的兰州皋兰山上“三台阁”，这个地方曾经是明代非常重要的一处景观，据说朱棣的一个儿子分封在这个地方为王，他为了表示对皇帝的忠心，常常上台来眺望北京方向，当然这个建筑是后来加的，其下面的台仍保留有原来台的基本形式。

另外一个可以找到的明显案例是颐和园佛香阁下面的巨大的台，有 20 多米高，这个是颐和园的一个标志性的景观（图 24），从设计的角度看，因为这个台和佛香阁共同构成的形体，打破了万寿山平淡的轮廓线，它们的结合形成壮丽的景象，成为园林突出

图 22

图 23

图 24

的标志。不过唐代以后园林中筑高台的情况很少了。

大部分园林中的台是怎样呢？如果大家去过拙政园，会发现主体建筑远香堂前面有这样一个平台，是平台不再是高台（图 25）。

明代北京在今天北大的位置，曾经有一个著名的文人园林叫勺园，勺园的主人米万钟和他的画家朋友把勺园画了下来（图 26）。我们从画中也可以看出，建筑前面有这样一个平台。这些让我体会到这种在中国历史上非常重要的构筑，不断弱化，从高到低的一个过程。

台在西方园林里也曾经扮演过非常重要的角色，那就是意大利的台地式园林，当然它是跌落式的。我们从图 27 上似乎可以看到它跟中国园林的一些相似性，它也是如颐和园一般两侧有台阶然后向上，当然对于意大利园林而言，它是立体式园林的一种台地式的处理。图 28 是艾斯特庄园中的百泉台，小小的细流被表现在几层的平台上面。意大利园林在 17 世纪对法国园林产生了很大的影响。

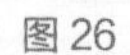

图 25

图 26

图 27

图 28

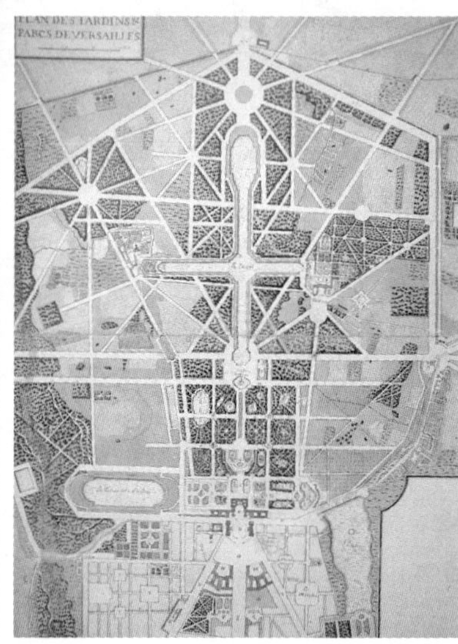

图 29

但是法国没有意大利起伏的山地，而是以平原为主的，所以当时的国王路易十四，为体现他所谓“太阳王”的雄心，任命勒诺特设计了尺度巨大的几何放射状园林（图 29）。

那么是不是从意大利园林传到法国园林后，这个台就消失了呢？实际上并没有，如果大家去过凡尔赛的话，会发现台还在，从宫殿往下到前面“十”字形水渠，仍然有一系列的平台（图 30），当然没有意大利那么明显，因为原有地形比较平，可以看到这个台子是被加高的，边上的森林处在一个低的位置。法国园林最主要的特点是轴线，但是跌落的台也以某种方式被保留下来了。

图 31 是我在设计学院 C 楼景观时，除了内庭之外做的户外景观，我结合下沉空间也做了跌落的台，当然这个台仅仅用来作为绿化的植坛。图 32 是我在兰州皋兰山公园设计里，利用地形做大片跌落的

台。西北的降雨量非常少，植物生长困难，当地采用滴灌技术，一般山体不大适合种大树或者说种大树需要很长时间才能长成，但是灌木生长还行，所以方案结合灌木种植，形成这样一种台地的效果。

（2）有活力的传统

刚才讲了所谓弱化的传统，我们再来看另外一种在中国园林里上也非常重要的传统，我把它叫作有活力的传统，典型的就是“一池三山”（图 33）。汉

图 30

图 31

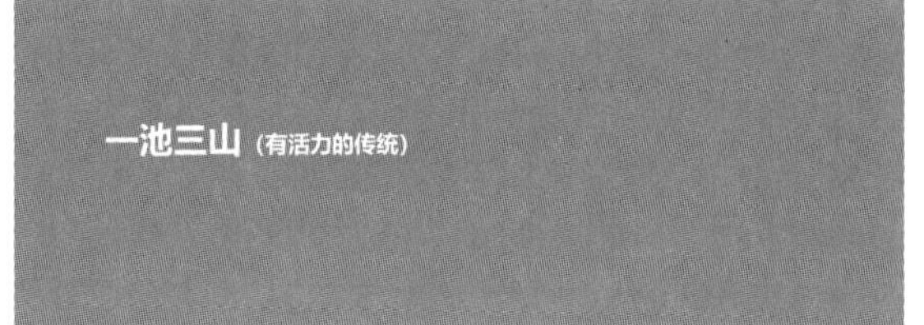

图 33

图 32

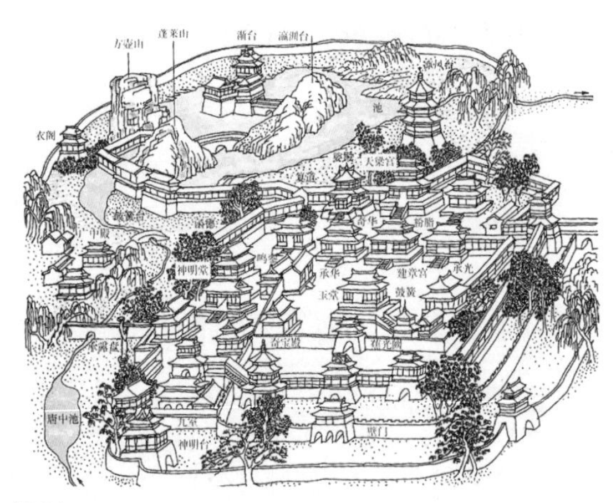

图 34

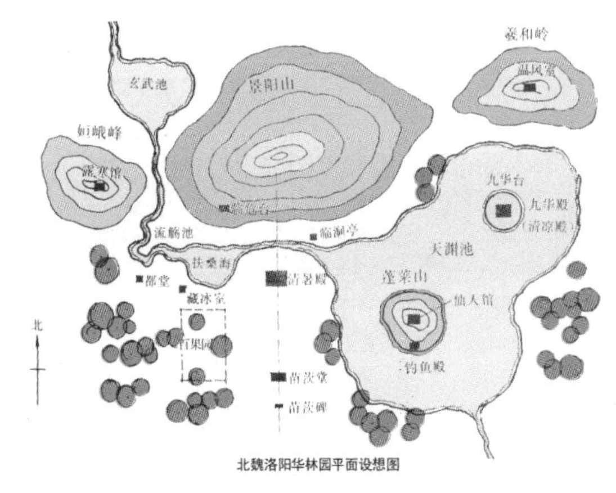

图 35

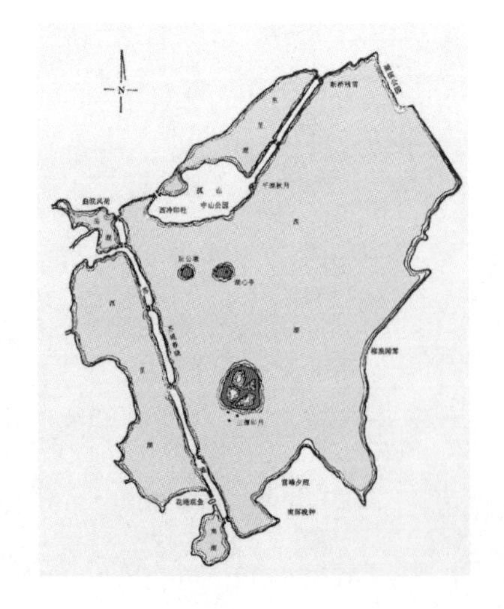

图 36

武帝在建章宫里造了一个模拟想象的仙境一池三山（图 34），此后一池三山就成了中国园林里仙境意向的一个固定模式。随着时间的推移，大部分人都会意识到所谓仙境其实并不存在，但是为什么这样一个仙境的意向存留下来了？我认为最主要的原因还是在于它有某种形式感，一池三山所构成对空间环境的一种划分，成了后面很多园林建造的模板。图 35 是北魏时期所造的华林园，虽然不是严格意义上的一池三山，但是这种形式被不断发展，也就是说山水的这种结合关系以及空间结构，成了之后很多园林尤其是大型园林的基本骨架。

在杭州西湖，我们同样可以看到三山跟水的组合。当然它还增加了堤，所以从此就逐渐演化成“堤岛”模式的景观（图 36），大家不要小看这样一种古代的造型，这是古人山水营造智慧的结晶，是一个非常高超的手法。我们在做设计的时候，经常会碰到甲方说某处有一个湖比西湖还大，甚至好几倍，但没有哪个湖超越西湖，为什么呢？除了得天独厚的周边环境，我觉得最主要的原因就是它把一个原来清淤出来的水面，通过堤岛的模式变成非常有层次的空间。除了周边和远处的山，湖面的近景、中景、远景也都非常鲜明，你在任何角度都可以看到不同的景观组合。

图 37 是西湖上的苏堤白堤对空间的分割，以及远近的变化。湖中“三潭印月”（图 38）我觉得更是非常经典，它充分地把景观的边界效应展示出来，这个岛的外缘形成边界，里面又有水面，又形成内部的边界，然后里面又有小岛，形成层层递进的边界，我们进入其中感受到层次是非常丰富的。

图 39 是当时日本龙华寺以西湖作为模本来建造的一池三山。

图 37

图 38

China to Japan

The Aesthetic Idea of Chinese Garden and the Idea of Seeking Immortality:
“Three mountains in one lake” 一池三山

China Hangzhou West lake 杭州西湖

Japan Longhua Temple 日本龙华寺

图 39

还有北京颐和园，我们今天看到的颐和园历史上曾被英法联军所毁坏。后来慈禧重修主要也就是重修了宫殿和前山的部分，但是我们还是可以看出非常鲜明的一池三山的模式，还有三大岛和三小岛的组合（图 40）。

图 41 是我 2003 年在温州做的一个公园，位于当时温州市政府的背后，我也采用了一池三山的模式，当然我不是刻意地非要用这一池三山，因为它恰好具备采用这个模式的条件。这座山本来是完整的一座山，当地长期开采石头导致完整的一座山变成了残破的样子（图 42）。图 43 是当时建的模型，可以看到原来完整的一座山被挖得几乎不存。所以当时的业

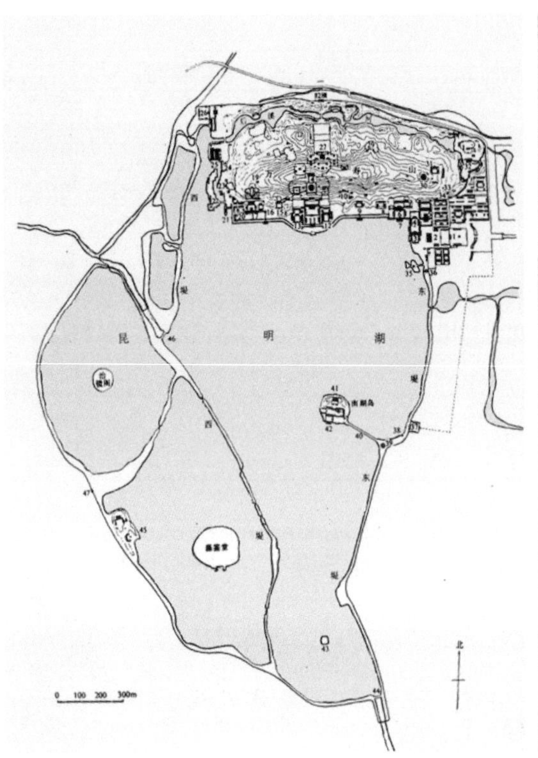

图 40

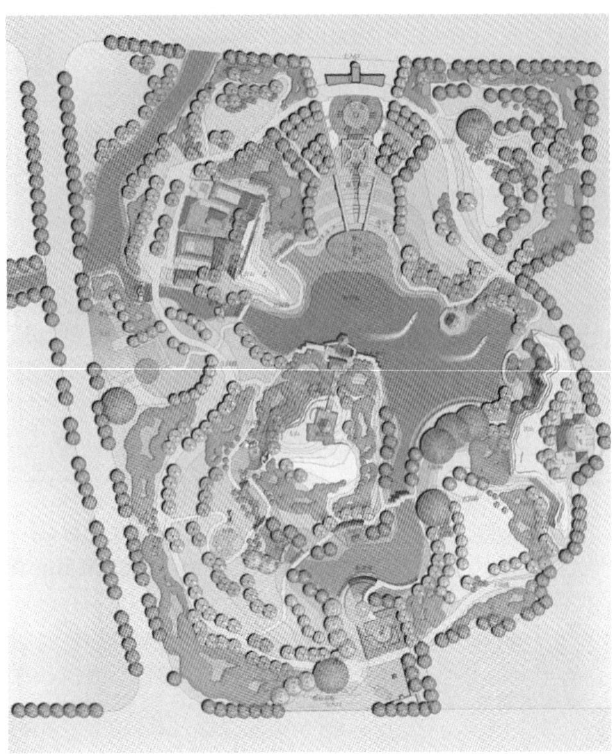

图 41

图 42

图 43

主说要么就把它全部挖掉吧，做成一个平地公园，但我觉得这个被挖得残破不堪的地貌，好像也有点那种残破的美学。所以我采用了一池三山这样一个形式，把边上河水引进来，形成中间的一个水面，然后剩下的山体，一处在这里作为主山，次山在这个位置，另外还有很小的一片在这里，这是主入口进来形成对景的轴线。然后水体绕到后面，连接后面的次入口。当然这三座山经过了加固，不再是岌岌可危，还重新进行种植和复育。图 44 是当时建成之后的场景，可以看到虽然原来完整的山体不在了，但是保留下来的部分在水的衬托下也形成了一种新的景象。

图 44

图 45

（3）形式与精神的传统

我们再来说另外一个在中国园林历史里不断被提及的传统或形式，我把它叫作形式融于精神的传统，就是它不仅有形式，还有内在的精神，就是曲水流觞（图 45）。

很多人都知道这个表述源于王羲之带着一帮文人在绍兴郊外水边开展的雅趣活动（图 46），实际上在这之前汉代和魏晋皇宫中以及普通人到郊外踏青就已经有这种活动，只不过后来固定下来成为代表文人风雅的活动形式，这种形式又被运用到具体园林里，成了抽象的符号。

此后对水形态的浓缩成为园林中重要的形式与手法，图 47 是著名的宋代皇家园林艮岳，宋徽宗的想法是要把全天下最好的山和最好的水浓缩在园林里，但这个园林面积其实并不大，远不如历史上的上林苑、华清宫等，推测不过 $50hm^2$，那如何来实现包容天下最好山水的雄心壮志？宋徽宗选取的方法就是写意，也就是结合当时宋代高超的山水画技法和画论理念，用浓缩抽象的形式来表达，所以这个园林形态非常成熟，当然这是后人想象的平面图。为什么说它形态成熟呢？山环水抱，山有主峰，有对景的次峰，有侧峰，还有余脉；水有动静，也有宽窄、收放和各种变化，也就是想尽一切的方式去摹写提炼自然。

我们在宋代洛阳的私家园林里也可以看到这种曲水，但已不是模仿具体的流觞形式而且结合了较宽的水面。之后在相当长时期里，中国园林中非常流行方池。这个是拙政园，也有这种大的水面跟曲水结合的形式，当然今天看到的主要是清代形成的。图 48 是艺圃里的水面，可以看到这种水面的曲已经发生了变化，但是还有浓缩自然余韵的存在。

曲水流觞作为一种象征，在清代皇家园林的局部以及一些风景名胜里都有符号化的表述（图 49），

图 46

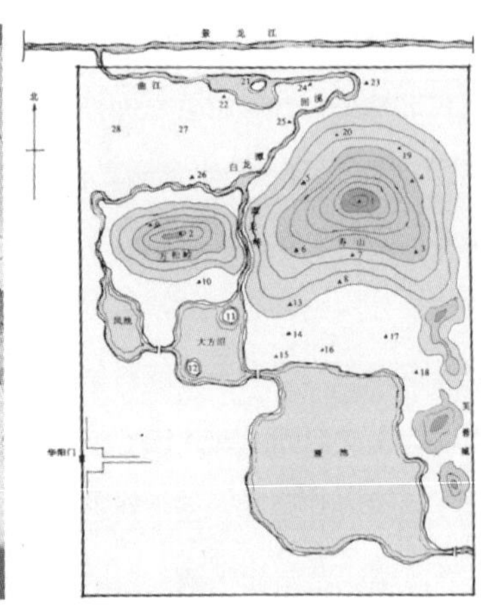

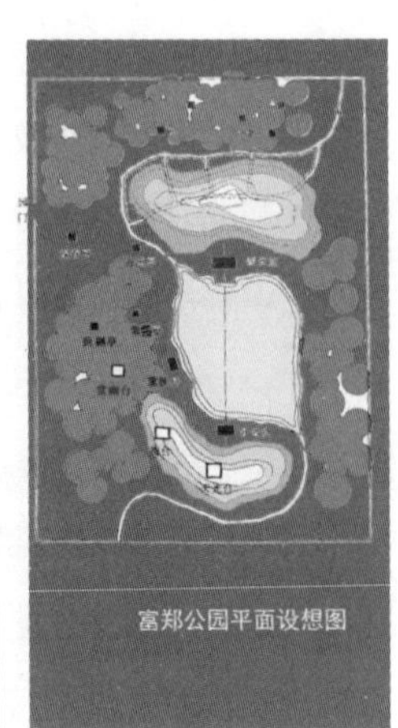

图 47

图 48

图 49

所以它是既有形式，更强调内在精神留存的园林传统。

（4）凝固的传统

我们再来看假山，中国园林几乎离不开假山，我把它叫作凝固的传统（图 50），为什么说它凝固了，因为它出现后几乎没有发生过改变。中国古代园林在假山出现之前采取的是一种置石的形式，图 51 是日本园林，因为日本园林学习唐代和宋代，保留了较多那个时期的中国园林特色，我们用这些图来感受置石的手法。

图 52 是宋徽宗所画的太湖石。太湖石在当时园林里还是采取这种单置或者特置的形式，也就是把造型奇特的石头上放在某个抬起的位置，当然艮岳里也有假山，但当时山还是以土山为主，下面是土然后上面放不同造型的石头。我们在留园里看到的冠云峰应该是宋代园林特置形式的延续（图 53）。但这样的形式在宋之后几乎不存在了。

我们现在看到的古代园林大量是这一类的假山，如苏州环秀山庄里由无数小块石头叠成的追求整体感的假山（图 54），而且往往有山洞，体现可游可入的理念。狮子林里假山更是这样，有人批评它矫揉造作（图 55）。扬州个园里的假山也是这种复杂的造型。清代之后假山就不再有更多的变化，直到今天很多仿古园林仍在重复着这种做法。

有意思的是假山并非中国独有，英国 18 世纪的园林里也叠山，但是属于浪漫惊奇的风格，为了在自然式的园林里营造某种东方以及希腊、罗马的意趣。

图 50

图 51

图 52

图 53

图 54

图 55

图 56

而且它们还会做出奇怪的处理，就是故意让一些隐士像野人一样，躲藏在里头，一旦贵妇来游玩的时候，突然窜出来，让人大吃一惊（图 56），这种处理方式其实也可以看出欧洲对所谓洞窟景观的文化上的理解。

（5）断续的传统

廊也是中国园林必不可少的要素，大家去到任何一个中国古典园林，很少会没看到廊的，但我把它叫作断续的传统。为什么呢？因为廊并不是始终都很重要的（图 57）。

图 58 是后人想象的阿房宫图，其实并不是很准确，如果按照历史的记载，阿房宫是一个比较整体的建筑，这是根据唐代诗人杜牧的诗所画出阿房宫“钩心斗角”的各种各样的建筑，但这里有一个应该是比较明确的，就是关于廊的表达。在秦汉时期的皇家园林里，廊是一个非常重要的建筑要素，有所谓的复道飞廊，如这两个建筑之间架的像彩虹一样的廊桥，当然我们很难想象当时的技术是怎么支撑的，但在当时上林苑、阿房宫里确实有非常多的复道飞廊，跟一些夹墙结合，起着联系的作用。

但廊在之后相当长时间里越来越少，甚至消失了，大家如果去过无锡的寄畅园会发现里面几乎没有廊（图 59），宋明阶段园林中建筑是比较少的，整个空间比较疏朗。

留园本来是明代时期的东园，到清代有很大改建（图 60），留园核心的中部突出的就是这样一个蜿蜒曲折的廊，曲廊除了增加行进路线长度，还使游人在行走过程中不断改变视角。留园东部也有很多回廊连接大体量建筑，形成多个前院后院，起到曲径通幽、小中见大的效果。

所以我们可以看到廊本来是一种联系性的构筑，到南北朝时期还用来营造如同仙人在其上行进的仙境意象，但是之后很长时间里，它慢慢减少甚至消失了，然后到明末清代又极度盛行。图 61 应该是很多人对中国园林的视觉体验，这就代表中国

图 57

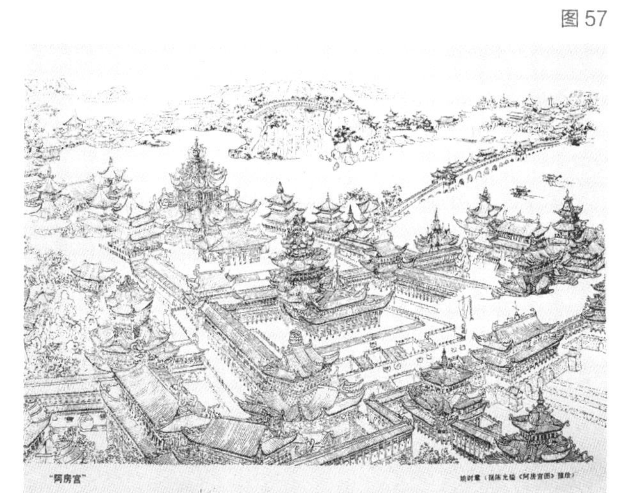

图 58

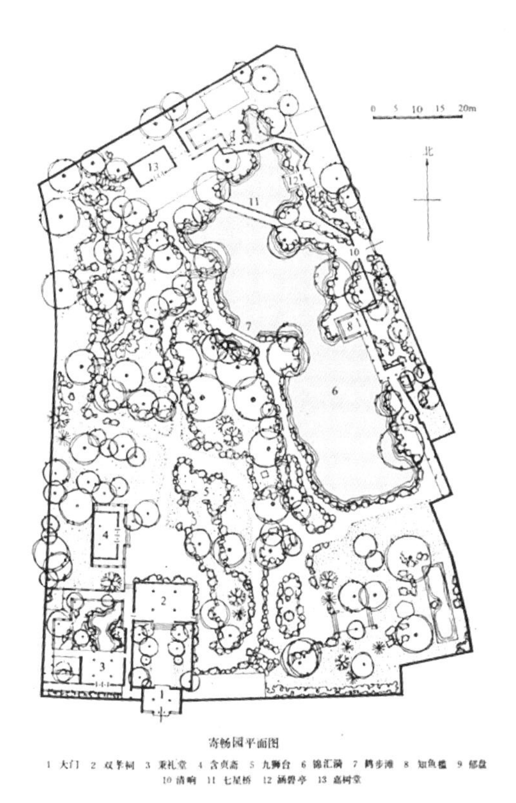

图 59

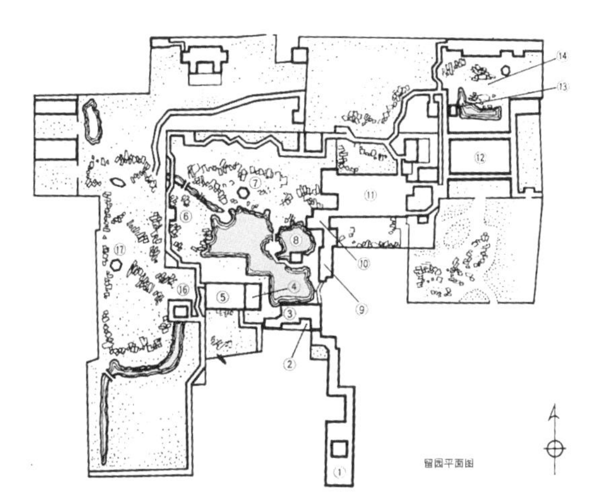

图 60

图 61

园林，但实际上只到清中后期这样的形式才固定下来。

(6) 共享的传统

我们再来看稍微虚一点的部分，这个轴线或几何形式我叫作共享的传统（图 62）。虽然印象里中国园林很少有轴线和几何形态，但实际上我们可以找到很多的例子，并不是只有西方园林或伊斯兰园林才有。

早期埃及人的宅院里有很明显的轴线（图 63）；罗马边上的哈德良山庄里几乎都是几何形的组合（图 64）；欧洲中世纪园林内部更是非常得几何，中间有水池（图 65）；意大利台地式园林里轴线与几何也非常强烈，图 66 是兰特庄园（Villa Lante）层层跌落的台地；法国勒诺特所设计的维康府邸园林有非常鲜明的轴线延展的空间（图 67）；凡尔赛有长达几千米的“十”字形的水渠，它与平台上的宫殿、台阶，连成一个非常鲜明的轴线（图 68）。

英国园林给人印象比较自然，但曾经也有几何式的流行，如汉普顿宫苑的园林也是放射状的形式（图 69）；近代的海德公园也并不都是蜿蜒起伏的自然，其中轴线或者说是几何线条也分明存在（图 70）；伦敦丘园经历了不同时期的建造，至今还有一个中国式塔和很多温室，大家可以看到在这样一个自

图 62

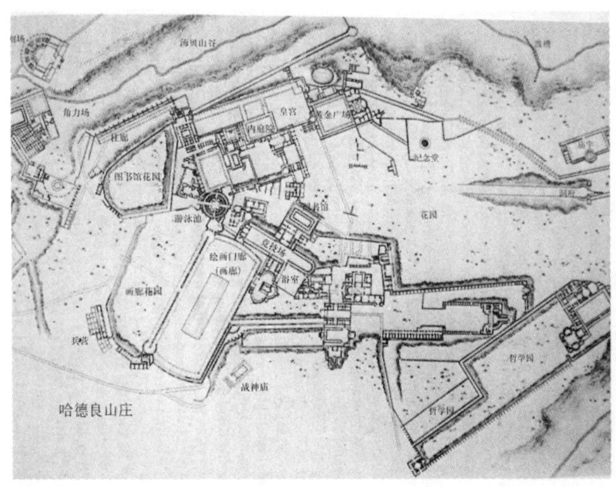

图 64

图 63

图 65

图 67

图 66

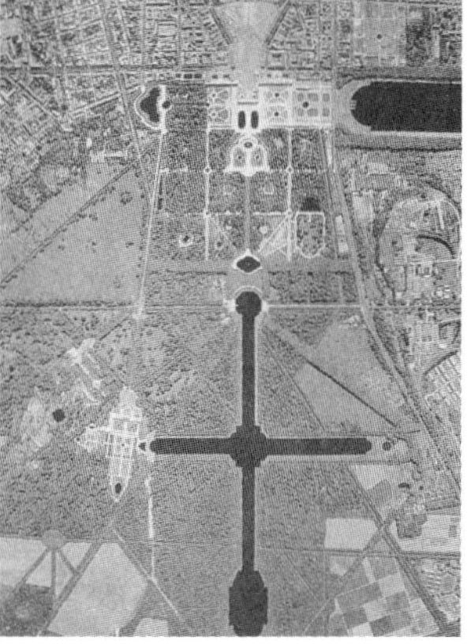

图 68

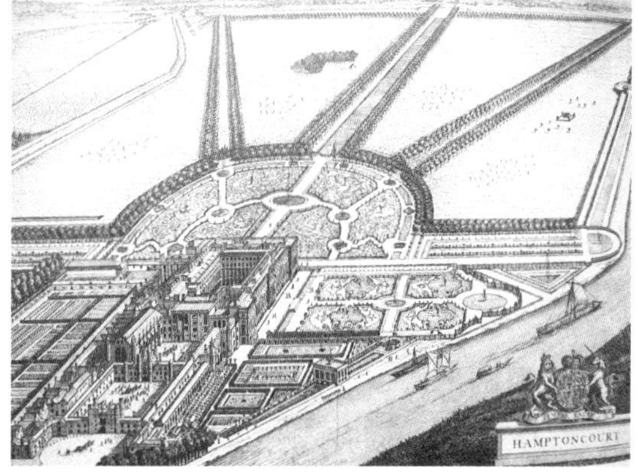

图 69

然的布局里也有非常鲜明的直线，它叫透景线，主要是为了强调一种视觉上的对景与深远延续，其中最重要的透景线就是中国塔透景线（图 71）。

伊斯兰园林或者受其影响的园林里轴线与几何形也是很明显的，图 72 是在西班牙南部著名的阿尔罕布拉宫，我们可以看到大量几何式的构图，另外受伊斯兰影响的印度园林，著名的泰姬陵前面也是有鲜明的轴线（图 73）。

我们再来看看中国园林是否有所谓轴线或者几何式的传统。图 74 是在东汉画像砖里呈现的当时的一个庭院，有明显几何式院落分割；图 75 是汉代的梁园，也叫兔园，明代仇英所画的想象图，虽然不可能完全真实，但可以想象其内部有规整的空间；图 76 是现代复原的华清宫，核心区是当时洗浴的汤池，实际上是按照当时长安城的格局来建造，可以看到在自然环境中比较几何的空间；而唐代的皇陵，更是有非常鲜明的轴线，图 77 是武则天跟唐高宗李治合葬的乾陵，长长的甬道和背后山体，形成非常壮观

图 70

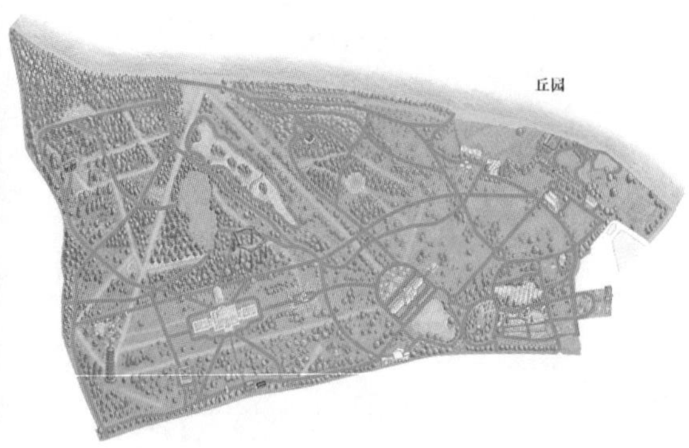

图 71

图 72

Taj Mahal 泰姬陵

图 73

图 75

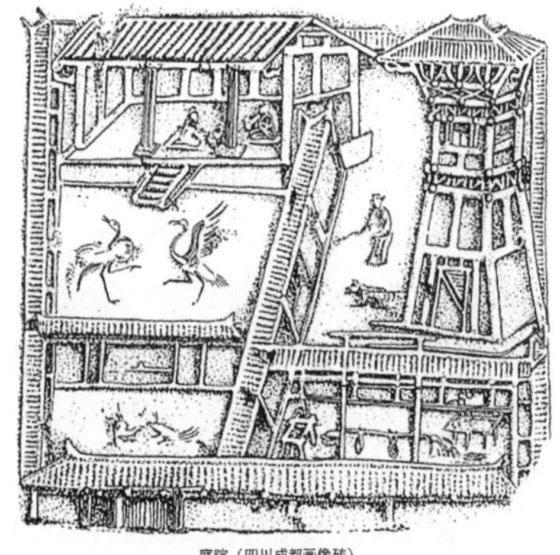

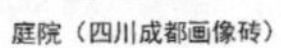
庭院（四川成都画像砖）

图 74

图 76

的轴线景象。

另外在中国的寺观园林，就是结合寺院道观的园林，我们更可以看到鲜明轴线的存在，大型寺院沿着主轴有园林化空间的延展，两侧还有次要的轴线，直到寺院背后，数条规整的轴线空间慢慢融入自然环境里（图 78）。

皇家园林如避暑山庄，似乎是自然式的大型园林，但同样我们可以看到它前部的宫殿区呈现出非常规整的形态（图 79）。颐和园的皇家气派也是通过这样一条轴线呈现出来的，前面从佛香阁一直延伸到前湖，背后从藏式寺庙延续到后门（图 80）。

明清私家园林也不乏规整几何的部分，尤其是北京的一些王府园林，轴线感非常强（图 81）。还有清代岭南和福建地区的园林（图 82），几何性也非常明显，当然它受了一定外来的影响。图 83 是在台北的林本源园，具有福建闽南风格，也是呈现几何性平面。

（7）共通的传统

中国和很多国家、地区都有风景式园林，我把它叫作共通传统（图 84）。

中国的风景传统跟中国的自然哲学有关，庄子“逍遥游”和孔子“乐山乐水”的理念不断延伸，形成重实物的风景美学（图 85），到魏晋时期更是发展到极致，当时大量的文人南迁后看到南方秀丽的山水，并陶醉其中，从此后中国的园林更多走向一种山水自然式的方向。图 86 是南朝所刻的竹林七贤图，当时离两晋时期并不是很久，可以看到人们在自然环境里的生活状态。图 87 是东晋时期顾恺之根据曹植所写的《洛神赋》画的洛神赋图，从中我们可以获得

图 77

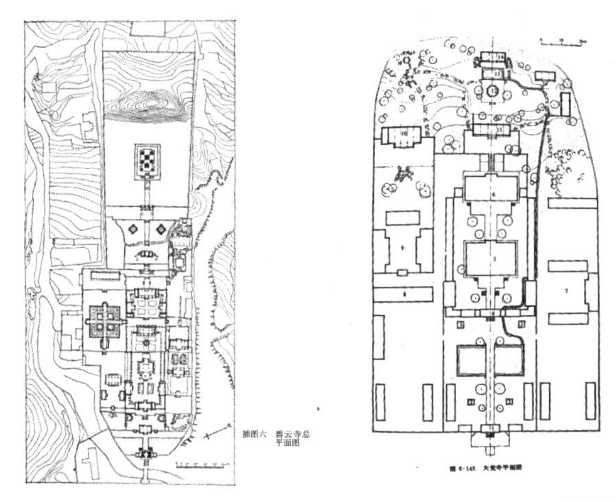

图 78

避暑山庄全图

图 79

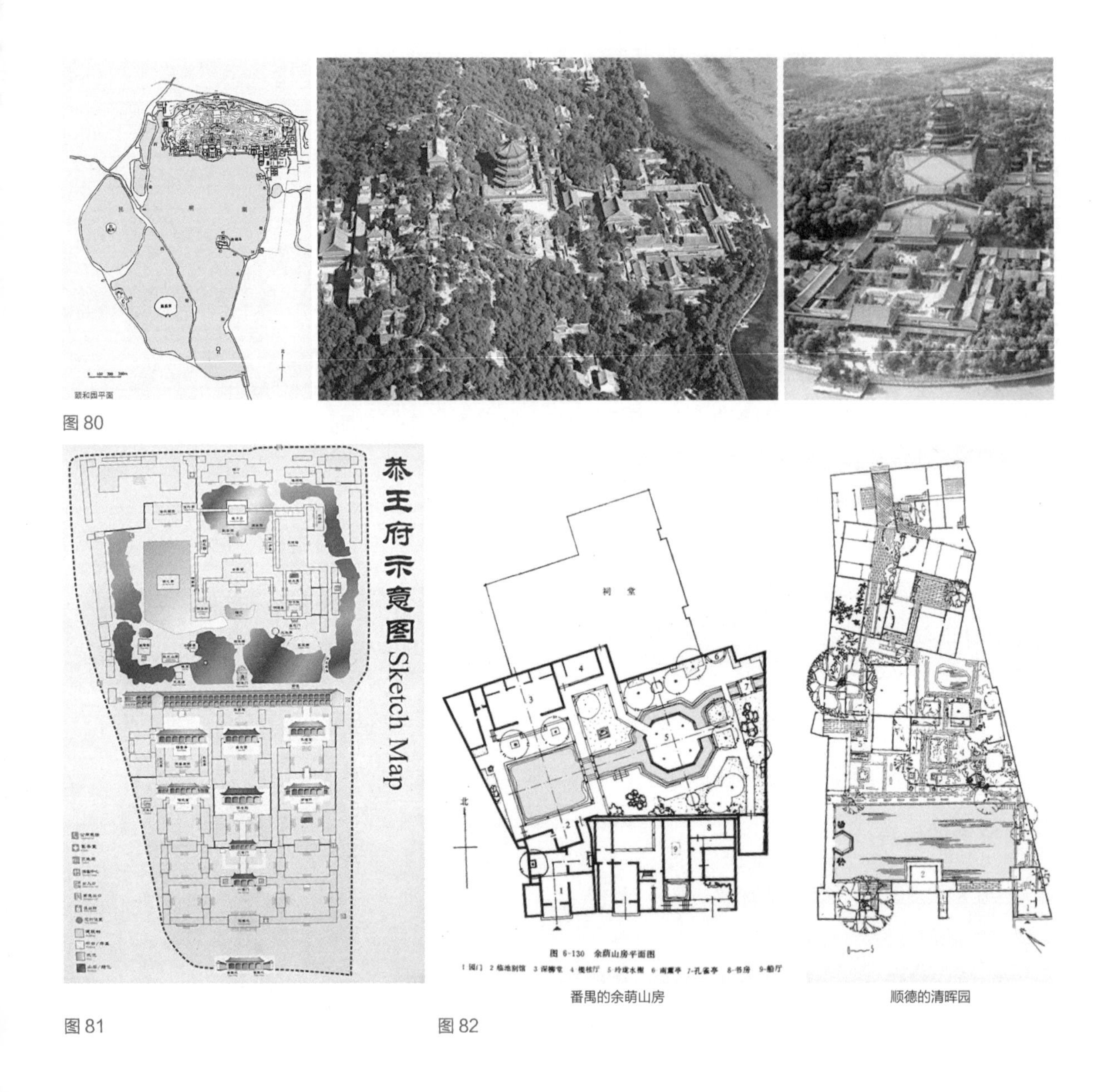

图 80

番禺的余荫山房

顺德的清晖园

图 81

图 82

早期中国风景式园林的感觉，虽然它画的不是一个园林，但是有风景的场景，画家结合自己个人的感受跟想象，对风景的描绘应该是有真实来源的。

清代最能体现中国风景式特征的，除了像西湖这一类的公共景区，代表园林是避暑山庄（图 88），我个人认为它非常有古意，跟壮丽的颐和园、圆明园不大一样，它更加古朴。这个园林更多地能够让我们想见中国汉唐以来的宫苑园林传统，其中对风景式的表达到达一种极致，体现人文点染对中国风景的重要意义。图 89 是一处著名景点叫“南山积雪”，我们

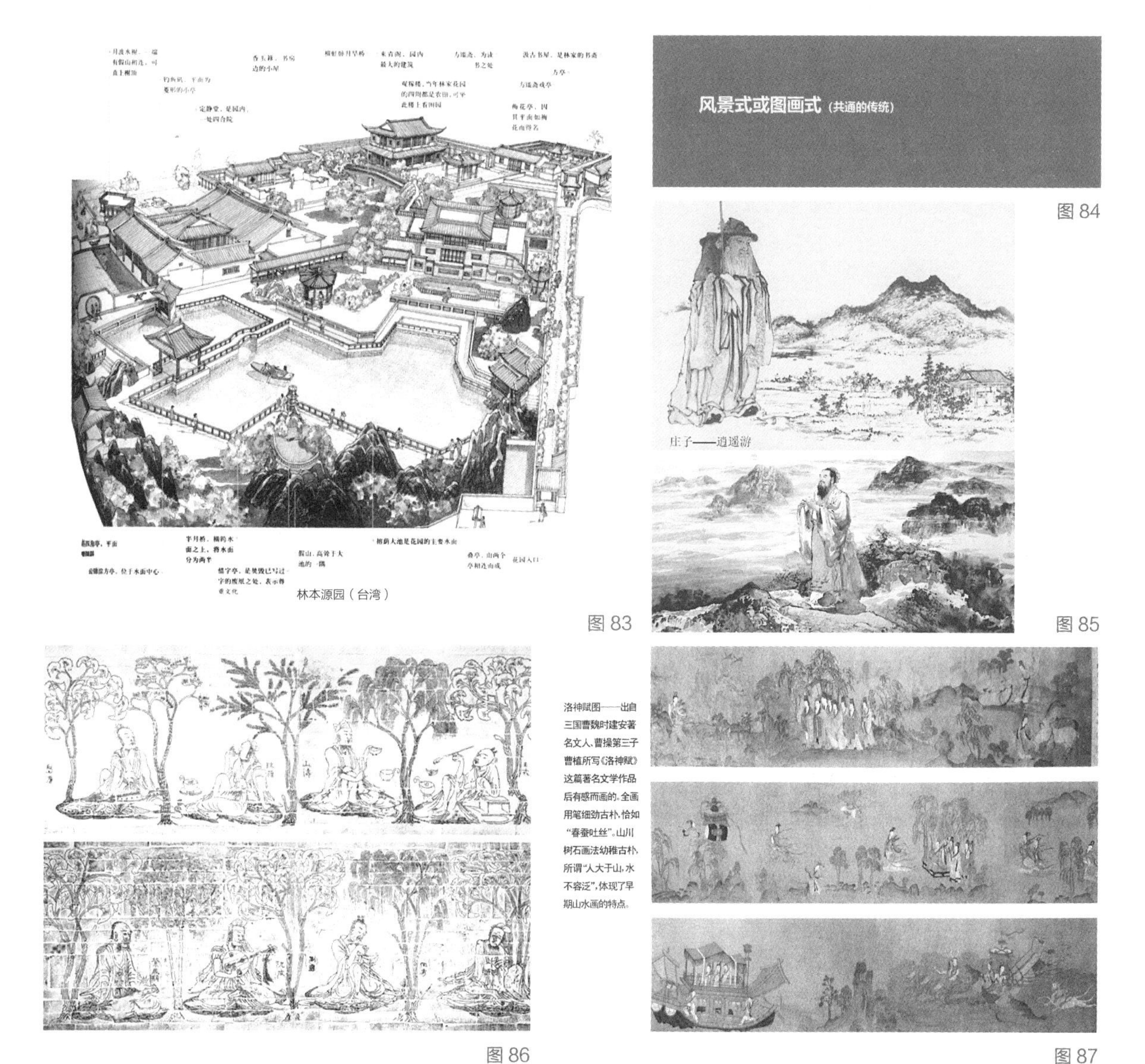

图 83

图 84

图 85

图 86

图 87

看到在自然的背景下突显的人工建筑，这个建筑体量略大，考虑到帝王要带着大批随从登高远眺，可以理解它要有一定的宽度和容纳度。

那么西方的风景式园林如何表现呢？我们经常说的风景式专指英国园林，但是在古希腊时期，也可以看到这种在自然环境里建筑跟风景的结合形式（图 90）；意大利台地式园林充满几何规则形式，但是它也是跟周边的环境融为一体，所以也可以被认为是一种风景式的园林（图 91）；英国当然就不用说了，但是英国的风景园更追求所谓的浪漫情调或者构图，所

图 88

图 89

图 90

图 91

图 92

图 93

以我们会在这里看到东方式的点缀，还有罗马式的桥。来自中国的麋鹿，也成为风景的一部分。它在中国历史上曾经被叫作“四不像”，也是皇家园林里必不可少的点缀（图 92）。英国 18 世纪的中期一位大名鼎鼎的造园师叫布朗，号称“万能布朗”，大家有没有看到图 93 上下两张图的不同？他非常善于把纯牧场式的场所变成充满人文气息的浪漫空间，水面上加了古桥，可以看出英国人对风景的理解（图 94）。

这种传统延续到美洲新大陆，代表作品就是纽约中央公园（图 95），中央公园几乎完全采用了英国风景式的造园方法，在城市内密集的人工环境里做出起伏的草坪跟大面积的森林，当然也增加了一些运动场地，也有局部的几何式或者轴线式的处理（图 96）。这是在城市人工内部的自然，所以它被称为城市的肺，据说美国新冠疫情非常严重的时候，纽约人还是抑制不住地想要到中央公园里去呼吸新鲜空气。

图 97 是慕尼黑的英国园，跟中央公园非常相像，它代表了英国自然式景观在世界的流行。这种园林需要人文点缀，往往会出现带有异国情调的文化符号如罗马式的桥、埃及的亭，也有中国的塔，当然这是它们所理解的中国式建筑。图 98 是在柏林边上波斯坦无忧宫里的一个茶亭。图 99 是刚才说的在伦敦丘园里的中国塔。

图 94

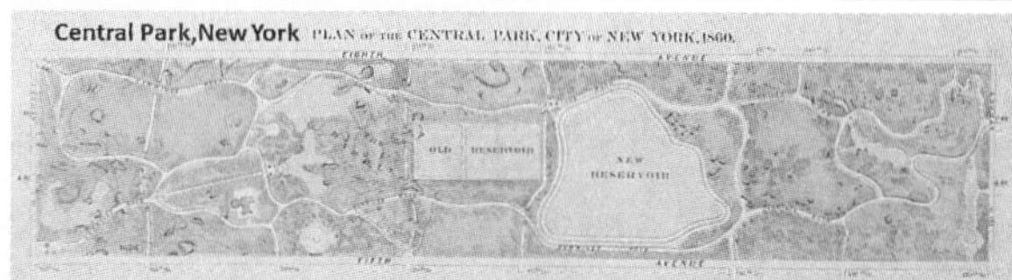

1860

2008

图 95

图 96

图 97

图 98

图 99

我们反过来看看拙政园所对景的北寺塔，似乎也有共同特点（图 100）。实际上，拙政园建设时并没有刻意借景或者引景北寺塔，但自然式园林的基本特点，就是尽可能地利用、结合原有环境或自然山水，然后加以人工的点缀。

以上第一部分的核心是说传统总是在变迁的，传统并不是我们所理解的，凡中国园林就必定是小桥流水、小中见大，而且这些描述本身也在发生变化。有本书叫《论传统》，它探讨传统的稳定性跟变化性以及传统为什么会变迁，然后它有这样一个表述，说人类心智的创造力跟传统内部的潜力相遇，也就是外部跟内部的因素相遇时便产生了变迁。中国著名学者钱钟书说一时期的风气，经过长时期的持续，没有根本的变动，那就是传统，他同时认为传统还是有不变和不被影响的，可能会持续得久一些的东西。

英国园林学者 John Dixon Hunt 写了一本书叫《传统风格的迁徙、分析与比较》，研究从 17 世纪到 18 世纪早期英国园林的意大利化。我们刚刚讲过英国园林的自然式特征并不是一开始就有的，它受了很多影响，包括意大利和中国的影响，当时法国人甚至把英国园林风格叫作英中式，认为是模仿了中国园林。所以我们可以判断，并不存在一个固定不变的传统，传统的整体或不同部分都在不断地变化。

（三）追逐的传统

接下来部分，我们进入到现代、当代的景观，我把它分为外来跟本土（图 101）。

（1）欧式景观的兴衰

我们先来看在中国反复流行的所谓欧式景观（图 102），如今很多住宅开发楼盘动辄打着法式景观、英式景观口号，许多人对它有尖锐的批评，中国有那么好的园林，为什么还要模仿西方。实际上欧式景观在中国也有传统，这个传统至少持续有百年，是在中国近代发展起来的。

图 100

第二部分 外来与本土

1.欧式景观的兴衰

2. “新中式”景观的兴起

3. 他者的中国

图 101

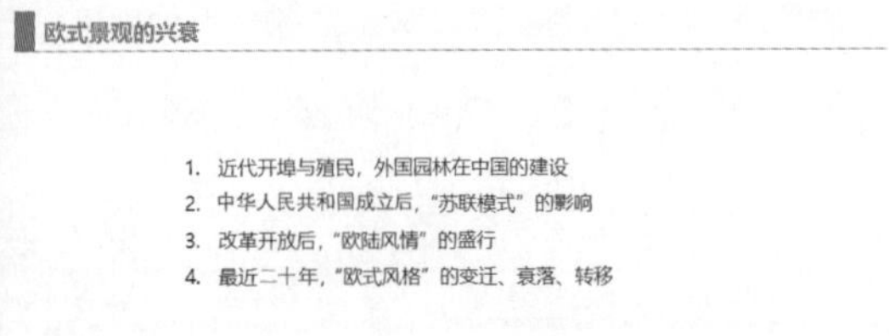

欧式景观的兴衰

1. 近代开埠与殖民，外国园林在中国的建设
2. 中华人民共和国成立后，“苏联模式”的影响
3. 改革开放后，“欧陆风情”的盛行
4. 最近二十年，“欧式风格”的变迁、衰落、转移

图 102

近代中国变成了半殖民地半封建社会，当时很多欧美风格园林在中国进行建设，1949 年后又受苏联模式影响，苏联模式也间接是一种欧洲模式。改革开放之后，欧陆风情又开始盛行，最近二十年随着全球化的发展，欧式景观也在发生变化，接下来我们来看看这个变化的过程。

上海最早的第一座公共园林叫公共花园（图 103），在外滩边上的苏州河和黄浦口交口，这是一个非常简单的英国式园林，可以看到它完全跟中国的传统没有关联；图 104 是复兴公园，一般叫法国公园，这里面大部分是法式的，如绣边花坛和玫瑰园，但在它的南面有中式内容，当然是经过后来改造的。外来园林在中国有一个逐渐融合的过程，西式的园林开始加入中式元素，中式的园林也吸收西式的做法。可以看到当时的人们穿着长袍走在公园里，虽然整体是法式开敞的，但在某些局部还有中式驳岸和水体弯曲环绕的形式（图 105）。

1868 年建的上海第一座公园——公共花园

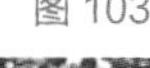
图 103

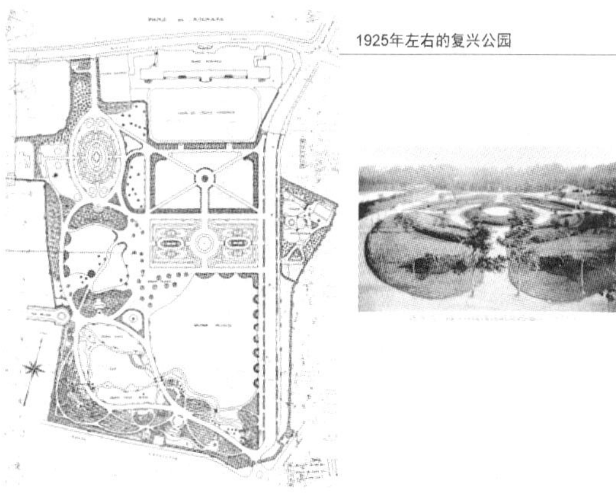
1925年左右的复兴公园

图 104

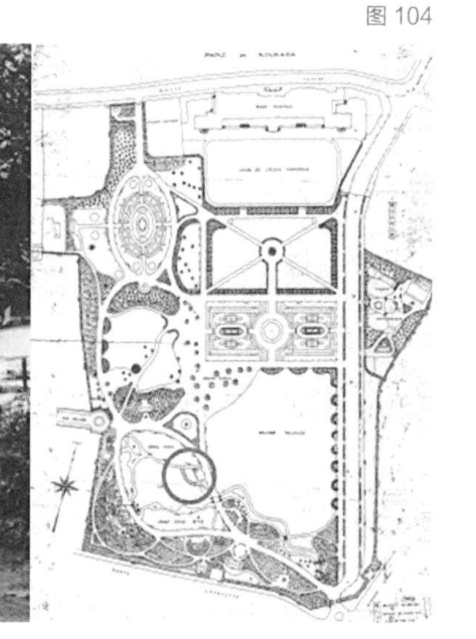

图 105

另外一个是在上海一度非常著名的张园，今天在南京路上还有一个社区叫张园，如同“大世界”或者早期的迪士尼乐园一样，中外不同装扮的人在这里游乐（图 106）。外来园林进入到中国带有某种异质文化、新奇的特色，甚至慢慢影响了人的生活方式，所以很多学者把近代公园认为是了解中国近代社会的一个窗口。图 107 是广州的十三行，作为外来的商业机构，也是完全按照他们国家的园林形式来建造。图 108 是天津，同样也是带有英国特色的园林。图 109 是大连的斯大林广场，都是外来式样。改革开放之后，欧陆风情又再度盛行，但往往是拼贴式作品，因为对大众来说非常好辨识，他们认为只要有喷泉、修剪的花木就是欧式（图 110）。但如果我们真正追问这到底是哪种欧式？哪个时期的欧式？其实很少有人能回答。图 111 是 2004 年由一个著名的设计机构做的深圳地产项目，其中充满各式造型、符号、色彩，代表了当时人们所向往的欧式景观。

欧式景观对于中国很多城市公共景观建设也有很大的影响，图 112 是青岛的几何式草坪与广场，这种形式可以追溯到更早，也就是青岛受德国城市建

图 106

图 107

图 108

图 109

欧式景观的兴衰

3. 改革开放后，“欧陆风情”的盛行

图 110

欧式景观的兴衰

深圳黄埔雅苑4期，骏悠园，2004

张勇编著摄影.深圳名宅 2004-2005深圳楼盘实景拍摄珍藏版[M]. 广州：广东世界图书出版公司，2004.

图 111

图 112

欧式景观的兴衰

图 113

设影响的时期。中国古代城市并没有严格意义上的广场，中华人民共和国成立之后，尤其是改革开放之后，广场成了一个非常流行的城市景观项目，号称是城市的客厅，往往它的背后都矗立着市政府或其他重要建筑，当然后来国家控制楼堂馆所的建设，不再大量兴建广场，但是我们可以看到它所代表的非常深的外来烙印，这并不是中国的景观传统。

最近二十年我们可以看到欧陆风情不断地在转换，在主题园和风情小镇里更加丰富和精致，图 113 是东部华侨城的风情小镇。

（2）“新中式”景观的兴起

“新中式”（图 114）也被称为新古典或者现代中式，近年主要在室内设计和景观设计里非常流行，我认为新中式其实早在 20 世纪 80 年代就开始了。

首先从当时中国南方开始，在一系列新公园设计中开始尝试对传统中式进行某种简化式的处理。很多人去老公园可能会留意到其中的盆景园（图 115），大部分盆景园并不是传统园林中的“园中园”，但也不是很现代，其中有不少传统中式设计语汇的存在。

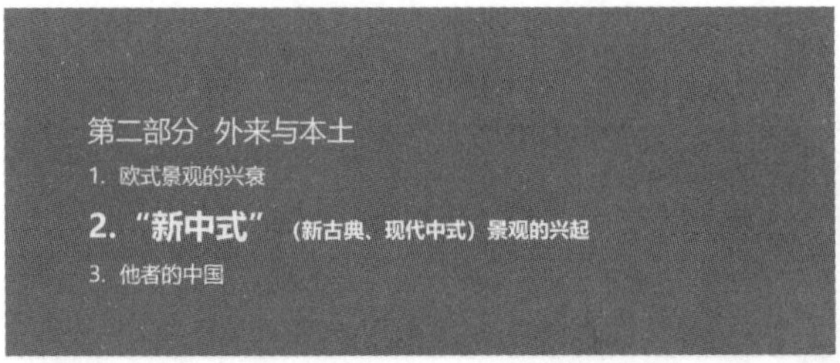

第二部分 外来与本土

1. 欧式景观的兴衰

2. “新中式”（新古典、现代中式）景观的兴起

3. 他者的中国

图 114

图 115

图 116

大观园位于上海市青浦淀山东岸，分东、西两大景区。

东部以上海民族文化村、梅花园、桂花园为主要景观。

西部的大观园根据中国古典名著《红楼梦》的意境，运用中国传统园林艺术手法建成的大型的仿古建筑群体。

大观园景区平面图

图 117

另外在风景区和旅游区里也有尝试，图 116 是同济葛如亮教授设计的一个山庄，他把大坡顶拉长，延伸跨过道路而形成入口的灰空间，也形成了视觉上的引导。

那个时期也有纯粹的仿古园林，把传统形式结合现代建造技术，图 117 这个“大观园”是上海园林院 20 世纪 80 年代的作品，它是以小说《红楼梦》为模板的，并没有一个具体的模仿对象，所以结合环境有一定的创新，也是风景区里的古典园林。

图 118 是我本人十年前做的南翔“古檀园”，当时因为南翔老街里要造个园，此处历史上曾经有一个晚明时期名人李流芳造过园，但是没有留下任何具体资料。所以这个设计基本上是参照苏州现有古代园林再加一些民居的形式来做的，虽然没有创新的条件，但结合使用功能布置空间并在一些细节上体现现代。

那么真正被认为在园林景观里新中式的一个案例是万科第五园（图 119），它的完成时间应该在 20 世纪 90 年代后期，而且是建在深圳，据说这个设计师团队中有外国人，他们想探讨对中国景观的一种表达，小区内部建筑的排布形成了很多巷道空间，所以出现一系列漏窗、圆洞门等（图 120），但又比较简洁，很多人认为这就是所谓的新中式（图 121）。

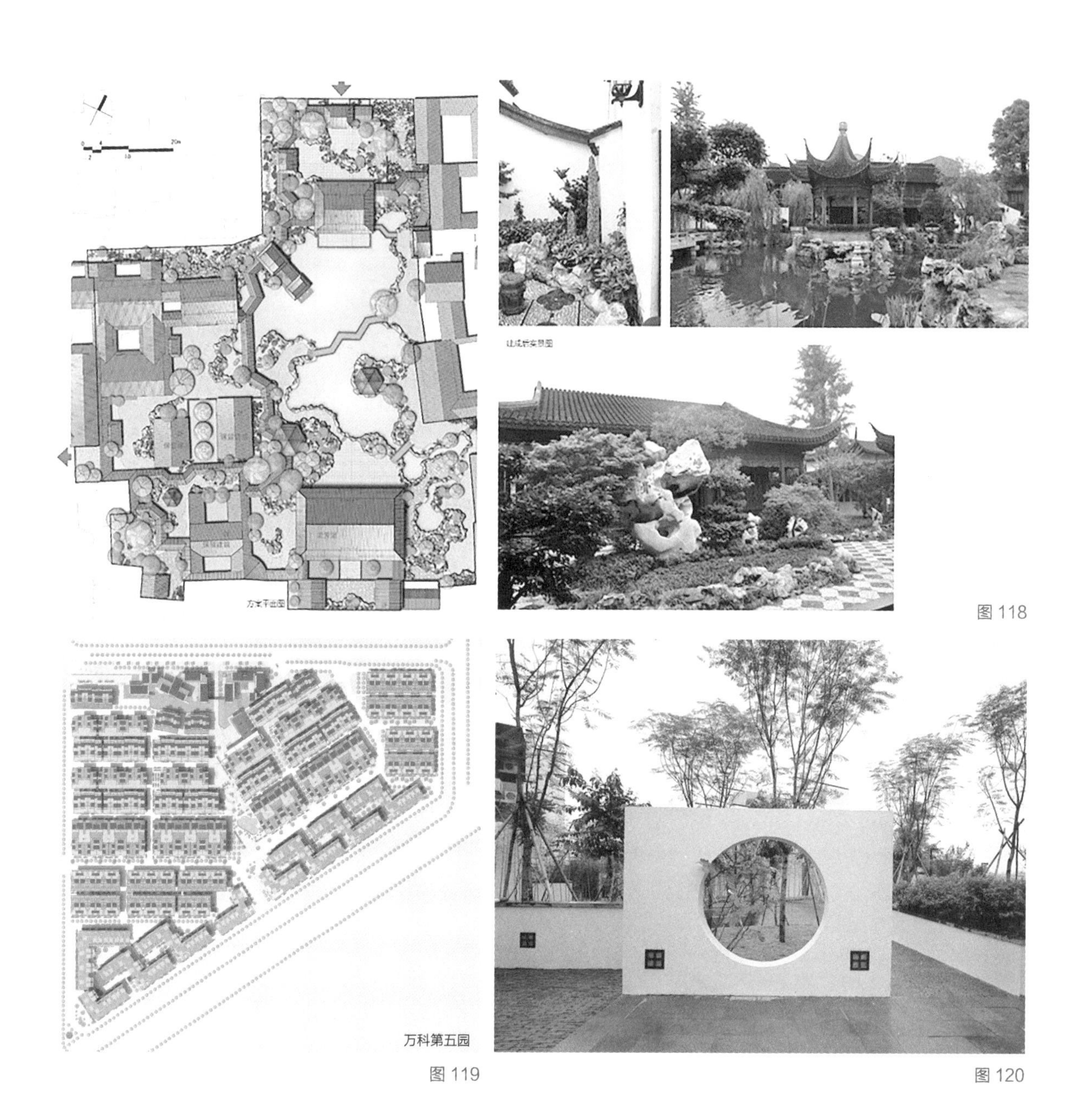

图 118

图 119

图 120

上海的九间堂的建筑风格更新颖（图 122），但是几乎也离不开这些白墙灰瓦和隔墙漏窗，它的整体空间比较开敞，追求流动渗透的感觉。而这个又回到了仿古的形式，号称苏州最贵的楼盘“平门府”（图 123），就在拙政园的边上。另外还有一类，我个人觉得是走向歧途的形式，就是借中式来追求曲扭的奢华，动辄“三进六院”，传统园林文化被转换成浮夸的商业表述，曲解了中式传统的精神（图 124）。

图 121

图 122

平门府（苏州，2010）

图 123

图 124

（3）他者的中国

有很多外国设计师在中国实践，他们的视角和表现方式，也许可以对我们有所启发。

上海的世纪公园，早在 2000 年曾由同济老师参与形成一个同济方案，后来开始国际招标，获得法国方案、日本方案、德国方案、美国方案和英国方案（图 125）。它们都有各自的文化特征，法国方案呈现几何轴线，日本方案有东方情调，德国方案强调对中国文化的理解，甚至有阴阳的构图，美国方案很像中央公园。最后采纳的是英国方案，可能比较符合中国人自然风景式审美，但修改之后我个人觉得变得比较琐碎，原来的整体感弱化了（图 126）。

图 127 是上海一个价格较高的楼盘“仁恒河滨”，我觉得它在景观设计上有不错的尝试，把假山放在这样一个平台上，介乎于盆景跟堆叠之间，也有一种雅致效果（图 128）。图 129 这个入口似乎有点刻意，设计师应该不知道中国古代其实也有类似的做法，比如说艮岳的入口，当时宋徽宗就是把来自南方的太湖石、灵璧石排列一起，其实摆设的效果并不理想。图 130

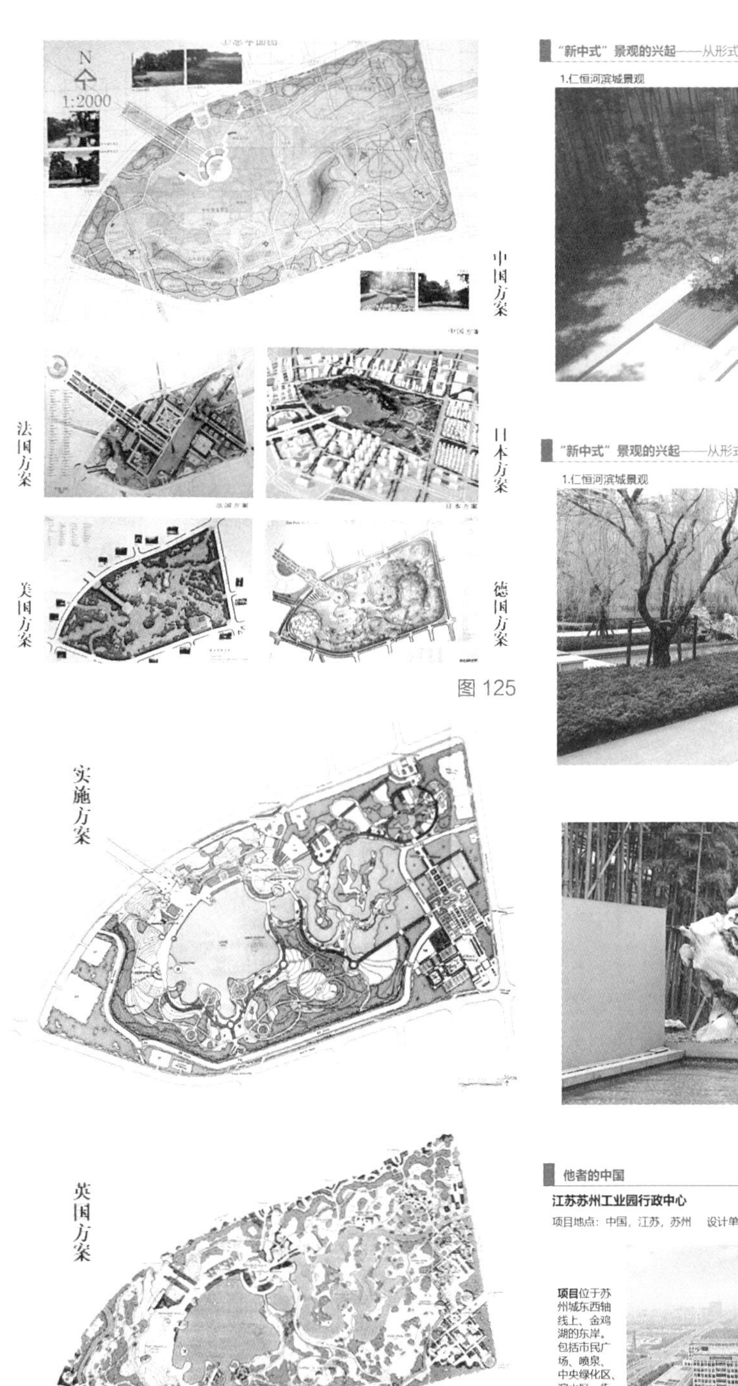

图 125

图 126

"新中式"景观的兴起——从形式模仿到文化再现

1.仁恒河滨城景观

图 127

"新中式"景观的兴起——从形式模仿到文化再现

1.仁恒河滨城景观

图 128

图 129

他者的中国

江苏苏州工业园行政中心

项目地点：中国，江苏，苏州　设计单位：SWA

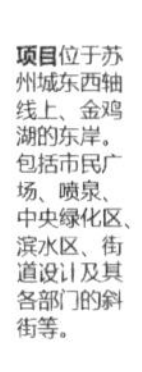

项目位于苏州城东西轴线上、金鸡湖的东岸。包括市民广场、喷泉、中央绿化区、滨水区、街道设计及其各部门的斜街等。

图 130

图 131

图 132

他者的中国

武汉园博会大师园

——月之园

项目地点：中国，湖北，武汉

设计师：詹姆斯·科纳（美）

面积：3345m²

图 133

他者的中国

场地内共设置了28个“月之通道”，呼应了月亮盈亏的28天周期。利用现代材料重新演绎的月之门。

图 134

是 SWA 做的苏州新区的广场，中间没有大片硬质铺地，而是一片草坪（图 131），我们可以看出设计师对苏州园林的一种理解，例如把一块块的假山石放在水池上面，从远观会形成一定的肌理感受，打破了我们对假山就是要堆叠的固化认识（图 132）。

图 133 是一位美国景观大师做的世博园中的庭园，也采用了一些中式的符号、意象，如时令节气这一类，但是它对普通水泥管道等材料的利用值得倡导（图 134）。图 135 是上海徐家汇公园，是由加拿大设计公司做的现代项目，它强调上海的历史传统，保留了工业时代的一个纺织厂的烟囱，然后做了一条穿越廊道，还有比拟上海周边农田和菜地的一块块的场地，从图 136 这张平面图上还可以看出，它模仿了一段黄浦江的平面形态，构成整个园林的几何现代感。日本设计师在北京奥林匹克公园做了一个巨大的龙湖（图 137），似乎非常符合中国人的文化心理，但这个龙湖的全貌在正常人的视点上是无法看到的，只有空中俯瞰才能获得（图 138）。上海世博园沿滨江的一处绿带，借鉴了中式折扇的形态（图 139、图 140）。

（四）传统的探索

这部分我们来分析现代景观设计中的传统探索（图 141）。

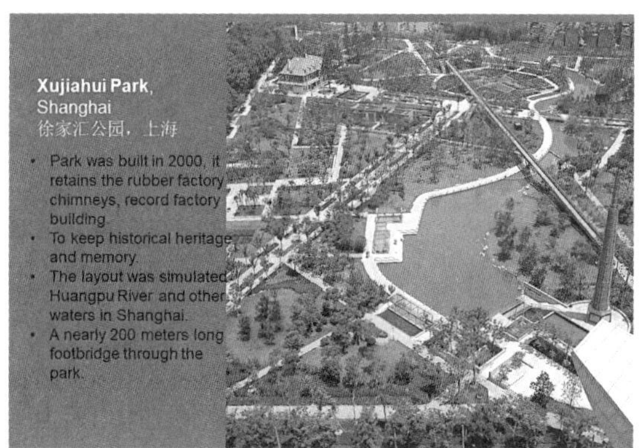

图 135

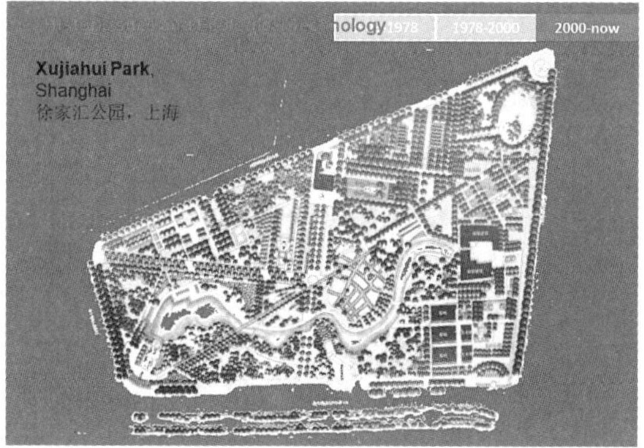

图 136

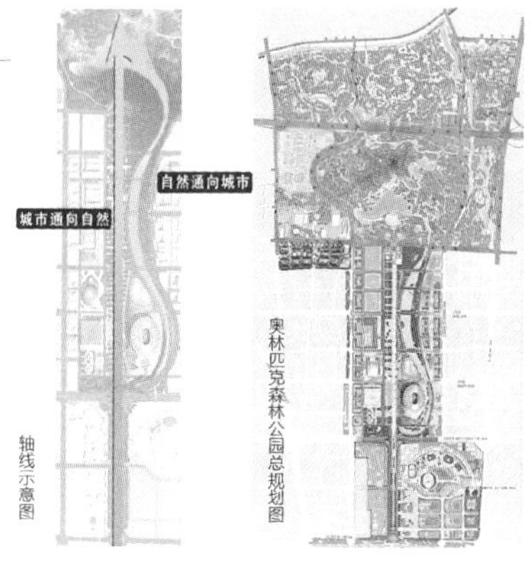

图 137

图 138

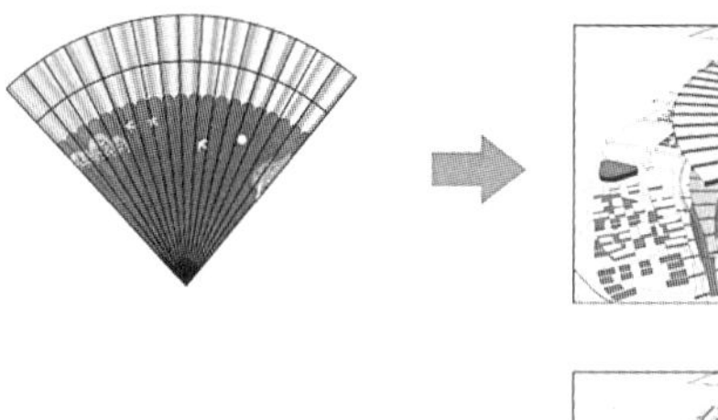
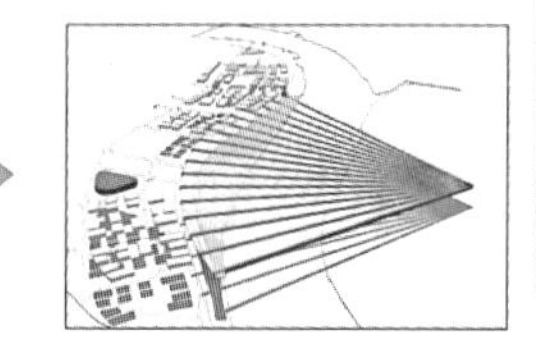
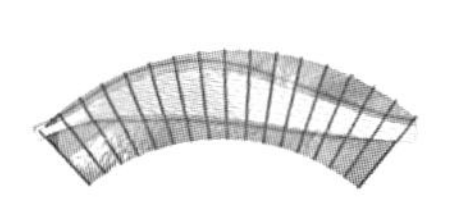

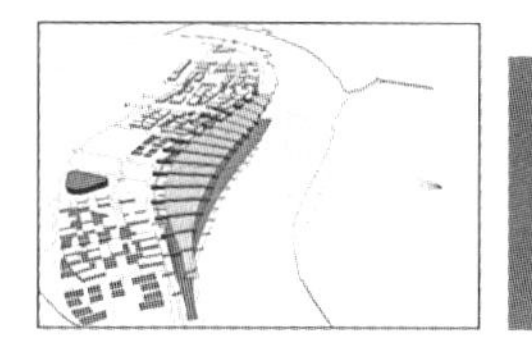

图 140

图 139

第三部分　中外实践探索

1. 外国现代景观中的传统印记

2. 中国现代景观的传统表现

图 141

（1）外国现代景观中的传统印记

墨西哥现代建筑师路易斯·巴拉甘强调景观的效用，大胆用色，褐色墙面、蓝色天空跟深色的植物形成相互映衬的关系。图 142、图 143 是饮马的水槽，槽里几乎溢出来的水和反光以及投在墙上的树影，表达了对当地传统形式与材料的回应。

图 144、图 145 是巴西设计师马尔克斯对早期现代主义传统的表达，他喜好色彩，平面图就如同调色板，实际上他是利用南美非常丰富的植物和铺装的色彩来完成的。这些作品代表的形式成了南美设计的当代遗产，许多后续设计师延续了这种手法。图 146 是美国洛杉矶的铂欣广场，也是大胆用色的景观表达。

另外我们刚才谈过的纽约中央公园距今超过 150 年，某种意义上也成为很多北美城市甚至全世界现代城市中心造公园的传统。旧金山的金门公园的面积甚至更大（图 147、图 148）。

图 142

图 143

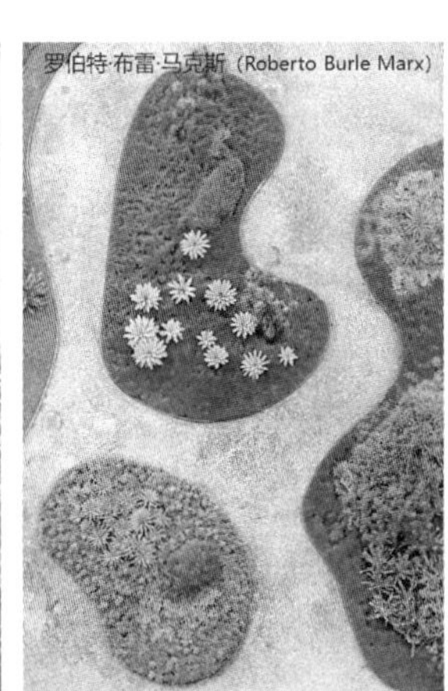

图 144

- 流动的整块色彩造型的抽象平面构图
- 运用沙砾、卵石、水、铺装等，同当地植物和自然地貌取得和谐的结合

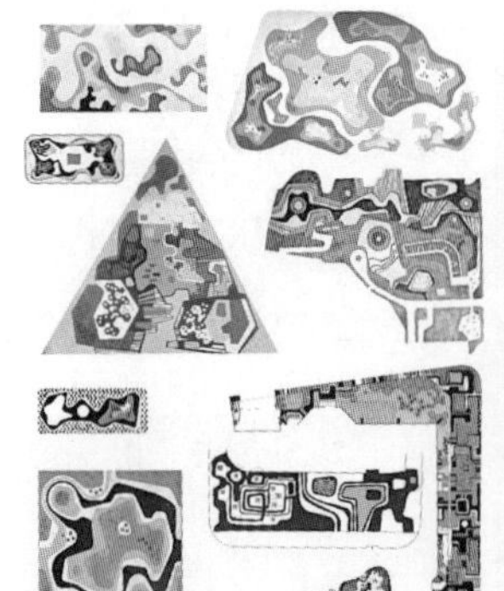

图 145

里卡多·列戈瑞达比利切斯（Ricardo Legorreta Vilchis）

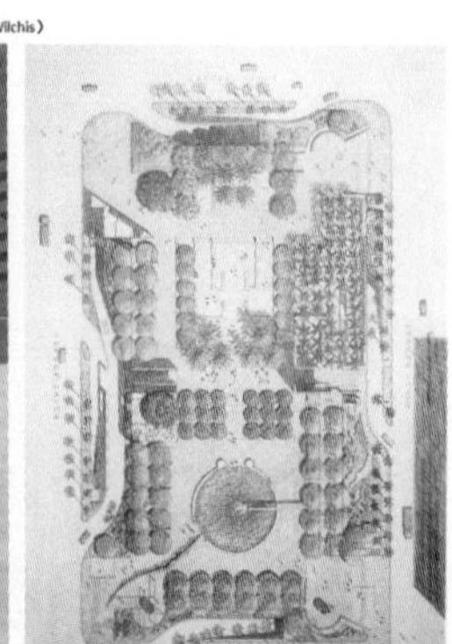

图 146

我们再来看欧洲的传统。图 149 是美国景观设计师彼得·沃克在德国做的机场庭园，他从法式古典园林里获得了灵感，但不是直接模仿凡尔赛式的园林，他认为法式园林主要由这几个要素所组成：浅色的卵石，红褐色的地面、绿色草坪、修剪的灌木，还有铅笔状的松柏植物，他把这一类他认为是代表法国园林传统的要素纳入新的几何秩序里，体现对传统的继承与重构。图 150 是他在哈佛大学校园里做的景观，这源于发现新大陆之前印第安人的传统，印第安人喜欢聚居，聚居的地方都要有一片石头放在一起，可能是为了驱赶猛兽或防备敌人，这样的生活方式被彼得·沃克转换成现代极简景观的形式。

图 147

图 148

图 149

图 150

在西班牙我们可以看到高迪传统的延续，巴塞罗那除了高迪的建筑，还有高迪的奎尔公园（图151），公园用了很多的马赛克，然后这样马赛克的材料不断地在现代景观中出现，图152是北站公园的马赛克与陶瓷贴面。法国则有所谓地中海景观传统的延续，雪铁龙公园里长斜道边上有一系列以地中海植物为主题的小园（图153、图154）。图155是巴黎贝西体育场前面的公园，其内部有形态上的特别转折，因为这里曾经是一处村庄，设计时把原来的道路肌理保留下来，还恢复了很多当时的菜园地。

图156是后现代建筑语言的提出者查尔斯·詹克斯跟他夫人造的一个园，他想表达中国的神秘“风

图151

图152

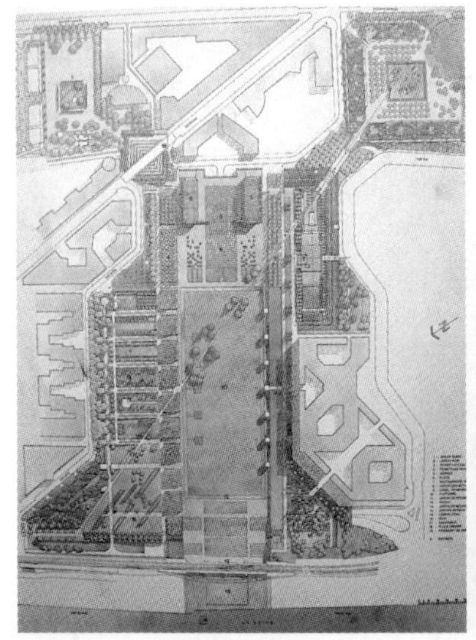

图153

图154

水”跟现代天文学、物理学结合的理念，但我们同样也看到鲜明的苏格兰起伏高地或者英国风景式园林传统的延续。

（2）中国现代景观的传统表现

再来看中国现代阶段对传统的探索（图 157）。1955 年北林孙筱祥教授在杭州做的“花港观鱼”是在满足现代功能的开放式景观里延续传统，实际上他并没有特意强调传统，他要完成的是一个现代公园，所以有大片的草地和林木，但仍然有小径和堤岛的分割构成的传统意境（图 158）。在这里曾经还有冯纪忠先生做的一个茶室，也是进行了大胆的传统创新。

另外一个我觉得很有探索意义的就是所谓的“新岭南派”，图 159 是早在 20 世纪 50 年代一批设计师把岭南有民间特色的茶楼跟园林创新结合起来，采用了很多新颖的工艺，图 160 是泮溪酒家。1959 年上海的长风公园是由大量市民义务劳动建成的，虽然

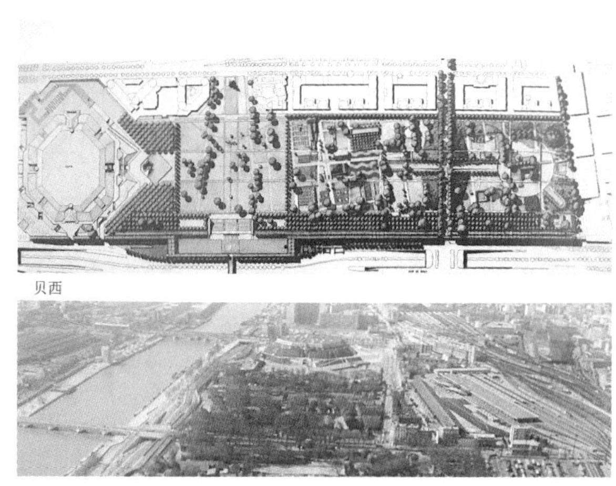

图 155

图 156

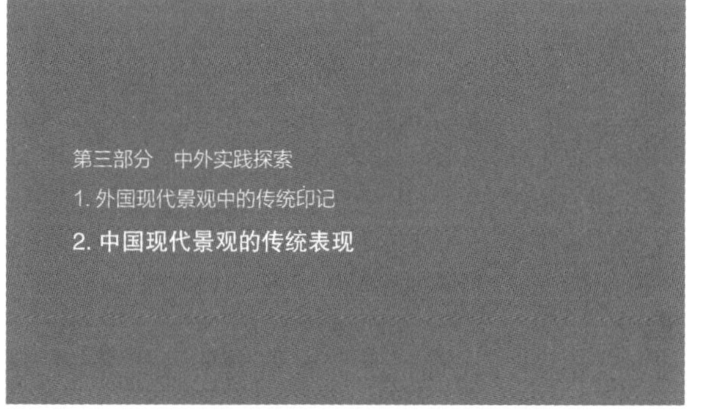

图 157

图 158

有当时“大跃进”的色彩，但仍能够明显地看到中国传统堤岛式的景观布局（图 161）。

当然最主动地对传统进行探索创新，是冯先生于 20 世纪 80 年代设计的方塔园（图 162），无论是建筑形式还是园林空间都非常现代，但又充满传统气息（图 163），冯先生叫“与古为新”，我的理解就是尊重古人，但不被古人所束缚（图 164、图 165）。可以非常自由地借鉴、利用、发挥传统资源，但一定是个现代的形式与空间（图 166）。贝聿铭先生 20 世纪 80 年代末在北京设计的香山饭店，整体是现代功能与形式，同样可以看到户外空间保留的中国传统印记，图 167 是曲水流觞的平台。图 168 是 2000 年后开业的富春山居度假村，它跟环境的结合应该从元人黄公望所画的《富春山居图》中获得了启发。

莫伯治——“新岭南派”

1958而年由莫伯治先生设计的广州北园酒家园林

它依然保持了传统园林风格，魏曲折多变的布局，巧妙地将花木和亭、廊、轩馆、厅堂等，与建筑物结合起来，体现出强烈的岭南特色。同时由于充分糊了民间工艺的建筑旧料，因而更丰富了地方色彩。

图 159

图 160

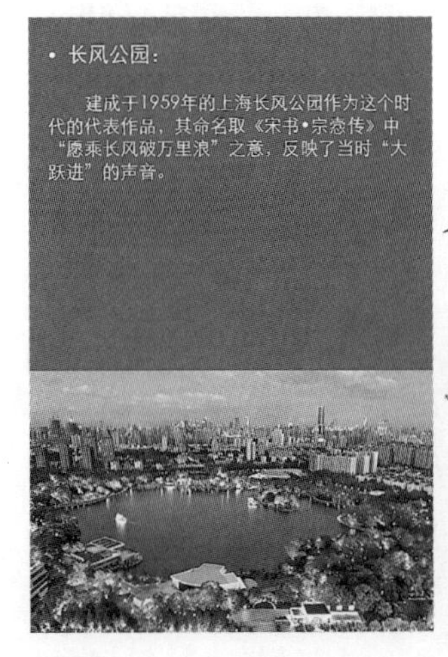

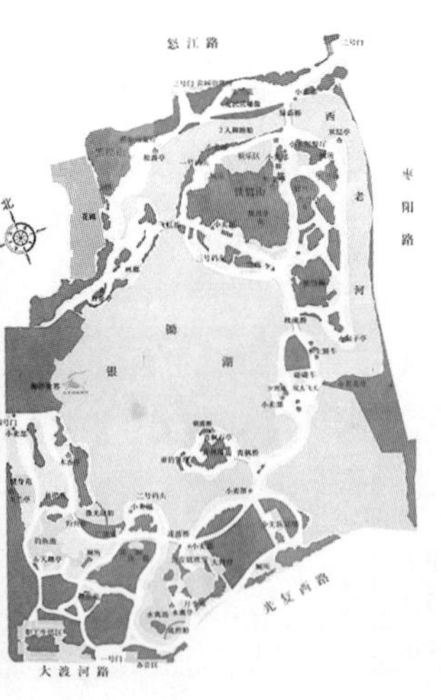

图 161

冯纪忠 方塔园

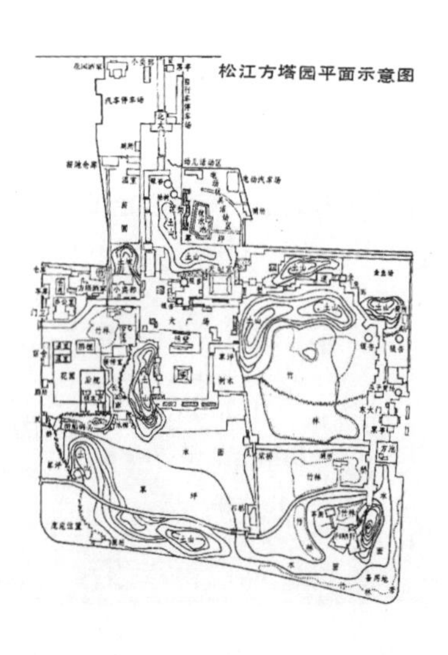

图 162

图 163

图 164

图 166

图 165

图 167

（五）总结反思

在今天全球化的背景下，地域的传统始终存在，不管是时间上还是地域上，所以有很多年轻的设计师，都尝试从传统里获得养分（图 169）。

图 170 是仇英画的《独乐园图》中表现的把竹林绑在一起的形式，现在一些乡村景观设计里也借鉴这种手法；这个博物馆的内部庭院景观没有刻意仿古，但仍会让人想起玉琮的形象（图 171）；万科第五园不仅是用了白墙灰瓦，还把中国的乡村，尤其是皖南民居层层跌落的错杂形式用到整体布局里，所以才会形成比较丰富的传统意象，而不是单个的景观构筑（图 172）；贝聿铭的苏州博物馆的外环境，似乎也让人感觉到皖南的村口园林形象（图 173、图 174）；上海 2010 世博会的滕头馆则在建筑内部造园（图 175），王澍似乎把一个园林竖起来置于建筑的内部，所以不仅横向可以看到这种框景、透景，然后斜向竖向也可以看到空间的渗透（图 176）。

传统既是渊源也可能是束缚，它有双重属性，我们要摆脱束缚取其精华。

德里达有这样一句话，他说过去的残留必须穿过当代人的独特性才能成为遗产，才能被发展跟继承。台湾作家许倬云在《说中国》里说中国是一个不断变化的复杂的共同体，其实很难说清中国有什么特点，因为中国本身是非常丰富的。复旦大学葛兆光的《宅兹中国》中说要回到中国的发展过程中，从中国不同时期的特点来认识它。

最后回到上海，来看看上海的传统（图 177），

图 168

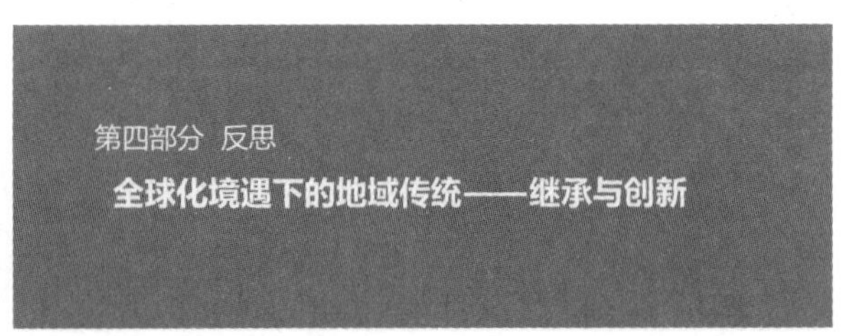

图 169

图 170

图 171

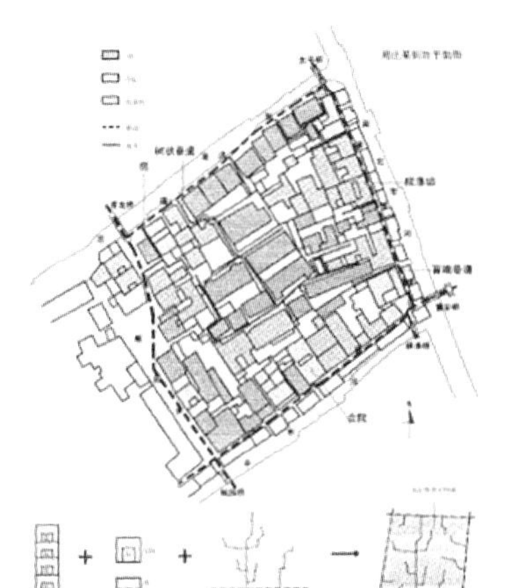

图 172

图 173

图 174

图 175

图 176

图 177

图 178

当然我是从景观的角度，这个景观包括城市景观也包括一些具体的园林，那么代表上海的海派景观或园林，它是在延续还是中断，它跟整个中国的传统是怎样的关系？

上海经历不同阶段到开埠后发展迅速，这是 1993 年、2009 年、2015 年沿着黄浦江不断变化的城市景观，城市的轮廓线被不断地突破（图 178、图 179）。

在具体细节上，上海有明代的园林（图 180），曾经有亭、牌坊，还有殖民地式建筑，有英式花园（图 181）、法式花园，有张园里中西结合的这一类的形式（图 182）。

人民广场所在地曾经是跑马厅，解放以后改造成游行集会的广场（图 183），另一半转成人民公园，边上是南京西路，有曾经的远东第一高楼国际饭店（图 184）。如果俯瞰人民广场，原来的跑马场的环路还在，但是一半是广场一半成了绿地，如今是重要城市文化设施建筑的所在地（图 185）。图 186 是 20 世纪 90 年代后期建成的延安路高架两边的大面积绿地。我们学校边上鲁迅公园原来是一个近代园林，它在 2014 年重新修整开放的时候，凌晨有上万人准备涌入园内抢地盘（图 187），因为大家都要在这里健身活动，图 188 是目前公园呈现出的场景。

这就是今天我要讲的全部内容，大家可以思考一下，从中国到上海再到具体某一个园林，它的传统或者它的创新，如何来把握、如何来呈现？是通过手法还是通过材料？是通过整体的关系，还是具体的要素？我觉得这是一个关注过去、现在与未来的，有梦想与理想的景观设计师要深入考虑的。

图 179

图 180

图 181

图 182

图 183

图 184

图 185

图 186

图 187

图 188

主讲人　曾　群

同济大学建筑设计研究院（集团）有限公司副总裁，集团总建筑师，教授级高级建筑师
同济大学建筑与城市规划学院硕士生导师及客座评委
中国建筑学会资深会员
主持设计了众多重大、有影响力的公共项目和小型实验建筑
坚持开明而独立的建筑理念，秉承社会价值与学术价值并举，获得了一系列国内外重大奖项，并参加了意大利米兰三年展、威尼斯双年展等重要展览

主　题　发现场地：开明与自主的策略

空间操作总是从一块特定的场地开始，有贫瘠的、拼贴的、混乱的、纯粹的等，从中阅读到什么成为一个设计的开始，然后又用何种态度来操作它？
开明，与其说是一种形式，不如说是一种态度。设计之前，看看它“此地”的地理文脉与时间线索，寻求建筑与它们之间的关系，以求获得建筑的独特性。
自主，通过设计表明自己看待环境的独立立场，传达自己批判性的审美观。在多年的建筑实践中，各个项目的外在形式跟随时代与技术不断发生改变，但这种自主的姿态，是一贯的。
各位同学大家好。
今天有一个特殊的方式，我也是第一次用这种方式来讲课，希望大家能够适应这种新模式，也希望大家能够适应我的讲座，谢谢各位。

发现场地：开明与自主的策略

To discover site : enlightened and autonomous

曾群

图 1

我今天讲座的题目是发现场地（discover site），有一个副标题——开明与自主的策略（图 1）。我是一个实践建筑师——大家都知道，不过在做实践的过程当中，也一直对研究性的设计非常感兴趣，在做设计的过程当中，我觉得有一些经验，或者说有一些想法跟各位来分享一下。

作为我们这样一个大院的建筑师，接触的设计项目不少，类型也很多。所以你要让我讲某种类型的建筑，我觉得不是说不可以讲，但我觉得这个意义不是太大。不过，所有的设计它都会有某种规则，或者说策略，我觉得这是共通的。

首先，所有的建筑设计里最重要的一个就是场地。所以今天给各位的讲座，我想从这方面来着手，就是在设计的过程当中，针对不同的场地，都会有自己的一个思考。我们说，所有的设计都是从场地开始，所有的空间操作都有一块特定的场所，当然这个场地有各种各样不同的类型，不同的特质，贫瘠的、混乱的、拼贴的、纯粹的，这是一种文化语义上、语境上的一种说法，如果换到具体的地点，就是有城市中的、田野中的、自然界里面的种种（图 2）。

从场地中你可以阅读到什么样的信息，这是一个设计的开始，用何种态度来操作它，这个非常重要。今天所讲的一些案例会涉及很多不同的场地，这可能跟有些设计师不一样，有的设计师，比如说他做改建，

从场地开始（from site to•••）
/
空间操作总是从一块特定的场地开始，
有贫瘠的、拼贴的、混乱的、纯粹的等，
从中阅读到什么成为一个设计的开始，
然后又用何种态度来操作它？

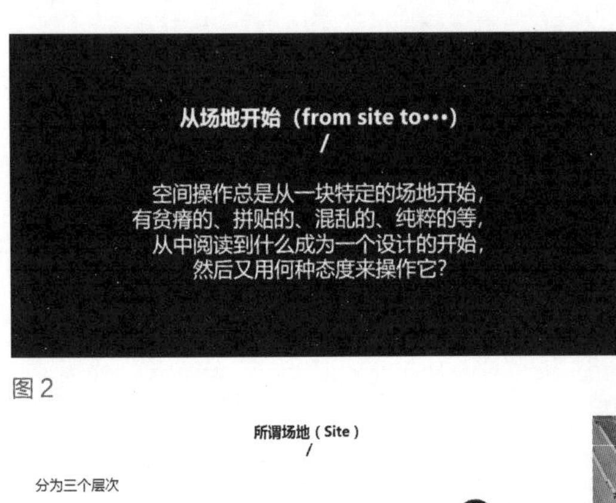

图 2

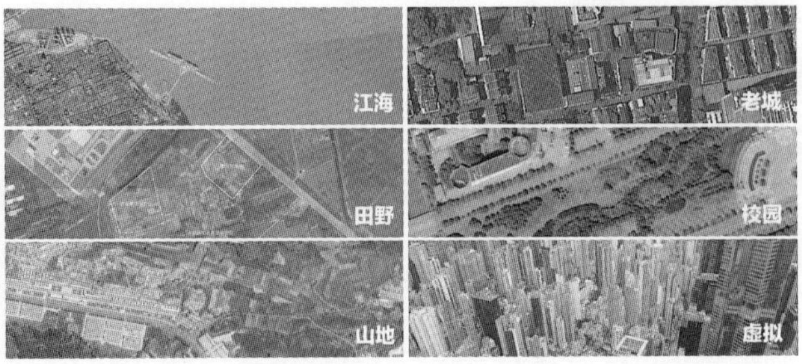

江海
老城
田野
校园
山地
虚拟

图 3

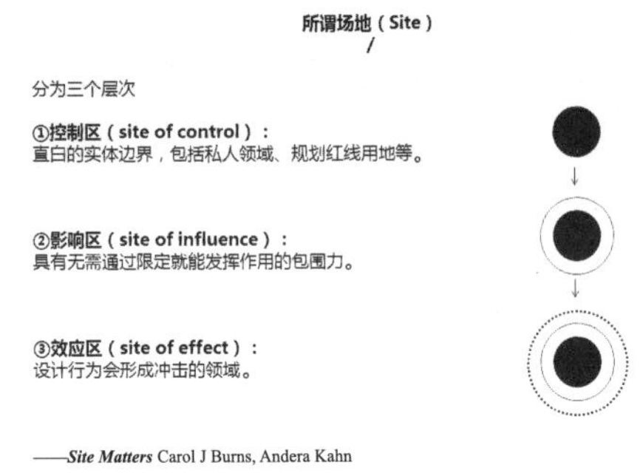

所谓场地（Site）
/
分为三个层次
①控制区（site of control）：
直白的实体边界，包括私人领域、规划红线用地等。
②影响区（site of influence）：
具有无需通过限定就能发挥作用的包围力。
③效应区（site of effect）：
设计行为会形成冲击的领域。
——*Site Matters* Carol J Burns, Andera Kahn

图 4

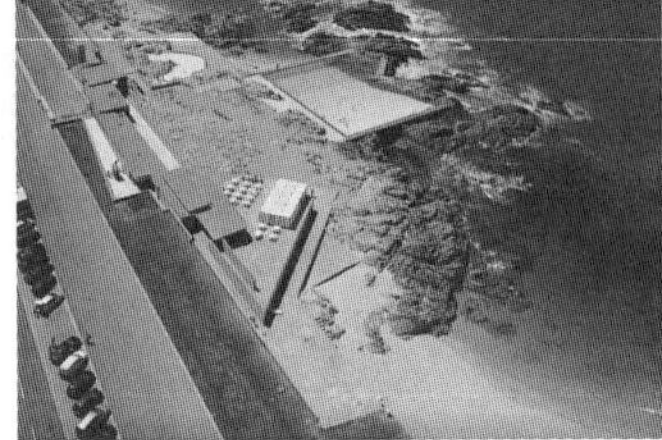

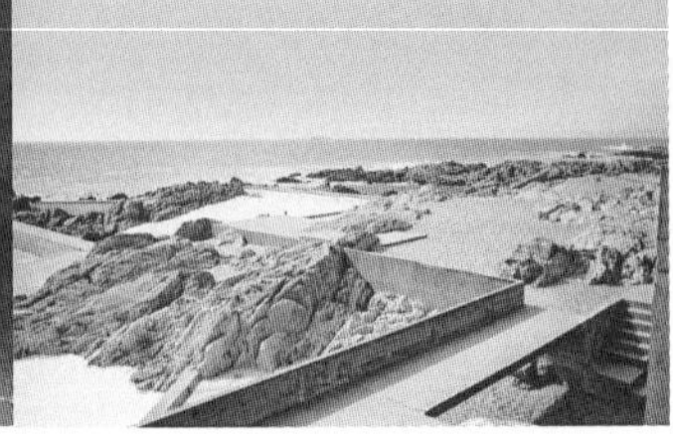

设计中叠合了陆地-海洋、人造物-自然、道路-海岸、身体-建筑-净高的多维度，不但使建筑表现出这个场地独特的"水平性"，还能多重对比地改变海岸线与道路形态和功能，唤起了不易得到的自然体验。
葡萄牙小镇 Leça de Palmeira 海滨浴场 Alvaro Siza

图 5

或者做一些村落保护或者民宿类的，那么他可能接触的是一种相对来说比较近似的场地，但是我有非常多不同种类、不同地点的设计，有江海，有老城、新城，有校园，有田野，有山地，甚至还有虚拟的场地，所有这些场地都会对设计产生一种最原始的信息和启发（图 3）。

在 *Site Matters* 这本书中对场地有一个定义，当然这本书对场地的定义其实非常宽泛，不仅仅谈设计范畴的，甚至有政治意义上的场地。这里把场地分为三个层次（图 4）。第一个是控制区，就是场地本身，我们常常说红线之内，自身有物理边界的，它包括了一些领域，有私人领域，当然也可以有公共领域，有规划红线、用地条件等，这是一个控制区。

第二个就是场地周边，它跟场地有非常密切的联系，我们叫它影响区。在对这个场地进行重新塑造或者重新定义之后，在你设计做出来之后，又会形成另外一种场景，我们把它叫作效应区（第三个层次），它就可以影响到一些更广阔的领域，远远超过了最初的场地，它还有一种时间意义上的，甚至有历史意义上的这种特质在里面。这里有我们对场地的一种新的认识存在。

这个案例（图 5）非常有意思，我想把它作为我们分享的第一个案例。我们通过西扎的海滨浴场设计，可以来看一个建筑师怎么对待场地。它是在海边的一个浴场，但是你可以看到他把人造物和自然，把道路和海岸，把人的身体、游泳的体验和建筑以及很多东西很好地结合在一起，形成了他的一个设计。大家可以看到，它是一个在自然界中的设计，完全嵌在自然界当中的，但是它并没有完全变成自然界的一部分。我们常常会说建筑要融合于自然，但我认为一个好的建筑师，他不仅仅是融于自然或者融于场地，他还要产生自己新的一种意义。也即所谓的既要有开明性，又要有自主性。

这就是这个在葡萄牙小镇的案例，给我的一种非常有意思的启发。

因此在讲到场地时，有一个概念叫发现（图6），这个发现不仅仅是指眼睛看，或者说是了解一些比如说容积率、红线、周边的条件等，也不仅仅是场地本身的状况，比如说它的高差、它的自然条件等，它还有更广泛的意义在里面。比如说你这个场地里面，除了刚才所讲的操作上所需要的基础条件之外，往前看，它还有历史文脉的痕迹，这个痕迹有可能是看得见的，也有可能是看不见的。往后说，还有一种对场地重构的可能性。所以对场地的这种特质的研究，我认为除了有物性的方面以外，还要有时间的脉络在里面，以及文化的痕迹，多种多样的东西都会呈现出来。

所以如何对待场地，我们常常会说协调场地和周边的关系，做一个此地的建筑，这很有道理，按照我这个题目所讲的做开明的建筑，顺应场地的客观环境，适应场地的文脉。但是我觉得对建筑师来说有一个事情可能更加重要，那就是他还要有自主性，自主它是超越场地的，它在这个场地产生出来，但是呈现出一种独立的价值判断，我觉得这是设计里最重要的事。

我们经常会说做一个跟场地非常吻合的设计，或者说融于环境的，跟文脉很相称的设计，但有没有创造一种新的价值呢？有没有创造一个建筑师所需要的，或者说建筑学本身所需要的一种新的价值在里面呢？虽然我是一个实践的建筑师，设计了不少项目，但是这种思考常常给我自己很多的启发，或者说经常提醒我自己这样去思考和研究设计。

开明与自主这两个词看上去是对立的，其实也是相辅相成的（图7）。

开明，我们可以说是一种形式，其实也可以说是一种态度，设计的时候你把它做成一个此地的建筑，跟周边跟文脉有关系，从中找到你的建筑的特点，找到设计的独特性，这时我认为建筑应该是具有一种比较融通的气质，它跟背景能够对话，能够协作，能够包容，能够不固执，能够不保守。这个不是简单就

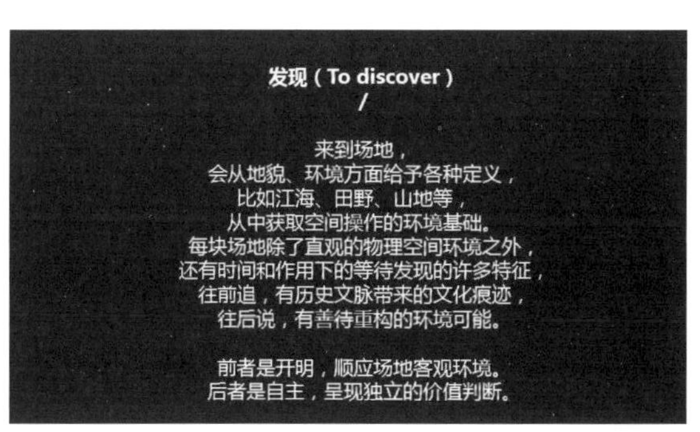

图6

开明 Enlightened

自主 Autonomous

图7

能做到的，它需要一个非常独特的关于此地体验的东西。它就像长在这里，就像赖特讲的那样，有生命力。

但同时我觉得自主是更重要的东西。像赖特的草原建筑，事实上跟传统的那些草原建筑完全不一样。设计师需要有自己看待世界的独立的立场，有自己批判性的审美观。所以在实践中，我觉得除了形式上或者文脉上，要跟场地有很好的关系以外，同时还需要有一种新的自主的意义在里面。

我把这种理解分成两个层次。第一个：如何在操作实践当中，在多种多样的外界条件的制约之下，能够保持你独立的意识，这个很重要，要寻找自主的话语权。我们建筑师常常会说这个是领导定的，那个是谁定的，其实我认为领导也是设计实践当中的一种影响因子，如果展开来说，他也是理解场地的背景之一。所以你怎么样保持一种独立的审美，独立的价值观，这个非常必要。第二个：自主，就是说你要在一种全球化的认知下面，在我们现在社会、时代快速发展的这么一个背景下面，又能够从现实当中独立出来，作为一个旁观者来看待社会，看待现实，看待建筑学，这个也非常重要，你再把你独立思考的东西，通过设计表达出来，来表现出建筑本体所具有的一些属性和特征。

这里有两个案例我可以拿来探讨，不过我们今天不作好坏判断。第一个就是我们大家都非常熟悉的新东京国立竞技场（图 8），扎哈做的方案中标以后，因为各种原因，最后被推翻了，然后用了右边这个隈研吾的方案。

扎哈的建筑在很多地方，都是以这样一种形式呈现，用扎哈的理念来说，就是“你叫我去呼应边上的东西，如果边上是一坨屎，我难道也要去适应它吗？”她有这种非常前卫、非常先锋的理念，但是这块场地旁边有槙文彦做的一个体育馆，有公园，还有一些传统的建筑，在这样的一个场地之下，你是要去适应，还是要去做更自我的东西，其实也是一个值得讨论的问题。我并不认为隈研吾的方案就肯定比扎哈的好。只是隈研吾的方案从传统意义上来说，跟周围

新东京国立竞技场的纠葛

东京国立竞技场，扎哈

东京国立竞技场，隈研吾

图 8

洛杉矶郡美术馆扩建的争议

洛杉矶郡美术馆效果图，卒姆托

设计概念来源：美国西部沼泽荒野的历史图片

图 9

的建筑、跟场地、跟周边的文脉更加协调，但是它是不是就更好，我觉得可以再探讨。今天我们对这些价值观的好坏都不做判断，留给同学们去思考。

另外一个是最近比较热门的洛杉矶郡美术馆的扩建（图 9），左边是卒姆托的效果图，大家可以看到是非常奇特的一个形状，我当时也不理解为什么是这样的，后来他在论述过程中就用了右边这张图，它的设计灵感来源于美国西部沼泽荒野，像一片水面的形状，因为这个场地早期的时候就是这样一片沼泽荒野，他想通过建筑把它呈现出来，我觉得还是挺有意思的。

卒姆托是大师，但是他的这种想法又遭遇了很多其他大师的反对，包括蓝天组，他们都认为他这些解释太牵强了，认为他把场地的延伸意义，把很早的文脉、历史的地理特征拿出来作为现代设计的一个依据，并不是特别贴切，所以又有机构自发重新组织了洛杉矶郡美术馆扩建的设计，还有很多人参加，大家可以上网搜一下，有各种各样不同的设计。

所以就算是大师，对场地的理解，不同的人、不同的设计师，都会得出不一样的结论。因此我觉得我们如何来探讨场地，如何通过它来获得设计最初的一种动力，还是非常值得思考的。这个案例我们也不做判断，不作结论。但是我本人觉得这个设计还是挺好的。

图 10 左是埃森曼的柏林犹太人受难者纪念碑设计。我们可以看得到，这个设计完全把场地就当成是设计本体，他的策略，就是通过对场地的一种重塑，来达到设计的目的，而建筑本身变得非常简单，就是一块块像墓碑一样的东西。我觉得这是一种很好地表达场地的一个案例。

反过来我们说图 10 右边盖里的毕尔巴鄂古根海姆博物馆，应该说是在城市的建设上或者城市提升上取得了巨大的成功。但是，假设这个建筑当初还没建造的时候，我们来看这个场地，如果不是政府部门或开明？自主？

犹太人受害者纪念碑，彼得·埃森曼

毕尔巴鄂古根海姆博物馆，弗兰克·盖里

图 10

八个项目

01 巴士一汽停车库改造
02 上海国际设计创新学院
03 上海吴淞口国际邮轮港客运大楼
04 上海棋院
05 上海交通大学学生服务中心
06 大寨博物馆
07 马家浜文化博物馆
08 2018 威尼斯双年展·寄所

图 11

图 12

者甲方那么相信盖里，是很难最终把这个东西建在这里的。这样一个建筑，你会觉得它完全跟文脉、跟场地的特质、跟所有的东西都是割裂的。但这又怎么样呢？这个就不是一个好建筑吗？这毫无疑问是一个非常杰出的建筑——至少我自己认为。因此对场地的认识应该是开明的还是自主的？我自己也在思考，到底怎么样才是一个好的建筑，怎么样才是一个符合场地的好建筑，其实也是一个很大的问号。

既然如此，前面就作为一个导言，下面我就通过最近的一些项目实践（图 11），跟各位分享一下我在这方面的思考。

首先是巴士一汽的停车库改造（图 12~ 图 15）。我先从大家比较熟悉的项目来讲，各位可能都来过我们同济设计院的楼，它过去是一个汽车库，一个巨大的公交车停车库，它的改造是将一个机器使用的空间改造成人使用的空间。校门口的这几栋楼是我们在不同时期设计的，包括同济广场的 A 楼、B 楼，低一点的 C 楼、D 楼以及巴士一汽的改造，还有旁边创意学院的一些改造。这些不同时期的设计，如果要讲也可以讲很长时间，这一堆建筑，也是中国二十多年来城市快速发展的这么一个小小的缩影。

这个改造是其中一个，大概设计的时间是在 2009 年到 2010 年左右，我们设计院是在 2012 年搬进来的。大家可以看得到，改造前这是一个非常简单的，就好像只有骨头没有肉的建筑，除了有坡道，有一层层的停车层、楼板以外再加两个小疏散楼梯，其他什么都没有（图 16）。我说这个也是场地，旧建筑本身就是一个现有的场地。

空间再生

From Machine to Person

巴士一汽立体公交停车库建于1999 年，仅仅十年就终结了它最初的使命。与它的年龄一样，它150m×75m庞大躯壳也成为其改造顺理成章的理由。原有建筑为框架结构三层，层高5~6 m，柱距横向7.5 m，纵向15 m，形成了极强的结构韵律和极端简洁甚至单调的空间。因此，停车库改造设计的最大挑战在于如何运用现代设计手法，将“机器使用”的场所重新营造成为“人使用”的场所。

保留：保留老建筑的基本框架以及北侧坡道，通过重塑历史生动场景的操作策略——在老建筑三层屋顶保留其部分停车功能，在功能置换的同时延续对于老建筑的记忆。

拆除：停车场体量厚实，进深达75 m，改造为办公功能后要求建筑室内空间利于通风采光，设计策略上拆除局部楼板形成围合内院，利用内院水景绿化、退台绿化、屋顶绿化、园区绿化组织多层次景观环境。

加建：在原有三层建筑大型空间办公的顶部加建两层，在延续老建筑框架结构的基础上采用现代钢结构体系。四层局部架空，五层大跨度悬挑，形成“玻璃盒子”般的悬浮感。

图 13

Background

项目背景

原巴士一汽四平路停车库位于同济大学附近，于1999年建成。建筑面积4万多平方米，可停近千辆公交，曾是上海市区最大的立体公交停车库。

图 14

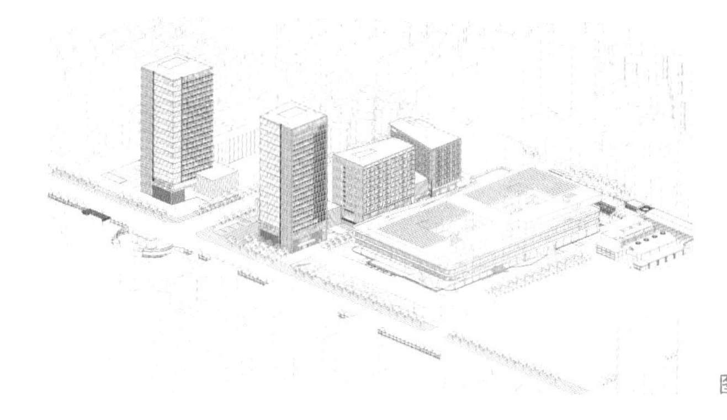

图 15

Original Status

改造前状况

沿四平路外观

沿阜新路外观

原有内院

车库坡道

车库坡道

图 16

这个场地的特点就是非常简洁，非常有规律。结构跟建筑不说是完美结合吧，也是完全对应的这么一个工业建筑，或者说是交通建筑，没有更多的所谓建筑学上的意义，当然功能符合形式也可以算意义，但没有更多其他的内涵在里面。

它要变成一个设计院，让一群做创意产业、创意设计的人在里面工作，于是，我们要赋予它更多的东西。

我们对建筑进行了一些处理（图 17），最初是一个平平的三层楼的一个巨大的停车库，长是 150m，宽是 100m，如果去掉坡道的话，宽是 75m，是非常大的一个建筑。首先 75m 进深这样一个建筑，作为办公室是不好用的，中间实在太暗了，所以我们在它当中掏了一个 15m 的院子，15m × 5 跨的这样一个结构，我们把最中间一跨 15m 掏掉了，掏掉以后形成两个院子，变成两个 30m 的办公空间，可以两侧采光，还是比较舒服的。

同时，在这么一个非常有规律的建筑里面，我们也有规律地插入了 9 个核心用房，包括电梯、楼梯，还有庭院，使人在这个巨大的建筑里面使用很方便，插入的楼梯，掏出来的几个小天井，天井在楼梯边上，既可以让楼梯通风采光，同时还改善了内部的微环境，人可以出来休息。同时在原有建筑上面加建了两层，完全由钢结构建成的两层办公楼，最后形成一个完整设计。

我们最初的一个草图（图 18 下），是在老的基础建筑上加了一个新的钢结构的形体，我们的策略就是让新的跟老的进行并置，完全并置在一起。同时在材料上，下边是混凝土，上面就是非常轻的钢和玻璃。然后，底层平面我们又穿插了很多非线性或者

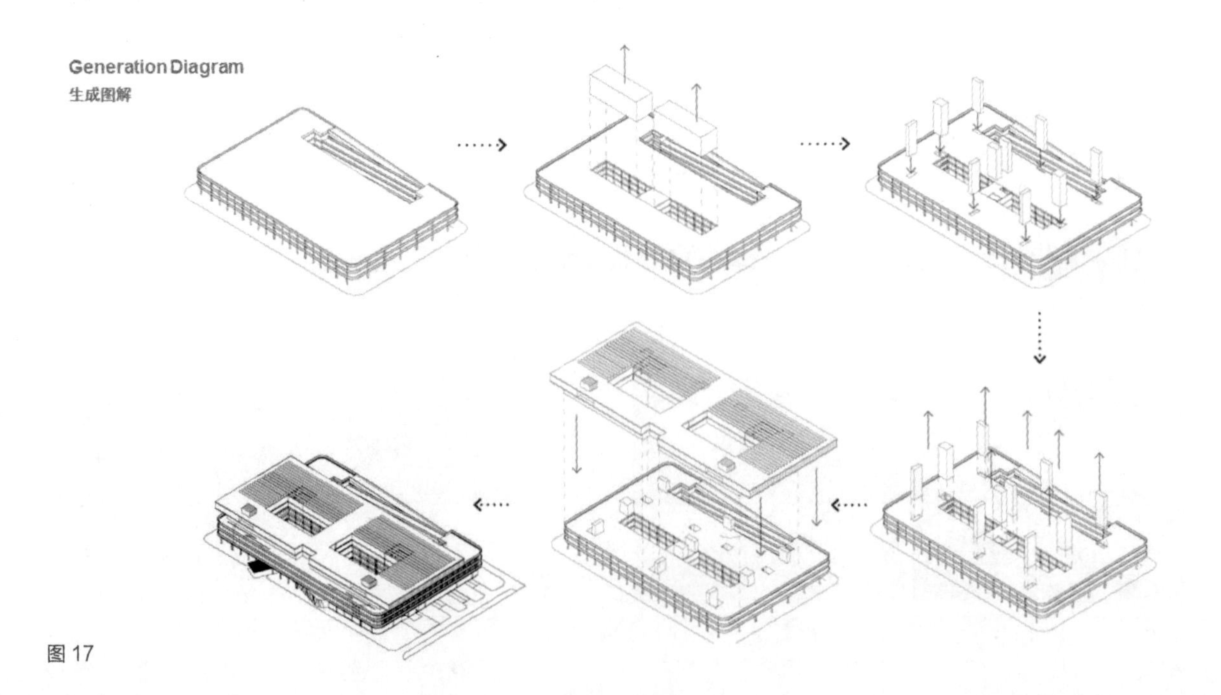

图 17

图 18

图 19

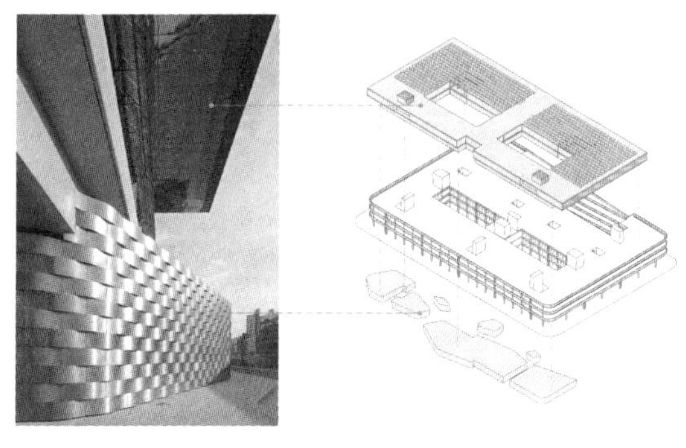

图 20

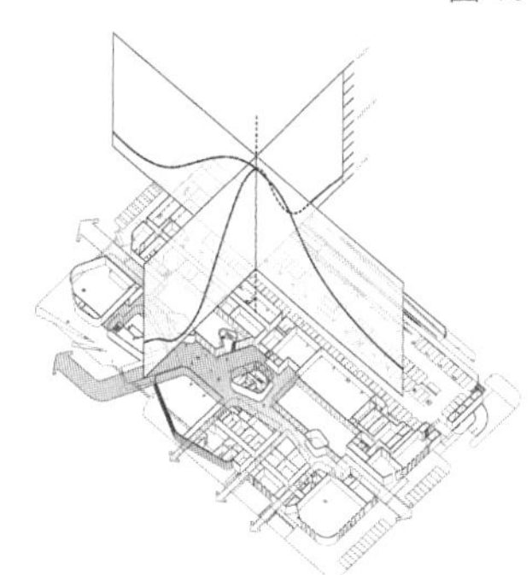

图 21

说非理性的一些形体，产成了一种新的语言和语境（图 19）。

建筑上层的平面，它的效率很高，都是大空间，办公也都是很多人，像一个工厂，但是在底层，我觉得它应该是另外一种语言，它是一种共享的、活跃的，一种完全不一样的，一种非线性的、非均质的空间。我们可以看得到加在里面的一些形体和新的东西（图 20）。

从一层的公共空间进来以后，深色是人流最密集的，然后往两边人流就慢慢变得越来越少，我们在里面组织了一条近 100m 的类似街道一样的空间，它展现出一种新的空间形态（图 21）。

大家可以看得到，进来以后，它不太像一个公司，看上去更像一个微型城市，我们也有意使用了一些不同的材料，有铜、有玻璃、有木材，当然还有 GRC 做成的不同的形体穿插在里面，但是这些都没有破坏整个建筑的背景。我们可以看到它顶上的这些梁是非常有规律的，是 15m 跨度、1.5m 间隔的，我把所有的这些梁都给暴露出来了，所以在顶部形成了一个背景，就是类似基础设施建筑的东西，而下面的这些都是我们重新给它安插进去的。我让上部的东西做了保留，并呈现出跟原来一样，但下部我们有一种自主性，重新赋予建筑新的独立的判断、独立的价值（图 22、图 23）。

这就是我所说的开明与自主。大家可以看到，这有一个很长的，像街道一样的微型城市的体验，在公共大堂以及周边人来人往，可以发生很多很有趣的

图 22

图 23

图 24

事情，会有很多的活动在这里面产生，当然，户外也有活动场地，包括后面的篮球场。室内会举办很多展览、发布会，各种各样的事情在这里面都可以发生（图 24）。所以这个空间不是一个传统意义上的办公空间，不是那种冠冕堂皇的空间，或者说那种所谓体现企业荣誉感的空间——比如说，同济设计院也是中国名列前茅的设计企业，大堂要体现大企业的一种气势和风格。我们虽然是一个大企业，但是我们是学校的企业，我希望它有校园的那种氛围，走进来以后大家感觉很放松。中午的时候，大堂里人很多，走来走去热热闹闹，最近正好有展览，都是放在大厅里，大家的参与感也是非常高的。

第二个项目就是在巴士一汽的南边，现在正在建造的上海国际设计创新学院（图 25~ 图 27），这两个建筑外围环境是一起的，但是两个场地的特征又完全不一样。这里我觉得可以来谈谈有限和无限、限制和释放的话题。这个楼是在东校区一个非常边角的地方，在创意学院的南边靠近阜新路的一个角上。

这里也是原来巴士一汽的一部分，它旁边是老城区，阜新路一带都是一些比较老的居住区，几十年来已经形成了一种完善成熟的城市生活方式。而靠近校园这边又是学校的一种生活方式，所以它是夹在社区和校区之间的一小块地，这就是我们的场地，旁边有同济设计院、生命科学院和创意学院，当中围着一个广场，南边几个楼都是比较高的。

图 28 是校区平面，中间是一些尺度比较大的办公楼和大块绿地，南边以及东边，尺度较小，包括道路、空地、房子，非常紧凑，密度比较高。所以我们怎么样把城区跟校区做一个很好的连接，这是设计中需要重点考虑的问题。

这个的轴测图我们一直在画，每设计好一栋就画上去一栋（图 29），最后未来 2~3 年之内建好的话，大概是图 30 这样一个片区的设计。可以看到，图中右侧是最后建的 4 栋房子，这 4 栋房子要把以前批的基地容积率没有用足的都用掉，所以所有的体量都会堆在园区的南边，在这个园区分担了很大的面积。

它的功能是教学和科研，基地面积只有 12000m^2，建筑面积却有 62000m^2，达到五点几的容积率，这是一个很大的容积率，几乎可以跟市中心那些地方去比。对于这个建筑，我们就采用了一种不同的方式，普通的建筑一般是下大上小，但是这个建筑的场地非常小，城区里的人以及校区里的同学老师，都进入到里面来的话，底层的公共空间是非常局促的，所以我的设计是把底层做小、上部做大，底层建筑做小以后释放出更多的公共空间，来给学校的师生或者市民使用（图 31~ 图 33）。

图 25

有限|无限
Limited and Limitless

我们的场地在老城区中的校园边角，有着几十年自成系统的城市肌理及生活方式，设计需要面对的是种种限制条件——有限的场地空间、有限的建筑体量等。而设计的服务对象，则由学校师生，延伸至周边城市居民。
由四个倒梯形体块组成的建筑裙房，下小上大，还底层空间于城市，体块在组合中自然形成具有天光指引的开放路径。串接各个形体的室外平台忽明忽暗、忽大忽小、忽里忽外。设计小心翼翼地为城市、为校园提供的每一个街边广场、每一个内院、每一个室外平台，都为使用者创造了无限的使用可能性。
这也许是当下，应对有限场地的最好选择。

图 26

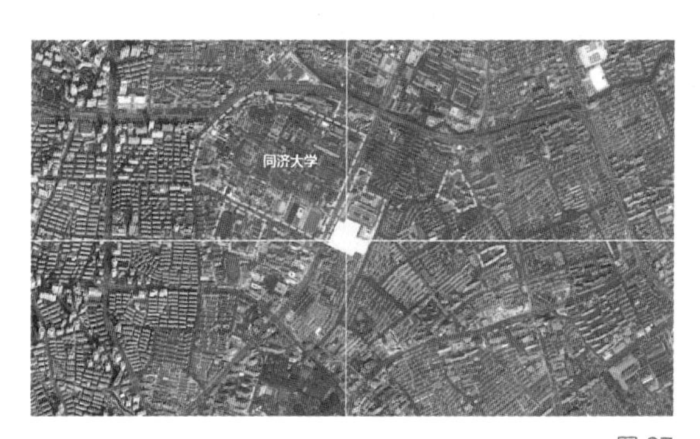

图 27

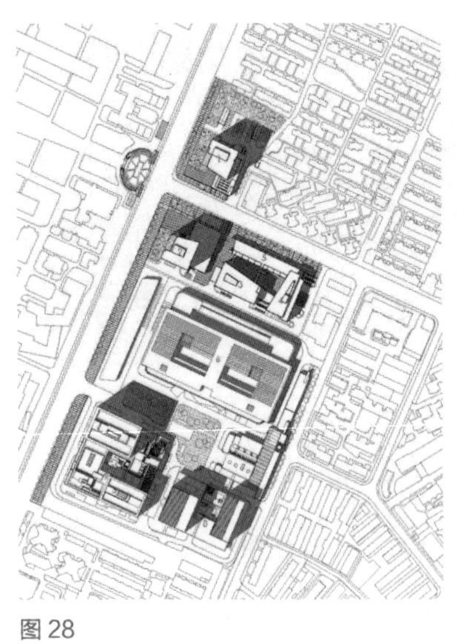

图 28

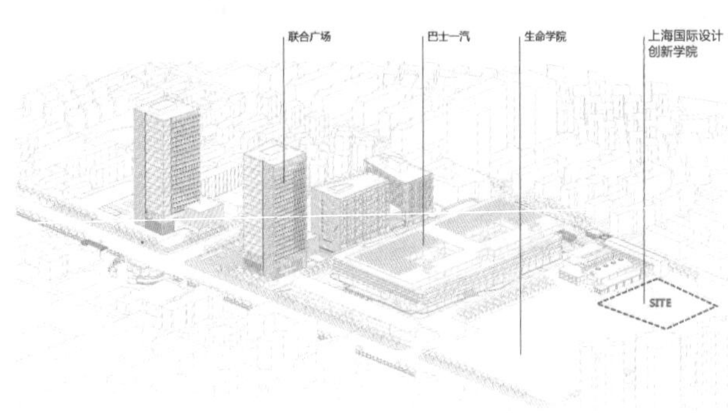

图 29

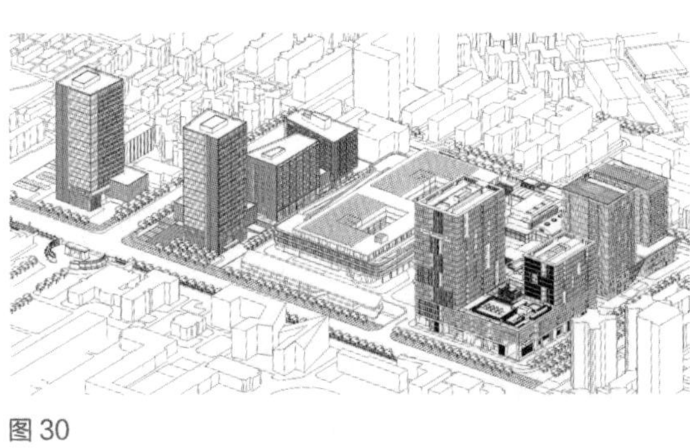

图 30

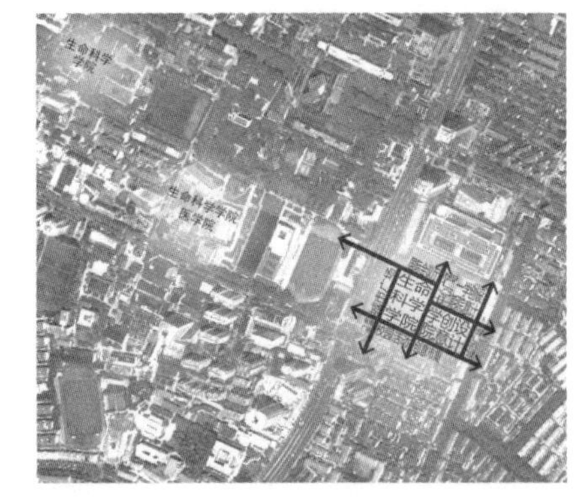

图 31

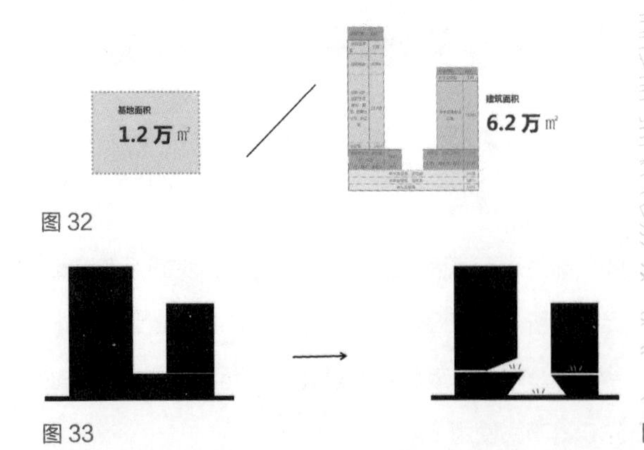

图 32

图 33

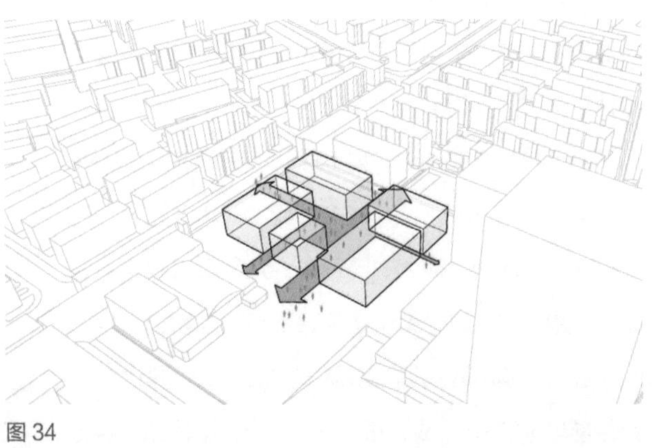

图 34

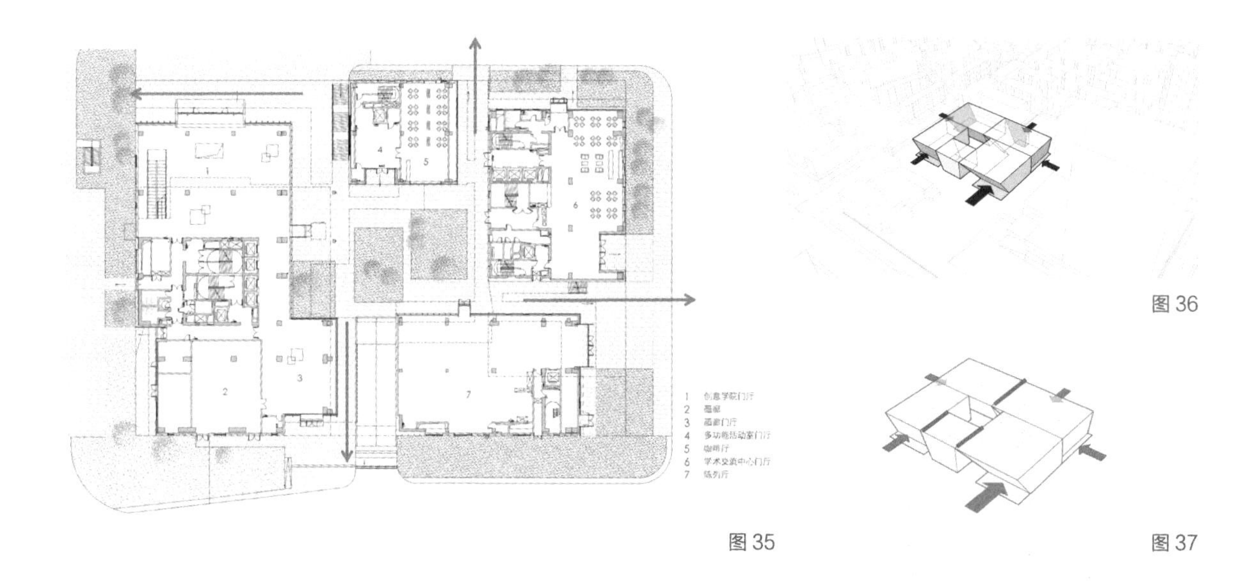

图 36

图 35　　图 37

这个建筑不是封闭的，它当中有一个内院（图 34），是开放式内院，它不是那种走进去是大厅的设计。它有几个不同的功能，我们把它打散了，进行重新组合，中间就形成了公共性的院子，院子是户外的。我们没有把建筑的中心做成一个实体，而是做成空的。从外面不同的方向都可以走到院子里来。

市民、学生、老师等都可以在这里自由穿行，能很容易很方便地走到这个建筑的内部（图 35）。大家可以看到倾斜的面就是我们向里退进去，形成这种户外空间（图 36）。因为这个场地非常小，北面就挨着创意学院，西边碰到生命大楼，这个建筑对校园广场也只露出了一半身子，其他地方又都是贴着道路。

这张图清晰地反映了设计处理，我们把公共空间释放出来，上部反而做很满。虽然在结构上造成了一定的不利，但是我觉得对于城市来说、对校园来说，还是非常必要的。

这个地方也很有意思，图 37 中这三道线，是三个建筑体块分割的地方，我把它做成了变形缝，但这个变形缝并没有像通常处理的那样，做好以后给遮起来，而是把它呈现出来。建筑师都讨厌变形缝，希望缝不要影响到设计，然而在这里我就强调了变形缝，它有 50cm 宽，从下边可以看到，两个体块之间的分隔关系非常明确地呈现出来了，而且能够有阳光或雨水渗透进来（图 38~ 图 40）。

图 41 是外部的楼梯创造了在这个空间里面游走的路径。从这个楼梯上来以后，可以在外部走到各个楼层，所有的这些廊、挑台，在内院呈现出一个开放的具有交流性的空间形式。同样因为墙面一直斜上去，在二楼、三楼的地方，也出现很多公共空间，上面有顶遮蔽，下面人可以通行。

三层以上我们才安排了办公、人才公寓等的功能，两个楼一个 80m，一个 65m（图 42）。在底部我们就创造了一个跟其他地方，或者说跟我们以前做的不一样的空间形式（图 43）。

图 38

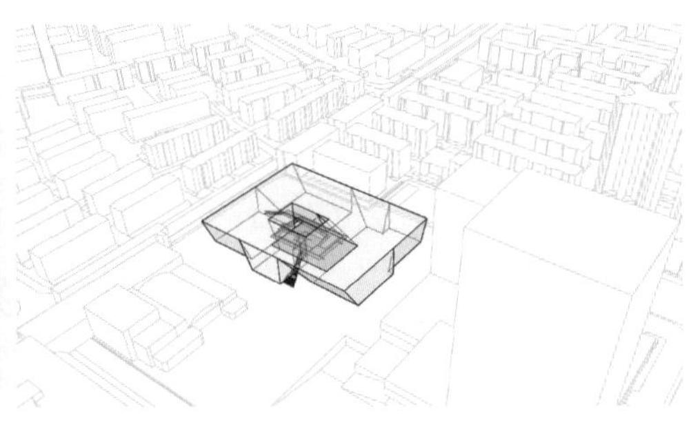

图 39

图 40

图 41

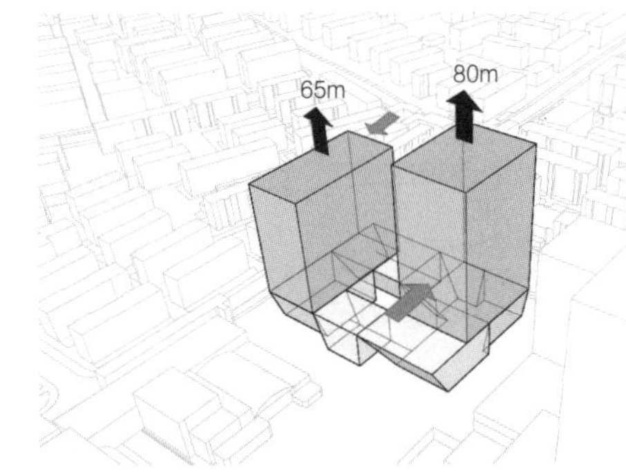

图 42

图 43

底部斜面退进去有 20 多米（图 44），阜新路这边也是斜进去的。我们希望学校不要设围栏，虽然从管理上来说，挺难实现的，但是我们建议这个地方尽量把围栏设在里面，我们希望把开放空间释放给城区，希望城区的人都能到这里来，这里也有一些开放性的咖啡馆、一些商业性的设施，都可以对外开放，我们希望真正实现城区跟校区的一种联动。

第三个跟各位汇报的项目是吴淞口国际邮轮港

图 44

图 45

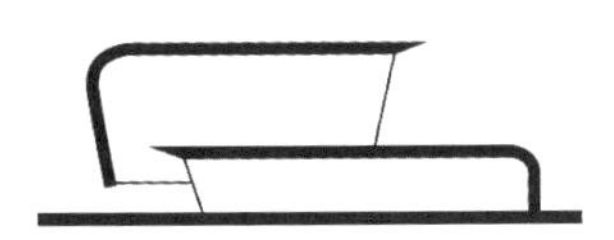

图 46

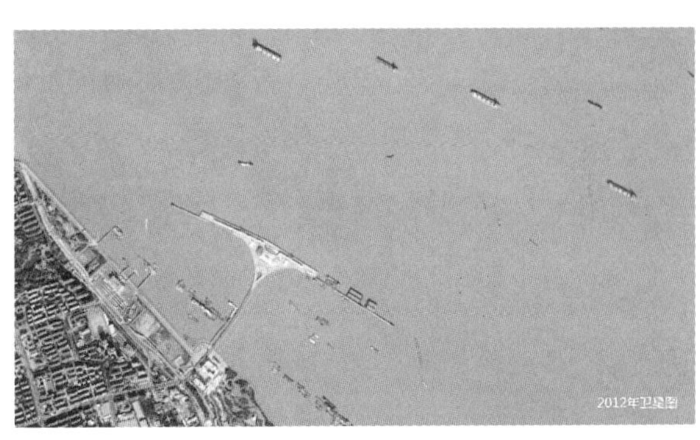

图 47

的客运大楼（图 45、图 46），是一个非常有意思的建筑，它的设计过程是很有挑战性的。

我不知道各位去过吴淞口没有，吴淞在长江的入海口，上海的国际邮轮港就建在吴淞口这个地方（图 47）。实际上已经有一个老的客运楼，就是这个蛋形一样的建筑。现在中国邮轮经济蓬勃发展，这个港现在只能同时停靠两艘邮轮，是远远不够的，现在邮轮发展了，全世界很多人都到中国来了，有时候有四艘邮轮同时到达，就排不过来，所以决定扩建。

邮轮因为吃水的问题岸边是靠不了的，是要通过一条栈道引到水更加深的地方，所以从岸边到游邮码头还有一公里多。

这就是邮轮码头当时的现状（图 48），已经建好了，新的设计是要在原来的基础上，把码头加长一倍，原来停靠两艘，现在要停靠四艘，同时在加建码头的地方，要建两个新的邮轮港。

图 49 是基地的两张照片，可以说明几个问题，第一这个基地非常特殊，不像我们平时接触过的在城市中的、郊区里的基地，至少都是在陆地上的，它是在海上的，周边是没有参照物的（图 50）。

参照物，当然你要说也有，比如游船和瞭望塔，但是在大海面前都是非常小的，所以这促使我来思考怎么看待这个基地？

我觉得有几点很重要，第一个，尺度（scale）非常重要，因为海太大了，你也可以说它是完全没有尺度的，一个建筑在大海的对照下是很小的，那应该怎样呈现它的存在？这是我要思考的问题。

第二个就是自然，海是什么？大海有风有雨，有很多大自然的声音，有浪的声音，处在这么一个环境里，怎样来回应自然环境，也是需要思考的。

在我们接受这个项目之前，其实新码头已经建好了，这个项目实际上说起来是一个改建项目，因为项目前面是有人设计过的，大家可以看到前面一轮柱子下的桩基（图 51），也都已经做好了，码头也建好了，码头的承重都已经计算完了，后来因为种种原因需要重新做设计，所以码头建好以后，再邀请我们去参加设计的招投标，中了标以后，原来的设计就废了，但是对我们来说就变成一个非常大的挑战，什么挑战呢？就是需要在原来的基础上重新构建一个新的设计，所以我说这既是一个新的设计，又是一个改造的设计，我把它戏称为新建的改造项目。图 51 下图中的柱子就是原来的水工码头平台的结构桩，水工平台就是由这个支撑的。新的建筑柱子最好要对应原来水工平台下的桩基结构，这是我们遇到的一个难题。

结果我们在设计的过程中，发现原来的水工平台，不管是从受力上还是尺度上，都不太合理，但我

图 48

图 49

图 50

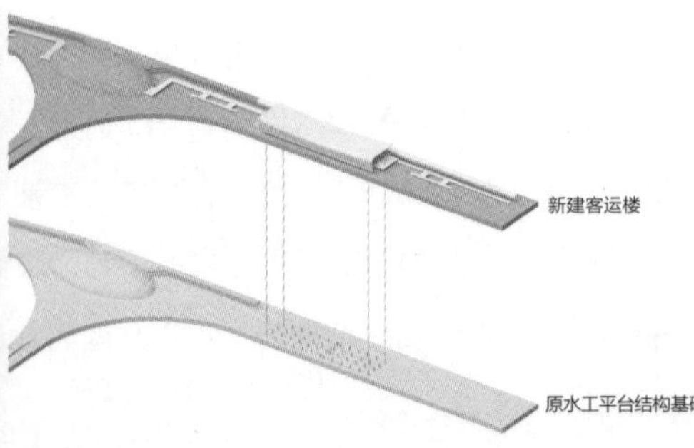

图 51

们也没办法改造，建设水工平台的业主跟做上面的邮轮港的业主，是两个业主，我们接手的时候，就碰到这些现实的问题。

从图 52 中可以看到，原来的客运楼是一个圆形的，叫东方之睛，我们要加两个客运楼：一个 T1，一个 T2。首先，水工平台不合理的一点是太窄了，我们提出希望能够加宽一点。原来的客运港前面有一个很大的广场，只是一些人流上下客在这里，所以它不显得小。但是扩建的时候，码头平台还跟原来码头的一样宽，而原来的码头只有登船廊道，没有建筑，现在我们要把一个客运港放在上面，车还要通行，所以就非常窄，很麻烦。

但这个已经没办法改变了，于是我们采用了一种方式，做了一些技术上的处理，通过错位，把下面的车辆出入的道路，在一层就释放了出来，把二层的平面做的尽量大，把一层做的小一点，让平台有更多空间能够更好地适应功能的需求（图 53）。

各位可以看到实际上平台还是非常紧张的（图 54），其实客运港体量也不是很大。这是一个客运港，上面是候船的场所，下面是到达厅。右侧是登船廊道，也是已经设计好了的，我们要跟原来的廊道能接起来，采取的措施就是让两条廊道甩出来，就一半在里面，一半在外面。

我们看客运港好像看上去挺大，但是跟泰坦尼克号比，大概只有它的 1/3 高。

这个是世界上最大的量子号邮轮，跟它比，这个楼矮了不少，大概最多也只有它的 1/2 高（图 55）。新建的客运港有 178m 长，大家可以看出来邮轮有

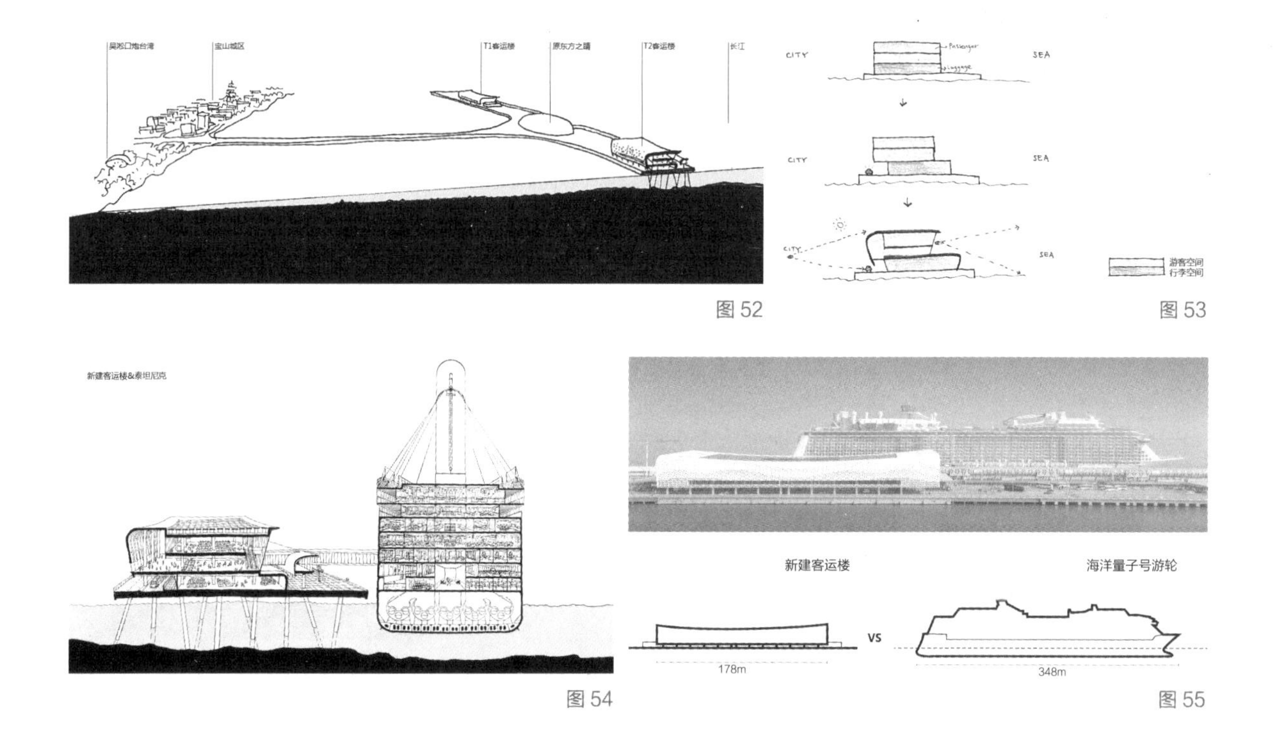

图 52

图 53

图 54

图 55

多长。所以在设计的时候，我刚才讲到的非常重要，第一就是尺度，因为海上缺乏参照物，如果邮轮不来的话，更没有对比，所以从这点来说，我觉得这个建筑应该非常简洁。

我就说，这个应该是能一笔就画完了的一个建筑。可以看到这个建筑，没有多余的形体设计，除了在底层进门的地方，有一个一层高的近人尺度的体量（图 56）。它就是一个非常简洁的状态，我觉得这样它在海上这样一个非常宽阔的场地里才能立得住。立面上我们想到了海市蜃楼的概念，面对海的立面主要是大玻璃，能够看海。另外，面对城市的一面我们用了一种类似海市蜃楼的意向图形，你也可以说它是中国画的水墨山水，通过一些数字化设计，给立面稍微做了一些处理，形成这么一种效果（图 57）。

那么，这一个个洞口的立面就像一个帘子，可以透风一样，也是呼应了海风这种自然元素。我说它像个海风过滤器，虽然照片拍不出风，但是你会感觉风好像可以穿过建筑，这是我们设计对自然的一种理解。顶上黑乎乎的是太阳能板，确实，太阳能板好像是不太好看，但业主一定要求用，我觉得也没什么，这个也是很自然的。

这是不同角度的一些照片（图 58）和我们立面的一个大样（图 59），就是用大大小小不同的三角形开洞方式来呼应跟海的联系，你可以说是海市蜃楼

图 56

图 57

图 58

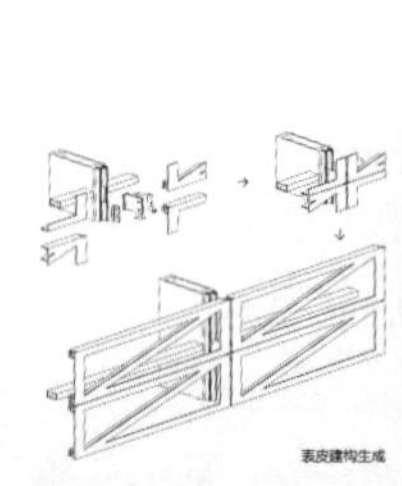

图 59

隐喻，也可以说它是海风收集器，立面构造很简单，就是一个双层表皮，玻璃幕墙外面是一个装饰性的表皮。

上海棋院项目跟前面几个场地又不一样，它在市中心，新老建筑都有的城市中心区，基地也是非常局促，它坐落在中国著名的商业街南京路，上海电视台旁边（图 60~ 图 62），上海电视台就是这个三角形的设计。图 63 左侧是 2012 年的一张照片，原来这块基地上就有一些平房，一些 20 世纪 60~70 年代造的那种平房，不是里弄的肌理。

旁边有老房子也有新建筑，所以它是夹杂在这样一个市中心的地方，周围房子有新有旧，有高有低，有大有小，这么一个地方，基地情况还是很复杂的。

不远处还有一个高架桥，如果各位从这个高架经过，应该可以看到这个楼（图 64）。初始的基地就是这么一个状况，原来上海棋院就在这儿，但是比较破旧，大概几十年没改造过，政府把这么一块地段非常好的地留给了棋院，对我来说也是一个很大的挑战。

这个基地比较窄（图 65），旁边有弄堂，还有很多老的建筑，它的退界，还有开挖围护是很复杂的，基地边还有地铁经过。从物的层面来说很复杂，然后从文脉层面来说也很多样。除了照顾南京路，还有旁边这个广电大厦。广电大厦是 20 世纪 90 年代设计的，

图 60

图 61

图 62

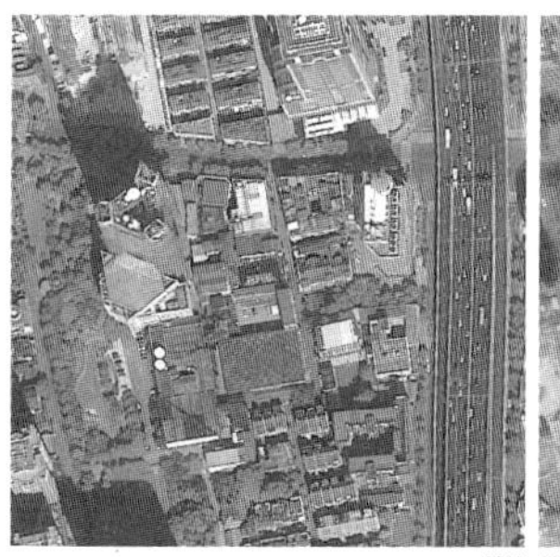

图 63

跟城市文脉没什么呼应。街对面也是新建筑，旁边又有老的里弄房子，总而言之文脉也很复杂。

那么怎么样来对待这个基地呢？当时，规划部门是希望这里靠里面建个 60m 的高楼，沿街道再建个 30m 的楼，就是他们希望分成两栋楼，前面是公共性的，有对外赛事，有展览，有博物馆。后面可以做办公，做研究室（图 66）。当初我们做前期研究时，也设计过两栋楼，不过在研究深入的过程当中，我们觉得要做出改变。

首先我觉得在这个地方，做个 60m 建筑，而且退在后面，不是太合理。规划部门给的初始建议是希望两栋楼当中能留一个空的院子，但我觉得应该把这两栋楼合起来，因为面积就 1 万多平方米，我觉得可以做一个 24m 高的楼，所以我就跟规划部门建议，说不希望做一个高层，同时因为日照的问题，必须对旁边老房子做一个退让，自然就退让出了形体上的一个台阶（图 67、图 68）。

在做了日照的退让以后，还有建筑的退界，我一直觉得老城中心的建筑按照新城的规范来实施非常不合理。如果按照规范要退让很多，那么会让现有弄堂的感觉非常不好，肌理感都消失了。但是我们经过很多的争取，还是非常难，一定要退够足够的间距，所以这个地方退让出来。在南面旁边又不是住宅，所以它又不需要退让了，于是就形成这样的形态，其他

图 64

图 65

图 66

图 67

几个面也都是这样，因为基地就是这样一个锯齿形的、凹凸形的，所以很自然地就做成这样（图 69）。

所以与其说这个样子是设计出来的，还不如说它是自然生成的。房子当中我们还做了几个小院子（图 70），因为旁边的石库门房子，都有院子。最后再进行立面的处理，就形成现在这样的状态。

当初在考虑靠近南京路关系的时候，我希望建筑能够沿南京路贴线布置，保持一种街道的感觉，但功能上建筑又需要退进去，因为他们要举行大型的比赛，这个地方会有很多人聚集，所以我希望这里是一个灰空间，但形体还是应该跟南京路守齐，经过多次的争取，规划觉得不行，就是这样，如果说这个地方拆了，就必须全部退进去，所以没有办法，最后只能退进去 12m。

好在它旁边也是一个新建筑，这个新建筑估计原来也是要退 12m，所以我的退线跟它基本上是拉平的，于是就形成了这么一个三角形的户外广场。然后你看这个建筑，会发现我并没有把它做成像旁边的石库门那种小体量的建筑，当然也没有把它做成是一个很高的建筑。我希望它的高度能够跟周边老城的高度有呼应，但是在形体上我也希望能够跟右边的新建筑有些呼应，因为它毕竟是一个新建筑，需要新手法，因此它变成了一个老建筑跟新建筑之间的一个过渡（图 71）。

这个立面来自于棋盘的意向（图 72），而平面上，

图 68

图 69

图 70

图 71

这个建筑有一个特点，就是它下面是大空间，上面是小空间，因为下面要比赛，要观赛，要有棋院博物馆，所以下面大，上面反而小（图 73）。

这些是各个不同角度的照片（图 74~ 图 78）。那么从南京路上看，其实看到的是非常窄的一面，只有大概三十几米，但是进深非常长，有 100 多米。前面题目说静谧与喧嚣，就是说南京路商业街非常嘈杂，熙熙攘攘，但是作为棋院虽然希望人能够走进去，能够去看棋，但是因为里面有很多研究室，棋手都在里面有研究室，他们是需要一个安静的地方来对局、来研究的，所以我们做了一张像过滤网一样的立面，仿佛把南京路的喧嚣，把外面的这种非常吵闹的东西过滤掉，当你走进去以后，无形中就自然地觉得我进到一个安静清净的地方，你可以来下棋，可以来思考，这样一种表皮立面，也能感觉到有文化气息。我们还做了不同窗子的处理，可以看到，东西向我们不希望开很大的窗，因为对于这些下棋的人来说，在思考的时候，他是希望不要过多地被弄堂里的居民和外部环

图 72

图 74

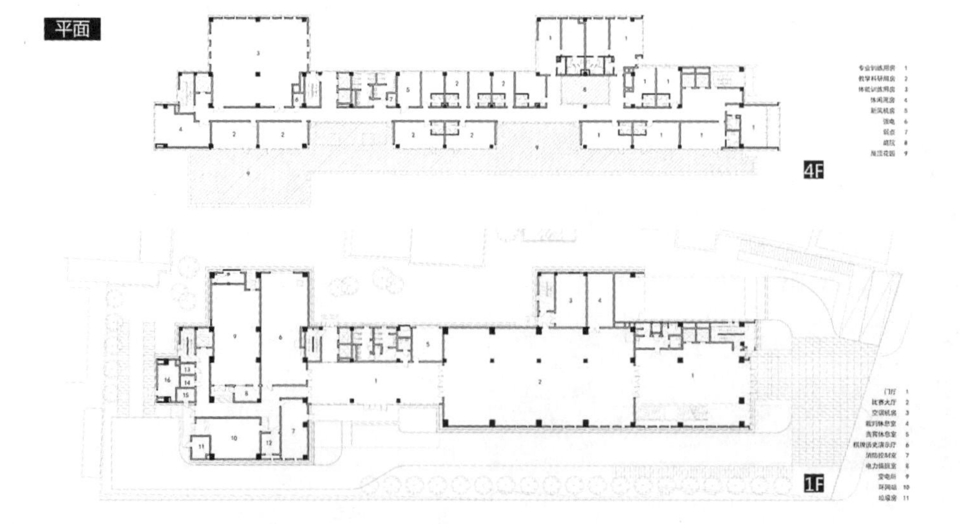

图 73

境所打扰的。虽然窗不大，但里面采光还是不错，因为对局室的面积并不是很大。

当然也可以到外面的平台上来，感受外面弄堂的市井气息，也是非常舒服的。我觉得最遗憾的就是我们是不希望有围墙的，但是我们的机构是必须要有围墙给它围起来，围好以后，我觉得跟弄堂的市民的交流大大减弱了。当然他们做的时候，种了一些竹子，看上去里面比较安静，还有点像石库门的这么一种氛围（图 79~ 图 82）。

再跟各位汇报一个我们最近在上海交通大学做的项目，这也是一个比较特殊的场地，我把这个场地的特点解读为“快与慢”（图 83、图 84）。各位不知道有没有去过交通大学的闵行校区，是交通大学的新校区，都是新房子，20 世纪 80 年代开始建设，一直到现在还在建。这个基地在学校里一个边角的地方，原来这个地方是一块普通的绿地。当然旁边有个湖还是非常好的，因为是学生服务中心，也不是学校的教学楼，所以不会是很好的地。

图 75

图 76

图 77

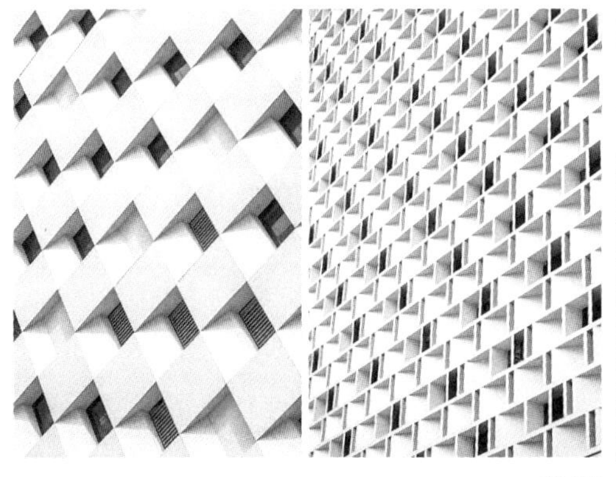

图 78

图 79

图 80

基地靠近沪金高速（图 85），6 车道或 8 车道，速度非常快。交大校园很大，对面也是校区，当中隔着沪金高速，中间会有几个通道能够穿行。基地中有一些杨树。

基地右边是高速的隔离带，隔离带是不能造建筑的。其实这个基地位置也是一直在变化，原来不是放在这里，最后放到这个地方有一个比较好的因素就是东边是很好的一个湖，这是非常有利的地方。这张照片是从北边拍过去的（图 86）。

这个基地的特点我觉得是快与慢的关系（图 87）。右边是一条城市干道，甚至说是一个省级的干道，可以通到宁波去；左边是校园，非常安静，整个来说节奏也是会比较慢的，又有湖，绿化非常好。而右边是一个城市基础设施——高速路，我觉得这两者构成这个基地非常有意思的对立，一种二元对立的特质。

图 88 左侧的场景就是东边的湖，右侧场景就是基地西边的绿化隔离带。东边湖的景观是非常好的，而西边是高架，噪声很大，于是就形成这么一个设计——西边封闭，东边观景，同时一边观景，一边也把景色引到我们建筑里面来。

图 81

图 82

图 83

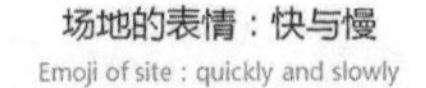

图 84

图 85

图 86

图 87

图 88

所以形成了几条叉开来的像脚一样的形态，与此同时还解决了南北向采光的问题，因为我们还是忌讳东西向，不管是使用，还是节能各方面都不是很好，所以我们在设计里保持了南北向，形成一个新的建筑形态（图 89~ 图 91）。

这个建筑它是由四个小体块组成的（图 92），但其实这个建筑不小，另一方面在高速一侧就呈现出另一种不一样的东西。从高速这侧来看，建筑呈现出一种完整的界面，它就像一个混凝土的大体量建筑（图 93、图 94），在功能上，也是把辅助的部分，还有公共交通都安排在靠近高速的这一侧。

从平面图可以看得到，它实际上是由 4 个体块再加 1 个条形建筑组成（图 95）。

这是内部大厅的设计（图 96），因为它是交大的学生服务中心，就是以后学生的交流、社团活动等都在这里，所以这个建筑可能是交大里面看上去最“奇怪”的一个建筑，因为我们希望它能够呈现出非常活跃、非常不一样、有创造力的一个建筑形象。在这里，你会发现一些很丰富的空间，或者说很有交流感的场所。

另外一个就是我们最近中标的一个建筑，大寨博物馆（图 97、图 98），在山西。大寨是一个很有

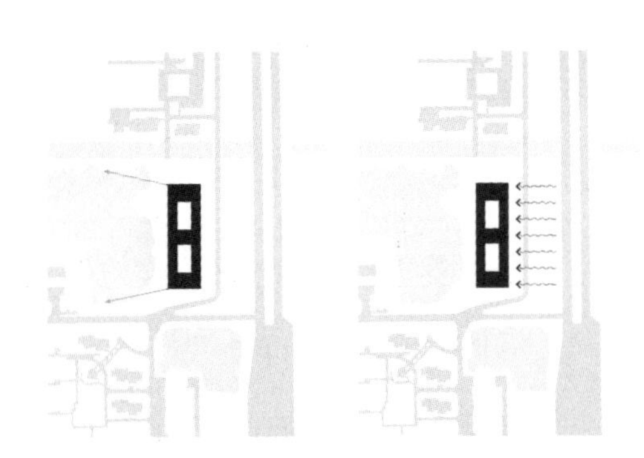

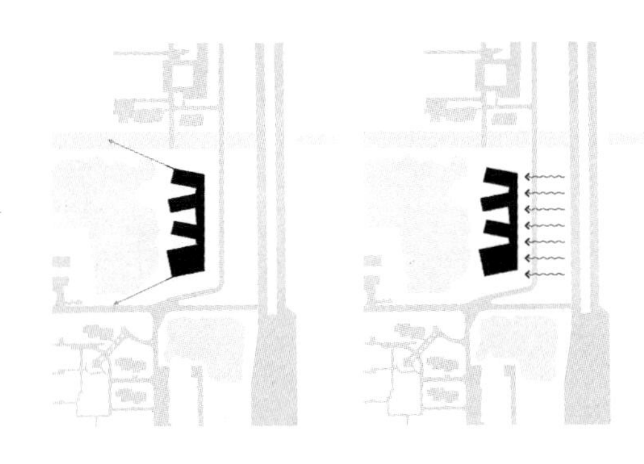

图 89

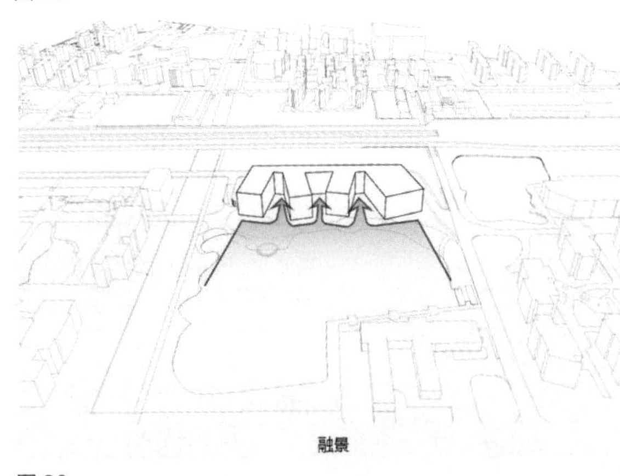

图 90

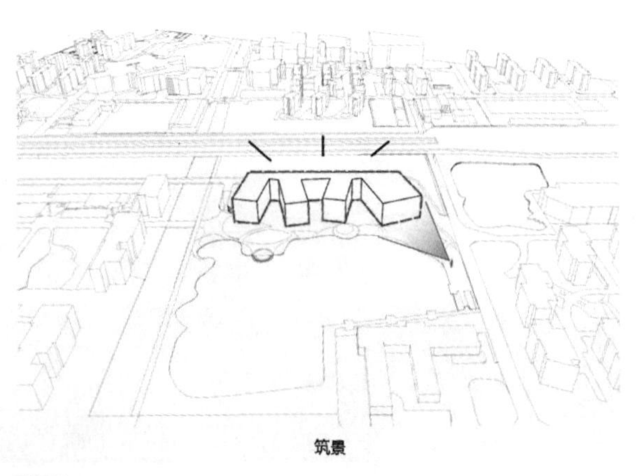

图 91

意思的地方，我想可能年龄大点的老师都知道这个地方，但年轻人可能就不太知道了。在改革开放之前，20 世纪 60~70 年代，有一个有名的地方叫大寨，那时候叫农业学大寨，全国学大寨，现在从历史上来说，可能对它有很多不同的解读。

当然了它有很多历史的痕迹、历史的印记这个在里面，虽然我们现在不会再提它，但是它也是历史的一部分。现在要建这个博物馆，不是说要重新让大家学大寨，而是说一方面要记住那段历史，我们不要再回到过去，另一方面大寨其实当时也展现出一种精神，就是自力更生，艰苦奋斗，在新的时代，我们又重新通过大寨博物馆来诠释这个东西。这就是建大寨博物馆的意义，有一种红色文化的精神弘扬在里面。

基地在昔阳（图 99），大寨就是在昔阳这个地方，

图 92

图 94

高速另一侧

图 93

二层平面图

图 95

图 96

图 97

与山地交织　同历史密语

图 98

图 99

图 100

建筑也是建在大寨村，现在叫村，当时叫公社。

这是我们基地的一些场景，是有一些坡、一些丘陵，从航拍图来看它的肌理就像一层层梯田一样（图 100、图 101）。大寨过去有一个人叫陈永贵，各位如果不知道回去可以百度一下，了解一下背景，我这里就不多介绍了。

这是一些很有意思的东西，大寨当年是非常有影响力的。它的一些东西，不管是文字记载还是实物，各种各样的物品什么都有（图 102、图 103），书就更不用说了，还有纪念章什么的，这些东西以后收集起来，会放在这个博物馆里来展出。

1974 年 6 月建筑学报的封面（图 104）就是大寨农民住的房子，很有意思，第一它一层层像梯田一样，第二是人是住在后面窑洞里的，而前面是新建的，比较简朴，人不住的，都是一些附属的功能，大家知道窑洞冬暖夏凉非常舒服，所以人就住在这里。而那些辅助的柴房厨房、乱七八糟的储藏都在前面一排，它是一种很有趣的住宅类型。

在我们的设计里面，我们就想通过某些东西把它表达出来，这里可以看到我们受它的一些启发（图 105~ 图 107）。这是一个台地建筑，我们把它一层一层地展现出来，通过一种新的语言去展现，同时

图 101

图 102

图 103

图 104

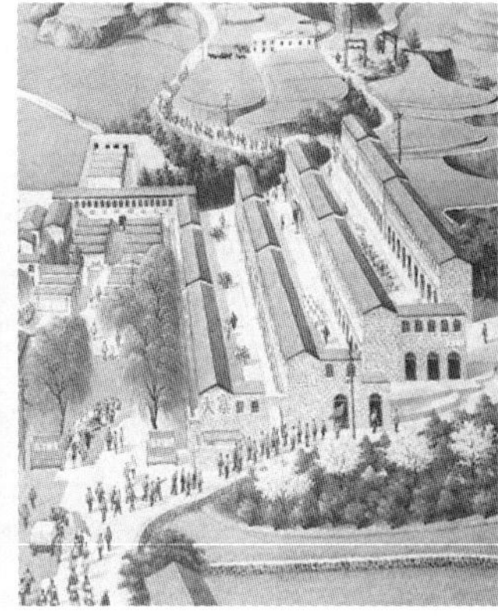

图 105

图 106

图 107

会有一些拱，当地的窑洞以及他们新造的楼都会有一些拱的形象。我们在这里也把它反映出来。材质的话，我们就想用当地的材质，当地到处都是这种有点发黄、非常便宜的石材。

这是一个入口的广场，入口广场是在侧面的（图 108、图 109）。通过一层层抬高，然后再通过前后的一些错动形成这样一个设计。建筑里面我们有中庭，还有一些开放性的空间，有一些观景的平台，再加上户外景观的塑造，包括天桥，包括二期，二期这次还没有建设，最终形成这样一个整体的设计。

从广场来看，它呈现出一层一层往上走的势态，展览空间也是一层一层往上走。

从正面看，它是沿着路的一个窄长型基地展开（图 110）。

图 111 是室内的效果，室内我们采用清水混凝土直接浇出来，形成了这样一种形象。不同的拱有不同的跨度，最大的跨度有 21m，只有拱两侧有结构柱，中间没有柱子的。一共由 4 排拱组成（图 112）。

这是行进的路线，也是展览参观的路线（图 113）。一直走到上面以后，走到第三层再出来，出来以后可以去到村里面，就是刚才讲的他们的住宅那里，那里是主要的景区，现在是红色旅游景点。

图 113 是一个结构的示意。

图 114 是一些不同的室内外效果，我们可以看

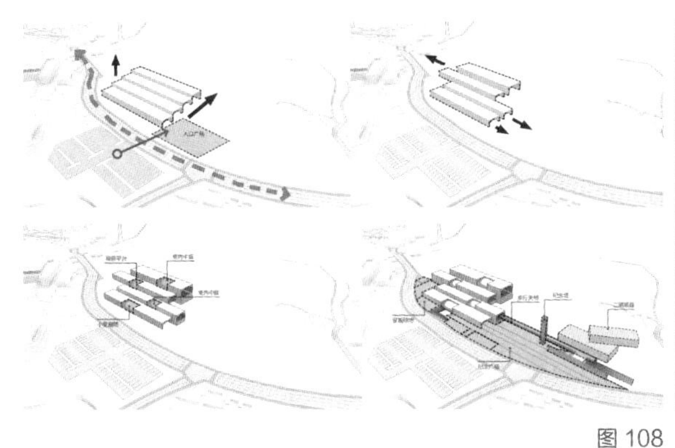
图 108

图 109

图 110

图 111

到，从上面一层都可以看到下面一层，这个展厅虽然从外部看是一个一个的，但是上下是联通的，可以互相看到各个展厅的情况，它不是一个个封闭的展厅，而是一种非常开放的展览形式。

再跟各位介绍一个马家浜文化博物馆（图 115、图 116），这又是一个不同的基地，它是一个位于旷野之中，在自然中间的一个设计。

基地位于嘉兴马家浜（图 117、图 118），马家浜文化是河姆渡文化和良渚文化之间的一个文化，大概距今 7000 年左右，史前大概 5000 年左右。

1959年在马家浜这个地方发现了史前文化遗存，去年是考古发现 60 周年，只有一个遗迹（图 119），遗迹是保护下来了，但是一直没有建博物馆，是因为这个地方发掘的东西并不是很多，不像河姆渡或者良渚文物比较多。但是马家浜文化在文化断代史里面已经有很重要的一个地位。所以嘉兴政府前些年一直想启动博物馆的建设，也做了很多轮设计，最后通过竞标我们把它拿下来了，大概在三四年前拿下来了，2019 年刚建好。

实际上现状就是立了这样一些标志性的东西，表示当年就是在这个地方发掘出史前遗迹，当时我们去看基地的时候就只有这些东西（图 120）。

除此之外就是旷野，当时的田野的场景就是这样（图 121）。这个基地让我们思考的，就是在这么

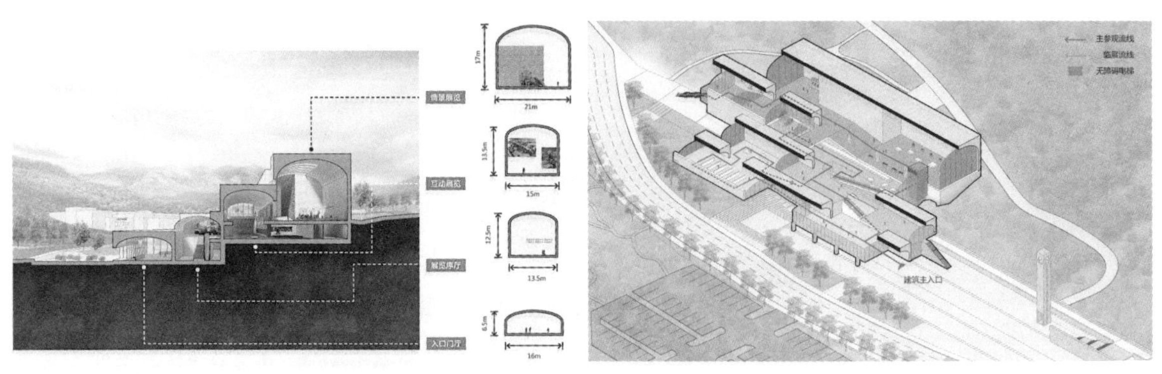

图 112　　图 113

图 114

图 115

城郊原野 文化聚落

Suburb wilderness , Culture settlement

马家浜文化博物馆位于嘉兴市南湖区，西侧为马家浜遗址保护区域，场地为原生的旷野，周边水网纵横。博物馆定位为以环太湖地区早期新石器时代马家浜文化为主题的考古学文化博物馆,展览强调科普性、知识性、教育性，努力建设成一座以马家浜文化为主题的史前文化博物馆。

一座反映七千年历史文化的专题性博物馆，建筑应具有历史的厚重感；二是建筑的风格与周边的环境相协调，博物馆位于城郊结合部，旷野、自然、原生的环境及周边的工厂使得博物馆建筑不宜太现代，体量大小与环境相匹配；三是建筑风格与江南水乡传统特色相融合，嘉兴作为典型的江南水乡城市，其公共建筑必须体现传统风貌。

图 116

图 117

图 118

图 119

图 120

图 121

一个旷野，建筑要呈现出一个什么样的状态？建筑怎样来表达这些东西，怎么样跟这个基地发生关系？分析过以后，我觉得有两点很重要，一个是时间，一个是地址。第一个：时间，我们讲马家浜文化距今7000 年，那么 7000 年前是怎么样一个状态呢？我们从嘉兴博物馆里面的一个复原图会看到这样一种很简单的聚落样式，因为原始人他们是非常脆弱的，所以他需要群居，以抵抗自然界的威胁。因此考虑这种聚落群居的状态也是对历史的一种回应（图 122）。

第二点对于地址的回应，它是位于田野之中，我觉得它应该是种非常原生态的东西，能体现史前时代的气息。所以我要把时间跟地点这两者之间做一个

图 122

图 123

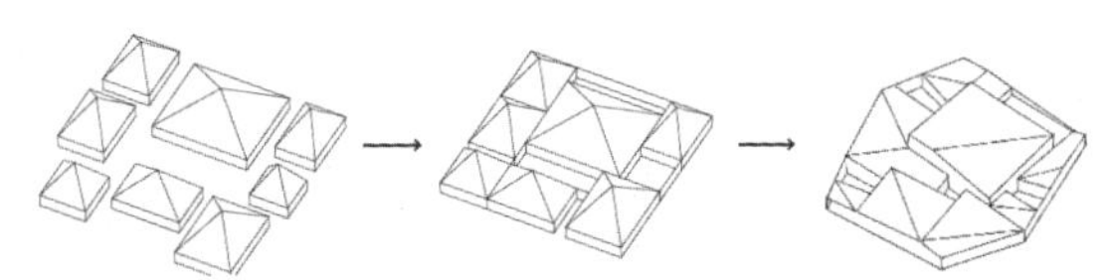
图 124

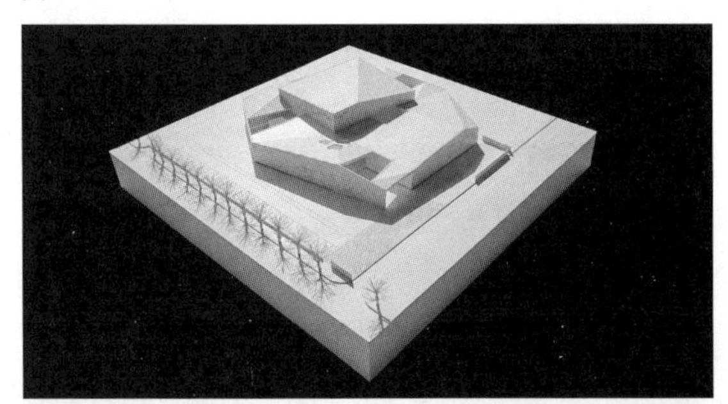
图 125

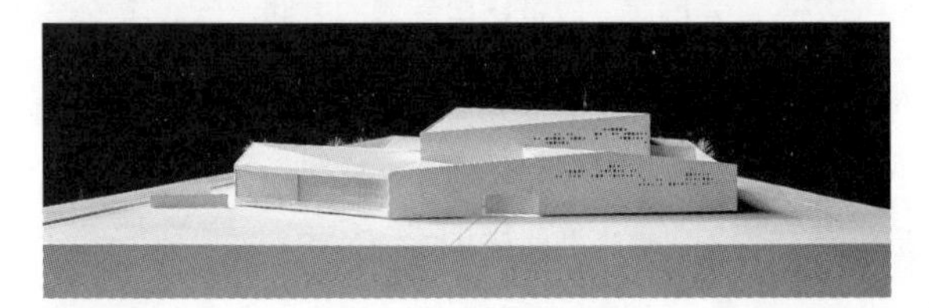
图 126

很好的呼应。马家浜的陶罐也给了我一些启发，非常朴素，又非常脆弱，它的质感，它的颜色，以及它破碎以后重新修补的形态给了我一些启发（图 123）。

接下来是功能，不同的功能，有大的展示厅、小的展示厅，有不同的报告厅，有会议、有办公、有学习，怎么样把它们组合在一起？我们借鉴马家浜原始居民的聚居形态，通过一种新的方式给它聚集在一起，重新进行排列组合，形成了这个设计（图 124）。

所以这个建筑我觉得就像是很多个不同的功能块，不同的空间聚合在一起的一个形象，它呈现出来的也是非规则的，因为史前的东西都不是很有数学特征的东西，都是非常简单的，所以我们就想呈现一种很自然很原生态的东西。这些折线的感觉，就像是打碎了的陶器重新拼接在一起的意象（图 125、图 126）。

当地秋天的景象也是非常漂亮的，马家浜也有红陶文物出土，所以我们希望能够在颜色上也体现出这些（图 127）。

这是一些不同的局部（图 128）。

因为它不像一个普通的博物馆那样有秩序感，所以入口开始就是从边门进来，不是一个很堂堂正正的入口大门，首先是一个边院，然后才是中间大厅，大展厅逛一圈以后，出来再进到小展厅，再往后走，到达可以喝咖啡的地方，也可以买书什么的，从咖啡厅可以看到马家浜考古遗址，然后可以再穿过边院出去，到田野上去，到遗址的现场去。通过这样一系列的途径，完成了漫游式的参观体验（图 129）。图的右侧有会议、教室，还有报告厅和辅助部分，图的下部是内部办公。

这就是进去的一个院子（图 130），再到中间的大厅，大厅也是一个非规则的形状。

图 127

图 128

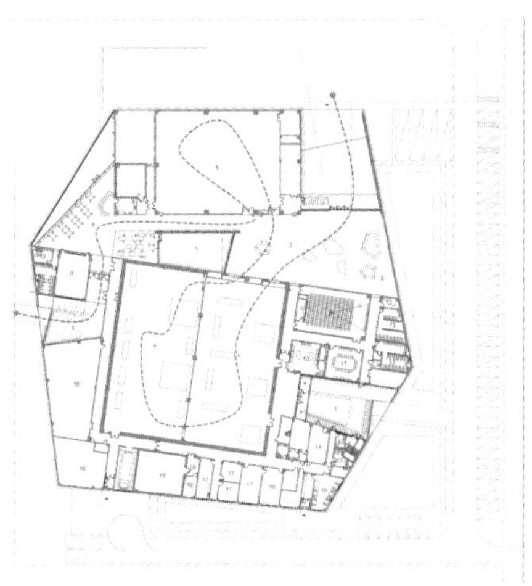

图 129

图 130

图 131

这是边上的院子（图 131），可以通过右边的廊走出去。

不同的地方还有一些庭院（图 132），这些庭院也都很简洁。

这边就是喝咖啡的地方（图 133），当然家具还没摆，看书以及研讨也可以在这里，从大玻璃窗看出去就是考古的遗址（图 134），远远可以看到遗址的现场，外面还有一个平台，也可以走出去，跑到户外去看现场。

这是从户外看建筑的场景（图 135），它只有一层高——我们只做了一层高，局部两层，只有办公有两层，就是希望建筑能够跟大地很好地融合在一起，是对场地的一个响应。希望建筑是能够扎在田野里的，二者间能够建立一种非常紧密的关系，就像 7000 年前的史前人类跟大地的关系。

这是一些剖面（图 136、图 137），因为我们在意大利杂志《PLAN》上发表了，杂志对图要求非常高，我们把一些节点重新整理了一下，这个是我们要

图 132

图 133

图 134

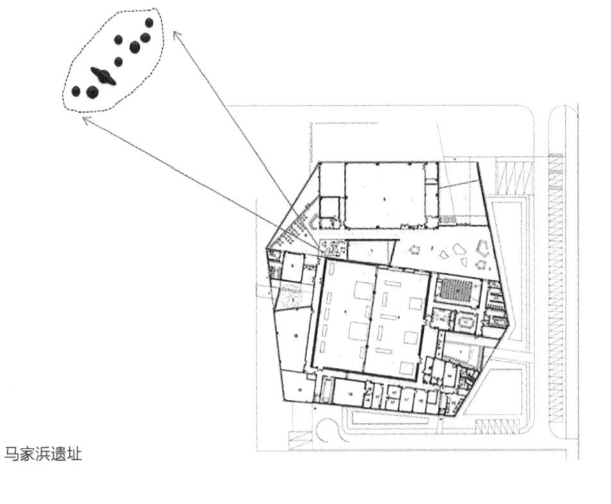

马家浜遗址

图 135

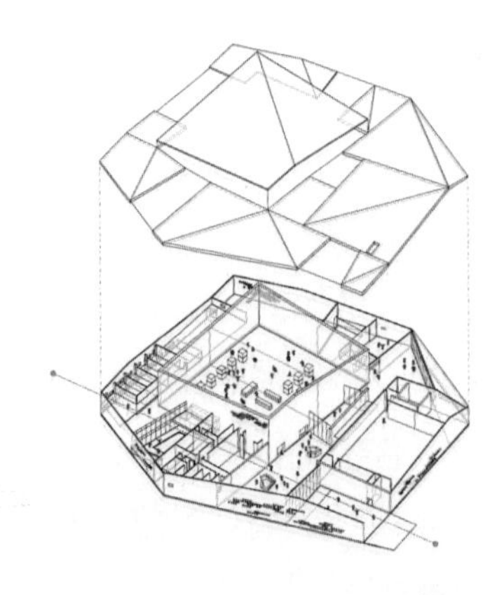

图 136

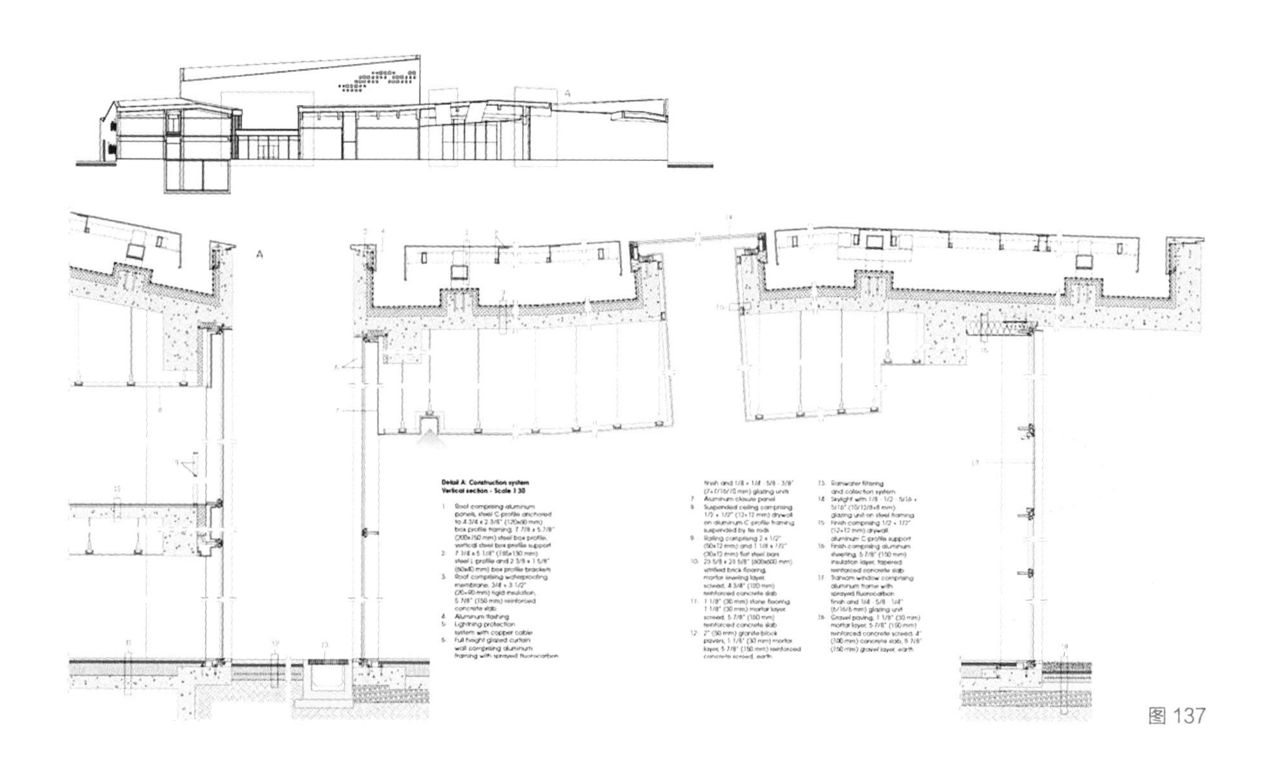

图 137

发表的一张图。

颜色的选择我们也是做了一些考虑的，主要出于两点，第一个马家浜它发掘最多的就是陶器，也是它最有特点的文化，因为陶的使用意味着史前人类开始使用工具。这些陶都是非常粗陋和简单的，呈现出比较原始的质感。所以在设计里面，我们也强调这种原始的效果（图 138）。

这就是立面的效果（图 139），我们当时做了几种方案，最后右边的这一种就没有采用，因为我觉得它的木纹理太整齐了，我们就用了左边这种更随性的效果，里面用了着色的混凝土，把整个建筑简单地展现出来（图 140）。

最后跟各位汇报一个参展作品（图 141、图 142），在这个作品里面我们自己创造了一个新的基地，虚拟的基地，这个展是 2018 年威尼斯双年展的一个展览，香港大学王维仁老师策划的，命题就是 Towers of Free Space。

他邀请了 50 位香港建筑师加 50 位海外建筑师，然后给了 9 种模型。就是他给大家的一个 tower 模型，希望你在这个里面设计，表达你的一些思考（图 143）。

香港早年的时候，是这样一个景象（图 144），但是在发展的过程当中，香港已经变成了一个巨大的城市，可以说到处都像建筑森林，密度比曼哈顿要高得多，香港最中心的部分可能是全世界密度最高的地方，建筑非常密集的场所。

这是一个很有名的摄影师拍的一套香港影像中的一张（图 145），展现出一种非常特别的城市现象。

图 138

图 139

图 140

图 141

图 142

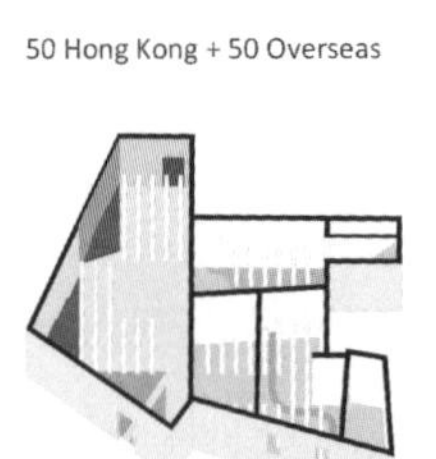

图 143

王维仁老师是香港的，他基于在香港的一种在地性的实践，做了这么一个展览策划，给了你 9 个模型，任选一个。我们对这个东西就进行了重新的思考，重新建立了一个模拟的场地。

王老师给我们的是这么一个模型（图 146），他想象的是两边围合，然后你在这里面做文章，但是我在思考的时候，我想可不可以这样，就是我把这两片墙想象成是香港现在的高层外墙，它是非常贴近的，

图 144

图 145

因为香港的高层很多，感觉好像贴在一起，然后我再把凹面的地方想象成一个外面空间的场所，是户外，而不是室内。

所以我就想可不可以在两个高层之间、在众多高层之间做一个建筑，这个东西是我对香港的一种城市畅想。香港这个地方建筑太密了，高空的人如果要进行公共活动的话，必须要来到地面。于是我就设想能不能在空中设计一个公共性的东西，小型的公共设施，放置于住宅或者办公楼之间，形成既有公共性又有独立性的场所（图 147），它就像一个爬虫一样，像 parasite 寄生虫一样，能够寄生在城市高楼之间，我觉得这个还挺有意思。

所以我们最后做了一个设计叫“寄所 parasite”（图 148、图 149），用它来解决香港垂直城市问题的一个策略，或者说一种畅想。从词义上说，para 有旁边的意思，site 你可以把它说成是地点，也可以把它说成是现场，也可以是场所。我们的设计是希望在香港这么一个超级高密度的城市里，做一个单元，这个单元是能够寄生在城市的表皮、孔洞、缝隙里面，能够在水泥森林里面生存。它不需要很大的地方，一个很小的地方它就能够生存下去。

所以我们有这样的一个畅想：这些单元能在香港的缝隙中生存，它是可以漂浮的，也许是一种轻质的东西，你可以说它是一个飞行器也好，或者说是一个装置也好，里面是有功能的，可能就是一个小小的茶室，可能是一个棋牌室，可能是一个吃烧鹅的地方，或者吃早茶的地方，一些有内容的空间，寄生在城市的森林里，寄生在城市的孔洞里，是符合香港这样一个高密度城市的一种愿望、一种畅想（图 150~ 图 153）。

这是当时展览现场的一些图（图 154）。

之后的第二年，2019 年突然有一部非常有名的电影出现了，竟然跟我们的名字一模一样。这里要说的是完全没有抄它啊，因为我们是设计在前面的。这是去年韩国的一部奥斯卡获奖电影，就叫寄生虫（图 155）。我想我们的设计不会是电影里面所讲的那样，我们的东西是非常公共的，它是为更多的香港人、更多的城市人，更多在高密度城市生活的人所提供的一个公共的场所，大家都能够在这里体验另一种公共生活，而不是只能待在钢筋混凝土的森林里面。

好，我的讲座就到这里。谢谢大家。

SITE
para
SITE

图 146

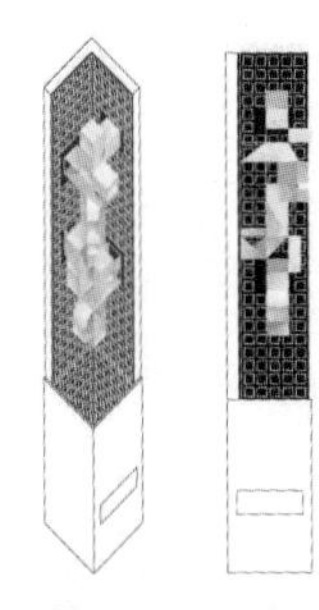

para site 寄所

One possibility about vertical fabric in HongKong
关于香港垂直肌理的一种可能

图 148

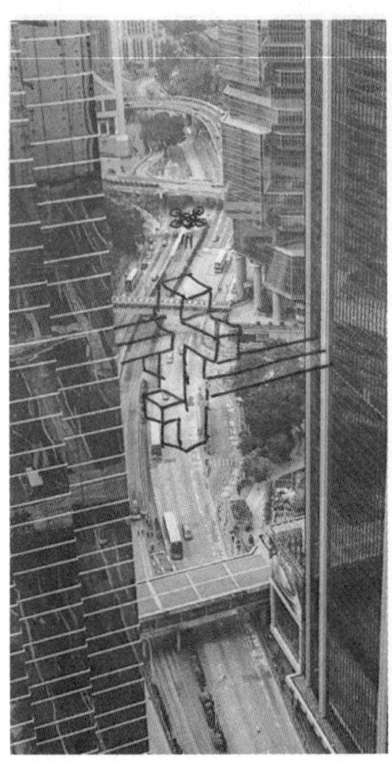

图 147

para-site

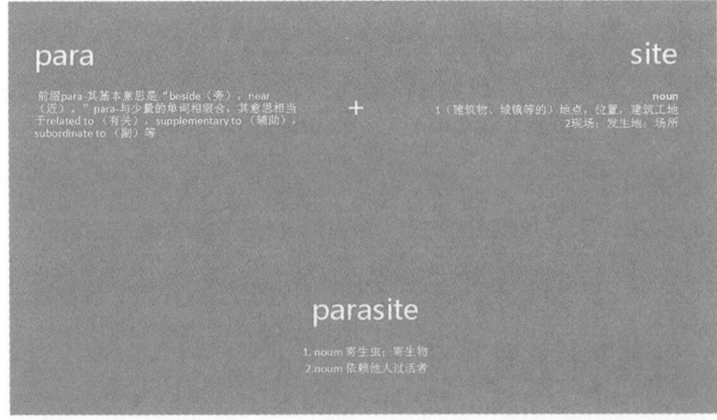

图 149

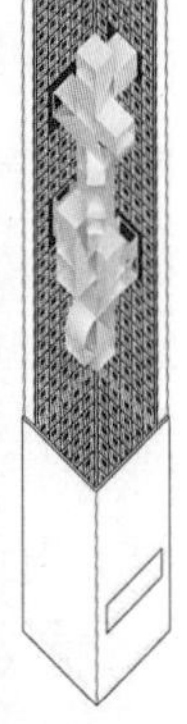

都市畅想

Urban Imagine

城市的生活正在满溢，迫切涌出立体开发严格的单元之中
从表皮、孔洞、缝隙中逃逸出来
Para-Site寄居在水泥森林之中
正如其名
Para-：超越，辅助
超基地的辅助空间
Para-Site是垂直方格网的增生
超出地面网格划分的限制
在极高密度之下再叠加一层城市空间
辅助一座座城市孤岛中复苏的城市生活

City life is overflowing and gushing throughout the rigid units.
Escaping from the skin, holes, and crevice.
para-Site resides in the cement forest.
Just as its name,
Para-, means Transcendence, Assistance.
Auxiliary space of a super base
Para-Site is the proliferation of vertical grid networks.
Break the Restrictions of the grid on the ground
Overlay a layer of urban space onto the high-density city.
Assisting the city life revived from isolated urban islet.

图 150

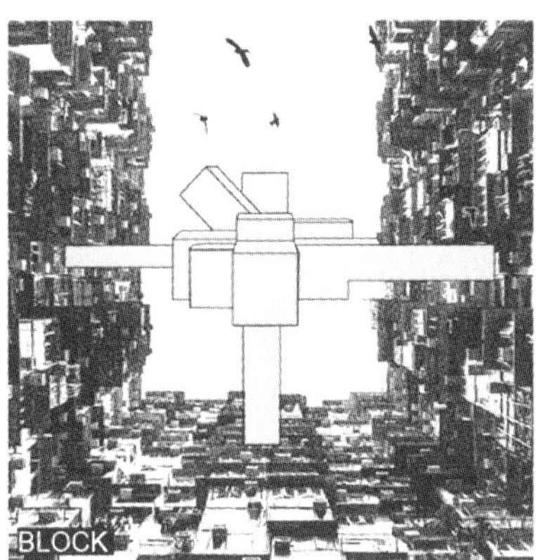

图 151

图 152

图 153

图 154

图 155

主讲人　匡晓明

同济大学建筑与城市规划学院副教授，国家注册规划师
上海同济城市规划设计研究院有限公司城市设计研究院常务副院长
城市空间与生态规划研究中心主任
中国城市规划学会城市设计学术委员会副秘书长
《城市中国》杂志主编
上海市建筑学会青年设计师工作委员会委员
成都天府新区总规划师
上海金桥城市副中心总规划师

主　题　生态城市设计的方法与实践

进入生态文明新时代，城市设计作为空间规划重要的技术方法和手段要应与时俱进，重点关注生产、生活、生态的三生融合理念。生态城市设计是以生态文明思想为内核，以城市生态等为基础，以城市空间设计为手段，实现人、城市与自然三者和谐发展的设计方法。

生态城市设计的研究对象是城市物质空间中各类生态要素的关系。主要包括自然环境、人工环境和主体人。其核心是建立在保护、适应、优化和补偿生态环境基础上，对城市生态进行系统性优化，实现人、城市和自然之间的共生与可持续发展。

生态城市设计通过总体、区段和项目三个层次予以分层落实。从空间结构和生态目标构建，到城绿融合目标的分层管控要素确立，最终在项目实施中对空间形态和生态适应技术予以落实。

研究生同学们大家好！今天我来给大家讲一个与城市设计相关的前沿话题，叫生态城市设计，及其方法和实践（图 1）。

这次课程包括四个部分（图 2），第一部分要跟大家介绍生态城市设计的时代背景，第二部分是关于生态城市设计的内涵，第三段部分介绍一下生态城市设计的层次，最后一部分介绍一下针对不同层次的生态城市设计的系统性设计方法。

首先我们来看一看生态城市设计的时代背景（图 3、图 4）。我们已经进入了生态文明的新时代，这个时代实际的关键特征是与工业文明相比较而言的差异性。工业文明时期主要表现的是追求效率和财富，以征服自然与改造自然为表征。而生态文明时期，我们更加关注人类与自然的一种和谐关系，使城市发展和自然持续做到双赢，以实现互生、共生和可持续发展。

设计前沿 Design cutting-edge

生态城市设计的方法与实践

ECOLOGICAL URBAN DESIGN : LEVELS & APPROACHES

同济大学　匡晓明

Tongji University　Kuang Xiaoming

图 1

目录

Contents

1 生态城市设计的时代背景 Background of Ecological Urban Design

2 生态城市设计的设计内涵 Content of Ecological Urban Design

3 生态城市设计的设计层次 Levels of Ecological Urban Design

4 生态城市设计的系统方法 Approaches of Ecological Urban Design

图 2

图 3

图 4

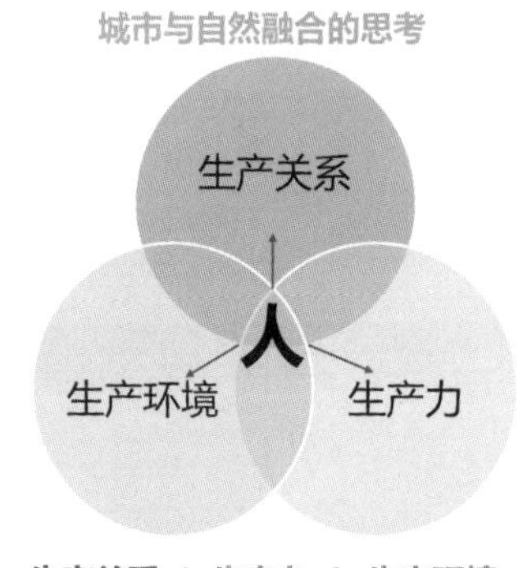

图 5

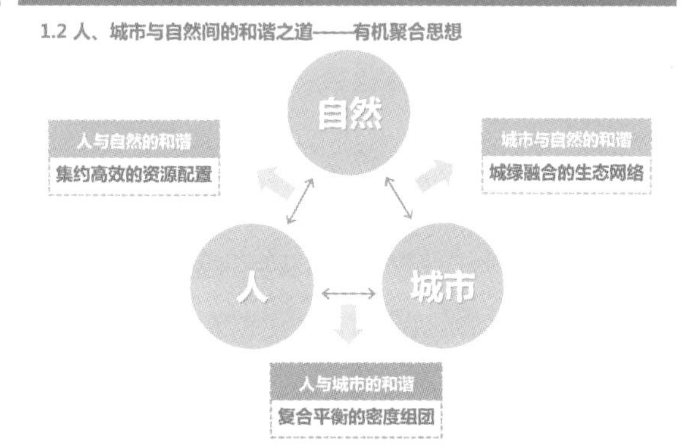

图 6

以往我们关注比较多的是生产力和生产关系，更多的是关注了社会、政治、经济和文化这方面内容。如今我们开始关注生态资源的利用与可持续性。以前我们向自然索取的比较多，如今新时代我们开始关注生产力和生产关系之外的生产环境，这个生态要素值得我们深入的思考（图 5）。

我在十年前其实已经开始这方面的研究，并提出了有机聚合的思想（图 6），试图来解决人、城市、自然之间的和谐之道。一直以来，人类的发展一直在向自然索取，人类发展跟自然界缺少一种底线约束。现在我们要认真思考城市空间与自然空间应该是一个什么样的关系，才能实现和谐与融合？具体来说就是我提出来的人与自然的和谐、城市与自然的和谐、人与城市的和谐这三种关系。

关于有机聚合思想，我概括为三个策略：

第一个策略就是城市与自然的关系。以前多数城市的扩张是摊大饼模式，城市发展和经济发展是互为因果的。虽然我们有总体规划管控，但实际上我国城市的发展速度非常快，不断在蚕食城市周边城郊的生态和农业空间。从图6右上角部分可以看出，我在想一种城绿融合的办法，我们的城市不是一种摊大饼式的外溢铺张的关系，可以建立一种城市与自然的融洽的关系。

第二个策略就是人与城市的关系。我们在城市中生活与生产，不能忽视生态空间，“三生”要素要组织最好。如果我们城市是单中心的，那么也就意味着中心地区的交通会变得拥挤不堪。假设我们是一种组团式的布局，我们可不可以在15分钟生活圈解决我们就近的一般生活的服务，包括我们可以规划一种职住平衡状态，这样不仅提高了我们的效率，也减少了跨越组团之间的不必要的交通。另外在组团的空间里，我们也可以更好地或者均等化地建立一种与绿化空间、开敞空间之间的互动关系。原来在城市规划体系中有这方面的内容，比方说一个居住区有居住区公园，城市有城市级公园，但是这种公园都是以“贴邮票”的形式出现的，是一种分散式的均等布局。但是这种空间它的生态效能怎么样？我的判断是这种生态效能不够高。假设我们把居住区公园和城市公园形成一个系统的话，那么它就有生态学的价值。

第三个策略就是人与自然的关系。关于这方面的研究我采用低碳的方法来进行比较和分析，也就是我们的排碳量要做到最小并尽可能增加碳汇，以此来判别人类活动与自然的关系。城市规划和设计可以用碳排放和碳汇叠加的量化方法来评价我们与自然资源的关系好坏。

中国政府近年来特别关注生态城市的建设，主要是关注三大要点（图7），其中一个就是新型城镇化，新型城镇化的新主要体现在更加关注人，也就是更加关注人民群众对美好生活的向往。原来我们对物质的需求比较多，而如今随着人民群众对美好生活的向往在逐渐提升，更多地表现出对美的要求、对艺术的要求、对配套的要求、对精神的需求和对归属感的需求。人们开始关注自然环境，关注对美好环境的向往。在国土空间规划里也特别强调生态空间和蓝绿空间的重要性，要保障城市建设活动和生态空间有一个合适的比例关系，雄安新区就是一个很好的案例，我们都在研究蓝绿空间中生态空间、农业空间和城市空间形成一个什么关系会做得比较好？对这种关系如何来进行约束？通过三区三线的划定保证了这个约束底线。保证青山绿水和城市建设有一个科学的比例关系。近来，这方面内容在我们国家的相关政策里一直给予了高度重视。在国土空间规划体系中，特别关注优化国土空间的格局，对三大空间进行划定，同时也高度关注资源利用的高效率。在城市建设中，城市设计发挥着相当大的作用，在集中建设区面积是一样的情况下，空间组合模式对我们资源利用的效率产生巨大影响。

在2015年底，中央城市工作会议就特别对三大空间提出了详细的要求，这次中央城市工作会议对中国城市规划和建设产生了重大的影响。在“一个尊重五个统筹”里，我特别关注的是第五点，就是统筹生产生活生态三大空间，生产空间集约高效，生活空间宜居适度，生态空间山清水秀。所以高效率利用土地，并适度保持良好的三生空间比例，这应该是城市设计特别要研究落实的重要内容。

在三生统筹这个概念里有六个重要的点（图8），绿色发展是所有城市建设关注的第一个重点。所以对城市设计而言，也要特别关注绿色与关注生态。另一个关注点是自然审美，青山绿水也是我们城市设计的内容。这要运用城市设计的方法和手段，来处理好城市与山水的关系。比方说在山边建城市，我们跟山的关系是什么？在距离山不同的尺度上我们如何控制好城与山的关系才是和谐的？

比如说在山坡上建房子，山脚下、山腰、山顶，不同的位置的建筑管控要求应该是不一样的。比方说在山上的 1/3 以上的位置建房子可能会破坏山体的自然轮廓；山腰部分只能建低层的房子；山脚下可能还要考虑不同的层次。在国土空间规划背景下，城市设计也必然要关注建筑和自然之间的关系。我们要守住红线、集约发展，特别强调低碳发展。低碳减排是我国的国家战略之一，城市交通与低碳发展有非常大的关系，假设我们更多的人是以公共交通出行，以自行车和步行出行，将会大量减少汽车尾气的排放。要鼓励大家低碳出行，这个跟城市设计的关系非常大，好的城市设计布局可以鼓励低碳出行，好的城市设计也可以吸引人们步行或骑车，从而实现低碳。

第二节介绍生态城设计的内涵（图 9、图 10），城市设计这个领域在不同的时间段有不同的关注点。城市设计早期主要是关注美学，早期的英法等国城市设计代表性内容就是城市美化，关注一条美丽大街，强调城市美学。到了 20 世纪初，出现了真正意义上的城市设计的概念，开始关注功能，也就是我们通常说的工作、生活、交通和休憩以及功能性的问题，那么到了 20 世纪 60~70 年代，国际上开始关注人文，也就是对历史文化的传承保护，纳入城市设计的事业当中。这个时候涌现出一批城市设计的理论家，主要研究人文对城市设计的影响，包括对街道的尊重，对人的尊重，以人为中心等，这些都是典型的人文主义思潮，进入 21 世纪，全球开始高度关注生态主题。在这种背景下，包括生态美学、生态设计和低碳环保等都进入我们的视野。我们从城市设计发展进程来看，美学、功能、人文和生态都是我们的关注点，但近来特别关注的是生态主题。

同济大学在这个领域也有比较多的老师参与，比方说沈清基教授，还有东南大学王建国院士等，在 2000 年左右开始关注城市规划中的绿色概念。从整体上来看，国家层面起到了重要的推动作用。2003 年就开始颁布一些生态城市建设指标，也就是说绿色管控内容要量化，在规划和建筑中得以落实。比如绿建指标很好地推动了建筑的节能与环保。同时在“十二五”期间住建部就推动了一批生态城区的建设，其中世博会规划建设实践是一个标志性事件（图 11）。

近年来国际上对这个领域的研究也是比较多的，概括起来有三个方面重要内容（图 12）。一个是关于生态技术方面的研究，比如水生态方面的研究，包括雨洪管理方面的研究。雨水是一个重要的资源，我们要把雨水充分利用起来，暴雨来的时候把雨水储存起来，平时可以用来浇灌植物。另一方面是关于生态设计方法的内容，包括海绵城市热岛效应、土地的使用、环境模拟和可持续的城市模型等，以及其他的法律法规方面的政策研究。

城市设计是链接人、城市、自然的一个方法。我们通过城市设计这种方法和手段，来解决城市、人和自然的协调关系。当然生态是城市设计的一个重要议题，如何把自然生态环境质量和能源使用效率考虑进去，就是生态城市设计考虑的内容，这些内容突破了原来城市设计关注的空间形态和人文功能等问题。雪瓦尼在《都市设计程序》当中就提到，生态环境的

1.生态城市设计的时代背景 Background of Ecological Urban Design

1.3 中国生态城市新阶段——三大关注要点

New stage of Chinese Eco-city ——Three Main Concerned Points

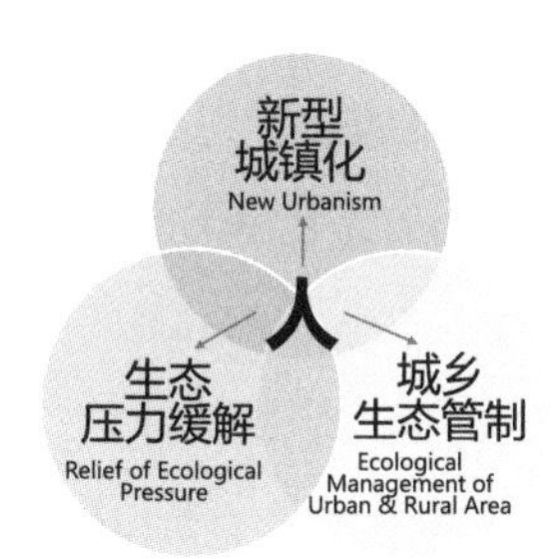

图 7

1 生态城市设计的基本背景 Background of Ecological Urban Design

中央城市工作会议——1个尊重+5个统筹

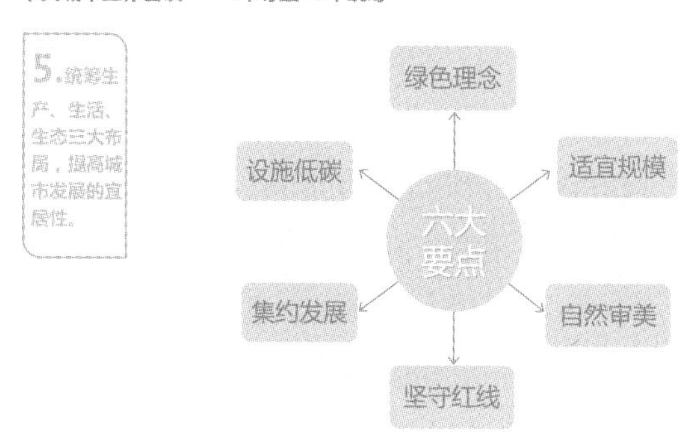

图 8

2

生态城市设计的设计内涵

Content

图 9

2 生态城市的设计内涵 Content of Ecological Urban Design

2.1 城市设计价值观的拓展

The Horizontal Expand of Urban Design Value

城市设计拓展：美学主义→功能主义→人文主义→生态主义

Expand of Urban Design: Aestheticism →Functionalism→Humanism→Ecologism

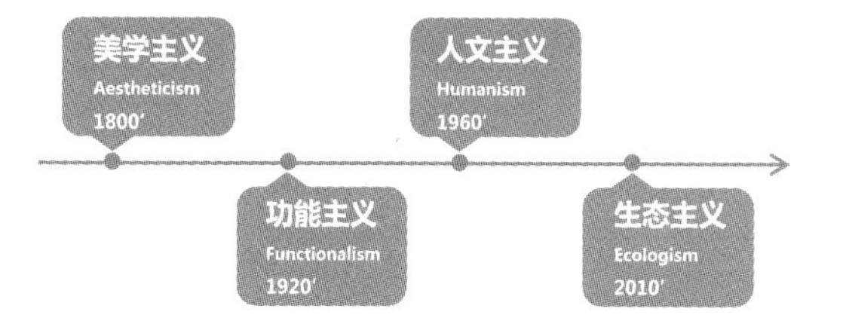

图 10

2 生态城市的设计内涵 Content of Ecological Urban Design

2.2 中国生态城市-绿色建筑的趋势与历程

The Trend and History of Chinese Ecological City and Green Architecture

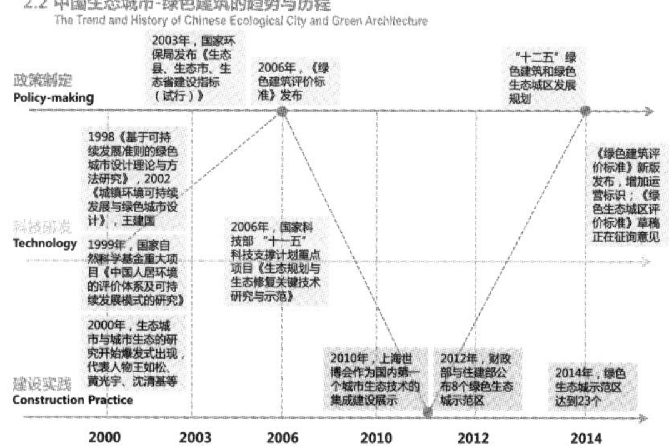

图 11

2 生态城市的设计内涵 Content of Ecological Urban Design

2.3 国际生态城市设计研究重点

Specializations of International Ecological City Research

研究类型	研究方向	在研课题
生态技术研究 Ecological Technology	雨洪管理 Storm water and Flood Management	•雨水循环利用系统研究 •水文工程软件开发
	空气质量 Air Quality	•通过精明增长和混合交通实现二氧化碳排放的缓解
	气候变化 Climate Change	•改善城市热岛效应 •探寻管理气候变化的规划手段
生态设计方法 Ecological Urban Design	城市设计与环境绩效研究 Ecological Performance in Urban Design	•基于雨水管理的土地使用模式控制 •基于GIS研究低能耗的都市农业系统 •城市形态、景观变化和土地使用规划对水文、气候变化的影响 •低碳建成环境模拟 •可持续的城市模式研究 •建设藻类为能源的生态城市地区的准则
生态城市的实施与政策研究 The Implement and Policy Research of Ecological City	生态效益评估模型 Sustainable Effect Assessment Model	•基于模型和准则评估城市的可持续性 •分析可持续性与城市生活质量的关系 •高密度建成区能源消耗估测及减少方法
	生态环境相关决策方法的研究 Environmental Negotiation and Policy Research	•综合决策方法对城市的影响 •规划政策、规划风险及公共政策争论管理 •政府、公众和机构在环境问题中如何协调决策和利益关系
	可持续的经济研究 Sustainable Economy Research	•城市固废系统、废电循环系统、水资源循环处理系统研究 •工业生产中材料循环模拟模型

图 12

议题要纳入我们的城市设计当中，要关注人工环境和自然环境的关系（图 13）。

因此，随着时代的发展，传统城市设计应不断丰富其内涵，纳入城市生态学的有关理论，加强对生态群落和自然环境的融合，要把经济、社会、文化和自然生态融合起来综合思考。在 2014 年，同济规划院成立了城市空间与生态规划研究中心，我担任研究中心设计主任，开始将城市设计注入生态学内容，提出了生态城市设计的概念。生态城市设计是以生态文明思想为内核，以城市生态学为基础，以城市空间环境设计为手段，最终实现人、城市与自然和谐发展的城市规划设计的方法（图 14）。可以说城市设计就是要纳入城市生态学的理论，特别关注人与城市和自然和谐发展这个主题。那么生态城市设计和传统的城市设计，空间主要的不同点在哪里?

生态城市设计和一般意义的城市设计的主要不同之处可以概括为四个要点（图 15）:

第一点是由蓝图式到全寿命设计，主要是强调城市设计时间概念。城市设计绝对不是画一张蓝图那么简单。城市运行的合理、高效和低耗是考核城市设计是否合理的重要内容，这就需要考虑城市运行的全寿命过程。

第二点是要强调绿色发展，就是要关注低碳环保和可持续发展，减少碳排放，同时增加城市的碳汇能力。

第三点是要多元融合，要特别关注城市的多样性和包容性，城市应该是多元化的，城市空间组织要复合化，生产生活要互相融合，这样才能更有活力，更加高效，更能够减少碳排放。当然，这也就意味着城市也应该是多中心的，可以就近提供步行可达的城市公共服务。

第四点是思维方式，城市空间是由诸多网络叠加而成的，这不仅是城市道路网络，也包括蓝绿网络、绿道网络、文化网络和社交网络，在这个新时代还有更重要的智能网络要叠加进来，这注定了未来城市应该是网络化的城市。以下就结合我主持设计的方案来初步感性地了解一下生态城市设计。

合肥滨湖新区城市设计（图 16、图 17）是我在 2005 年主持的实践方案，是对自然生态和城市空间融合发展的早期思考，也可以说是生态城市设计的萌芽。第一个思考是城市和水的空间关系，我们提出离湖建设的概念。也就是城市与大江大湖要保持一定的距离，而不是围湖建设。所以我们当时提出引湖入城的思路。围绕着小尺度的水体组织城绿融合空间。在巢湖边上还是以生态为主，包括湿地等生态空间。另外一点就是离大湖临小河的概念，围绕着小河道组织城市布局空间，更加亲切，更加具有城市活力。还有一点是在城市与生态空间之间，我们规划了在城市边缘和生态空间之间的亲绿聚落作为城市与生态空间之间的生态过渡。

这就是后来我们总结出来的，远湖离江临小河的城水关系的基本原理（图 18）。小河的生态性能往往不会那么高，生物多样性也不是那么丰富，而大湖大江周边是生物多样性最为丰富的地区。临小河建设，一河两岸，会产生更加亲切的空间关系。当然滨水空间还要强调人文，强调人文与自然的融合，同时也实现了生态价值的最大化，并满足了人们对美好生活空间的向往。

2008 年编制的大连小窑湾城市副中心项目（图 19），我们首先完成的工作就是理水。建立两条垂湾河流以及由此形成的网络型生态空间骨架。由于

2 生态城市的设计内涵 Content of Ecological Urban Design

2.4 生态城市设计的理解

城市设计链接了人、城市与自然，生态是城市设计的重要实践议题之一。

如何切实地将自然生态、环境质量、能源使用等一系列生态相关的内容纳入城市设计实践中，当前尚缺乏一些明确的方法。

"即使是最近的城市开发工作中，城市设计的实践一直都很少考虑生态环境议题。这首先是由于欠缺一个明确、直接的方法学，来指导城市设计专业工作者**将生态环境议题纳入整体设计中**；其次，人们常常将重点放在自然环境上，而非注重**人工环境与自然环境的关系**"。

——《都市设计程序》的作者哈米德·雪瓦尼（H · Shirvani）

图 13

2 生态城市的设计内涵 Content of Ecological Urban Design

2.6 生态城市设计的内涵

生态城市设计是以生态文明思想为内核，以城市生态学为基础，以城市空间环境设计为手段，最终实现人、城市与自然和谐发展的城市规划设计方法。（同济规划院城市空间与生态规划研究中心　匡晓明，2014）

Ecological urban design is a kind of urban planning method that develops ecological civilization as the core idea, urban ecology as the foundation and urban spatial design as the tool. Its goal is to come true the harmony between human and the nature.

(TJUPDI Urban Space and Ecological Planning Institute　Xiaoming Kuang, 2015)

图 14

2 生态城市的设计内涵 Content of Ecological Urban Design

2.7 生态城市设计的提升

Content of Ecological Urban Design

生态城市设计 VS 既有城市设计

Ecological Urban Design VS Existing Urban Design

设计理念 Design Concept	从蓝图式设计到全寿命设计 from blueprint design to long-term design
设计目标 Design Goal	从景观环境营造到绿色发展 From environment buliding to green development
设计对象 Design Object	从空间形态塑造到多元融合 from spatial design to multivariate design
设计方法 Design Method	从线性思维到网络思维 from linear thinking to network thinking

图 15

图 16

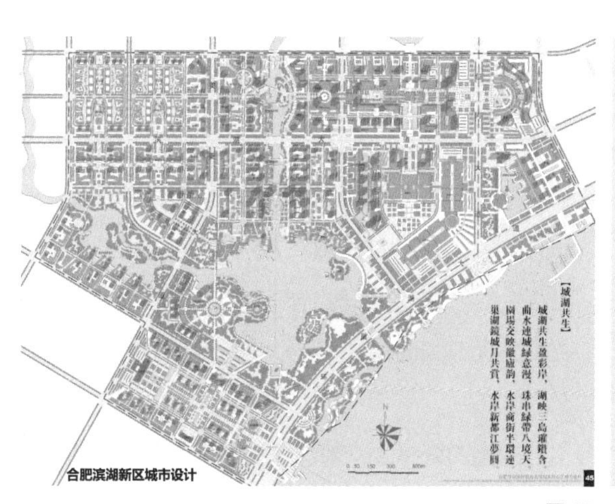

图 17

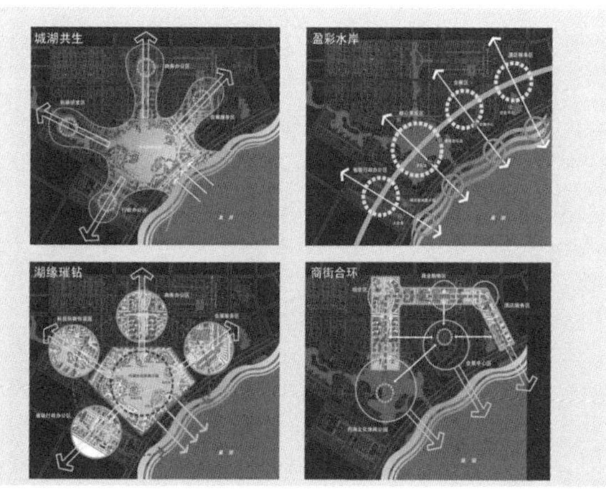

图 18

图 19

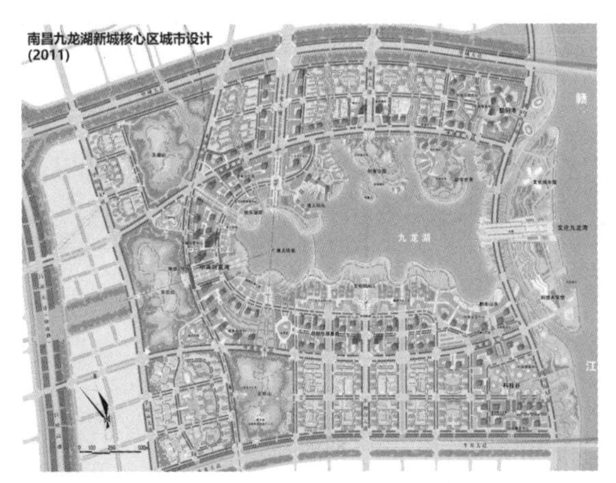

图 20

图 21

海水与淡水交互的原因，我们特别进行了海水水工的模拟，以实现海水生态化自净。在强调传统的天际轮廓线设计的同时，建立多条垂向小窑湾的生态廊道，通过这些绿廊一方面构建蓝绿生态网络，另一方面通过绿廊分隔形成城市组团，从而实现了组团式城市布局模式，由于采用了垂直于小窑湾的廊道空间的布置，就保持了山体与水体以及生态空间的网络联动性，最终形成了组团式的城市与自然共融的发展模式。

2011 年完成的南昌九龙湖城市设计（图 20）是另一个城市与生态融合的案例。这个案例采用的是赣江垂江利用洼地展开城市空间布局的方式。我们不仅要关注水绿空间体系构建，还特别提供保留西部三座植被状况良好的小山丘，形成山水相依的空间关系。结合洼地的跌落，把水系分段处理好，形成了以水为中心的城绿共生的空间特征。

在九龙湖周边，我们预留了大量的生态过渡空间，安排了低强度的小聚落式开发组群。高密度的开发集中在次湾和次港地区，在小河小港地区可以组织丰富的亲水空间，建筑不需要后退，可以与水系融为一体，使市民真正体会到或者享受到生态空间的美好并实现了生态价值的转换（图 21）。

在 2016 年，我作为项目负责人参加了北京通州城市副中心城市设计（图 22）。这个项目是由吴志强院士亲自挂帅，在这个项目里我们开始更加细致地研究了组团型城市的模式，包括城市和生态自然环境的共生关系。更为重要的是吴院士提出了城市是一个有机生命体的概念，是一个功能、生态和文化高度融合的有机体。

给我印象比较深刻的是吴院士提出延续中华传统智慧的龟背空间，更好地组织了城水关系，实现了每个组团由中部向四周的排水策略，并在外围布置环城湿地，把径流控制系数落实到图纸上。

2017 年，我带队参与了雄安新区启动区的国际方案征集（图 23），这应该是与最终的实施方案最接近的一个。现在大家可以从网络上直接学习一下雄安启动区和起步区的实施方案，这个方案是一个非常典型的生态性城市设计案例，展现出的是一副城绿共生、组团发展、蓝绿交融、水城共荣的画面。

我作为成都天府新区的总规划师，主持设计了天府新区核心区的城市设计（图 24）。我们采用的是公园城市的理念，试图以生态城市设计的方法提供一种公园城市核心区的场景。相对于传统的高度集聚的城市核心区形态，我们尝试用一种以生态学的角度来塑造一种城绿相融、充满活力的新型城市中心场景。方案中，我们把场地原有的水系、河流、小溪和部分山丘保留了下来，以城绿相融的手法组织群组空间并形成城市公共空间体系，由 CBD 到 CBP，塑造一种生态型的中央商务花园的空间形态。

以下是在上海本地的一些实践探索。2010 年上海杨浦滨江的城市设计（图 25），主题有两个，一个

北京通州城市副中心城市设计(2016)

图 22

雄安新区启动区城市设计(2017)

图 23

成都天府新区中央商务核心区

图 24

上海杨浦滨江城市设计

图 25

是生态，关注滨江环境，还江与民，打造滨江生态活力空间；另外一个就是人文，重点传承杨浦百年工业遗存，打造人文滨江。

在上海临港张江高科园区的城市设计（图26）中，我们开始更多地考虑地域属性，强调江南水乡的特点，把高科技空间与水系特点结合起来。首先是梳理水系本底，并以生态水系为骨架组织组团式空间布局。骨干河道突出生态功能，而次级小河临河塑造活力水岸，在高科技园中展现地域水乡活力风貌。

最后介绍一个最近设计的上海金桥副中心城市设计（图27）。这个方案的设计理念是城市活力有机共生体。把生态人文和城市活力作为中心功能，环绕组织高强度集聚开发。其中一个重要的生态城市设计手段是强调网络关联性。金科路局部下穿实现了生态网络的有机整合。轨交加步行实现了低碳出行的目标。人文概念的注入，使生态更赋予了新的内涵。

以上我们先感性地了解了一些不同尺度的案例，实际上不同尺度城市设计所关注的内容是不一样的。第三部分我来介绍一下生态城市设计的层次。做好生态城市设计需要建立一种基于不同尺度的层级化方法。这种方法不仅要对应我国的城市规划体系，也要有一系列的落地标准。比如说美国的LEED-ND，英国的BREEAM，法国的HQE，这些都是国际上被广泛认可的标准，值得我们参考。大家有兴趣可以关注这些标准。不同尺度城市设计的内容和管控要求，要采用分层的方法。参照国内法定规划的一些基本的要求，可以分为总体和详细两个层面，能以生态城市设计的研究也应该对应总体层面与详细层面（图28）。

这样生态城市设计的成果也就可以很好地纳入法定规划。所以将生态城市设计分为总体层面、区段层面和项目层面三个层次（图29）。

以下结合我的实践案例来介绍一下三个层次生态城市设计的重要内容。包括：宏观尺度的总体生态城市设计、中观尺度的区段层面生态设计和微观尺度的项目层面生态城市设计（图30）。

总体层面比较多的是关注生态目标引导，比如生态目标和总体的生态引导要求。比方说总的径流控制率、植林率和低碳碳汇等指标。区段层面更多的是关注指标，要落实总体传导下来的各项指标并纳入管控体系。项目层面主要是生态技术的应用。越是宏观的部分，结构性内容就越重要，其对降低碳排放的作用也是结构性的，一个城市布局的结构不合理，带来的这种高耗能碳排放是长久的，从全生命周期来说累积危害是巨大的。

越是总体层面定性的绩效内容就越强，而中间层次的指标控制是核心内容，到了项目层面空间形态和适宜技术的应用就越重要（图31）。

从各层面管控重点内容来说，总体层面的主要工作内容是生态压力分析、生态边界的划定和目标确立。区段层面的主要工作内容就是指标分解与管控，管控内容可以纳入控规和土地出让条件，当然也可以探讨编制生态附加图则。项目层面则更关注生态方法与技术应用（图32）。

第四部分，介绍一下生态城市的系统方法，主要是围绕着有机聚合的思想进行展开，将生产、生活、生态三大要素进行综合考虑并予以落实（图33）。这里要特别强调的是生态城市设计绝对不是仅仅关注绿色，这个生态具有广义属性，包括生产、生活和生态的融合，其核心是以人为中心，目的是资源优化配置，以实现可持续发展。

图 26

图 27

3 生态城市设计的设计层次 Levels of Ecological Urban Design

3.2 与法定规划相参照

Referring to the Statutory Plan

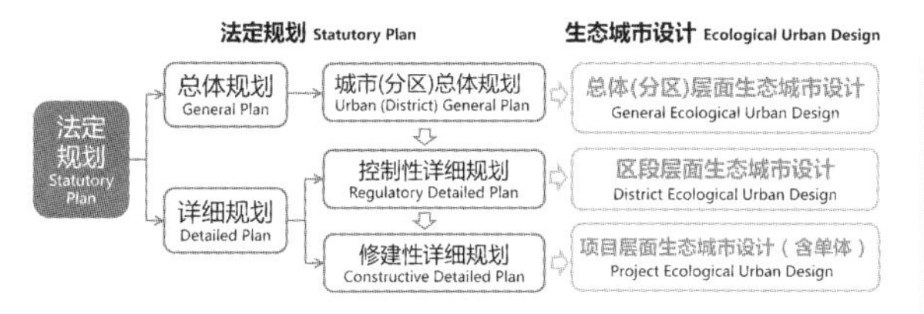

城市规划分为总体规划和详细规划两个阶段。大、中城市根据需要，可以依法在总体规划的基础上组织编制分区规划。城市详细规划分为控制性详细规划和修建性详细规划。

——《城市规划编制办法》第七条

图 28

3 生态城市设计的设计层次 Levels of Ecological Urban Design

3.3 与空间尺度相对应

Corresponding to the spatial scale

宏观尺度 Macroscopic View

市区/城市功能区

总体层面生态城市设计 General Ecological Urban Design

中观尺度 Mesoscopic View

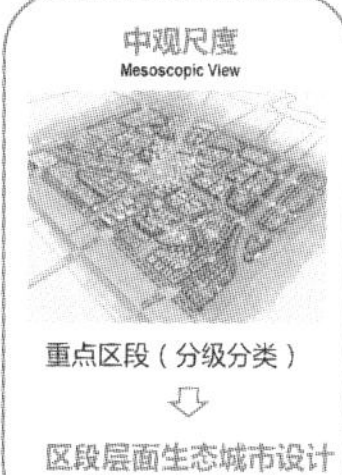

重点区段（分级分类）

区段层面生态城市设计 District Ecological Urban Design

微观尺度 Microscopic View

重点街坊

项目层面生态城市设计 Project Ecological Urban Design

图 29

3 生态城市设计的设计层次 Levels of Ecological Urban Design

3.5 总体管控思路

Idea of Management & control

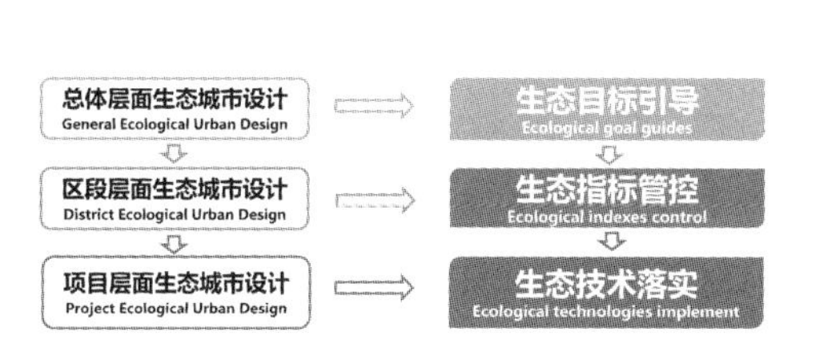

图 30

3 生态城市设计的设计层次 Levels of Ecological Urban Design

3.6 各层次的管控目标

Management & Control Objectives of Every Level

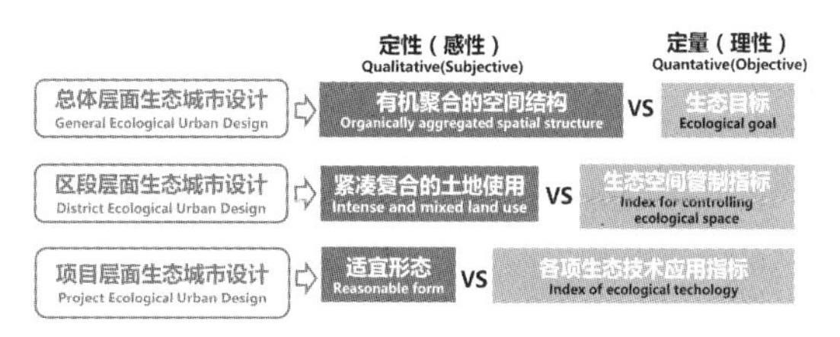

图 31

有机聚合的原则包括四个方面（图34）：首先是关注禀赋性，场地的禀赋的最佳发挥是至关重要的。比如现状的河流山体就是自然禀赋，历史文化街区就是文化禀赋，发挥资源禀赋的作用是先决原则。其次是创新性，就是通过设计来创造价值。从纵向轴来看，宜居性是吸引人的基础，城市要适宜于人们居住，满足人民对美好生活的向往，最后不能忽视竞争性原则，发展是硬道理，没有税收就没有公共财政，也就无法创造美好生活，更不能实现均等化。

以下介绍一下三个主要的设计系统（图35）。在设计策略方面主要就是建立城绿相融的生态网络系统，这其中包含了城市风廊，也包含了组团式发展的概念。组团式布局的重要特征是复合性，也包括组团内的职住平衡。这其中的重要含义就是生产与生活不能截然分离，钟摆式交通就是一种高耗能的标志之一。

关于实现路径主要内容分五大项（图36）。第一是功能复合和空间多样，这是城市设计高效低碳的基本思想。多中心、组团化和网络式是主要设计策略。用地布局要紧凑，公共设施要均衡配置。第二是绿色交通系统，对城市来说就是TOD，对大城市来说就是轨交加步行，围绕轨交站点要尽可能进行高密度上盖开发，并以站点为中心组织步行交通系统。第三是生态景观环境，强调UGB（Urban Growth Boundary）。第四是可持续资源利用，包括低冲击、雨洪管理以及绿色能源利用等。最后一项是绿色建筑管理（趋势）。

这里要强调的是计算机辅助技术和应用（图37），包括风模拟和日照模拟等软件的应用，计算机辅助技术是生态城市设计非常重要的分析与支撑方法。

生态城市设计的基本步骤大概可以分为四个阶段。

重点在第四个阶段，即设计成果是以生态低碳为导向的八个方面内容（图38）。

第一是总体层面的内容，强调的是理念和目标也包括总体指标的确定。第二是划定生态的边界。第三是构建生态安全格局，也包括生态基础设施。第四是生态网络化景观体系的建构。比如每个小区一个中央绿地，这种生态效能是比较低的，在同等绿地规划的情况下，网络化较之于分散化具有更强的生态意义。第五是紧凑发展，包括功能复合、空间紧凑和出行方便等内容。复合化包括地块各种功能的多元化，也包括楼宇内部垂直功能的复合化。第六是绿色出行，绿色出行不仅仅是规划设计一些公交和绿道，关键是要加强城市设计，加强场景的营造，创造有魅力的空间，才能吸引人进入绿道和使用绿道，空间友好才能吸引人。第七是确定总体空间风貌特征。最后就是要落实生态量化指标，以实现管控目的。

关于设计重点是四个方面（图39），包括：生态格局的网络化、空间结构的多人化、土地利用的复合化以及交通出行的绿色化。

总体层面的案例是2015年我主持的郑州国际文化创意产业园的城市设计（图40）。

首要工作就是对现状进行评估，我们确定了八项生态因子进行评估与评价（图41），包括植被、坡度、水等，这些自然要素是建设千年城市框架的基础。

根据土地适宜性分析（图42），确定蓝绿空间的比重，蓝绿空间包括山水田林等各种生态空间。

从空间布局模式图（图43）可以清晰地看出生态空间与城市之间的互生关系。这其中不仅是建立起网络化的蓝绿空间骨架，也形成了组团式的城市布局系

3 生态城市设计的设计层次 Levels of Ecological Urban Design

3.7 各层面管控重点
Management & Control Emphasis of Every Level

图 32

4 生态城市设计的系统方法 Approaches of Ecological Urban Design

基于“有机聚合”思想的生态城市设计方法
Approaches of Ecological urban Design based on Organic Aggregation

有机聚合：城市生产、生态与生活的有机集聚与融合
Organic Aggregation: Aggregation and combination of urban production, ecotope and Urban life

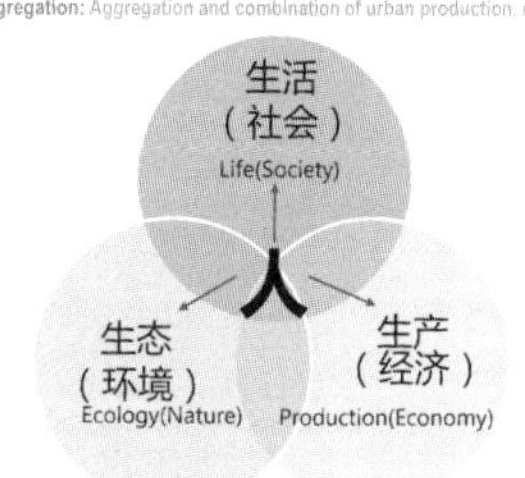

生产力 + 生产关系 + 生产环境
Productivity + production relations + production environment

图 33

4 生态城市设计的系统方法 Approaches of Ecological Urban Design

基于可持续发展的“有机聚合”原则
Principles of Organic Aggregation Based on Sustainable Development

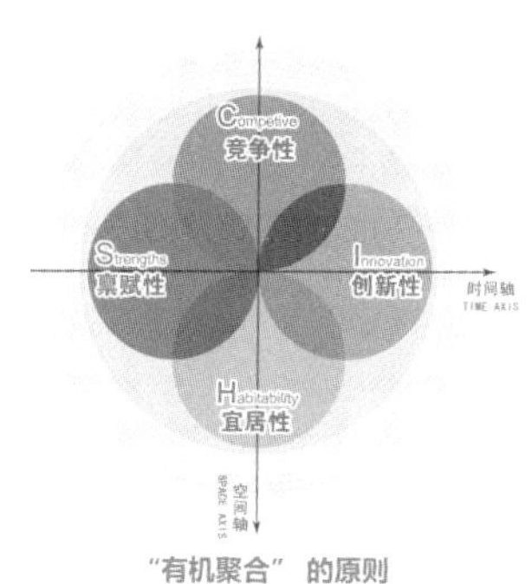

“有机聚合” 的原则

图 34

4 生态城市设计的系统方法 Approaches of Ecological Urban Design

有机聚合理念的三大设计系统

设计策略：城绿相融的生态网络；复合平衡的密度组团；集约高效的资源配置

设计模式

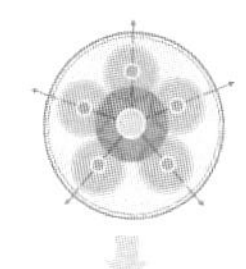

设计手段：
- 自然生态格局构建；水绿生态效益提升；微气候区环境优化
- 土地复合优化利用；尺度密度均衡适宜；绿色交通出行引导
- 高效低碳能源使用；集约节约资源利用；自然生态智慧传承

图 35

4 生态城市设计的系统方法 Approaches of Ecological Urban Design

实现“有机聚合”策略的途径
Ways to achieve Organic Aggregation

城市设计要素 Urban Design Element	城市设计策略 Urban Design Strategy
功能复合与空间多样 mixed function and Diverse space	➢多中心结构体系 ➢紧凑的用地布局 ➢土地的混合使用 ➢适宜的规模和尺度 ➢公共设施均衡配置
绿色交通体系 Green transportation system	➢TOD模式 ➢完善慢行交通体系 ➢优化公共交通设施
生态景观环境 Ecological landscape	➢严守开发边界（UGB），保证自然要素的完整性 ➢与自然有机融合的空间布局 ➢碳汇系统垂直格局整合，提升绿地排氧固碳能力 ➢气候响应设计（风热环境评估优化）
可持续资源利用 Sustainable resource	➢基于低冲击开发（LID）的雨洪管理设计 ➢不同能源的梯度整合利用 ➢低碳固废管理系统
绿色建筑管理（趋势）	➢绿色建筑星级水平 ➢建筑节能水平 ➢建筑节材水平

图 36

4 生态城市设计的系统方法 Approaches of Ecological Urban Design

实现“有机聚合”策略的辅助技术
Assistive Technology to achieve Organic Aggregation

要素 Elements	相关技术 Relevant Technology
规划分析评估技术 Technology of Planning Evaluation	➢Geo-design ➢Arc GIS生态安全格局分析与构建 ➢垂直、水平格局生态过程整合分析
计算机模拟技术 Technology of Computer Simulation	➢Fluent、Envi-met风环境模拟 ➢Landsat8地温反演 ➢ECOTECT太阳辐照模拟 ➢Terra Builder、City maker三维视线模拟
智慧城市支撑技术 Technology of Supporting Smart City	➢云计算技术 ➢物联网技术 ➢数字城市相关技术 ➢大数据挖掘

图 37

4 生态城市设计的系统方法 Approaches of Ecological Urban Design

4.1.2 主要内容
Main Contents

1. 明确生态规划理念目标 Clear concept and goal of ecological planning
2. 划定城市增长生态边界 Delineate urban growth boundary for environment
3. 建构总体生态安全格局 Establish holistic management for ecological protection
4. 构建生态网络景观系统 Establish ecological landscape network
5. 研究城市紧凑发展模式 Study urban intensive development pattern
6. 提出绿色交通发展策略 Put forward green transportation strategy
7. 确定总体空间风貌特征 Confirm urban holistic spatial feature
8. 制定总体生态量化指标 Establish holistic ecological quantification index

图 38

4 生态城市设计的系统方法 Approaches of Ecological Urban Design

4.1.3 设计关注重点
Important Points

图 39

郑州国际文化创意产业园总体城市设计

现状用地

规划区总用地面积：132.82 km²
现状用地大部分为农林用地和村庄建设用地，其余包括二类居住用地、商业用地、城市绿地、以及道路交通设施用地。

图 40

郑州国际文化创意产业园总体城市设计　1、生态压力分析及UGB划定 Ecological Pressure Analysis and UGB Delimitation

八项生态因子分析
Analysis of Eight Ecological Factors

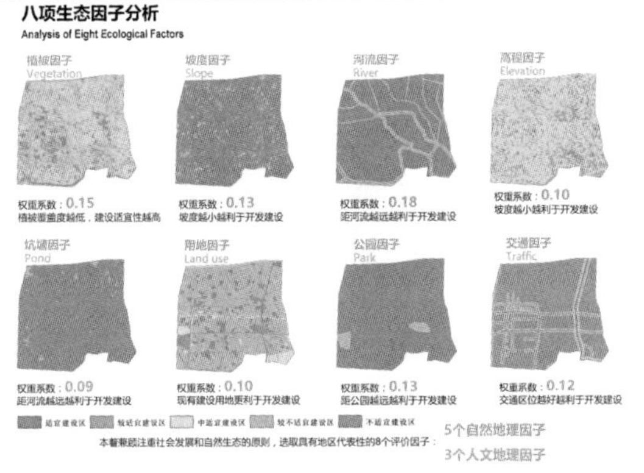

图 41

郑州国际文化创意产业园总体城市设计　1、生态压力分析及UGB划定 Ecological Pressure Analysis and UGB Delimitation

土地适宜性分析
Land Suitability Analysis

可用建设用地面积比重
适宜建设用地及可建设用地总和占近70%。

Constructable land account for a large proportion.
Suitable land and constructable land account for close to 70%.

规划区土地建设适宜性分类

类别	面积/km²	比例/%
适宜建设用地	21.60	15.9
可建设用地	73.18	54.0
不宜建设用地	38.01	28.1
不可建设用地	2.67	2.0

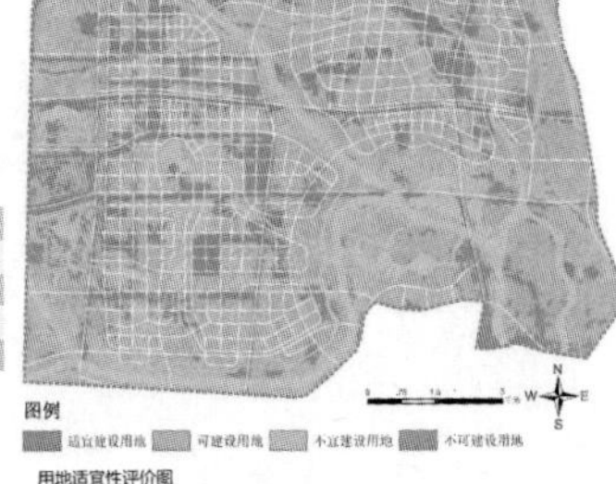

图 42

郑州国际文化创意产业园总体城市设计

空间布局模式

城园互动

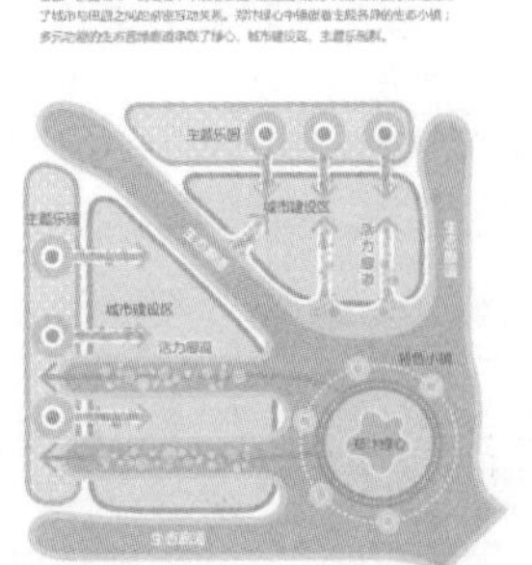

平行互通

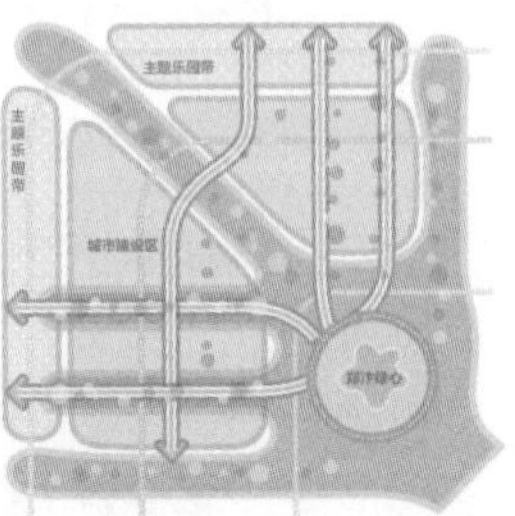

图 43

统，从而带动了功能网络的互生关系。最终形成了生产、生活与生态互相融合的结构性体系（图 44、图 45）。

概念性总平面图（图 46）可以清晰地表达出生态蓝绿骨架与城市各功能组团之间的关系。运用生态城市设计的方法可以更好地处理好人、城市和自然之间融合的空间关系，使城市各功能复合组团和生态体系形成共生的网络关系。

生态空间规模是一个基本条件，在设计过程中更要考虑空间布局的效率和效能。比如核心区结合地铁 TOD 开发，要紧凑布局，加大开发的强度以提高轨交的使用效能。滨水空间要有空间层次，尽可能提高全域生态价值转换。另一方面，生态性要依靠生态技术和生态指标的管控与落实。比如通风的问题，要做风模拟，规划通风廊道。又如绿地指标的确定，与传统不同的是要强调碳汇，就是要加大植林率。还有就是雨洪管理，确定径流控制率，要设水面率下限，下凹式绿地率也要明确，通过下凹式绿地落实海绵城市策略，实际上也是减少了对城市管网的压力（图 47）。

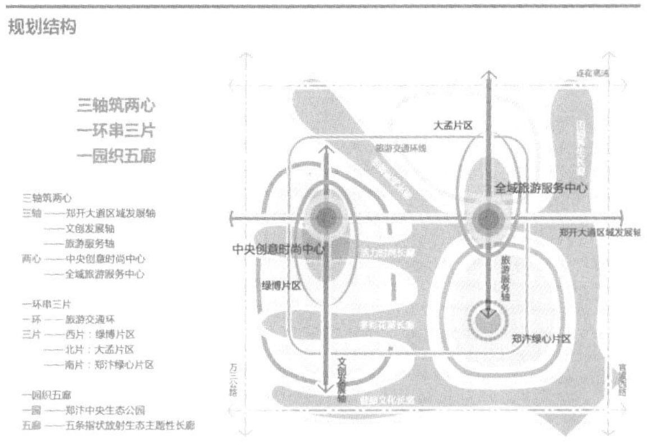

图 44

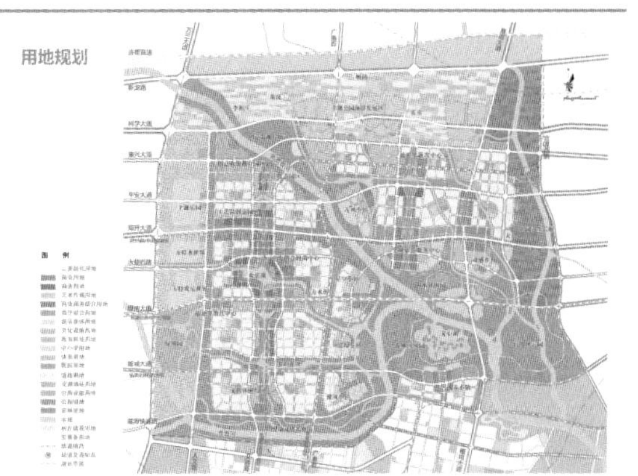

图 45

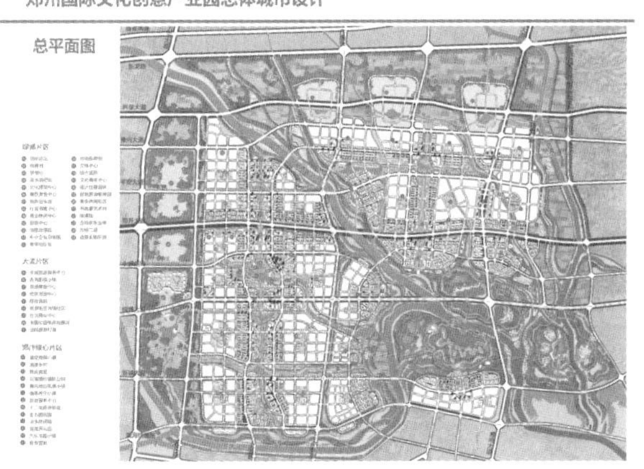

图 46

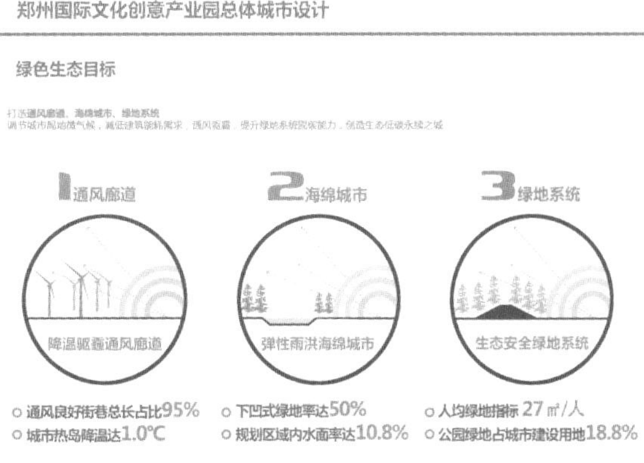

图 47

关于风廊的建构，也要通过计算机风模拟，这个方案是将东南部大绿心冷源空间很好地导入进来，从而能够在一定程度上减少城市热岛效应（图 48、图 49）。

另外一个重要的生态内容就是海绵城市的落实问题（图 50）。要加强现状对雨水资源和水面率进行分析和评估，尽可能利用好现状的地形地貌，有效提高径流控制率。

要充分做好地形分析，利用地形起伏来尽可能地保持水体，尽可能进行雨水收集，通过渗、滞、蓄、净、用、排等各种方法，建立排水单元，实现年径流控制率的目标。让雨水渗下去、留得住、存下来（图 51、图 52）。下凹式绿地率这些指标是可以写到控规里的，这一点可以参考德国的规划。

关于生态廊道的宽度，我曾经做过一些基础研究，大家可以参看我写的文章。廊道的宽度分为不同级别，这既和风廊的效能有关，也和生态效能有关。绿廊要达到一定宽度才能产生生境和生态学价值。当

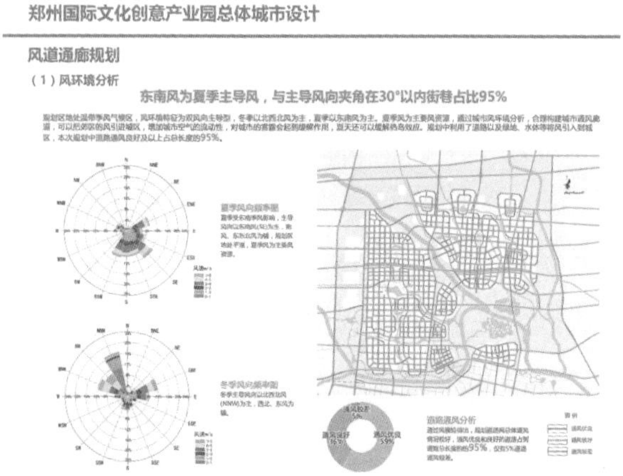

郑州国际文化创意产业园总体城市设计

风道通廊规划

（1）风环境分析

东南风为夏季主导风，与主导风向夹角在30°以内街巷占比95%

图 48

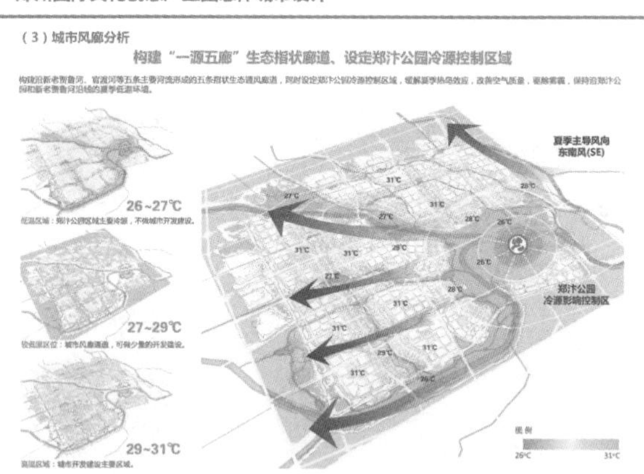

图 49

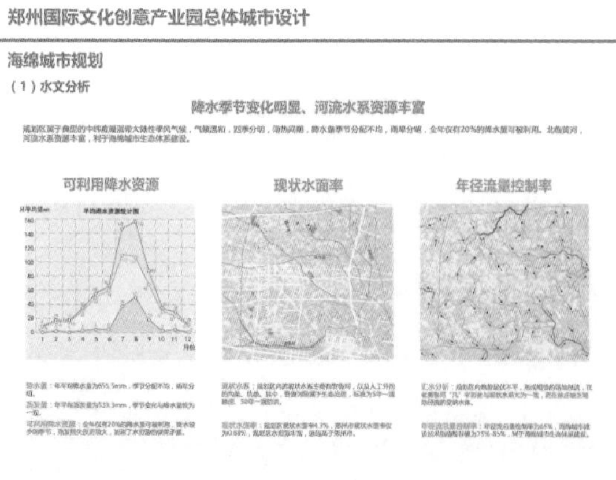

图 50

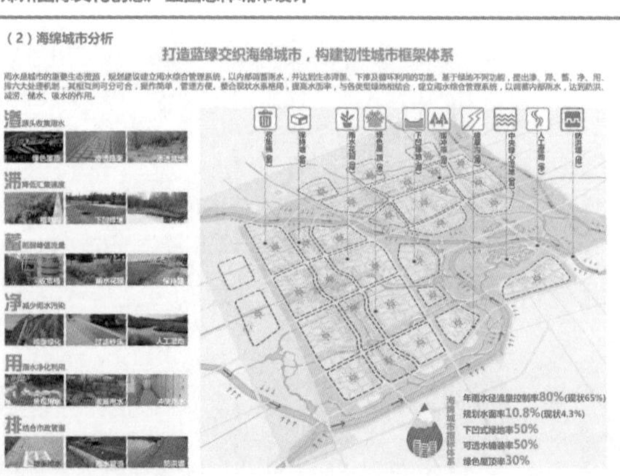

图 51

然不同的宽度也和风速有关系（图 53）。

城市设计不仅仅是考虑生态空间，也要关注生态价值和生态风貌（图 54）。有了生态空间也要把生态价值考虑进去以实现生态价值的最大化。这主要表现在生态界面的利用和界面的风貌展现。

减少碳源和增加碳汇是一个比较大的体系（图 55）。这里包括一些基本要求，比如土地集约利用可以有效减少碳排放。比如在增加碳汇方面，树的碳汇能力是比较强的，所以要提高植林率。当然建筑的耗能也是基数非常大的一块内容，这关系到千家万户，这方面国家层面已出台了一些基础的绿色建筑标准可以参考执行。

各国的实践表明，土地混合利用是高效率的集中表现（图 56），这不仅是居住与工作的平衡和方便问题，功能混合对于市政基础设施的利用也是高效的，比如用电问题，功能混合有利于白天与夜间用电均衡，拉平了用电波峰与波谷，从而有利于提高电的使用效率和运行效率。

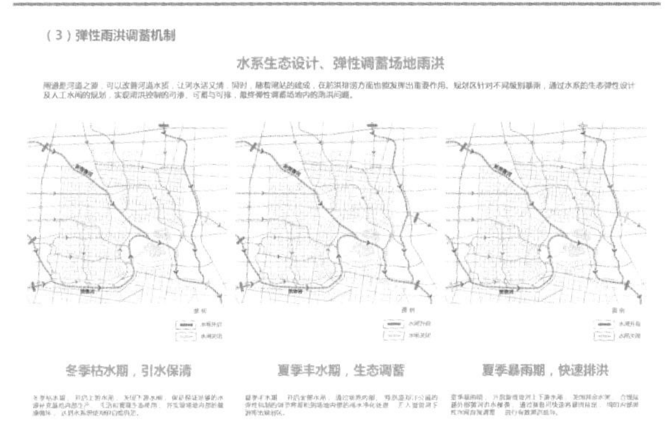

图 52

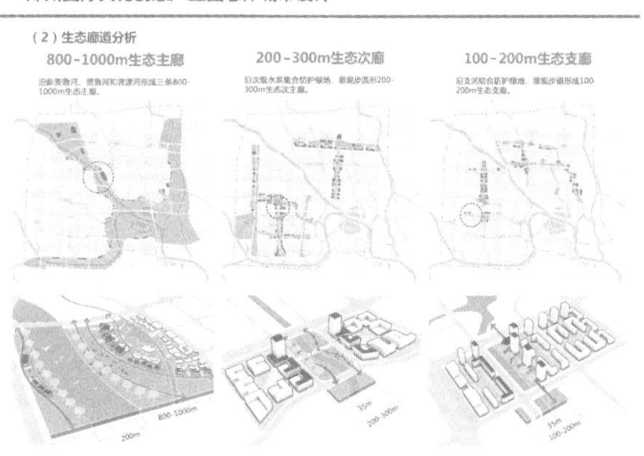

图 53

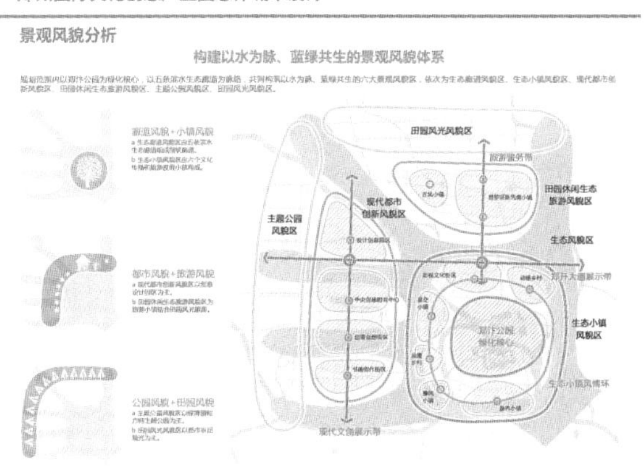

图 54

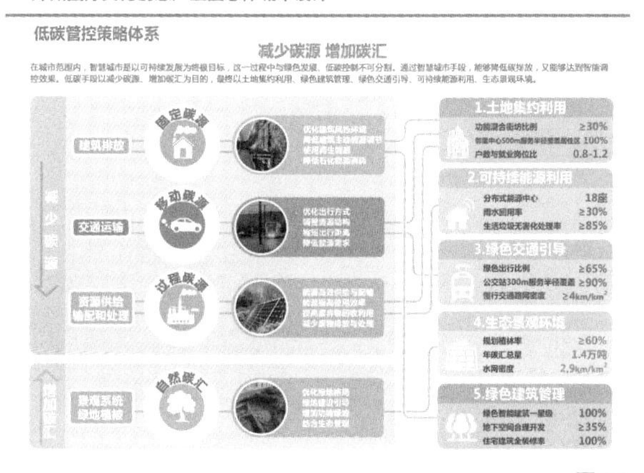

图 55

规划中应结合组团布局和规划单元尽可能达到职住平衡，这有利于生产与生活空间的运行效率，节省出行时间，当然也可以更好地提升地区空间活力（图 57）。

还有一点就是关于能源问题（图 58、图 59），有可能的话建议采用分布式能源，分布式能源是低碳的一个重要标志。当然分布式能源中心也要和智慧能源结合起来，尤其是多样低碳能源的组合使用，才能产生更好的效果。可以说分布式能源是一种多能源的组合方式，包括太阳能、风能和地水源热泵等。

雨水回用和污水处理建议也采用分布式（图 60），这样就可以减少处理厂距离过长带来的长距离中水回用产生的能源消耗。

蓝绿空间骨架的确立对于建构慢行系统是非常有利的，这不仅提供了空间基础，也因为环境的美好从而提升了慢行吸引力（图 61）。

这里需要再一次强调一下量化的重要性，这些指标是关键控制内容，没有标准是难以全面落实低碳生态战略的。节能减排是一项国家战略，通过植林率

郑州国际文化创意产业园总体城市设计

五大低碳策略

（1）土地集约利用：土地功能混合

土地功能混合利用街坊比例≥30% 提升能源运行效益50%

图 56

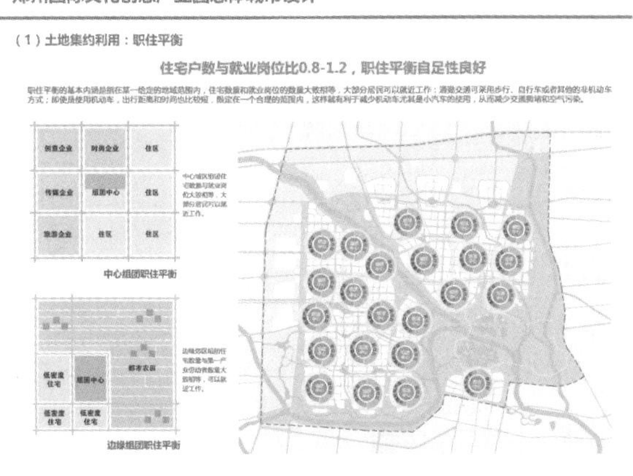

图 57

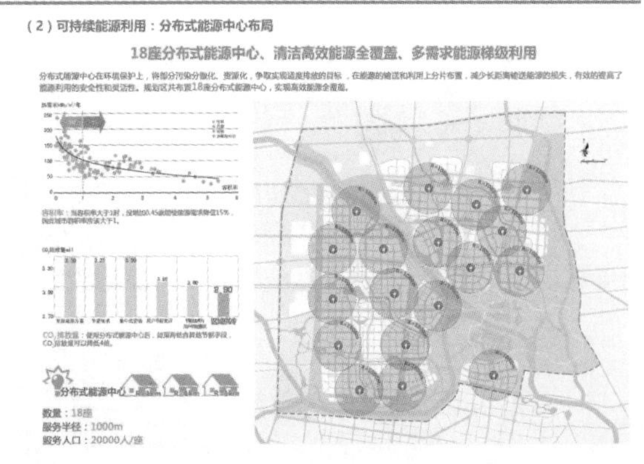

图 58

图 59

和水面率等这些指标才能层层分解，落实到具体的建设当中（图 62、图 63）。

生态空间在同一规模条件下，不同的设计产生的使用价值是不同的。生态空间不仅仅是绿化用地，也要通过设计和创新来提高使用价值，我们也在尝试将农业用地与城市结合起来，比如说都市农园，农作物的碳汇能力是非常强的，当然也提供了都市的别样风景（图 64）。比方说 Permanent Agriculture，就是朴门农法，将农业空间与城市空间结合也是一种很有价值的都市实践。

第二就是区段层面的设计（图 65），主要包括两个内容，一方面是方案设计过程中的系统方法。系统层面的生态控制具有本质性和全生命周期属性，也就是通常我们所说的好的规划本身就是低碳和持续的。另一方面是针对开发商管控的内容，也就是通过土地出让条件来进行约束的内容。生态环境、土地利用、绿色出行、可持续资源利用和绿色建筑等，这些内容可以用编制技术导则的方法来实现，也可以直接纳入法定规划来执行。

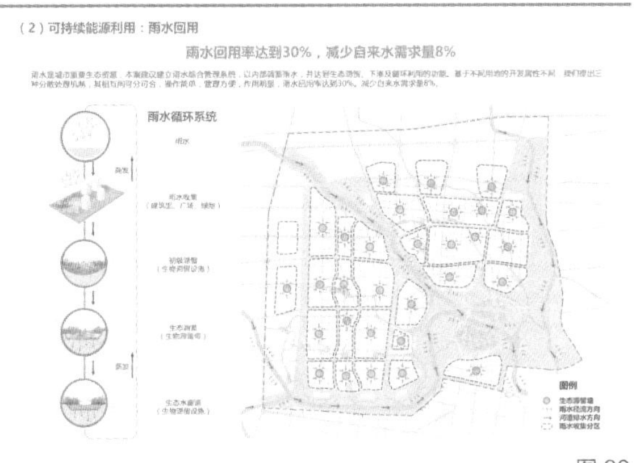

图 60

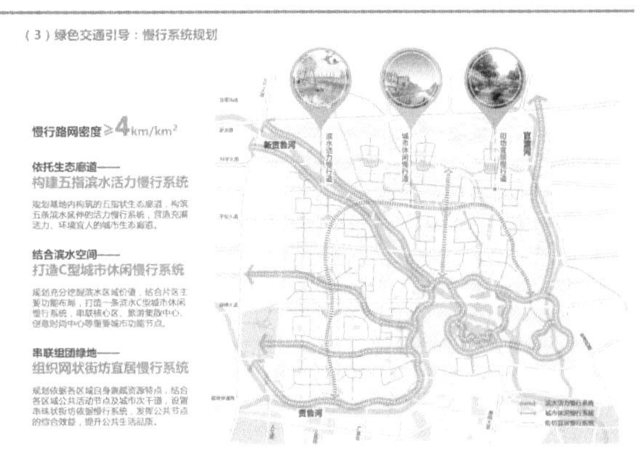

图 61

图 62

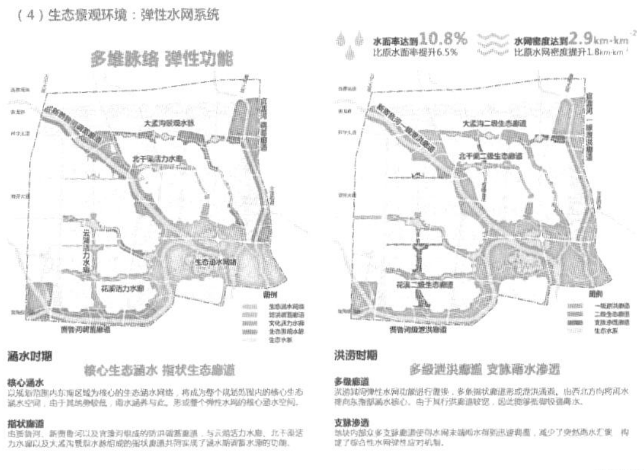

图 63

我们总结的三类具体指标内容，包括绿色交通的路网形态与结构，出行方式和交通节点等具体指标体系（图 66）。

生态景观环境包括四个方面（图 67）：绿化与水系统、微气候环境和绿化建设控制等内容。

可持续资源的利用主要包括能源、水资源和废弃物等三方面具体内容（图 68）。

这部分关注的要点主要是功能布局与规模尺度、空间管制、指标分解和图则控制（图 69）。这四项中最难的是生态指标分解。在总体低碳目标确认之后，需要以指标的形式分解到规划单元，最后落实到地块条件。住宅的指标落实是比较清晰的，而针对公共建筑则需要根据目标的不同而有所差异。比如办公楼、大型商业、学校和医院等则有所不同。

中观层面城市设计的案例是四年前编制的崇明岛陈家镇生态实验社区（图 70）。这个规划主要关注两方面内容，一方面是规划系统的生态内容，主要包括功能、布局、交通、绿地和基础设施。高效率的规

图 64

4 生态城市设计的系统方法 Approaches of Ecological Urban Design

4.2 区段层面生态城市设计方法
Approaches of District Ecological Urban Design

4.2.1 设计程序
Design Procedure

图 65

4 生态城市设计的系统方法 Approaches of Ecological Urban Design

4.2.2 生态管控内容
Ecological Controlling Contents

生态管控内容2：绿色交通引导
ECOLOGICAL CONTROLLING CONTENT 2: GREEN TRANSIT AS GUILDLINE

规划管控要素 Plan Controlling Elements	因子分类 Factor Classification	具体指标 Detailed Index
绿色交通引导 Green Transit as Guideline	路网形态与结构 Road Net Form and Structure	街坊尺度 交叉口间距 路网密度 单位面积道路数量
	出行方式引导 Commuting Way Guiding	绿色出行比例 公交站点服务水平 慢行交通路网密度 公共自行车租赁点间距
	停车与换乘节点 Parking and Transfer Node	优先停车位比例 换乘节点与公共活动中心的耦合度

图 66

4 生态城市设计的系统方法 Approaches of Ecological Urban Design

4.2.2 生态管控内容

生态管控内容3：生态景观环境
ECOLOGICAL CONTROLLING CONTENT 3: ECOLOGICAL ENVIRONMENT

规划管控要素 Plan Controlling Elements	因子分类 Factor Classification	具体指标 Detailed Index
生态景观环境 Ecological Environment	绿化系统格局 Green System Structure	人均公共绿地面积 公共绿地服务水平 绿化覆盖率 绿化屋面比例
	水系统格局 Water System Structure	河网密度 河网水面率 水系连通性
	微气候环境 Micro-climate Environment	室外平均热岛强度 人行区风速
	绿化建设控制 Green Construction Controlling	植林率 本地植物比例 下凹式绿地率

图 67

划系统布局是生态低碳的根本保障。另一方面是针对土地出让的地块生态低碳控制指标的确立。关于指标体系我们参考了美国、英国、德国和法国等绿色生态低碳的相关内容。

从城市设计总平面图和鸟瞰图来看（图 71、图 72），首先是构建生态网络体系，结合生态绿心采用中心放射状的步行绿道体系，鼓励低碳出行。同时布置两级商业服务体系，首先是按 15 分钟生活圈布置的一级商业服务设置，其次是鼓励社区活力商业街的设计，满足 5 分钟出行商业服务需求。在这个规划里是鼓励沿街开店的，再漂亮的小区沿街围墙也远不及活力商街重要。同时严格控制建筑高度，建筑高度均控制在 18m 以下，以形成亲人尺度的宜人街道空间。

图 73 表格的五类内容可以分解为系统层面和地块层面。系统层面的内容是由规划师完成，而对地块而言则要通过契约的方式通过约束开发商来实现生态内容的控制。当然地块控制的九项内容也可以结合实际情况有所选择。

4 生态城市设计的系统方法 Approaches of Ecological Urban Design

4.2.2 生态管控内容

生态管控内容4：可持续资源利用
ECOLOGICAL CONTROLLING CONTENT 4: SUSTAINBALE RESOURCE APPLICATION

规划管控要素 Plan Controlling Elements	因子分类 Factor Classification	具体指标 Detailed Index
可持续资源利用 Sustainable Resource Application	能源 Energy	可再生能源使用率 分布式能源站 公建区域供冷供热覆盖率 智能电网覆盖率
	水资源 Water Resource	年均雨水径流量控制率 室外市政杂用水等非传统水源利用率 硬质地面可渗透比例 中水回用 雨水留蓄设施容量
	废弃物 Waste	生活垃圾分类收集设施达标率

图 68

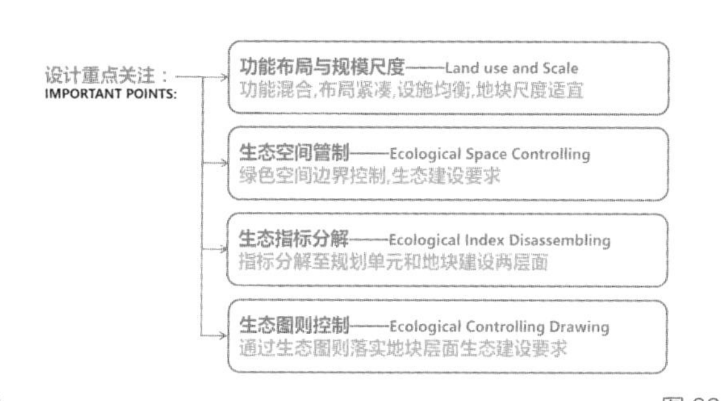

图 69

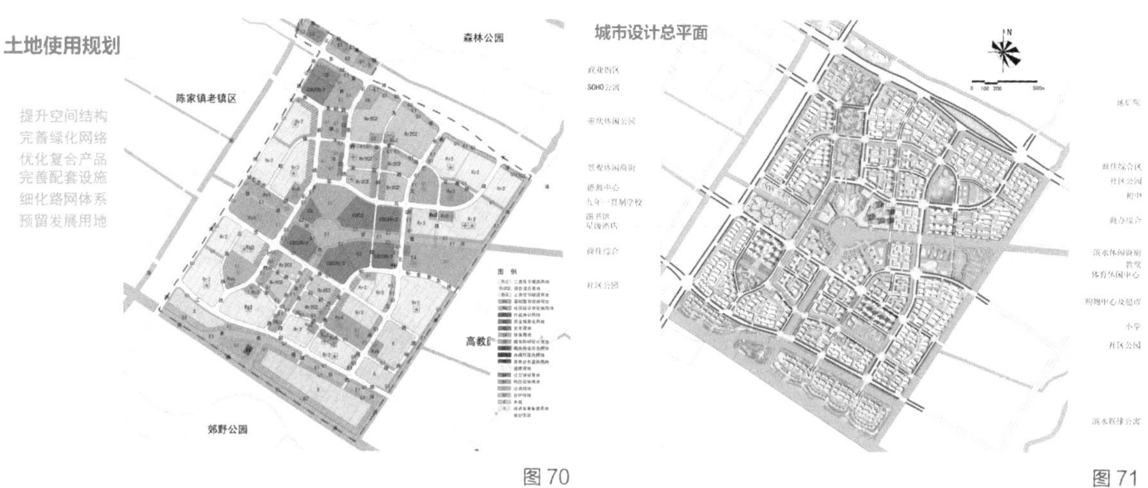

图 70

图 71

在土地利用方面混合是个核心内容，把工作与生活功能混合起来有利于在生活区内增加就业机会，提高使用效率，减少出行，并可以带来持续性的活力（图 74）。

以生态空间为核心打造魅力与活力中心，在提供一级商业服务功能的基础上，规划了办公楼和酒店，以提供工作空间。在原有两条河道交汇的位置局部放大，充分发挥生态价值。在湖面左边的长方形的楼是能源中心，是低碳能源使用的创新代表（图 75）。

在住宅布局方面鼓励院落式，这样可以建立连续而友好的街道界面，行列式布局对于南北向的街道来说难以形成街道空间。当然院落围合布局也要考虑风的导入，通过风环境模拟，采用有利于空间通风的围合方式，从而降低夏天空调的耗能（图 76）。

鼓励步行就要提升街道魅力，鼓励街道外摆空

图 72

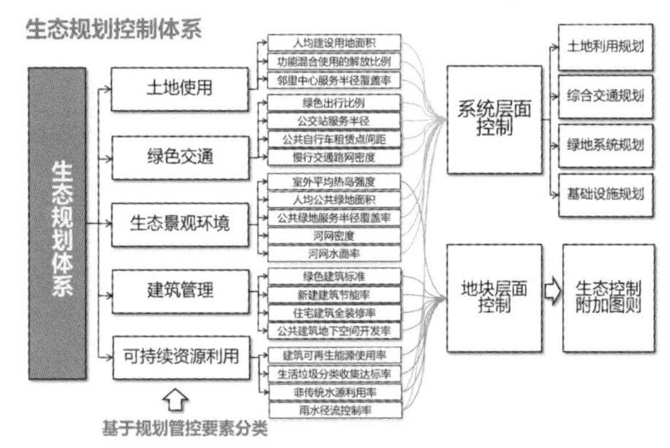

图 73

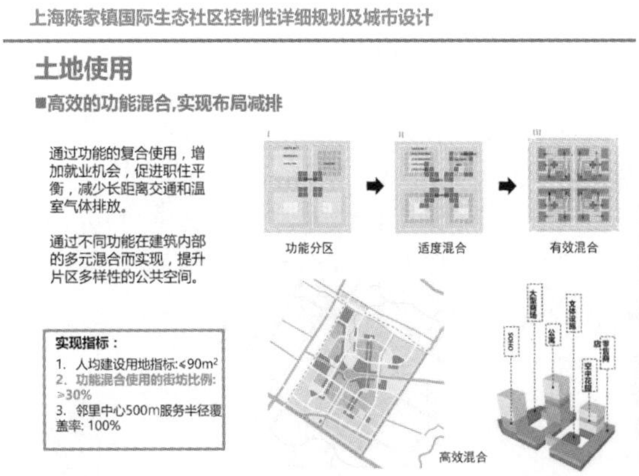

上海陈家镇国际生态社区控制性详细规划及城市设计

土地使用

■高效的功能混合,实现布局减排

通过功能的复合使用，增加就业机会，促进职住平衡，减少长距离交通和温室气体排放。

通过不同功能在建筑内部的多元混合而实现，提升片区多样性的公共空间。

功能分区 适度混合 有效混合

实现指标：
1. 人均建设用地指标:≤90m²
2. 功能混合使用的街坊比例:>30%
3. 邻里中心500m服务半径覆盖率: 100%

高效混合

图 74

复合中心——三生融合

图 75

间设置，使这里成为人们的交往空间，形成雅各布斯所说的“街道眼”。步行道中央的小绿带是生态草沟，可以结合排水进行设计（图 77）。

关于绿地系统多数指标是常规内容，植林率的要求是碳汇的重要指标。植林率也要根据不同用地功能来确定。例如商业用地的植林率就可以相对比较低一些。另一个指标水面率是大于 10%，这有利于雨水收集和利用（图 78）。

关于绿色建筑的设定也要考虑造价与承受能力。核心区公共建筑可以采用最高标准，住宅建筑一般采用二星级标准（图 79）。

根据地块指标分解示意图，可以看出指标分解的基本要求，通过层层传导最终实现总体生态低碳目标（图 80）。

街区层面重点在于强调实施，更加强调场地、布局和建筑设计中对于相关生态技术的应用（图 81）。

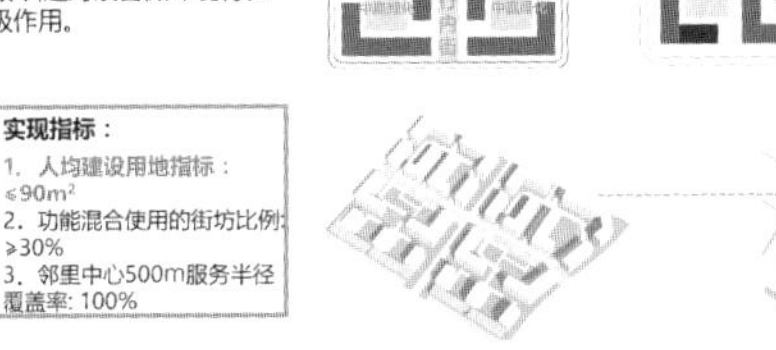

图 76

图 77

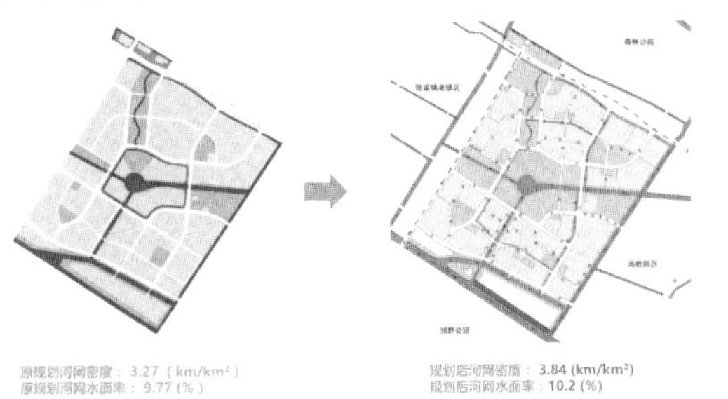

图 78

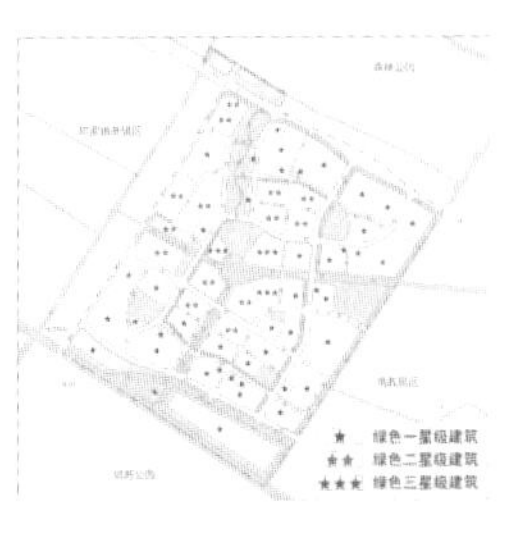

■新建建筑设计节能率

建筑类型	现行节能规范名称	现行节能标准	规划区节能标准
居住建筑	上海市工程建设规范《居住建筑节能设计标准》	50%	65%~80%
公共建筑	上海市工程建设规范《公共建筑节能设计标准》	50%	65%

图 79

当然这也要考虑成本造价，应尽可能采用适宜性技术。

在这个阶段要更加关注空间布局，尽可能提高土地的复合利用，创造良好的可达性，适应步行，创造人性化亲人尺度，关注人的活动和行为。场地环境重点关注自然环境、雨洪设施、绿植增汇和微气候环境的营造，以全面落实上级管控内容（图 82~ 图 84）。

根据功能要求，进行建筑形态组合，通过建筑空间模拟与比选来改善微气候，通过绿色建筑设计与实施从而达到低碳目标（图 85）。

街区层面的参照案例是 2016 年完成的一个中标项目。这个项目在郑东新区郑东高铁站的东北侧，是一个典型的用生态技术解决城市空间问题，并建立城市特色空间的案例（图 86）。这个项目的城市设计主要是将生态空间与建筑空间有机组合，充分利用了场地外围的河道空间将生态价值转换为空间景观价值。方案采用了这个空间的形式，不仅在于连动内外绿廊网络，还可以通过“Y”形绿廊划分组团。

上海陈家镇国际生态社区控制性详细规划及城市设计

地块指标分解

居住用地地块 100%

a 土地利用 b 雨水回用/渗透 c 能源 d 碳氧转换 e 本地植物 f 下凹式绿地

图 80

4 生态城市设计的系统方法 Approaches of Ecological Urban Design

4.3 街区层面的生态城市设计方法 Approaches of Neighborhood Ecological Urban Design

4.3.1 设计程序 Design Procedure

1.建立建设的原则与标准 Set Principles and Standards of Construction

1.1自然、社会、经济现状 Nature, Society and Economical Situation
社会经济状况
气候气象
可再生能源
水资源、降水、洪水风险
土地利用现状
地形条件
周边条件：区位，噪声，文化遗产，商业娱乐设施……
历史人文社会状况
经济状况

1.2评价标准 Evaluation Standard
国家标准：LEED-ND, BREEAM-communities《绿色建筑评价标准》《中国生态住区技术评估手册》《绿色校园评价标准》
地方标准：虹桥商务区，上海最佳实践区的指标体系

2.设计实施方案 Implement Design Scheme

场地设计：精明选址和住区联通性 Site Design: Smart location and neighborhood connectivity

总体布局设计：紧凑混合可步行 General Structure Design: Intensive, mixed and walkable

详细设计：绿色建筑及基础设施 Detailed Design: Green Architecture and infrastructure

3.生态技术成本效益评估 Analyze Cost-benefit of Eco-technology

生态技术体系 Eco-technology System

增量成本：Incremental Cost
依据常规法规之外的额外投入
政府财政支出
初始投资增量成本
维修管理费用增加

效益：Benefit
采用生态技术的收益
电费节省
水费节省
政府财政补贴

图 81

图 82

4 生态城市设计的系统方法 Approaches of Ecological Urban Design

4.3.2 生态设计要点 Ecological Design Contents

1：空间布局 Content 1 : Space Layout

设计目标	设计因子	指标
空间布局 Space Layout	紧凑、混合的布局 Compact, mixed layout	建筑混合度/地块混合度/街坊混合度 地下空间开发 混合使用的邻里中心
	良好的可达性 Accessibility	公共空间可达性 公交站点可达性 公共设施可达性
	可步行 Walking Environment	绿色慢行的街道网络 慢行交通设施（自行车停放点等） 有行道树的林荫道 减少地面停车面积 人行道无障碍设计

图 83

在很多情况下，经济价值是投资方最关注的，但作为规划设计师要有公共责任感，充分关注公共利益。当然我们更要善于把经济效率和生态效应结合起来，实现资源利用的最大化。为实现综合效应最大化，就必须满足人的使用，要把人的空间需要考虑进去，让空间充满活力和魅力（图 87、图 88）。

在生态空间建构的同时也要完美地解决规划的基本问题，让交通网络的设计与生态网络的建构相契合，形成有机的整体网络叠合（图 89）。

“Y”形空间设计的另一个作用是建立风廊。风廊的确立要进行风模拟。风廊的形成不仅仅是廊道的宽度，也包括与风向契合以及风廊两侧的建筑高度。阶梯级的高层建筑群有利于提高风速。在绿廊内采用海绵空间设计，廊道内设计诸多多层建筑，两侧夹以高层建筑，这是风廊形成的基本空间组合（图 90）。

这个项目的生态城市设计，首先要依托现状条件，按照海绵城市的要求进行考虑，中部的“Y”形空间是一个微型的海绵城市的设计（图 91、图 92）。

4 生态城市设计的系统方法 Approaches of Ecological Urban Design

4.3.2 生态设计内容
Ecological Design Contents

2：场地环境
Content 2：Site Environment

设计要素	设计因子	指标
场地环境 Site Environment	场地自然环境 Nature Environment	湿地/水体保护 自然植被保护 生物多样性保护 绿化覆盖率
	雨洪基础设施 Storm water infrastructure	可透水地面 雨水调蓄设施 下凹式绿地、雨水花园 绿化屋顶
	绿化种植增汇 Planting for more Carbon sinks	植林地率 本地植物比例
	风热环境良好 Wind-heat environment	屋面/路面太阳辐射反射系数 场地遮荫率 室外自然通风

图 84

4 生态城市设计的系统方法 Approaches of Ecological Urban Design

4.3.3 设计关注重点
Important Points

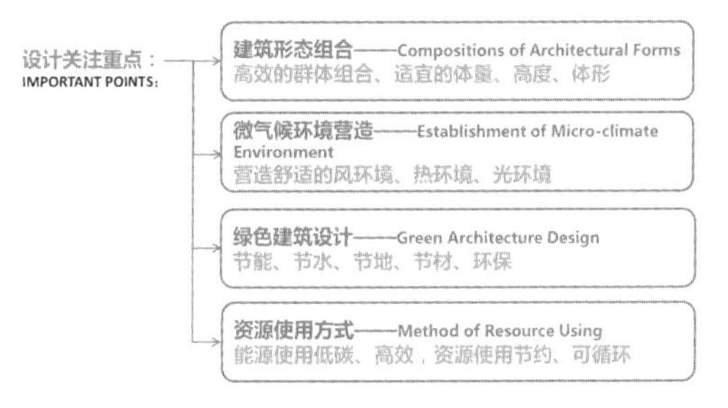

图 85

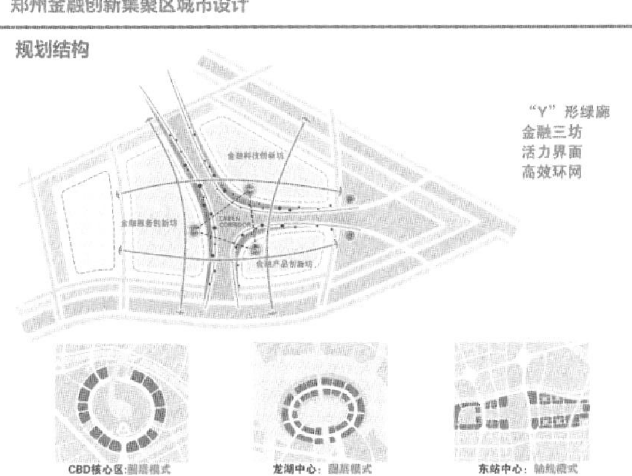

图 86

郑州金融创新集聚区城市设计

设计构思——功能板块生成

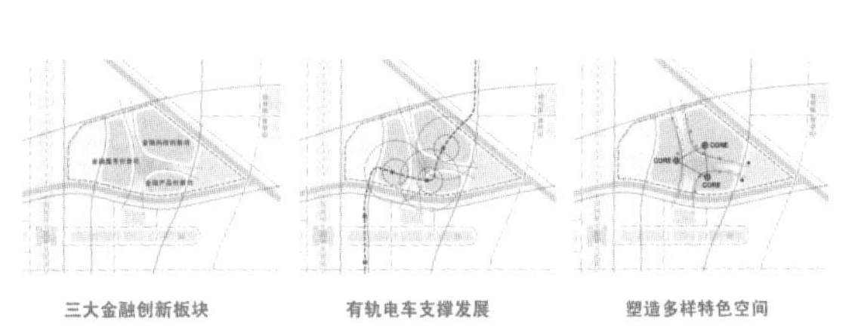

图 87

郑州金融创新集聚区城市设计

设计构思——道路系统生成

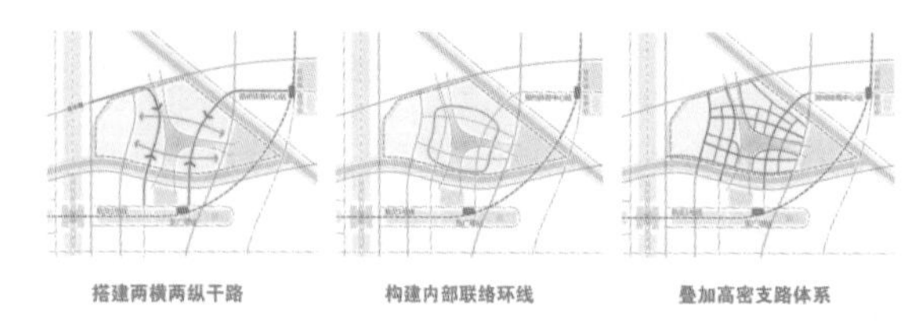

图 88

因为郑州冬天的雨水是非常少的，所以保证中间有一个水体是按照季节性来考虑的。另外关于廊道的研究，我们提出了三种宽度，这里主要是考虑风廊的形成逻辑（图 93）。

以海绵城市为导向的绿廊具有较强的生态属性，如果能够促进风廊的形成将会产生叠加生态效能，当然风廊的宽度和两侧建筑高度的确定，是一项基础性研究，需要进行反复的风模拟，最终确定相关参数。

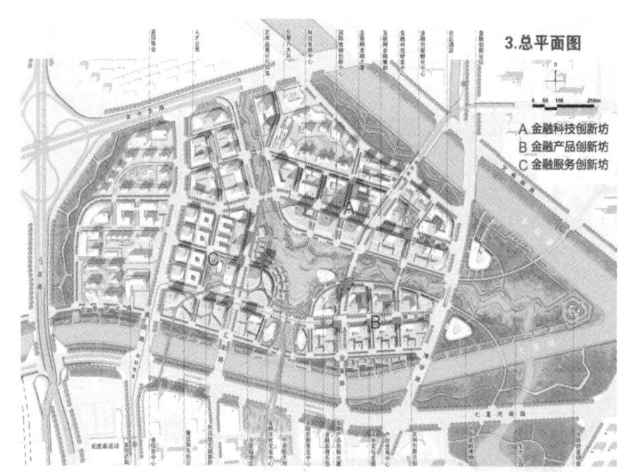

图 89

图 91

图 90

图 92

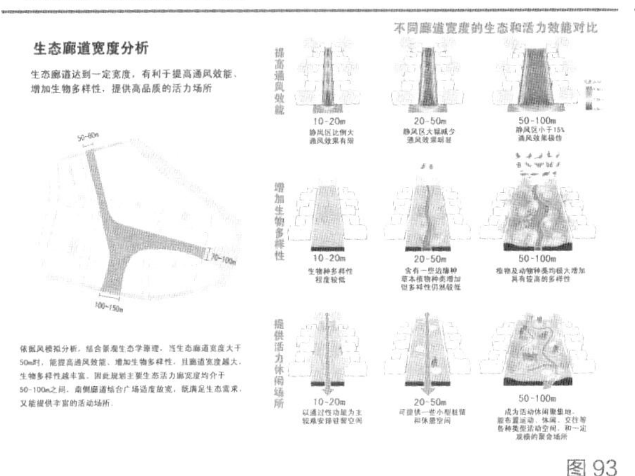

图 93

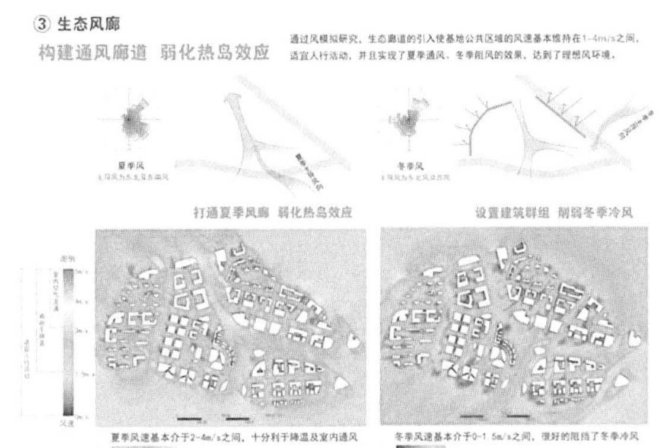

图 94

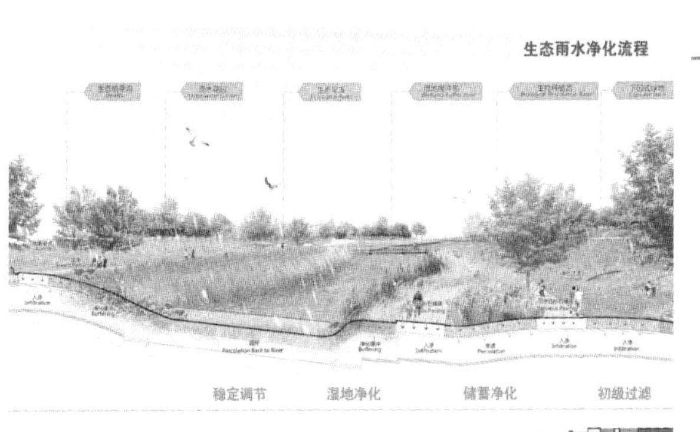

图 95

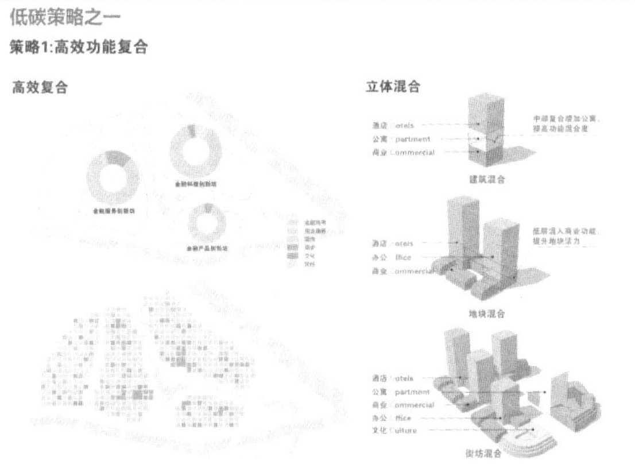

图 96

公共空间的基本功能是最重要的，在满足功能性的基础上运用风模拟进行评估，最终在功能、空间和生态三个方面权衡的基础上选择一个较为均衡的解决方案（图 94）。

这是一张海绵城市的剖面示意图（图 95），建议采用季节弹性水系的设计方案，这样可以减少后期水系的运营费用。

在“Y”形生态骨架的基础上，特别强调生产、生活和生态的高度融合，关于功能复合性方面不仅要强调平面的功能复合组织，垂直方向的复合组织也同样重要。低碳策略不是简单的单项技术应用，多项绿色低碳技术集成是一个总的方向（图 96）。

关于绿色建筑我们总结了十项技术，这也可以认为是一个供选择的菜单（图 97）。开发商在利益的驱动下未必愿意增加投入，这就需要政府基于公共利益进行公共干预，对开发行为提出要求，当然也可以采用奖励的方法推动低碳技术的应用。

我们布置了三个分布式能源中心（图 98），分别提供三个片区的能源供给，当然这也有利于分期实施。能源中心的建设是要与智慧城市相结合。通过智能电网的介入，有效地整合和接入多类型低碳能源，比如地水源热泵、太阳能、风能和天然气等。通过智能系统也可以调节用电的波峰与波谷，实现电网均匀供电。

智慧城市是低碳节能的核心辅助技术，智慧城市当然也包括智慧产业的概念。目前智慧交通的应用相对比较成熟（图 99、图 100）。

比如地下空间一体化就需要智慧停车系统的支持。运用手机移动平台就可以判断停车位量，减少寻找停车位所带来的不必要的能源消耗。

智能技术也可以应用于综合管廊，建设可感知的智慧管道共同沟。在一些先进地区，我们也鼓励采

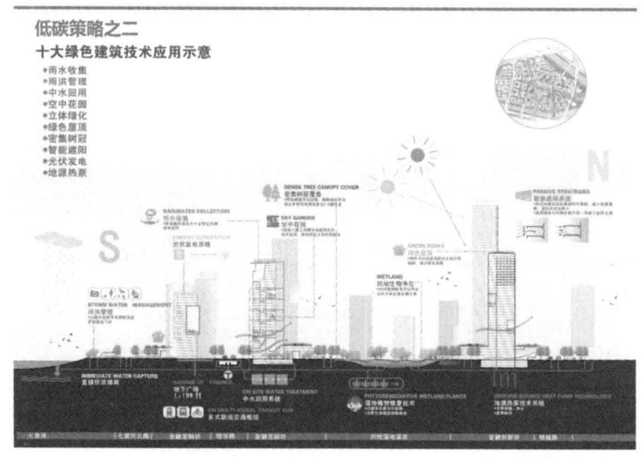

图 97

图 98

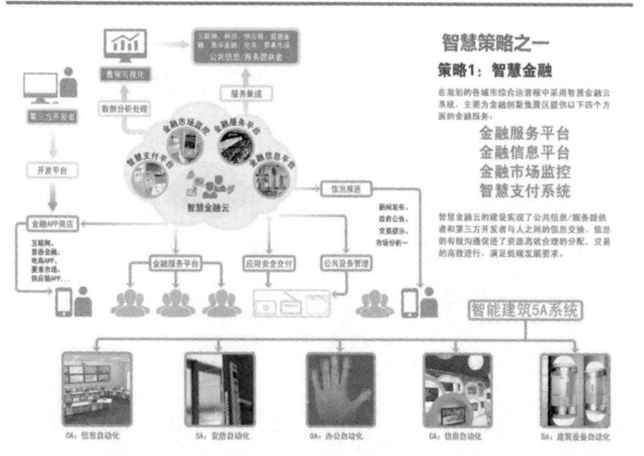

图 99

图 100

用智慧快递系统。

生态低碳技术与传统的城市设计相结合具有现实意义和理论价值。城市设计由传统的关注美学到关注人文再到关注生态低碳，不能理解为简单的变化，而应理解为更加综合、更加适应时代的发展需求。

城市设计既要关注基本美学、关注城市风貌，也要关注历史文化的传承，更要强化生态低碳环保意识，以实现人、城市和自然的共生、互生和可持续发展。

最后这张鸟瞰图（图 101）是去年完成的成都天府中央商务区的项目，我们更加强调绿色集成技术的应用。即强调生态空间与商务区空间的融合，也更加关注地域文化的融入以及公共交通引导开发。一个成功的开发项目固然要以经济效益为前提，但我们不能忽视公共利益。生态城市设计就是把生态低碳作为公共利益，以公共政策对建设行为进行公共干预，推动人、城、自然三者的和谐与共生共创。

图 101

主讲人　董楠楠

同济大学建筑与城市规划学院景观系副教授、博士生导师、院长助理
建成环境技术中心副主任、上海市立体绿化专家委员会委员、同济绿色建筑学会理事、水库村乡村规划团队成员、杨浦区长海路街道社区规划师
德国卡塞尔大学城市与景观规划系工学博士
同济大学建筑学硕士、学士

主　题　绿色创新设计与适用性技术

以建筑立体园林、儿童友好环境、乡村景观提升三个项目为例，探讨了基于环境问题的复杂性设计，从单一学科的设计策略和知识框架，正逐步演进为更多学科专业的交叉合作互动。而其中的适用性技术策略需要长期不断积累的研究过程。绿色目标下的创新实践，不仅仅是设计到实施的常规路径，而且会由于某些关键技术重新定义设计的走向与流程。设计不仅需要研究成果的支持，而且可以创造性地支持实验研究的方案设计。

大家好。我的主题是绿色创新设计与适用性技术（图1），其实这听上去不像是一个很景观的话题，也不是传统意义上的景观的内容，因为我自己在理解景观，包括和景观有关的设计的时候，会有更多的一些视角。第一点是来自于以前我的本科和研究生接受的建筑学空间思维。第二点，是因为现在学院里面除了教学之外，参与了技术的研发与实验工作，因为有这两块背景的原因，所以我今天给同学们展示的可能没有像前面各位大咖老师那样都有非常棒的重量级的项目，今天只选了三种类型的项目，每个类型的项目又有更多的发散点，所以我更多的话题出发点是创新，以及所谓的技术的适用性。

首先我想要分享一个非常重要的东西，是这两类知识系统（图2）。在我读书的时候，知识与技术的迭代不像今天那么快。左边看上去像八爪鱼的知识

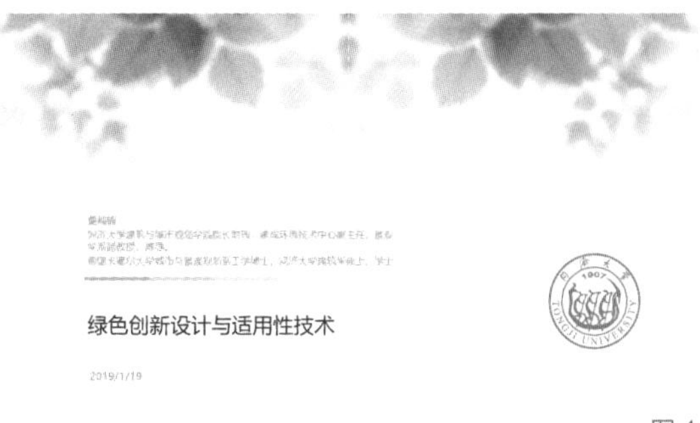

图1

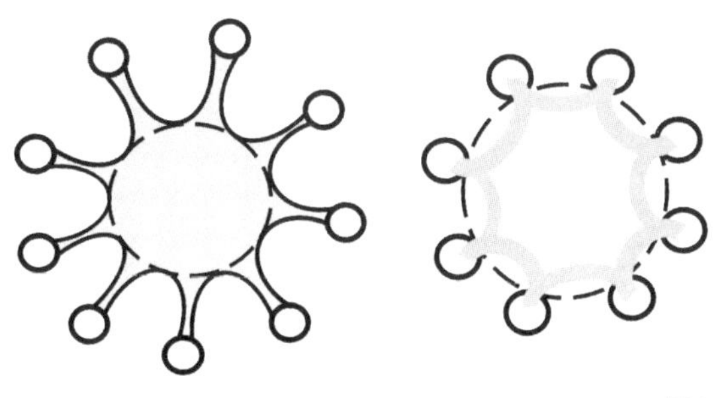

图2

系统，是传统意义上的设计教育，例如你在同济大学，有一个工作了 30 年的老师，带了一个工作 20 年的老师，再加上一个工作 10 年的讲师，和刚留校的研究生形成了这样一个梯队。其实我们会很本能地认为在这个知识系统中一定是 30 年的老师在各方面的经验最强。然后依次是 20 年的、10 年的老师等，这是成正比的。

所以实际上我们进到大学，包括到了研究生，都像是一张白纸，位于中心的是一些能力很强的有经验的专家，而你可能就是周围的白点，所以你要不断跟他去学习基本功和很多的知识等。但到了今天，我个人的体会是越来越多的设计转变成右边的模式，当你真正进入到今天的设计行业时，你会发现扑面而来的是新的需求、新的技术和新的可能性，这里面有的是技术的可能性，有的是文化的可能性。所以我们会发现目前经常的局面是协同创新，不管你的老师是有 10 年还是 20 年还是 30 年的功力和经验，在这种项目面前可能都不是那么重要了，在一个越来越用新技术去进行细分的行业当中，你需要的是懂得和别人协同做事，甚至尽快地从别人那学到你所需要的知识。

图 3

最近的十多年中，我最大的体会是我基本上在和你们同步学习，我现在认为没有老师教不好的学生，只有学习能力比我弱的学生，你们的学习能力要大于等于我，那么你就一定是个好学生。

先说第一个例子，这不是我做的，当然我特别希望有生之年能做一个这样的作品，这是著名的维也纳第一银行屋顶花园（图 3）。

这是一个用各种技术交叉实现的一个经典案例，整个结构技术是一个大跨。在这里面还有预应力的技术，从建筑学来说，仅是在三栋楼中间做了一个大跨结构，屋顶上很多高起来的台阶，实际上是结合上翻梁去解决植物的覆土问题。大家看上面的樱花树，为了在楼板上种植这些树，需要去缩短它的树根，大家知道根一般是向下生长的，为了让根能够尽量减少对楼板的覆土需求，因为覆土需求越少，楼板就会越轻，所以要求必须在苗圃里面采取容器苗的技术，把这些樱花树的根盘上两年。在容器里面生长两年以后，把樱花树从柏林运到维也纳，一棵一棵种上。

大家可能听上去也没什么感觉，但所有的樱花树是两年前下的单，在上屋顶两年之前就备苗了，那么这意味着要做一个怎么样的设计呢？意味着是一个高度整合的设计，至少在两年之前，这些樱花树就确定了会落在什么位置上。这个例子是想表达，实际上在这样一个设计中，包括同学们很多时候实习做的新的大型的建筑和城市设计，不仅有对于大家工种协同的要求，时间上的要求也越来越细腻。

所以我刚才所说的就是我们今天的创新，第一是大家的学习能力，第二是大家的协同能力，所谓的协同能力就在于你对新知识有多爱好，以及你消化得有多快，学习得有多快。

具体而言，我今天主要从三个方面，给大家分享一下我自己一些体会。第一个方面是建筑植物表皮，俗称立体园林，第二个方面是儿童友好环境，第三个方面是和乡村有关的一些景观，这三个听上去都不是我们主流的建筑或者景观话题，可能都脱开了我们的学科专业。

这个话题有的称为 living building（图 4），有的词叫 hortitecture，实际上我们叫立体绿化，但是它非常重要的一点是建筑外围护表皮的生态化。当你的建筑屋顶像前面的案例一样，能够把植物种上去，而且能让它活，就意味着在屋顶整个构造技术当中，除了荷载、保温、隔声和防水节点外，还有一套植物的生命支持系统。

坦率地说作为一个前建筑学的学生，当我最后研究了这些立体绿化以后，我觉得这事让我很痴迷。原因就是这些并不是简单地在屋顶或是外立面挂上绿墙，而是真正去研究在建筑外墙和屋顶上增加一个支持系统，把水、气、肥、热的功能，都能够增加在上面。这是建筑外表皮技术非常重要的一个生态化的过程。

当然大家现在觉得这个是很简单的，就是一种装配式。其实现在已经有很多种 bio-material 在做了，也许在不远的 10 年或者 15 年，很多的实验室里面就会做出复合材料，既能满足建筑学的维护的牢固、隔声、保温和防水的需求，同时又能增加种植基质，直接成为一个可以增长的表皮。

因为是研究建筑表皮的生态化，所以我们一直在研究如何在屋顶上种菜，其实这个技术在今天的中国已经很普遍，然而在市政园林绿化项目中用到智能滴灌觉得还是先进的事，将这些设施农业技术，用在园艺和园林的时候，必然会协同考虑本身的气候、土壤情况、植物长势。相比于精细化的设施农业技术，我们在建筑上面做生命支持系统是个简单的原理。

我们在去年夏天用最简单的方法在中意学院的屋顶种了一些莴笋、西兰花，谈不上好看，我们非常希望能够尝试在同济的校园里种菜（图 5）。这就是我们想做的最基本的实验，后面会讲到它的应用。

图 6 是青岛中德生态园的社区商业屋顶，是真正意义上的屋顶农园。它实际上是在我们做的屋顶当中专门辟出来一块农园，因为大家知道屋顶最难的是养护，所以大家看到地面上有很多的菜，实际上是屋顶的有机农业，让屋顶变得具有生产性。

主题1：
Living Building 建筑外围护表皮的生态化

图 4

图 5

图 6

图 7 右图是去年秋天，我终于在中意学院屋顶上收获了我们种植的莴苣，只收了几棵，剩下的没来得及收。左图是今年春天之后，在一位同济校友的办公楼屋顶上开始研究新的东西，大家所看到的这几棵桃树，实际上是在苗圃里面经过矮化和修枝处理的，以确保它在屋顶，根和枝从受风和各方面来说都比较合理。这些桃树在今年春天基本上都开花和结果了（图 8）。

其实我们想做的基础的技术积累，只是想去研究有多少种可能性，因为我们没有办法和那些真正做专业的屋顶农业的大企业去比，但是我们希望在同济的屋顶能够做出一些这样的小尝试。

图 9 是我去年在德国报告的照片，右边是我们用德语发表的介绍，是关于这样的屋顶农业在城市中究竟扮演了什么样的一种角色。在中国的很多城市中，包括成都、深圳，我都看到过有非常好的屋顶农业。很多市民会在屋顶进行采摘体验，甚至打卡，进行活动。所谓的屋顶农业，其实根据我们最新几位研究生的研究发现它最大的价值并不是它本身的供给价值，实际上我们会发现在中国的垂直的城市当

图 7

图 8

图 9

Urbane Landwirtschaft in China

Von Nannan Dong und Yinhong Lu und Qianqian Hu

Foto: Alex Gindin via Unspla

Chinas Agrarsektor steht vor enormen Herausforderungen. Wie krie man über eine Milliarde Menschen satt? Landwirtschaft in Städten i Lösungsansatz.

Der anhaltende Trend zur Urbanisierung hat große Auswirkungen auf d chinesische Landwirtschaft. Moderne Methoden, wie vertikale Farmen o

中，它更大的服务能力实际上是社会的服务能力（图 10）。

接下来是一个非常经典的建筑，上海历史博物馆，1933 年英国人的上海跑马场总会（图 11）。

实际到了屋顶上，它最重要的其实是周边景观（图 12），因为它是在人民广场、人民公园的隔壁，右边非常茂密的树林就是人民公园。这是改造之后的屋顶的场地，有一个可以喝茶、喝咖啡、办活动的餐厅，于是它就变成了一个非常重要的屋顶活动的场地。

图 13 是它的夜景，从效果来说的话，屋顶可以举办很多的庆典和活动，喝茶、冷餐会等。这对于上海中心区的地标而言是个非常重要的场所。

回到我们的绿色建筑，其实屋顶也好，绿墙也好，非常重要的一个其实是保温和隔热，可能很多同学做过软件模拟都知道，更多的是隔热。我们做的模拟屋顶研究可能更多。这个是我们在同济的嘉定校区和暖通热工的于航教授团队一起合作做的研究，以佛甲草为例模拟的屋顶隔热，底下都有热流计，相当于它的整个导热的过程，是底下的每一个仓所形成的内外的

图 10

图 11

图 12

图 13

图 14

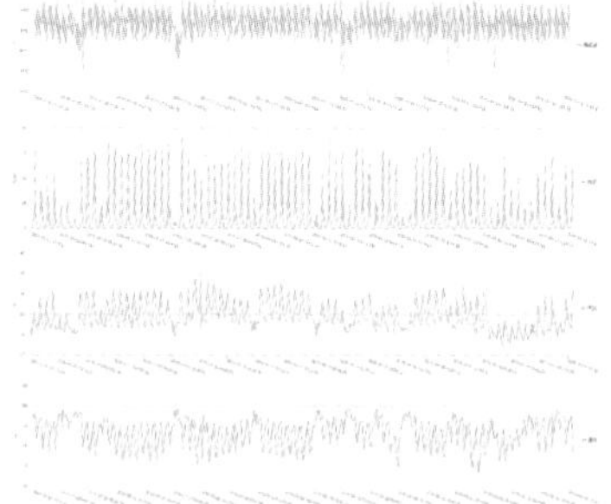

图 15

热差，然后可以经过实测来测量这里面实际上导热的过程（图 14）。

实际上我今天分享的重点，不是去把设计和研究分得那么开，其实它可以放在一起。我们对于在屋顶上去做这样的一些绿化和绿植，它不仅仅是一种活性的表皮，对于整个建筑的保温，包括对防水层的保护，我们也有了更加定量的一些一手信息。其实反过来，当你有了一手的信息以后，无论对于这样的屋顶绿化设计，还是去做进一步的可持续设计理解，都会有很大的进步（图 15~ 图 17）。

图 18 是我们同济的赤峰路屋顶的小花园，这个小花园因为年数已经很久了，所以我已经不想再更多

图 16

物理环境分析 Physical environment analysis

风速分析：风速超过5m/s的区域，不适应建立屋顶绿化

Wind speed analysis: Roof greening are not suitable in those 3 areas because wind speeds exceeding 5 m/s

Wind:

图 17

创新设计与适用性技术

图 18

地去说它的设计了。我们在这屋顶上连续测量了近两年的数据，包括屋顶本身的数据。结合屋顶实测的数据，对照一些热工的模拟，我们可以反映这个区域周围的风环境、热环境和它的物理性能。例如今天上海没有刮大风，但下着大雨，我们可以知道它的土温土湿，包括微气候，可以为设计提供更多的实证。

在我们进行设计的时候，拿出两年的气象微气候的数据就可以看到植物的长势和所有关于温度变化以及性能的情况。当你有了这些论据的时候，你去做设计，就会有更多的理性的思考和判断力。

现在大家所看到的是去年我们的研究生设计课上，同济的和国际的研究生一起主要模拟了同济本部

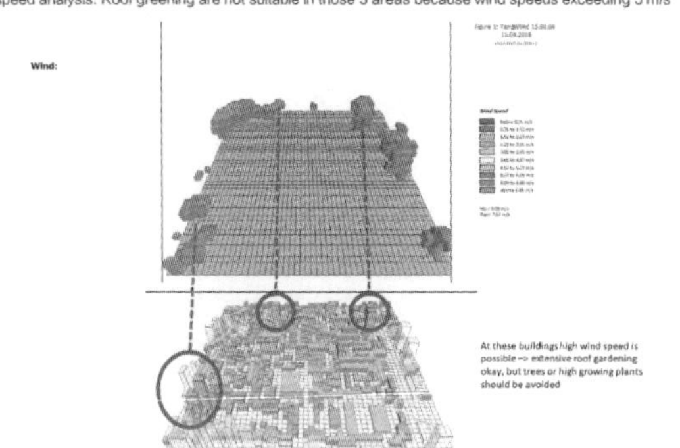

图 19

建立立体园林案例资料库

作为课程基础数据库之一的立体园林案例数据库，是根据任课教师团队负责完成的屋顶绿化设计成果如同济大学Joy Garden、张江万科国创中心屋顶绿化、上海历史博物馆屋顶绿化、青岛中德生态园福莱社区中心屋顶花园相关设计资料，还包括上海市立体园林案例以及国际案例等。

建立立体园林技术资料库

本团队结合教学和相关研发资源，建立了立体园林技术材料数据库，包括屋顶绿化设计、施工与运维服务、轻质屋面构造产品系统等。此外，该资料库还汇总了国内立体绿化技术规范、指南和技术要点。

与新加坡CUGE研究中心签订了结合其行业技术指导文件作为教学使用参考资料的备忘协议。

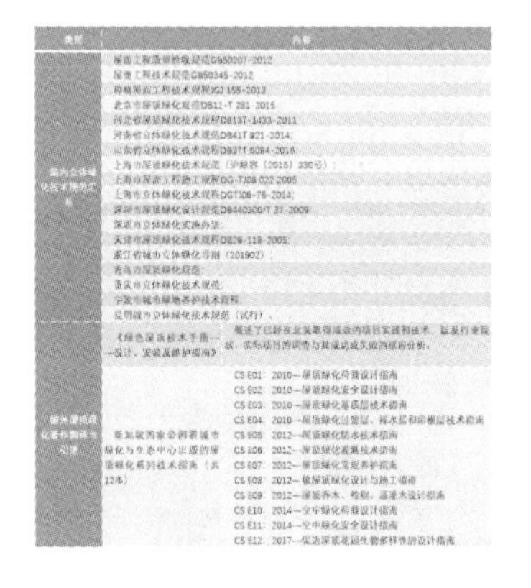

类别	内容	
[illegible]	屋面工程质量验收规范GB50207-2012 屋面工程技术规范GB50345-2012 种植屋面工程技术规程JGJ 155-2012 北京市屋顶绿化规范DB11-T 281-2015 河北省屋顶绿化技术规程DB13T-1433-2011 河南省立体绿化技术规范DB41T 921-2014; 山东省立体绿化技术规程DB37T 5084-2016; 上海市屋顶绿化技术规范（沪绿容（2015）330号）； 上海市屋面[illegible]程施工规程DG-TJ08-022-2005 上海市立体绿化技术规程DGTJ08-75-2014; 深圳市屋顶绿化设计规范DB440300/T 37-2009; 深圳市立体绿化实施办法; 天津市屋顶绿化技术规程DB29-118-2005; 浙江省城市立体绿化导则（201902）; 青岛市屋顶绿化规范; 重庆市立体绿化技术规范; 宁波市城市绿地养护技术规程; 昆明城市立体绿化技术规范（试行）。	
	《绿色屋顶技术手册——设计、安装及维护指南》	概述了已经在北美取得成效的项目实践和技术，以及行业现状，实际项目的调查与其成功或失败的原因分析。
[illegible]	新加坡国家公园署城市绿化与生态中心出版的屋顶绿化系列技术指南（共12本）	CS E01：2010—屋顶绿化荷载设计指南 CS E02：2010—屋顶绿化安全设计指南 CS E03：2010—屋顶绿化基质层技术指南 CS E04：2010—屋顶绿化过滤层、排水层和阻根层技术指南 CS E05：2012—屋顶绿化防水技术指南 CS E06：2012—屋顶绿化灌溉技术指南 CS E07：2012—屋顶绿化常规养护指南 CS E08：2012—坡屋顶绿化设计与施工指南 CS E09：2012—屋顶乔木、棕榈、灌木设计指南 CS E10：2014—空中绿化荷载设计指南 CS E11：2014—空中绿化安全设计指南 CS E12：2017—促进屋顶花园生物多样性的设计指南

图 20

图 21

主题2：
景观敏感人群的特定化环境营造

图 22

的建筑的风环境和热环境（图 19）。

我在第一个篇章快结束的时候，给大家讲一下我们的一些设计和适用性的技术。这里面其实有非常多的技术。一方面我们基本上收集了所有的国内资料库和案例库（图 20）。

另一方面搜集了国际资料库的工程和技术的做法，这并非是为了做施工图，而是为了让我们真正去理解表皮的构造是什么。特别是中国从南方到北方，每个地方的条件都不一样（图 21）。

第二个我想分享的是儿童友好环境（图 22），实际上很多时候大家想到儿童景观，认为更像是一个社会学的话题。儿童人群，他们对于这个空间的敏感度非常高。对于老年人我们会说营造适老性环境，很少会听到说去适应青年人或中年人，当然对于残障人士的适应性肯定是跨越年龄段的。其实从生理和心理的年龄段角度，我们会发现非常具有社会关怀的其实是在两端。所以我们虽然做的是儿童的研究，但是实际上类似的关注和出发点同样可以应用在老人身上的。

针对这种敏感性人群，比如 1 岁的儿童、2 岁的儿童，到 8 岁、9 岁每个年龄段的孩子生理和心理的发育特点都是完全不一样的。所以我们提出了做儿童的研究和设计时要有一种特定化和精细化。可能同学们以前做幼儿园的时候有过基础研究，但其实幼儿园的训练目的更多的是让大家去理解类似幼儿园空间设计的组合逻辑，而不是让大家去理解关于儿童成长过程的整个详细设计。实际上真正要去研究，而且详细设计的话，每个年龄段甚至包括性别都有着非常大的差异，会倒逼你对于环境的塑造做到足够精细化和精准化。

所以我们在儿童这方面，做了很多的相关工作，我曾经和研究生同学一起研究，怎样把你画的这张图，让孩子看了喜欢，当时我们专门讨论，如果做一个儿童的公园设计，是不是一定要按照风景园林的制度规范，或者用我们“ps”上的树来表达树，为什么不能发明一种专给孩子的图？

第二，为什么我们不能把颜色画得让孩子一眼能看懂，为什么我们不能在图上画出这些小朋友的对话，让他知道这场地是用来干什么的？我们给儿童做场地的时候，是不是一定要画成工程图纸？我们是画给谁看的？是画给市长看呢，是画给工程师看呢，还是给孩子和他的家长看？所以我们当时提出一个口号，能不能尝试着画一张给小朋友看的设计图，这个是我研究儿童场地精细化的一个缘起。

实际上孩子们探索体验的城市和我们所体验的城市空间是不一样的。所以当我们去研究儿童的环境的时候，其实非常重要的是能否用一种儿童心理甚至儿童的生理特点去看待场地。

图23是2018年我们做的小小规划师的活动，我们到小学里面让小朋友去表达他所希望的公园是怎么样的。大家看到非常有意思，小朋友在公园里面放了鸭子船，放了橡皮泥，捏了一棵树，然后还做了个桥，做了非常多有意思的事，包括他们还提出了他们对于城市的恐惧。在当时的调研当中，小朋友们反映觉得最有恐惧感的是像走马塘这样非常直立的驳岸，他们担心掉下去。

此外，他们特别害怕停车场。其实对我们成年人而言，停车场固然是很嘈杂，但从来没觉得危险。但是大家想一想，对于身高只有1.2、1.3、1.4m的孩子，他走在停车场的时候，实际上只能看到车的下半部分，所以他们会本能地对停车场有很大的恐惧感。这些事情就引发了我们思考城市对于孩子来说是怎么样的环境？所以我们做了很多稀奇古怪的，大家可以理解为设计，也可以理解为不是设计。

桌游/社交

第一个我叫作桌游和社交（图24），底下这张底图实际上是东原地产的绵阳项目。东原是一家房地产公司，他们在离成都很近的绵阳，请佰筑做了一个大型的社区里的儿童场地设计。这个实际上是网红项目，它是用很多格子去做的，我们在进行调研之后发现，如何去增强大家之间的一个交互，或者说互动是

图23

图24

很重要的，因为大家谁和谁都不认识。怎么来玩呢？

我们 2019 年先做了一个调研（图 25），当时还没有完全交房，我们在调研的时候让每个小朋友都做了九宫格，让家长带小朋友填三样东西，第一行是你最喜欢的游乐设备，第二行是你在这个场地里面最喜欢跟谁一起玩，第三行是你觉得这个场地里面最希望有什么植物。大家可以看到每个小朋友所列的内容，有的小朋友喜欢秋千。大家会发现大部分最喜欢的玩伴不是他自己一个人，就是跟父母一起，而且大部分是妈妈。这里面有个问题，小朋友之间的社交特别少。第三行中花草是比较缺少的，所以我们就结合着这样的心智地图，制定了他们改造的方案，除了物理性的改造方案，最好玩的一件事就是我们做了一个游戏，我们希望每家每户的小朋友能够把这样的一个格子变成一个强手棋，大家玩得顺了就会喜欢玩。我们希望激励小朋友不仅在家里面玩强手棋，而且在场地里玩。我们以 community 加 game 为含义取名叫作 gammunity。

大家可以看到真正的设计构思是在右边（图 26），绿色代表的是让小朋友参与到我们改造后场地的一个原意。浅灰色有一些探索自然的小地方，黄色是一些机会奖励。实际上真正的设计目的是让孩子们在自然里参加一些社交游戏，甚至孩子们之间能形成 networking。在增加了植物和社交空间之后，小朋友会主动地希望到这样的场地中和大家一起交往和做游戏。

爬墙

我们最近在西安城墙下的公园还做了一个爬墙，我们一直在研究西安的小朋友们和其他地方的小朋友们玩的究竟有什么不一样呢？我们找到了一张 20 世纪 90 年代初的照片（图 27），非常有意思，我估计像这样的场景，只有可能在南京、北京等古城的局部城墙，或者在一些老的城市里面找到当年的痕迹。其实这个原理很简单。

原来的城墙是以一层层叠涩的做法进行收分的，对于小朋友的脚来说，他们确实是完全可以像攀岩一样把凹凸不平的墙面作为一个支点，成年人可能很难，但是对小朋友来说，这是个很好玩的东西。所以我们觉得在城墙公园里面，是不是能够做出一些小朋友玩的墙，进行一些攀爬的活动。

图 25

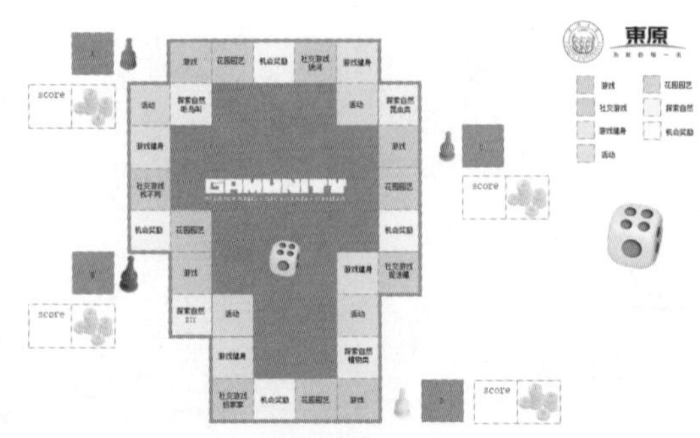

图 26

图 27

图 28

图 29

图 30

图 28 是我们当时做的一个模型，当时也是有很多的争议。理论来说，在公园当中没有必要再去做围墙，但我觉得因为是在西安的城墙下面，所以我们还是坚持要有这样的一个围墙来作为活动使用。同时因为很矮的围墙无法让孩子们攀爬，所以我们就做成了在高空的攀爬绳索。这个其实是在进一步深化当中，主要目的是希望在城墙公园下面，小朋友也能够有上下左右移动的机会。

摸鱼

图 29 是在奉贤的一个新建绿地，设计团队设计了一个非常重要的旱溪，它实际上跟外面的水是自然连通的，在这里面有很多小螃蟹。这种可以让孩子们体验的自然生态，让我们也受到了启发。

2019 年，我们在上海的乡村也做了摸鱼的活动，其实是利用一个闲置地，把它做成了一个小朋友们去体验和摸鱼的场地。小朋友看上去玩得很高兴，但工作挺难做的，第一点是时间很紧，临时在村里面做的适用性技术，这个技术本身比较简单。

第二点，小朋友下水处的水不能很深，以免有各种各样的安全事故。除此以外还有一个非常有意思的适用性的技术，就是地下的水位，大家有没有发现右边这张图（图 30），明显的水位是比较高的，和左边这张图小朋友踩里面的水位不在一个高度，其实是因为整个地下水位比较高，白天抽掉了，晚上水就又渗进来了。所以实际上在第二天小朋友活动之前，用了

学习强国
中共中央宣传部"学习强国"学习平台
打开

【乡村振兴】金山漕泾镇：用70桌"长龙"宴共庆"农民丰收节"

上海学习平台 2019-09-23
十订阅

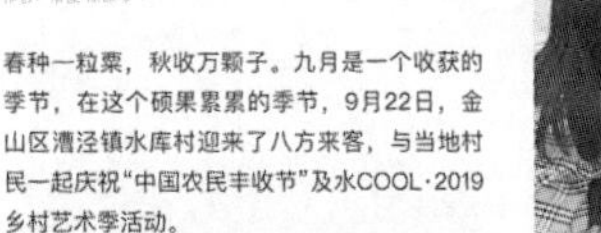

春种一粒粟，秋收万颗子。九月是一个收获的季节，在这个硕果累累的季节，9月22日，金山区漕泾镇水库村迎来了八方来客，与当地村民一起庆祝"中国农民丰收节"及水COOL·2019乡村艺术季活动。

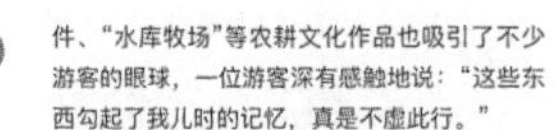

件、"水库牧场"等农耕文化作品也吸引了不少游客的眼球，一位游客深有感触地说："这些东西勾起了我儿时的记忆，真是不虚此行。"

摸鱼体验

而就在离长堰路不远的沈家宅也是热闹非常，一场赤脚摸鱼——农渔文化体验活动在农田进行，小朋友和他们的父母们一起制作野外生存渔具、下水捕鱼……玩得不亦乐乎。一位来自市区的小朋友兴奋地说："在田里摸鱼，还是第一次体验，特别开心。"

图 31

两台抽水机，将水抽到我们要的水位才开放（图 31）。

我后来到浙江德清，发觉真正的高水平的场地应该是这样的。这才是一个更好的摸鱼的专业化场地（图 32）。

图 32

观演

实际上我们还曾经在崇明做过一个儿童观演剧场。我们把现状树林其中有一些移掉，利用原有的林地做了一个小的剧场，主要的出发点是希望让儿童在树林中演出（图 33）。

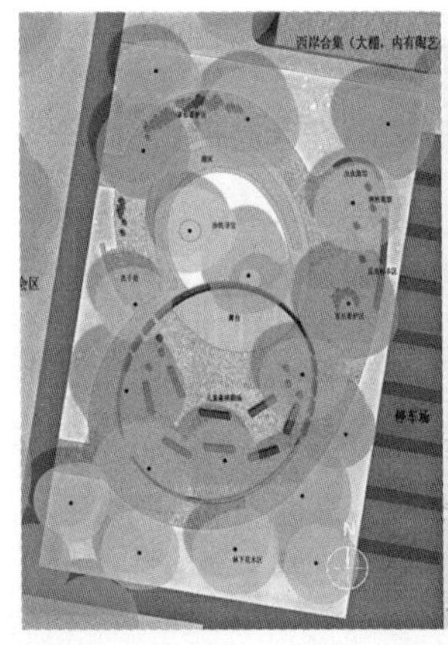

图 33

实际上在很多乡村的背景下，很多研学现在已经变成了田园乡村和儿童活动的一个对应。所以如何在城市和乡镇形成所谓的自然教育，里面其实有很多的内容，包括它的对象和客体是什么，也包括儿童本身的画像，还包括在过程当中你如何去设计 learning 本身。对于这样的一些自然教育来说，可能你设计一个场地，还不如去设计这个 learning 本身。所以我们就会研究通过什么样的方式去激发孩子们的学习（图 34）。

除了研学，我们还有像这种小型的儿童微花园（图 35），最早的项目是在武汉的园博会中所做的，这个小花园的特点在于取消六面体。可能各位同学你从出生的第一天起，就是在一个六面体空间里，在医院里面被接生长大，然后在家里面也是六面体。所以我在做的时候所设想的就是能不能取消六面体，变成没有任何透视线。大家知道在拍照的时候，我们都会去找一个空间的景深和层次，但在这个场地里面，基本上大家都找不到空间景深和层次，所以希望能够做一个非六面体的空间。这种概念也一直延续到我们后来所有的儿童小花园设计中。比如刚才我们提到的赤

图 34

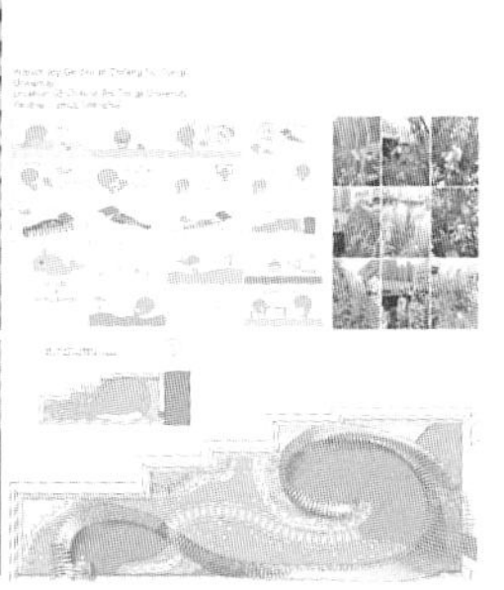

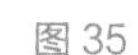

图 35

图 36

图 37

峰路的屋顶花园，基本上是一个参数化的木构架所形成的功能复合的空间，分成了草坪、木平台，可以做一些活动，还可以做实验。中间有小的汀步，主要是以容易维护的观赏草为主，外面有一些珍稀植物。这个屋顶花园其实很小，仅有 100 多平方米，现在还在运维，不断地收集屋顶的数据和气象资料。

在做上海花展的时候我们也做了一个很有意思的东西，和一位同济大学校友合作用参数化做了一个鱼的雕塑，实际上是做了一个小型地标，在我们这个花园场地里面依然还是延续了非六面体的构想，大家可以看到无论是外面的边界还是里面参数化的构架，其实都是一个自然的曲线。内部的地面铺装都是现场锯的树枝圆片（图 36、图 37）。

内部将来可以办活动，外面是这样的波浪形边界（图 38）。在这个 12m × 12m 见方的花园里面，这些绿地里面的植物种类达到了一个极致，差不多有 200 多种不同的植物。植物设计专家刘坤良老师负责了 200 多种植物见缝插针、见位插位的布局，实际上很有意思，我们希望建成效果感觉像是一个自然野生的状态。

大家可以看到这其中一角是柳条编织的效果，里边放了一些蒲公英的灯，还有一些 3D 打印的小鸟，增强互动感（图 39）。然后汀步的高度其实是按照孩子走进去可以摆拍，整个脚都没在花里面的高度考虑的。

除了植物之外，它分了好几个区域，右边这张

图 38

图 39

图 40

主题3：
大都市区郊野乡村的环境修复

图 41

（图 39）基本上是旱生植物区，非常小。我们还考虑到夜花园的效果，最主要的目的是为了带小朋友们在这里面进行一些体验。比如这是两周前我们带着小朋友们去做的发光气球、灯等（图 40）。因为里面有 200 多种植物，所以之前还有孩子们寻找植物的活动，晚上再带着他们去做发光气球，目的是为了把这样一个花园变成孩子们比较喜欢去体验的空间。

今天分享的最后一个板块是郊野和乡村（图 41），因为现在大家都会做乡村振兴，我在这起了个名字叫作环境修复，包括文化和生态。

我们的第一个视角是三维的视角，但后面觉得不够，我们还得下水。大家看到左边是我们 2019 年去溧阳时的路上考察队，右边是我们直接是划水进村的同学（图 42）。当面对江南地区的乡村，从水上进去的时候，你会真正理解乡村的成因和它的特点。

接下来我重点介绍一下我们所参与工作的水库村，位于上海金山同时也是漕泾郊野公园的核心区域（图 43），所以后面我们很多的研究内容，都和郊野公园的背景有很大关系。

首先是公共空间，其实刚开始的时候，公共空间都集中在新改造的路桥和水边了。大家可以看到沿着这条路，包括做完河道整治后，其实乡村的水质和水环境就会得到很大的改善（图 44）。

大家知道有很多的河道为了把原来的堵点或是盲点打通，那么也就断掉了乡村原本的步行系统，所以我们在这个村里面做步行桥的时候，并不是单纯从外观方面考虑，而是希望在乡村中利用这样一些市政基础设施的机会，把它变成社会和文化的公众空间。所以我们把步行桥特意放大成了这样一个架空场地（图 45），村民们可以在这休息，小朋友可以玩。

图 42

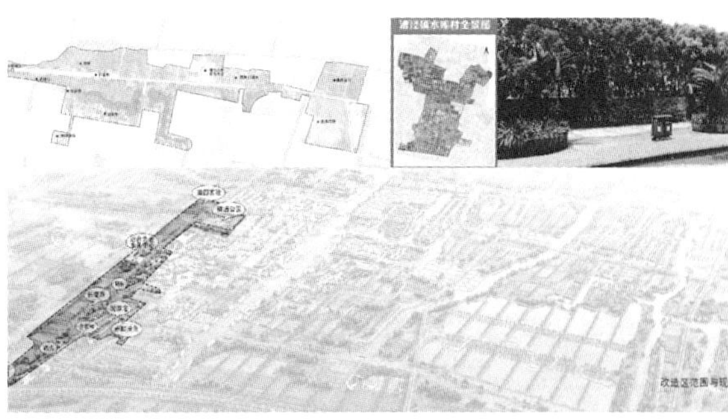

图 43

图 44

图 45

另外随着河道水上功能的不断提升，可以吸引越来越多的年轻人来这里划船（图 46）。

所以这个其实作为一个水上的模式，让大家真正去认识到这样一个水网纵横的村中水上的空间文化的意义。

实际上我们在做着相关的设计时，也有很多的同学参与了我们一小部分的公众参与，其实主要就是讨论为老中心中间的空地应该做花园还是做菜园？实际上在这过程中，我们所想实现的是乡村治理和乡村振兴中的公众参与。通过大家的投票决定做菜园。所以如果大家以后有机会去水库村里参观的话，可以看见这里面其实有一片生长地非常旺盛的菜园（图 47、图 48）。

生态空间

接下来是关于生态空间，乡村其实除了它的生态系统服务，可能大家首先会想到农业和供给服务，但实际上因为上海整个的空间特点，乡村具有非常明显的多重的复合功能，其中非常重要的就是生态功能（图 49）。

例如在水库村，大家可以看到作为郊野公园的迎宾区的树林在经过改造之后，一方面提升了它的颜值，另外一方面在改造过程中做了很多下凹型的小水塘，用于水的调蓄，增加了它的栖息地的功能（图 50）。

竣工后留下的一些地形，包括河岸两侧增加丰

图 46

图 47

图 48

图 49

图 50

图 51

富的植物，会为它未来的物种的栖息地带来很多提升的可能（图 51）。

图 52 是改造前和改造后，这并不单纯是看外观的事情。对于乡村来说，它的河道本身还是一个非常重要的生态廊道。所以我们希望通过软质驳岸的植入，去恢复和不断增强乡村原有的生态廊道的作用。

文化空间

除此之外还有很多文化空间。为了进一步提乡村振兴的知名度和关注度，去年我们和艺术策展人苏冰老师团队一起合作，作为上海城市空间艺术季唯一一个乡村板块的参展单位，做了很多田园实验的活动（图 53），这是田园实验艺术家的稻田艺术（图 54）。

图 52

2019乡村艺术季
2019上海城市空间艺术季・漕泾镇水库村实践案例展
活动地点：金山区·漕泾镇·水库村
主办单位：金山区人民政府
承办单位：金山区漕泾镇人民政府

图 53

图 54

还有很多招展来的艺术家的作品驻留在乡村，这一系列的田园实验的工作和策划并不仅仅是作为空间设计，我们其实还为他们做了一系列的活动策划。为期三个月的每周末都有各种各样的活动，还包括一些户外的装饰。其实去年田园实验的主题就是稻田书法，这里面有一些是小朋友写的，有一些是老师写的。

此外，我们还帮他们做了一个线上的小程序，目的是为了激活我们以后参与做的乡村，集成后台的一些活动和线上的信息（图 55）。

图 55

创新设计与适用性技术

乡村振兴的 20 字方针里，其实涉及方方面面，包括社会、治理、经济各方面。2019 年在村里面集中开了三次专家论坛，这里面汇聚了很多来自上海设计行业的专家和嘉宾，我们做了很多的讨论（图 56）。主要讨论的话题就是水库村未来能够有什么发展可能？里面有很多技术的话题，比如建筑风貌的设想、整个的用地指标、搬迁，包括经济的测算。还有景观方面，无论是从风貌的提升，还是从生态的保护，都有很多的探讨，所以我们总结了 4 个值得关注和研究的分系统，包括农业生产景观体系、社会文化景观体系、休闲体验景观体系和生态环境支撑体系（图 57）。

另一方面，在乡村中会遇到大量可持续技术，比如绿色基础设施，生态系统服务的提升，我们之所以用在这，是因为它是郊野公园。对于全村甚至全郊野公园来说，在改造后甚至 5 年、8 年之后，本身的生态服务价值是否能有提升？

我们如果评估乡村或者郊野当中的生态系统，也就是所谓的自然资产（nature capital），其实就会成为生态治理的一个模式。

当然在这个背景下，非常重要的是完善数据平台，所以大家就能理解为什么在前面不仅要做那些示范展示，同时还要做一个数据中心，目的就是为了长时间的去观察，2 年、3 年、5 年、6 年之后，地区生态、生物多样性各方面是否有了提升以及提升的情况怎么样？无论是水环境，还是生物的多样性，还是整个的条件能力，到底起到了什么样的作用，是需要用数据说话的。

所以我最后所选的这两张图片是一个很简单的例子，左边其实是一个非常简单的技术，一个 3D 打印的胡萝卜。如果这个胡萝卜放在家里面，它可能就只是一个 3D 打印的胡萝卜，但是看右边，当我把它埋在土里的时候，我们就可以和小朋友们一起来玩。玩找胡萝卜游戏的人不会意识到这里面隐藏了一个新的技术叫 3D 打印（图 58）。

这就是我今天所讲的一个主旨，可能我们所看到的是很多很平常的设计，但是背后其实有很多技术的理念和技术的基因支持。第一是希望同学们多做，用技术来加持你落地的设计；第二是希望同学们在日常的学习工作中，多研究那些能够在设计落地中被运用的技术。我的分享就到这里，谢谢大家。

图 56

农业生产景观体系	社会文化景观体系	休闲体验景观体系	生态环境支撑体系
农业生产的多样性，完善产业链，将传统农业转型成现代生态农业。	满足和提升当地居住与生活质量的乡村社区环境设施，完善必要的户外配套环境设施及保障设施。	结合基地环境特色和城乡居民需求，提供游客度假休闲、文化体验的活动。	对于当地生态环境与国土空间安全的系统支撑。
农田、牧场、菜园、果园、鱼塘、饲养场、温室大棚、仓库等。	民居建筑、院落、街道、巷道、广场、小品、公共基础设施等、古建(宗祠、寺庙、牌坊、戏台、塔、亭、桥等)、民间习俗、风土人情和纪念活动等。	特色民宿、有机餐厅、手工作坊、文创产品售卖等具有城市特性的功能。	山川、森林、河流、湖泊、湿地、荒漠、野生动物、乡土植物等。

图 57

图 58

主讲人　周　俭

同济大学建筑与城市规划学院城市规划系教授
上海同济城市规划设计研究院院长
中国城市规划学会历史文化名城规划学术委员会副主任委员
中国城市规划协会副会长
中国古迹遗址协会常务理事
全国工程勘察设计大师

主　题　城市街区营造实践

城市街区是一种营造城市生活和城市活力的空间模式，是空间思维下营造城市公共空间品质的一种方法。课程从城市街区与宜居生活的关系为切入点，以近年来同济规划在城市街区规划设计和研究中的实践为例，融合国内外城市街区的案例，阐述城市街区的属性以及规划设计的逻辑。包括城市街区的尺度，空间的渗透性、选择性、多样性、地方性和社会性等内容。

今天这堂课，试图回答三个问题，这三个问题可能也是我们各位同学所关心和思考的问题。首先作为城市街区，尺度是非常重要的概念，不管做规划还是做设计，我们的研究对象都是空间，街区的空间尺度是人们体验城市、影响行为心理和舒适性以及一个城市特征的关键因素，因此非常重要。我们为什么今天要讲城市街区，甚至讲小街区、开放街区，其实就是个尺度概念。第二,我们一直在讨论街区的开放性，往往指的是比较小的街坊构成的开放式的街区。街坊为什么做成小尺度？我们的目标就是为了使街区更加具有活力；而这种小尺度街坊构成的开放街区是不是更加宜居？第三，如果我们要做这样的一种城市街区，空间上有一些什么样的特点？有哪些规划设计的空间策略可以用？

关于这三个问题，我想从五个方面跟大家做一些讲解。第一个是怎么去认识城市街区。第二个是开放街区和宜居有些什么关系。然后开始讲规划设计的空间策略，包括与尺度、规模和路网的关系，街坊的形态和城市的地形地貌、历史文脉的关系，以及城市街区最重要的街道空间的连续性和多样性问题。

1. 认识城市街区

我们先来看一下图 1，我相信可能很多同学在书上看见过左边这张图。很明显，在左边这张图的下部是一个城市街区空间模式，而上部则是个郊区模式。右边两张图片是一个明显对比：最右边这张图片是城市街区，而中间这张图片是郊区，虽然也是居住区，功能差不多，但是它是郊区的空间模式。

从城市空间模式的基本规律来看，城市街区首

图 1

图 2

先是小，即每个街坊的规模比郊区的“小区”或者“居住区”规模要小；第二，城市街坊的每一个出入口和周边的街道都有关系，每栋房子的界面和相邻街坊的建筑界面也都有关系，城市的街道空间是所有城市街坊中建筑布局的空间框架。

正是因为这样，在这样的城市街区里面，我们就可以看到这么一种城市生活，看到这种空间具有很强的连续性，然后可能走 50m、100m 就会有个交叉口，空间有很多的渗透性。尺度不会那么大，因为路网密了，不需要那么宽的路，同时它又适宜步行，而且能够营造一个好的公共空间。图 2 左图是巴黎中心城区的一条街道，两边都是住宅，下面都是各种各样的商店。图 2 中、右图是巴黎市中心的另外一条街道，它是一个菜市场，据说这个集市至少有八百年的历史了，一直延续到现在，它是个公共的活动场所，被巴黎人所熟知，充满了生活和人文气息。

小尺度街坊所营造的城市街区的核心价值是应对人和社会的基本需求而存在的，包括：人活动的连续性和选择性，人的尺度以及人的社会交往需求，这些需求于人是不变的。

2. 开放街区与社区

2.1 街区的开放性

城市街区的开放性与街坊的尺度直接相关。

就是越封闭或者尺度越大的街坊形成的也可以叫城市街区，但是它的开放性就很低。开放性很低的话，就会造成一种居住社会的隔离，因为所有的活动都可以在小区（街坊）内部完成，邻里交往、健身、小孩玩耍等都可以在小区内完成，这就很容易造成一个个社会的孤岛。但是如果街坊变小之后，人就会经常走出街坊，一出门可能就走上了城市的街道。可能在这个小街坊居住的是某种群体，那个小街坊居住的是另一种群体，但是人出门走在街道上，就组成了一个社会群体，街道和城市公共空间就具有了社会性，可以减少或者避免很强的社会隔离。

因此，小尺度的街坊所形成的开放街区，可以更有力地促进不同群体，住在不同楼栋、不同街坊里的人对话和交流，从而促进他们的融合，我们可以说这就是一种城市生活的属性。

来看一下巴黎蓬皮杜艺术中心周边街区的情况。蓬皮杜艺术中心位于巴黎市中心由 50m × 70m 小街坊组成的街区内。如果大家去了解历史，这一片是 20 世纪 70 年代以后经历了“不卫生地区”更新形成的。城市更新完全依照原来的历史的格局，也就是小街密网。在这个开放街区中的蓬皮杜艺术中心前面的广场，全世界各地的人都集聚在这里。这得益于它所在街区的开放性，它周边的小街道适宜步行，街区又居住和工作有各种各样的人群（图 3）。

小尺度街坊所营造的城市街区的核心的价值观应该是人和社会的基本需求。以前我们看到的很多的城市区域，因为大马路，因为大尺度，因为城市街区的路网间距和街坊特别大，所以它其实不是以人为本，同时也抑制了人的社会交往空间和接触的机会。所以从这个角度来讲，小尺度街坊所构成的城市街区有这么几个特点而且符合人的需求：人的活动的连续性和选择性。也就是我的步行不会被很宽的马路打断，而且我走两分钟，就有一个交叉口，我可以选择往左，还是往右，还是往前。往左和往右有不同的吸引点和不同的空间。同时人的尺度和社会交往也是一样，当我什么活动都在小区里进行，我接触的邻里就是小区本身，缺乏一种公共的生活性。当我所有的活动或者大部分的活动，需要我走出我这个街坊或者走出我的小区的围墙，接触更多的人，同时很多的活动从小区内部，移到了城市的空间。

任何一个城市街区都是开放的，只不过开放的尺度有多大？这个尺度是不是人性化的？是不是宜人的？开放的尺度大小决定于街坊的大小，街坊越大，开放的尺度就越小；街坊越小，开放的尺度就越大，公共的街道空间就越多。

2.2 街区的社会性

2014 年同济规划和社会学系在上海做过一次社区调研，当时做了一千多份问卷，对上海五类住区进行了调研。包括老式里弄的虹口港地区，新式里弄为主的南昌路地区，新式里弄和花园洋房混合的太原路地区，20 世纪 60 年代建设的工人新村鞍山新村，以及 2005 年以后建的动迁小区顾村地区和商品房小区。图 4 中黑色的线是城市道路，浅色的线是建设地块。可以看到，街坊的尺度和地块的尺度有很大的不同。

通过社区问卷和访谈调研我们得到了结论：小

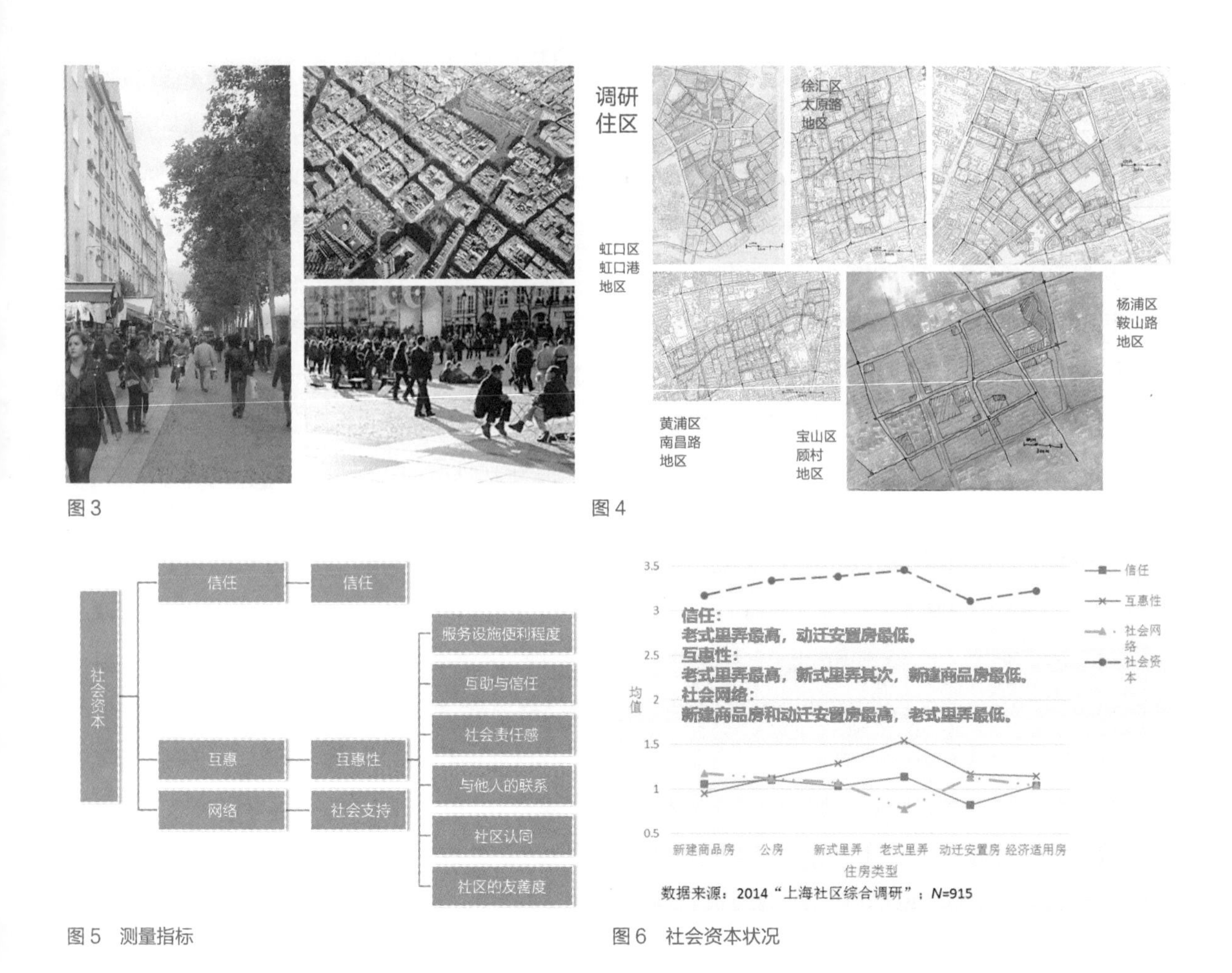

图 3

图 4

图 5　测量指标

图 6　社会资本状况

尺度的街坊社会资本会更高，社会资本越高的住区，它的生活质量越高。社会资本是社会学的概念，包括信任、互惠性和社会支持三大方面。社会资本是可以推动和协调社区的行动，从而提高社会效益。

社会资本到底有什么作用？和宜居有什么关系？很多社会学方面的研究证明社会资本越高，越能够带来积极的效应，还能够有助于提高社区的健康、安全、教育、经济福利、职业发展、政治参与水平和居民的生活质量。美国社会学家罗伯特 · 帕特南，通过量化研究证明社会资本高的地方，社会融合度也更高。

在这次调研中，社会资本的构成包括框图的内容（图 5）。调研结果发现：老式里弄社会资本最高，新式里弄其次，而动迁安置房小区最低（图 6）。

总体而言，里弄社区的社会资本要明显高于其他社区，包括新式里弄和老式里弄。从空间的角度来看：街区的格局、街区的开放性、街坊和地块的规模和社会资本的积累是有关系的。其他类型的住区和新老里弄比较，动迁安置房小区的规模比较大，封闭性也很强，而且居民的流动性也很大；新建商品房相对流动性小一点，但是其街坊的规模和动迁安置房小区差不多，经济适用房的情况也和新建商品房差不多，像鞍山新村这类工人新村，街坊规模虽然也不小，但居民稳定，街坊的开放性也比安置小区、新建商品房小区要高一些。

再看新老里弄住区的空间特点是什么？跟其他几类住区比，一是规模小，二是开放性强，三就是居民居住时间长，居民流动性较小。

可以发现：街坊和地块的规模、居民居住的稳定性与社区的社会资本有很强的相关性，这让我们可以从社会性的角度去理解为什么街坊和地块的规模与街区的开放性、住区的宜居性和社区发展是有关联性的。

我们也做了社区认同感的调研，指的是老百姓对社区的归属感和认同感。这里面包括日常生活、集体记忆、场所等问题。调查结果表明人口规模小的里弄或者街坊更加受大家欢迎。居民喜欢 1500 人以下住区的人数超过了一半，到了 5000 人的住区规模社区的认同感就很低。总的来讲，小规模的街区更受欢迎，这很容易理解。小区越大，居民能认识的人就越少，想要记住邻居的可能性越低。所以这也从社会的另外一个角度，证明了小的街坊所构成的街区具有它的社会价值。

小尺度街坊形成的开放街区则有利于减少各社会阶层接触的距离，增加各阶层交流和对话的机会，从而促进社会阶层的融合，提高城市生活的品质。

3. 街坊尺度与密路网

小街坊密路网形成的城市的开放街区在空间上有哪些规律？最重要的就是尺度。首先街坊尺度越小，路网越密，会带来越多的空间的渗透性。小尺度的街坊必然会有较高的街道密度。本来道路间距是 400m，现在变成 200m，甚至变成 100m。它会为慢行交通——步行的人、骑车的人，带来更多的选择性和更高的可达性。不同的通道可以到达同样一个地方，你可以先右拐，再左拐，也可以一直走，有很多的路径可以到达某一个点，而不必多走路。这就是密路网带来的空间渗透性。这样产生的匀质的小街密网肌理，对慢行会减少很多的阻隔，而且增强了慢行的连续性。就是把本来一条路上的 5~6 个车道分到 2~3 条路上，每条路都只有两个车道，所以说这对空间的人性化、慢行交通和街道的环境都会大大地改善。

小街密网的城市街区的共同特征就是连续性和渗透性。大家都知道，巴塞罗那是一个非常典型的小街密网的城市街区，差不多 80m × 80m 的一个方格覆盖了整个巴塞罗那（图 7）。

同时，80m × 80m 是不是绝对数呢？不是的。不同的城市、一个城市中的不同区域，路网的密度应该是不同的（图 8）。

如果再举个例子，在汶川大地震都江堰的灾后重建“壹街区”项目中，整个街区范围大概 1.4km^2，当时把它划分成了很多的小街坊。道路的间距最宽的是 165m，最窄的是 75m，每一块街坊的规模最小的是 5500m^2，最大的是 15000m^2。

如果按照传统的居住区空间模式，一般会做成 4~8 个小区。但按照开放街区的空间模式，规划形成了 40 多个小街坊。现在它成了一个城市开放街区，因为它把居住小区的内部道路变成了城市的支路甚至街坊路，把小区内的公共绿地变成了街头绿地。小区开放了，就形成了更多的城市街道空间，因此多了一个层次的街道空间，城市支路的路网密度更高了，但并不是城市干路的路网密度更高了，甚至城市干路的路网密度会降低，城市支路的路网密度会增加（图 9）。

看一下其中的两个街坊。总的户数是 500 多户，大概 2000 人左右，住宅 5~6 层。每个街坊不到 800 人，这是一个非常适宜邻里交往的尺度（图 10、图 11）。

在这里还要强调一下：开放性并不是说街坊内部也一定要开放。特别是对一个住宅街坊，内部不一定要开放，除非需要。而作为一个公共的街区，不管是商业还是办公，它肯定要全开放，不开放的话，它不能实现它的公共性功能。而如果是住宅街坊，不管是 200m × 200m，还是 80m × 80m，内部全开放，反而可能会影响居住功能。所以开放街区讲的是通过更密的道路把空间开放出来，而不是把围墙打掉之后，人都走到街坊内部去。这完全是两个概念。

小尺度的街坊必然会形成较高的街道密度，它

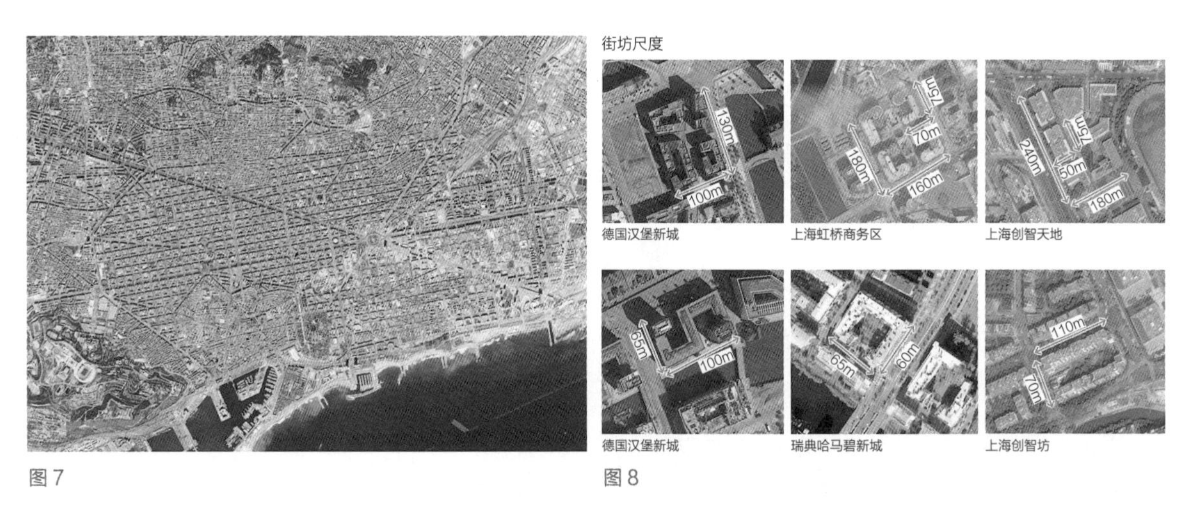

图 7

图 8

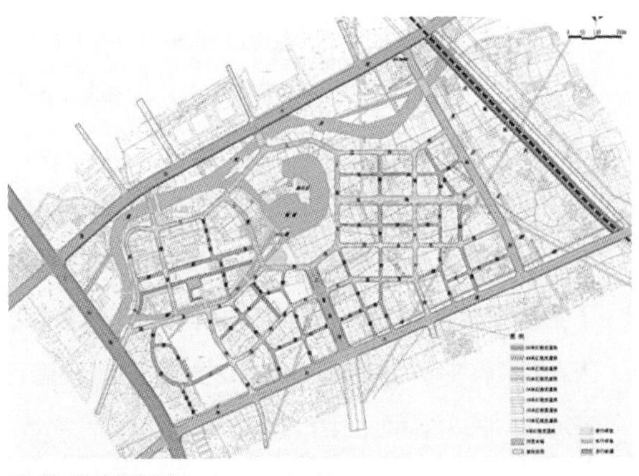

图 9　道路规划图

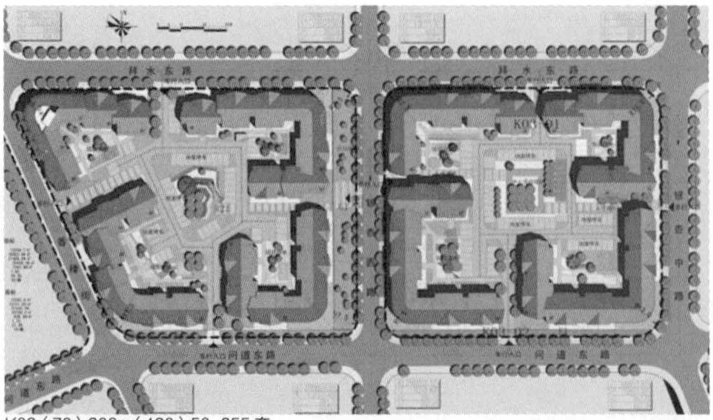

K02（70）208+（120）50=255 套
K03（70）230+（120）40=270 套
总户数 525 户，1500~2000 人
街坊用地 $1hm^2$

图 10

可为通行者带来更高的可达性和选择性。高密度的路网产生较为均质的路网肌理，慢行交通将大大减少，被宽阔的、车流量大的主次干道打断，因而也具有更好的空间与活动的连续性。

4. 街区形态与地方性

街坊和街道的适宜尺度并非绝对，应该取决于不同的城市、不同的地区功能、不同的区位以及不同的历史文脉。

街坊在不同城市其形态是不一样的。路网的形态形成了不同的街坊形态，那么它是由什么决定的？我们认为路网和街坊的形态与城市的历史和自然条件有直接的关联，也就是说具有地方性。

街坊的尺度也和地方的地貌有关，在新的土地上做规划，它有原来的沟渠，有原来的乡道和田埂、林地，地形也可能有高有低。在既有的城区做规划，因为它是有历史的，就是应该尊重和延续地方的文脉。所以不能拿一种开放街区的尺度和形态模式在所有地方或者很多地方去复制。这肯定是错的，因为这样做会抹杀地方的特色。

我们拿上海来举例子。上海的法租界地区和上海的老城厢地区虽然都是小街道密路网，但是两者的路网形态、街坊形态、路网密度、街坊尺度都不相同，城市风貌和给人的体验也完全不同，其中文化的影响和原地形地貌的影响是重要的因素（图 12、图 13）。

图 11

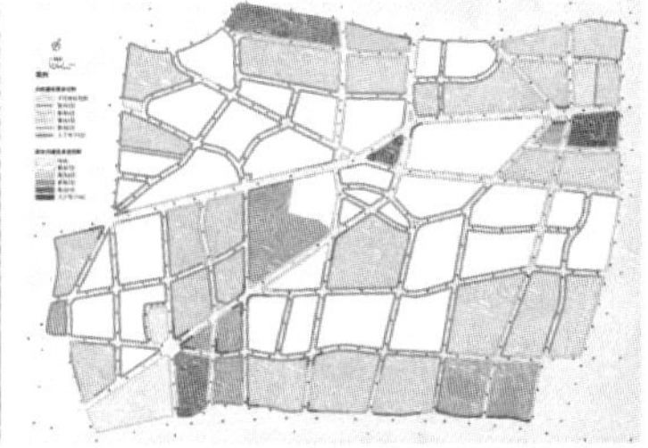

图 12　上海原法租界地区

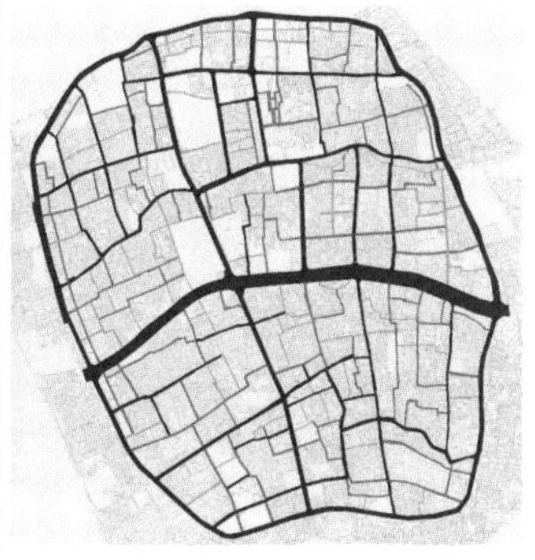

图 13　上海老城厢地区

上海老城厢的城市改造有一个深刻的教训，就是把小街坊改造成了大街坊。我们把1945年上海的行号图和2015年的地形图来做对比，这张图深色的部分就是和1945年的城市肌理、路网和街巷的格局完全不同的部分，就是拆了之后重新建设的。而这些浅色的部分基本上还保留原来的样子（图14）。

上海老城厢是由许多最多是四五米宽的巷弄划分的小街坊组成的，这些巷弄把整个老城厢切割成一个个小街坊，整个老城厢就有很强的开放性。像这样4米多的通道都是公共场所（图15）。但我们以前的城市改造把小街坊合并成了大街坊，许多巷弄消失了，变成一个很大的小区，然后围墙一围，把原有的开放性破坏了，就形成了一种空间和社会的割裂（图16）。

关于这点，我们可以去看看德国柏林的重建工作。在战后重建的时候，有一个柏林住宅国际展览，有很多新住宅的项目，它们是怎么做的？德国柏林“二战”以前的城市格局都是小街坊，有些地方是规则的，有些地方是因地制宜的，是变化的（图17）。在“二战”结束之后，柏林已经变成了这个样子，没有了街坊，也没有了街区（图18）。

从20世纪80年代开始，柏林的重建提出了这样一个规则：住宅五层以下，沿街的界面必须连续，高度不能超过28m，超过部分上面要有45°的斜角，所有的建筑必须沿街、沿广场边缘建设，让它逐渐形成城市街道空间和城市广场空间，使它能够慢慢恢复

图14　对小尺度街坊的合并与破坏

图15

图16

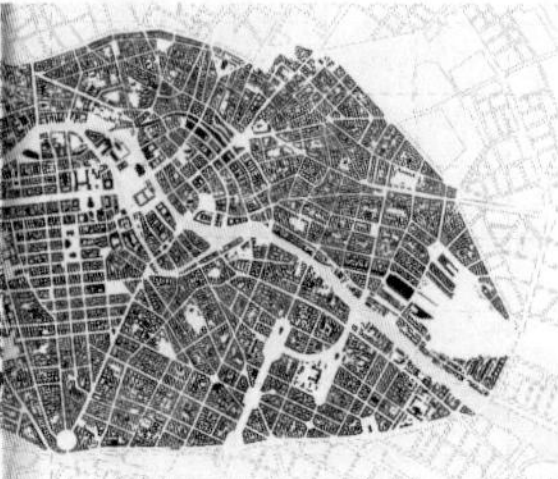
图17　1945年柏林的城市肌理

图18　1953年的柏林——空间格局丧失

柏林特有的城市肌理。这就是一个城市自己的文化特征，既来自于它的历史，也来自于它的地脉。

遵照这个规则，当时的西柏林逐渐修复了原来的肌理。但在东柏林地区则完全不一样。这里做成了几个超级大街坊（图 19）。东、西柏林在战后重建的思路上是完全不一样的，如果同学们有机会到柏林去的话，一定要去看看像这样的两类街区到底有什么不同。它的活力也好，它的宜居性也好，它的城市特色也好，到底有什么不一样？其实是完全不同的两种结果。

我们刚才讲的地方性，除了形态和规模的组合之外，还有一点细节就是地方记忆。在都江堰“壹街区”项目规划中，规划中的街头公共绿地就是当时在这块基地上的村落周边的树林，当地人称它为林盘。规划就把这些林盘保留下来，融入街区的形态中，转变成街头绿地。在这块基地新开发建设之后，还有原来的记忆留在上面，这也是一种地方性的具体体现（图 20、图 21）。这些绿化和这些树都是原来的，就是原来村庄边上的一片树林。只要把地面铺装整理好，然后把一些活动设施放在这里，就变成了周边的居民小区的居民的户外活动场地，既有儿童的，又有老人。

地域的文化与环境是城市街区营造的重要条件。正是由于这些历史的、自然的、生活的文化和环境所具有的独特性和不可复制性，才使得城市拥有了与其他地方不同的特征。这就要求规划师充分地理解城市已有的街区尺度与肌理，在规划中尊重城市已有的街区尺度，并将新的城市空间融入当地的文化和环境中，而不是将模式化的“街区”到处复制，才会营造出具有生活品质潜质的城市空间。

图 19　2000 年的柏林——适度的肌理修复和整体上的格局延续

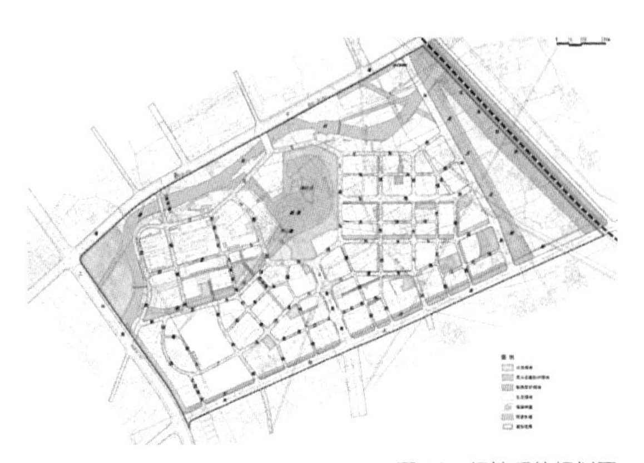

图 20　绿地系统规划图

图 21

5. 街区空间的连续性与多样性

5.1　连续性

为了营造正向（积极）的街道空间，沿街的建筑将更加紧凑，以形成连续的街道空间界面。我们希望街道是人能够接触、人能够活动、人能够交往的空间，这样的空间必须是有空间限定的，也就是空间要

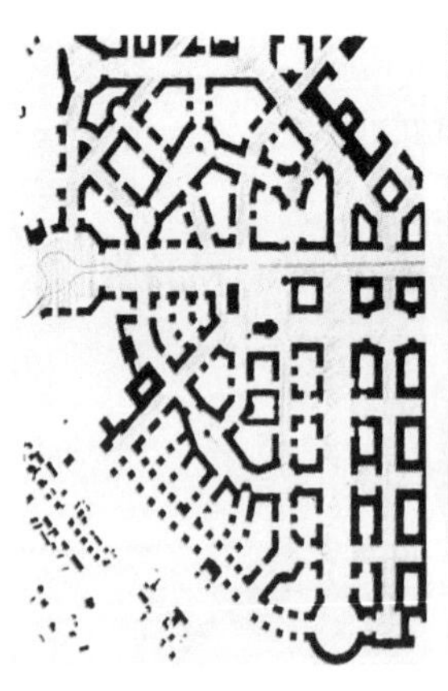

图 22

图 23

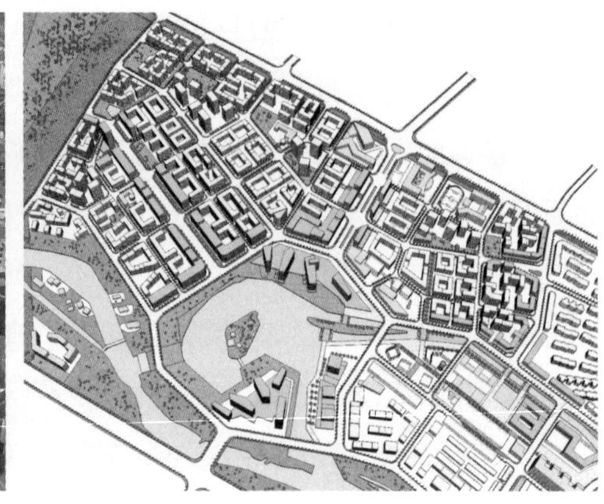

图 24

有边界。街道如果没有界面，那是马路，是道路。如果从空间的角度讲，街道就是两边有建筑物界定的。因为要营造街道空间，所以它两侧的建筑应该更加紧凑，从而形成连续的街道空间。

这是柏林的勃兰登堡新城的住宅区，是柯里尔做的。我们看建筑所形成的城市空间，所有的街道广场空间都是有完整的界面的，建筑是紧凑的（图 22、图 23）。

这是都江堰“壹街区”的方案，形成了一个非常完整的街道的空间界面（图 24）。

我们可以看到在都江堰“壹街区”，通过围合的街坊，形成的外部街道的界面是连续的（图 25~图 27）。

5.2 多样性

刚才讲的是连续性，对城市街区来说多样性更重要。多样性就是城市空间的客观规律。我们看这张图，是上海当年的法租界地区，图上不同的颜色就是不同的住宅类型（图 28）。一个城市就是由不同类型的建筑、不同的建筑肌理组合、甚至不同建筑的造型共同组成的。所以多样性是城市的天然属性，但是我们现在的城市建设中，越来越缺少多样性了。

如果原来是一个大街坊，一个小区，把它简单地切成三个街坊，但是三个街坊的房子都是一样的，反而会造成更多的疑惑，迷路。我不知道走在哪条街上，所以城市街区必然需要多样性以营造识别性。没有多样性的城市街区，反而会更加单调。

我们来看看巴黎左岸的案例。在每个街坊一圈，没有一栋建筑是相似的，它有很多房子组合（图 29、图 30）。

整体来讲，巴黎左岸一个街坊就是一种界面的组合类型。每个街坊都不一样，都有一种相互的差异，但是高度和界面是有规则的。正是因为街坊的这种统一秩序下的多样性，形成了整个沿着塞纳河城市界面的识别性和特征（图 31）。

在都江堰“壹街区”，每种颜色代表一个建筑师

图 25

图 26

图 27

类型		图底关系	
A			
B（点式）	B1		
	B2		
C（线式）	C1		
	C2		
D	D1		
	D2		

图 28

图 29

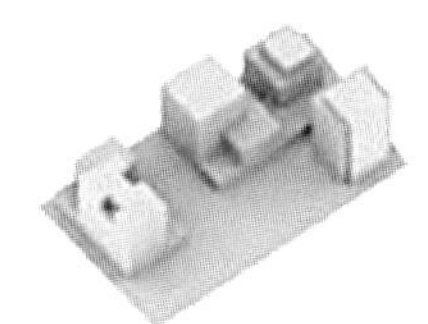

图 30

图 31

图 32

设计的街坊（图 32）。在这样的设计师组织布局下，每个街坊都是不同的建筑师在做，所以一条街道上，你可以看到的是多种类型的建筑组成的界面。因此，每条街的界面都是不同的（图 33~ 图 35）。

为什么街道空间要有连续性和多样性？就是因为我们希望人走在这条路上是很愉快的，是很轻松的。比如你在上海沿南京路走到人民广场，不觉得太累，因为它是很多样性的，它是连续的，有很多多样的功能、多样的景观吸引你，还有不同的人。但是同样这个长度，如果你就从同济大学走到五角场，你不愿意走，因为它不是街道，它不仅没有连续性，它还没有多样性。因此，连续性和多样性是支撑一个街道空间步行、慢行，支撑它的活力的非常重要的空间基本属性。

6. 总结

我们最后对这堂课做个小小的总结。

关于一个城市的街区，如果简单地归纳一下，有四点：

第一点是尺度。要控制街坊的尺度，一般不要超过 200m，150m 左右最好，甚至能够在 150m 以下。正是因为是小街坊，所以必然就是一个窄密均衡的路网。这两个是相关的。

第二点是形态。街区的形态应该有地方性，因地制宜地形成街区的空间格局，既跟这里的历史、文化相关，也可能跟自然条件相关，因为有些是在老城区，有些是新建区。

第三点是空间策略。要营造一种城市空间特征，怎么去做呢？无论是建筑高度，还是屋顶，还是色彩，还是界面，应该有个整体的秩序。在这个整体秩序的管控下需要建筑类型和形式的多样化组合。

最后一点，城市街区的核心是营造街道空间。我们需要一个连续的街道空间界面，它是营造街区活力的空间基础。

街道空间应当是安全的、人本尺度的、界面连续的、多样性的、具有地方性的，鼓励步行并支持不同类型的社会交往活动的高品质城市空间。

我们要把城市街区的空间概念找回来，把它们纳入城市空间设计的策略和方法中。

图 33

图 34

图 35

主讲人　孙彤宇

同济大学建筑与城市规划学院副院长，教授，博士生导师

中国建筑学会建筑教育评估分会副理事长

中国建筑学会城市设计分会常务理事

上海市绿色建筑协会副会长

中国建筑学会标准工作委员会委员

主　题　建筑创作中的城市思维

建筑是组成城市的基本单元，在建筑创作中，充分考虑建筑物在城市空间中的角色，并使其起到提升城市空间形象、改善城市空间品质的作用，是建筑设计的重要切入点。在大多数情况下，建筑设计需要对此时此地的各种复杂问题进行响应，解决建筑功能提出的问题、创造具有魅力的空间感受、塑造具有个性和体现文化特质的形式，以及关注建造和材料相关的特质等，都会吸引建筑师的大部分注意力，但是在我们的建筑设计创造中，一直坚持“城市思维”，对建筑物和周边城市环境及其他建筑之间的关系给予高度的关注，成为设计特色。这次讲座以亚运村国际区青少年中心等项目为例，介绍建筑设计中城市思维的重要性和创作方法。

今天是我们设计前沿课的最后一次课，我讲的主题是关于建筑设计创作中的城市思维（图 1）。大家可能觉得这个题目有点不一样。我们做的是建筑设计，但是讲的是在建筑设计里面如何体现城市思维。我会用我们做的杭州亚运会亚运村的几个项目来说明。亚运村的城市设计也是我们做的，有同学可能在其他一些课程中听到过。整个区域体现的是未来步行城市的一种模式，而今天要讲的主要是其中的建筑设计创作。

图 1

听这门课的同学虽然专业不同，不管是建筑学、城市规划、风景园林、历建或者是室内设计，但是实际上设计创作方法还是有很多共通的地方（图 2）。这个学期，同学们从其他老师的前沿课当中，可能也听到过这样的说法，就是一个好的建筑设计创作通常会从一些特定的问题出发。也就是说，你的建筑设计

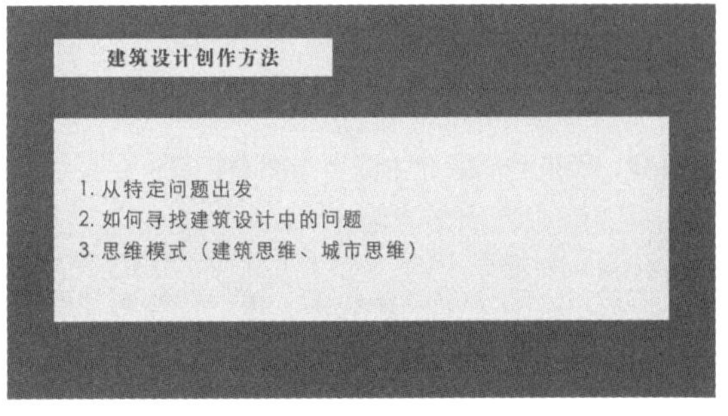

图 2

要做到有特色，并且要体现出设计独到的地方，那一定是跟你所理解的或者分析的特定问题有关。特定问题有时候是非常显性的，例如来自基地或者是任务书给定的特殊情况，其中有比较难以解决的一些问题。举个例子，贝聿铭设计的华盛顿美术馆东馆，整个基地周边建筑都是古典的、对称的格局，而东馆的基地却是梯形，那么怎么处理呢？从特定的问题出发来解决问题，就出现了非常独到的设计。然而有些问题是非显性的，你拿到的基地和任务很正常，没有太大的挑战。那么在很正常的任务或者正常的基地环境的情况下，怎么去做出特色？这种时候对我们来说，实际上是一种更高层次的挑战，这也是同学们将来到工作岗位上，在设计院里要面临的经常性的情况。因为我们接到的大部分设计任务，前面都有规划，还有城市设计、前期任务的策划，所以给的任务或者基地没有特别突出的、矛盾性的问题，那怎么办呢？

所以第二点就是：怎么来寻找建筑设计中的问题？在研究生阶段，大家在这个方面需要进行深入思考，还要有一定的方法，而且跟你的背景知识、很多相关的内容，包括掌握的一些案例等都有关系。你是从大量的背景知识当中，来理出头绪，来发现具体任务中突出的问题在什么地方。如果我们将来在设计院的建筑设计过程当中，经常把这件事情作为你毕生思考的问题——怎么来寻找突破口？怎么样来找到建筑设计当中的问题？对于这件事情，可能并不存在标准答案，而是我们职业生涯当中需要终其一生关注的问题。

在这里，我介绍两条线索。第一，要寻找建筑设计当中的问题，我们关注的或者是比较重点的问题来自于什么地方？大家可以记住一条原则，因为建筑是一种人为环境，大家再回顾一下什么叫建筑？不知道大家还记得不记得建筑的定义，虽然不是百科全书式的定义，但是是我们学科的定义。建筑是为了个人的或者社会的需要，利用可能的或者是可以被开发出来的技术，运用相应的材料和构造等工程技术来对空间进行限定，创造出符合审美原则的人为环境。这里面有几个关键词，第一个是“需要”，第二个是“各种各样的技术”,第三个是“空间限定”,第四个是“人为环境”。虽然我们学了那么多年建筑，但是将来有人问我们“什么是建筑”的时候，很多人说不上来。你一直在做建筑，也一直在看建筑，那么什么叫建筑？其实就这四个关键词。那么这四个关键词，跟我们所讲的“如何去提炼问题”是有关系的。既然是人为的环境，肯定要通过人的作用去限定空间才能创造出来，并不是现存在于自然界的某个可以用的空间，也就是说，肯定是要经过人为改造的。那么与这里面的第一个关键词“需求”相关，建筑设计当中的问题来自于人的活动所需要的需求。这种需求可以是已知的，也就是各种各样的建筑类型的任务书，比如你要做个学校，那么教室、报告厅、老师办公室、体育活动，各种各样的用房、流线的要求等，这些都是已知的需求，还有一些未知的需求。而未知的需求恰恰是我们要进行创造的地方，有的需求一开始不一定有，因为你设计得比较好，把人的使用功能又进行了拓展，让大家觉得非常好用，或者有一种新的活动的可能性。那么人的已知的和未知的需求，跟自然环境以及其他的物质条件之间的冲突和矛盾就是问题的来源。因此大家就可以思考了，我们设计的建筑当中有哪些地方跟我们想象中的使用需求相比还存在着不太完美的地方，或者还不太够的地方，有些甚至是到目前为止也没有解决的一些令人非常头疼的问题。那么这些事情都是我们寻找问题的来源。我今天在这里讲的是，在进行建筑设计创作过程中如何去定义问题，跟我们的思维模式有非常大的关系。

我们有很多种思维模式，这也是跟我们的创新、创造有关的。我在这里要讲的不是标准答案，而是其中的一种可能性，因为像我们在学校里做建筑师和设计院的实践建筑师在思考过程中考虑的角度略微有所不同。因为我们在整个建筑学的教学过程当中，发现建筑学的同学学了四年到五年以后，慢慢形成了一种叫作“建筑思维”的思维模式，这一方面是好事情，但另外一方面实际上也有负面的问题。那么什么叫作“建筑思维”？大家都在做设计，可能你也不会察觉到，但是如果你跟不是建筑学专业的人，比如说搞结构的人去相互交流的话，就会发现建筑师的角度很特别，可以这么概括：建筑感很强的、几何化的、具有空间秩序的、对审美比较讲究的、尤其关注形象的问题、空间与人之间的影响和人在空间里面能够感受到不同的氛围的这些创作手段，可以认为是比较有建筑感的思维方式。也许大家在做的过程当中，并不一定去反思这个事情，很多都是顺其自然的，通过长期以来的学习获得的一种思维模式。但是我们在做城市设计的过程当中，现在的城市设计有些是建筑师在做，也有一些是规划师在做，你就会发现思维模式上，大家似乎有些不太一样。建筑的思维模式，通常比较注重自己红线范围以内的事情，既然红线给我画好了，红线外面的事情我们又没法动，就像孙悟空用金箍棒画了圈，你是跑不出去的，你没有权利决定外面的事情。建筑师在长期的工作状态中就形成了红线外面的事情跟他关系不大的想法，这也是被迫的。所以久而久之，建筑的思维关注自我的状态比较多。我们可以看到现在各种建筑杂志上面的建筑照片非常漂亮，也非常干净，基本上没人，要有人的话也是请几个模特过来，比如像《时代建筑》《世界建筑》，包括国外的建筑杂志，比如美国的《Architectural Record》、意大利的《THE PLAN》，各种各样的建筑杂志上面的照片都是差不多的套路，不关注人在建筑里面是怎么样的，主要还是看建筑物本身，把建筑当作一件艺术品，玲珑剔透、造型非常漂亮。大家都认为这样很好，我们很多获奖的作品也经常是这个状况。

我在这里要讲一种相对的思维模式，叫作“城市思维”。城市思维并不是我刚刚讲的在城市设计过程中，做规划的老师，或者那些规划师具有的，做规划的人是一种更宏观的状态，基本上不太考虑“单体建筑内部是怎样使用的事情”，这也不能说是“城市思维”。我在这里要说的“城市思维”是全方位的，总结出三个关键词，大家可以记一下，“整体性”“开放性”和“公共性”。所谓的“城市思维”实际上立足于“把建筑的单体作为形成城市空间的基本单元”。不是说我现在做这个建筑，就只想着这个建筑的事情，而是要考虑这个建筑和其他的那些已有的或者未来可能有的建筑所形成的整体的城市空间的状况，在做自己的建筑的时候，一直在考虑边上的和其他的那些实体之间的相互的关系，所共同形成的这座城市的形态，尽管建筑师只能做这栋建筑，动不了边上那些建筑。但是虽然动不了，你也应该去考虑跟它们之间的关系。已经有的建筑，考虑跟它们的关系那是肯定没问题；还没有的建筑，我们可以假设，在这样氛围当中，将来可以是一种什么状态？给未来的建筑留一定的余地或者是可以形成一种什么样的关系，这是一种整体的思维，所以“整体性”是“城市思维”里面的第一个关键词。第二个是“开放性”，我们的建筑做完了之后去拍照片，当然可以拍出来非常漂亮的建筑单体，但是这个建筑的单体已经突破了它作为一种艺术品的范畴，它已经扩展到了和整个城市的生活关联到一块的一种状态，那么它跟城市空间相关的、与人的行为相关的建筑界面，或者是建筑的形态，都要考虑到开放性。并不只是建筑里面的人跟城市的关系，而是城市空间中活动的人或者在建筑里面可能会停留的人，包括建筑内部进进出出的人。在这样一种状态下，它所形成的建筑形态，可能外行来看也觉得差不多，反正建筑设计得很漂亮很有型，但是对建筑师来说，建筑是怎么样的用法？为谁用的？在这个事情上，有开放性和没有开放性是完全不一样的。城市思维的第三个关键词是公共性，通常大家都会认为自己的项目是自己的领地。我们在建筑设计原理中也经常讲到建筑空间的领域感，创造空间的领域感是很重要的，使建筑有自我的 identity，让人能够感觉到进入建筑之后就是独特的氛围和空间。但是在很多情况下，因为建筑师不仅仅是自己在工作，经常是跟业主、跟甲方在共同工作。实际上，你的设计都要经过甲方的认可。那么甲方的想法呢？他会或多或少地站在自己的立场上，“我的建筑我的领地”，他希望维护他自己的利益是最重要的，那么具体体现在什么地方呢？比如办公楼外面，尽管我们现在的城市管理是规定不允许做围墙，但是，他会用各种方法在红线范围之内种上绿篱，安排上停车位，有时候做很漂亮的水池，使得外面的人就不太容易进来，那么就是领域的维护会比较偏向于建筑物的本身。但是在“城市思维”中“公共性”就显得特别重要，也就是说建筑空间如何能为整个城市的人们、为不是这个建筑的使用者、为路过的行人创造更好的环境。

“城市思维”主要反映在这三个关键词，跟这三个关键词相关的是，城市思维要考虑的不仅仅是建筑内部的活动，还要考虑到城市生活的各个方面。解决的办法是通过各种各样的空间塑造手段，使得建筑的内外空间能够进行渗透，互相之间能够融合。讲到这里，大家应该就能够理解什么是“城市思维”了。如果你们还想去深入地思考这个问题的话，大家可以去看一下大师作品，可以带着这样一种思维方式去扩展阅读一些案例。

今天在这里要重点讲一下我们在亚运村的几个建筑，主要是三组建筑（图 3）。2022 杭州亚运会亚运村的建设目前已经在紧锣密鼓地进行中了。这个项目是我们在 2018 年的时候参加的一个国际竞赛，其中我们中标的是青少年活动中心。当时规定一家单位要做三个单体建筑设计，但是只能中标一个，这个是设定的竞赛规则，为了保证城市空间的多样性，不要被一家的风格所主导。当然，今天我还是来讲一下我们的三个建筑单体的竞赛方案，其中都体现了“城市思维”。

大家可以看一下这个项目的位置，图 4（a）是杭州，这里面是钱塘江，浙江的同学，或者去过杭州的同学可能会有印象。这里有两块白的颜色，一个是杭州的钱江新城，从图 4（b）可以看到，市民中心

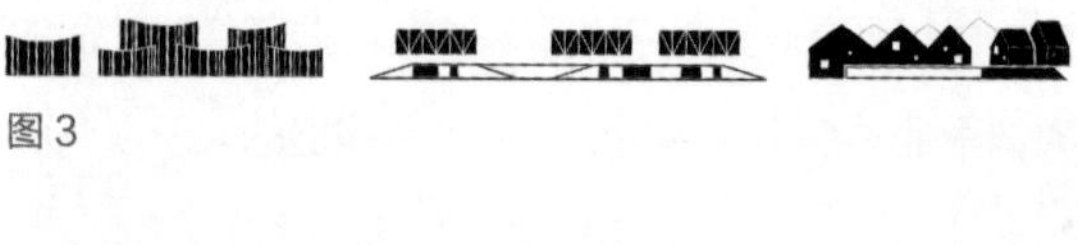

2022杭州亚运会亚运村国际区公共建筑

图 3

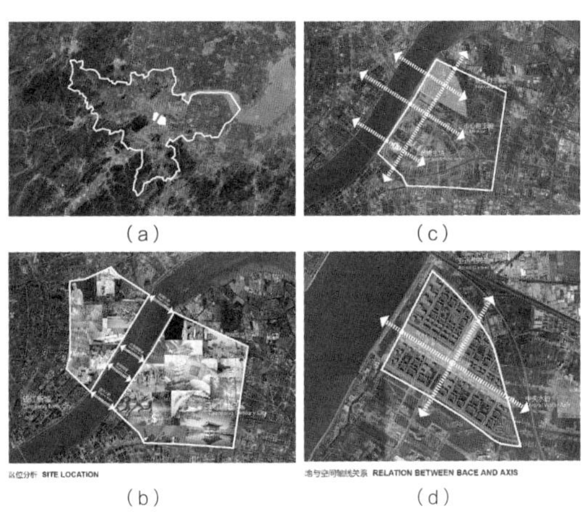

图 4

图 5

就在钱江新城的核心地段，它是李麟学老师做的项目。钱塘江对岸叫作钱江世纪城，这块地更大一些，钱江世纪城跟钱江新城共同形成未来大杭州的城市中心。亚运村的选址在图 4（c）中这块圆弧状的基地里面，总共是 2.4km^2，是我们做的城市设计，也就是图 4（d）所展示的。我在其他的讲座里面讲过这是未来步行城市模式的实践，我们在这块区域里面做了“十”字形的公共的主轴，分为运动员村、官员村和媒体村等。沿江的区域预留了滨江商务区的公共建筑，另外一侧，作为亚运会之后的发展用地。在 2022 年之前建设的基本上是三村（运动员村、官员村、媒体村），以及公共主轴里国际区的公共建筑。

这张鸟瞰图（图 5）里，位于公共主轴上的有音乐厅、图书馆、博物馆，而青少年活动中心是在比较核心的位置，还有体育中心，是亚运会举办的时候运动员进行训练的场地，它在运动会召开之前就要建设完成。青少年活动中心在赛时作为运动员的报到、体检的场所，里面还有食堂、租车等服务功能。这些公共建筑是为未来的整个城区服务的，这里未来的人口数量会达到将近 10 万人，所以这些公共建筑实际上是给整个城区来用。那么我们在做城市设计的时候，就提出来这个公共主轴是整合这 4 个组团的纽带。也就是说，公共生活要渗透到各个区域，要为整个亚运村提供公共活动的场所。在这样一种主导思想下，当然我们自己在做这个设计的时候，想法会体现得最彻底。

看一下三个单体建筑的总平面（图 6）。

作为建筑师，城市思维是非常重要的。也就是说，在做这个建筑的时候，是不是能够把建筑物，包括建筑物所形成的外部空间或者建筑内部空间，所形成的空间的体系，跟周边的城市生活能够完美地衔接，并且成为整个区域中公共生活的龙头，我们称之为引擎或者发动机，它应该是点燃整个城市的公共生活的活力的核心点。

公共主轴上的几个建筑物，能够把城市的各个功能片区给织补起来、串联起来，所以它的公共空间

图 6

图 7

体系是渗透到各个组团去的。第二个方面，它所提供的功能也不完全是建筑物原来定义的功能。比方说如果是个青少年宫，我们现在在上海也看到很多青少年宫，它对外只有一个大门，进去之后里面很热闹，但建筑跟城市空间的关系基本上跟普通建筑差不多，音乐厅、图书馆那些更不用说了，是需要经过门岗才能进到里面的公共建筑，体育中心也是一样。所以我们在这里提倡的是，公共建筑不仅仅是提供自身的建筑功能的服务，公共建筑还需要提供城市服务。

城市思维就是突破了建筑任务书本身的功能要求，当然首先必须要满足建筑本身的功能要求，我刚刚所说的城市功能并不是让你不考虑建筑本身的功能而只考虑城市，那也是不行的。建筑功能本身还是前提。因为建筑作为城市的组成部分，它自己所提供自身的建筑功能本身在城市规划安排上是必须要满足的最基本的功能。如果不满足，在城市角度的思考也是不够的。这里要强调的是，除了建筑自身功能之外，建筑更多地担任了为城市提供服务的一种角色，要提供这种城市服务当然要形成很多公共空间（图 7）。

在我们的设计中，策略之一就是将大的建筑体量分解，使得周边城市区域里的各种人流进入建筑用地的可达性加强（图 8）。创造了丰富的公共场所，也就是说使这个建筑具有比较充足的开放性和公共性。对城市的居民来讲，建筑体现出一种非常友好的姿态，也就是进入建筑物周围的空间，不会觉得建筑很威严、令人肃然起敬，不会感觉到建筑给人带来的心理压力，看到这些建筑就觉得是你身边的公共环境，有很多地方是让你随时可以使用的。尽管有些场所也是需要关起来或者进行经营管理，但是有非常多的地方是可以让大家 24h 随时进去。在这样的理念下，我们做到了什么样的程度呢?

在音乐厅、图书馆、博物馆的这块用地上面的公共空间，也就是 24h 可以进入到内部的公共空间，这些地方的面积加起来达到 50%~100%（图 9），虽然在竞赛的时候没有精确地去计算，但实际上估计下来应该有 70% 左右，这块地面积 4hm^2 左右，建筑面积是 40000m^2，70% 的面积也就是 28000m^2 的面积，是可以让人们自由进入的，是可以进行活动

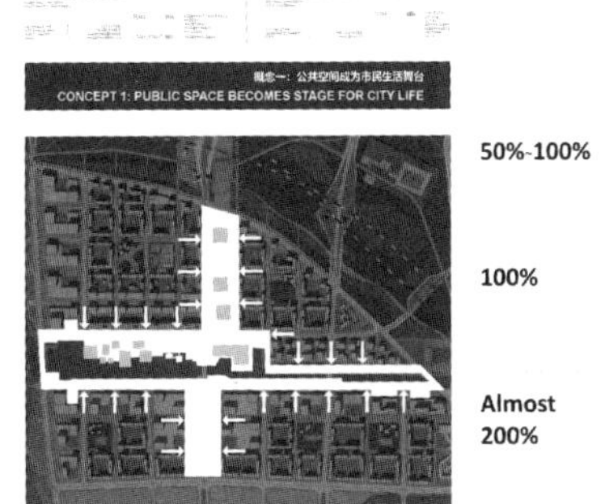

图 8

图 9

的，是可以有日常的城市生活的。当然 70% 的公共空间并不是留了块空地在这里，它是有设施的，并且边上还有些小卖部、咖啡厅、零售的花店、书报亭等各种各样的设施，包括座椅等，是非常具有亲和力的城市公共空间。

而在青少年活动中心我们做到了 100% 的公共空间。公共空间包括三个层次，第一是底层架空；第二，大厅是开放的室内大厅，是随时可以进去的；第三，二层的公共平台也是可以随时上去。这些面积加起来正好等于建筑物原来的占地面积。而运动中心就比较厉害了，运动中心的用地内创造的公共空间差不多是占地面积的 2 倍，因为它有很多个层次，从地下开始就有公共空间，地面也有大量的公共空间，还有平台上的公共空间和连续的跑步的步道，这些加起来有大约 200%。从这个意义上来讲，以我们提出来的“提供城市公共服务”的思路来说，在建造建筑物的过程中，建筑不是去占有基地，而是通过建筑物的建造来创造更好的城市公共空间，让人们有更好的活动的可能性。大家可以这么想，如果说城市当中有一块地，在没有建造建筑的时候，大家是可以去这块地上活动的，但是它没有设施，基本上也没有人会去用。如果杂草丛生，也只是荒地。理论上来讲，一个城市中这样一块建筑用地被建筑占有了，像刚刚说的那样外面做了围墙，或者外面通过绿篱等方式阻止人进入，那么城市中每建造一个建筑，城市中公共的用地就少一块。尤其是公共建筑，如果是住宅的话，因为有私密性的要求也没办法，不能所有地方都开放。但是作为公共建筑来讲，本身的属性是公共的。尽管有些内容是需要有管理的，并且像音乐厅是要收门票的，但是对于建筑的外部空间我们认为还是应该向大众开放。这种思路在建筑设计创作当中非常能够体现出建筑对城市的贡献。最近我们在进行一项绿色建筑设计标准的研究，其中有一项要求是节约用地，我们就建议从城市的角度来考虑，建筑物的节地率——节约用地的比例就以建筑的城市公共空间率来替代。也就是说，如果做到了 100% 的公共空间，那就是 100% 的节地率，就是“零用地”建筑，虽然是打引号的零用地，也就是建筑的建造没有占用这块土地，而是把地还给了城市。如果是 200% 的话，那实际上这个建筑不仅节地，还创造了土地。当然这是一个说法，但这也是绿色建筑概念里面所提倡的。

这就是我们讲的，建筑设计中的城市思维，给我们带来的整个建筑设计创作的切入点。那么接下来呢，我们来讲第一个建筑——青少年活动中心（图 10）。

青少年活动中心位于运动员村的一侧。运动员村分两个区，上面一个区是商品房住宅，下面一个区是公寓房住宅。这是我们在亚运村的城市设计中的另外一个特点，我们的规划理念跟以往的亚运村建设不一样，以往的亚运村建设会先建运动员的宿舍区，建完以后再来看看以后能怎么再利用，比如说做成创意园区或其他功能。而我们的理念是直接瞄准未来的城市，同时考虑满足亚运村的利用，我们称之为时空并置模式。它不需要赛后转化，实际上它就是会后的状态。会后的状态是：后面区域的组团是商品房。实际上它们在亚运会之前就可以在市场出售，只是要等到亚运会结束后才交房。在亚运会过程中作为运动员宿舍。运动员用完之后进行适当装修和粉刷就可以交房了。下面这一块也是运动员村，是公寓式住宅组团，提供给年轻白领或者是有需要租用房子的人，住宅底层也是全开放的。青少年中心就坐落在运动员村边上这个位置（图 11）。

对于长方形的基地，理论上来讲，青少年活动中心有这样一个简单的体块基本就可以了，但是建筑放在这样一种空间当中，我们觉得应该要创造出城市界面。如果从街道过去这个地方只有一个点的话，那么整个空间的围合感还是相对比较弱，所以就考虑把体量拉伸成比较长的，能够形成界面的体量。另外，当时甲方还是希望今后这个地方要有个游艇码头，作为整个中央水系的旅游项目，当然游艇码头也可以直接做在滨水的岸边，于是把建筑体量做了一个转折，转过来之后，一方面形成了城市的界面，另外一方面，让游艇码头能够在这个地方形成港湾的空间。这个是体量上初步的想法，这个想法，也就是画的上面这三张图，是我们当时第一天讨论时提出来的思路（图 12）。接下来，我们的建筑准备怎么做呢？

我们当时有两个目标，一个是要创造 100% 的城市公共空间，这是之前就想好的。另外一个，我们做设计的时候不是从排房间开始，而是从建筑的联系空间入手的，大家可以看到这张图里面有一个这种体量。这个体量是建筑的走廊和大厅，也就是联系空间。因为在三个建筑里，青少年活动中心的面积是最小的，又放在特别中心的位置，我们觉得不宜做成一个

图 10

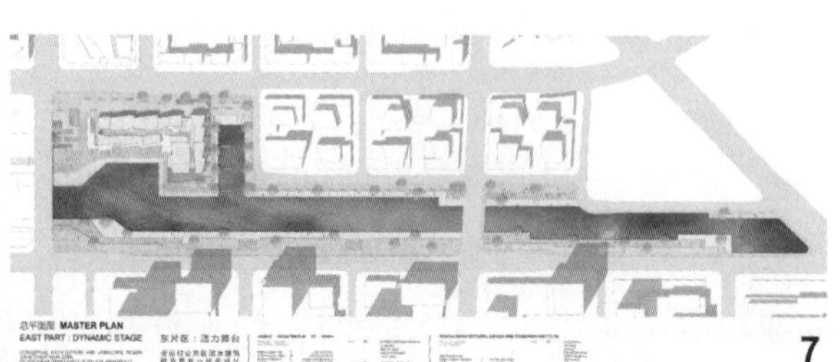

图 11

大体量的建筑，还是应该做成类似江南水乡的小巧玲珑的聚落式的房子，不宜做成一大块的感觉。我们希望是一种小尺度的体量的堆积。但是小体量怎么堆积呢？我们用江南水乡的街道网络的空间关系，在青少年活动中心的内部，先做出一套公共空间的体系，然后再来进行其他各种功能的安排。这样一来，先是形成这种小尺度的坡顶，一种堆积的状态，然后把公共空间的体系往里面放进去，放进去之后，再前后两排进行错动，体量上错错位，进行形态上的变化。这种做法在形态操作当中是经常采用的。但是我们实际上是用了一套叫“计白当黑”的手法，就是在设计建筑的时候，并不是先做实体，而是先做空的部分，然后把空的部分拿掉之后才留下来实体。这个实体最后是这样，这个是它的体量，因为底层要架空，所以把底层透过来，那么底层架空之后，还需要交通核和门厅等。再把这些体量往里面塞进去，我们希望塞进去的体量全部是开放的。虽然是室内的空间，但这个室内空间也是 24h 全开放的，相当于室内的商业，包括餐厅、咖啡厅、展厅等都是全开放的。我们另外又营造了二层架高的平台，这几张图就是整个建筑的构思的演绎过程（图 12）。

图 13 是轴测图，大家可以看到，水面和城市道路是有高差的。整个城区里面水面的标高是黄海标高 4m，而城市道路标高是 6.3m，有 2m 多的高差。利用这个高差，我们做了滨水平台，然后有大台阶可以从城市道路直接走到滨水平台。另外，从城市道路还设有坡道可以上到建筑的二层平台，尽一切可能营造公共空间。当然，当公共空间下沉或者架空的时

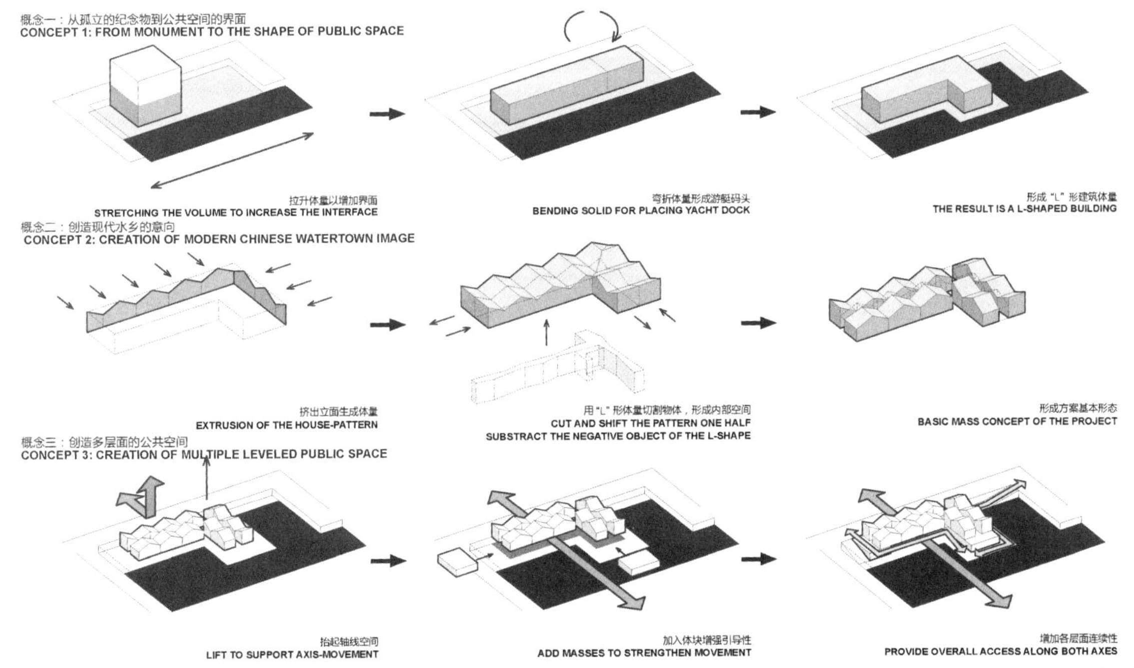

图 12

候，对步行者来说，可达性非常重要。一般来说，人走坡度的时候还是不太情愿，你要有一种非常好的空间的吸引力。比如说从城市地面 6m 多到滨水平台 4m 的高度，要从台阶走下来，当然滨水平台本身是个广场空间，平时就有很多活动，就具有吸引力，台阶不能是那种单纯的楼梯，需要结合景观设计，设置多个可以停留的平台。另外，水湾里面有游船，这里面本身就有很多活动，还有对岸也是我们设计的组成部分，对岸也有公共的环境。这个区域是城市生活比较热闹的地方，所以这种吸引力再加上充分的开放性，就会对人流有较大的吸引能力。对于上二层平台的公共空间，从城市的地面到二层平台高度并不是很高，设置坡道和台阶并结合景观设施，创造一种公园式的环境。另外，在跟滨水平台相接的地方还设置了一大片绿草坡，人们平时可以坐在这个地方看两边的风景。这边还有一个跟城市地面高度一样的平台与草坡相连,所以公共空间的可达性还是比较高的。当然，二层的平台上更多的是从二层的门厅里面出来的人，从二层出来，大家会觉得还是在建筑物的范围之内。

图 14 是整个建筑的形态和功能关系图，大家可以看到，这底下是从城市道路下来的滨水广场，在亚运会期间，用作运动员报到接待的大厅，未来是一个大的展示厅，里面也有咖啡、快餐、小卖部等服务设施。二层大多是一些展厅、活动室等功能，里面是刚刚说的像江南水乡的街道网络的空间。到了上面一层，还有一条廊道是架到公共空间体系上面的，可以到二层的各个房间。整个建筑，包括一层、两层、三层，以及局部的有一点架高的空间，总的层数不是很多。地下是停车库，停车库还有通道，和周边的那些商品房住宅、公寓的地下车库也是联通的。这个大厅实际上有两个层高，从城市地面高度进来的地方是一个高度，从滨水广场进去是另一个高度，中间用一些台阶连起来。这个厅整个都是开放的公共空间。

图 15 是功能的组成。我就不详细地讲了，因为建筑功能的具体设计不是我们今天讲的重点，这个应该没有太大的问题。

图 16 主要反映了公共空间的体系。我们这个设计所体现出来的城市思维，充分体现了我刚刚讲的三个关键词，在“整体性”上，主要考虑建筑对于城市空间所形成的界面，包括跟周边建筑所形成的相互关

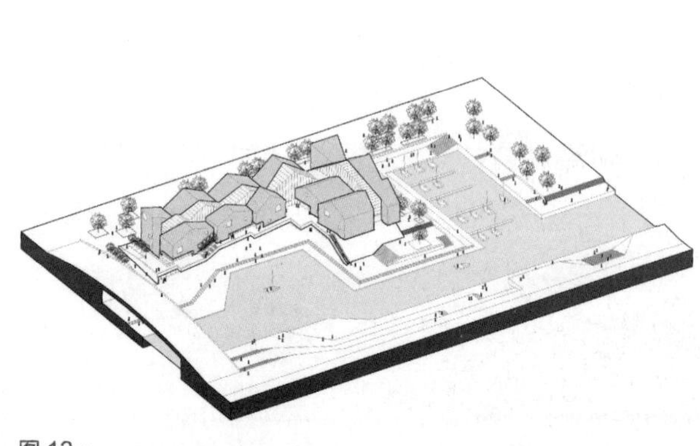

图 13 

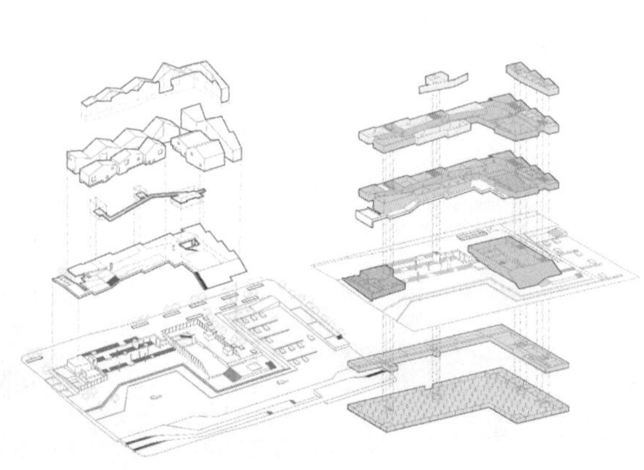

图 14

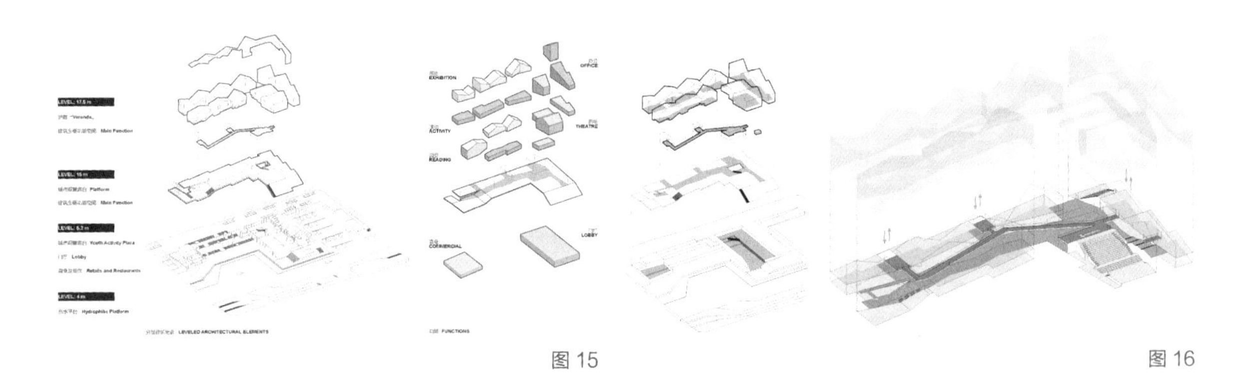
图 15　　图 16

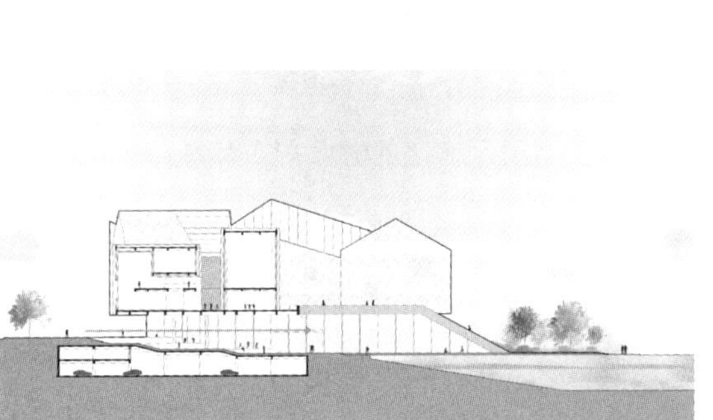
图 17

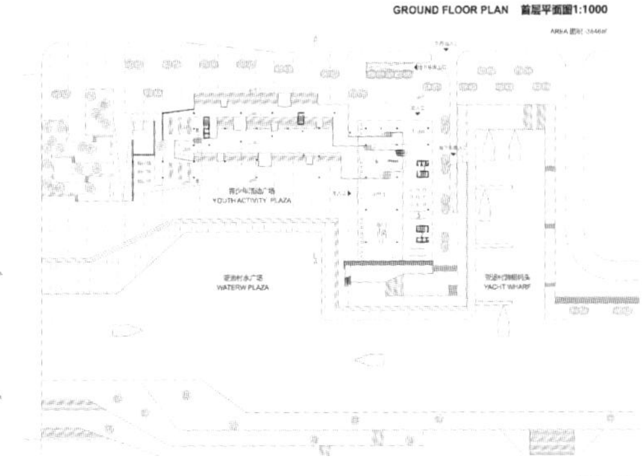

图 18

系。“开放性”体现在底层功能与周边城市空间的融合和延续，以及建筑内部空间向城市空间在视线上的开放。“公共性”则是最彻底的策略，底层、二层平台以及一层室内开放性的公共大厅，达到 100% 用地面积的公共空间。除了这三个特点之外，另外一点是我们内部空间的组织方式采用了江南水乡那种民居聚落的公共空间体系的组织方式，把这种关系放到建筑的室内，走道就是街道，尽管是有顶的，但是采用的是街道的方式，所以城市的思维模式又拓展了一层，把城市空间组织的方式用于建筑内部空间的组织的方式。我们这个建筑做完以后，有很多建筑师的朋友，包括其他老师说，你们这个设计看上去很像是做城市设计的人做出来的。当然我们本来也是建筑师，但是因为我们研究城市比较多，所以把观念与城市的这些思考自然融入建筑设计。

从剖面图（图 17），大家可以看到，从城市的界面下来就可以到达滨水广场。这是二楼的平台包括草坡的斜面。建筑内部的街道是玻璃顶，尽管建筑物还是有管理，一般情况下到了闭馆的时候进不去。但是大家进去了之后，在内部还是可以感觉到在城市当中的感觉。比如说这个顶是玻璃顶，你在里面走的话，还是有室外的感觉。

具体的平面和功能不再详细展开了（图 18）。

顺便提一下，我最近一两年，在建筑设计教学中，就让同学们在做案例分析或是做自己的设计时候，先把那些不是房间的地方涂上颜色，这个时候你就会发现涂上颜色的地方实际上是外部的公共空间的体系，但是在建筑内部，这不叫公共空间了，而是叫联系空间，就是《建筑空间组合论》里面谈到的空间分类里的联系空间，它虽然不是具体的房间功能，但实际上却是建筑的灵魂。大家做了很多建筑设计，最后总是在关注房间内的东西。其实房间和房间之间的空间恰恰是建筑当中最有特点的，是能体现建筑灵魂的空间（图 19）。

我们在平面图上把公共空间都涂上颜色，这样就一目了然，就可以看到建筑空间组织的方式以及人在里面进行活动的各种可能性，包括寻找房间时的寻路体系，是否每个房间的可达性都能够受到照顾，包括最便捷路径以及可停留空间的设置（图 20）。

建筑形态的创作我也就不多说了。我们汇报方案的时候，领导们挺满意，在杭州的建筑，体现了当地的山水意象和水乡民居的意象，既有意象又很现代，所以他们觉得挺好。当然我们的策略是：建筑不宜用大体量，而是用小体量堆积的方式，最后实际上是在一个体量上面切割出来的，也是形态构成常用的手法（图 21）。

在建筑物跟城市对话的角度上，比如说演艺厅，如果未来有条件的话，我们做了一个大的落地的玻璃面，那么里面表演的时候，外面的人也可以看得到。如果你不想让外面看到的话，这个地方也可以是 LED 的屏幕。那么在城市的界面上，是可以看到各种宣传的片子，像世界杯足球赛等等，包括亚运会期

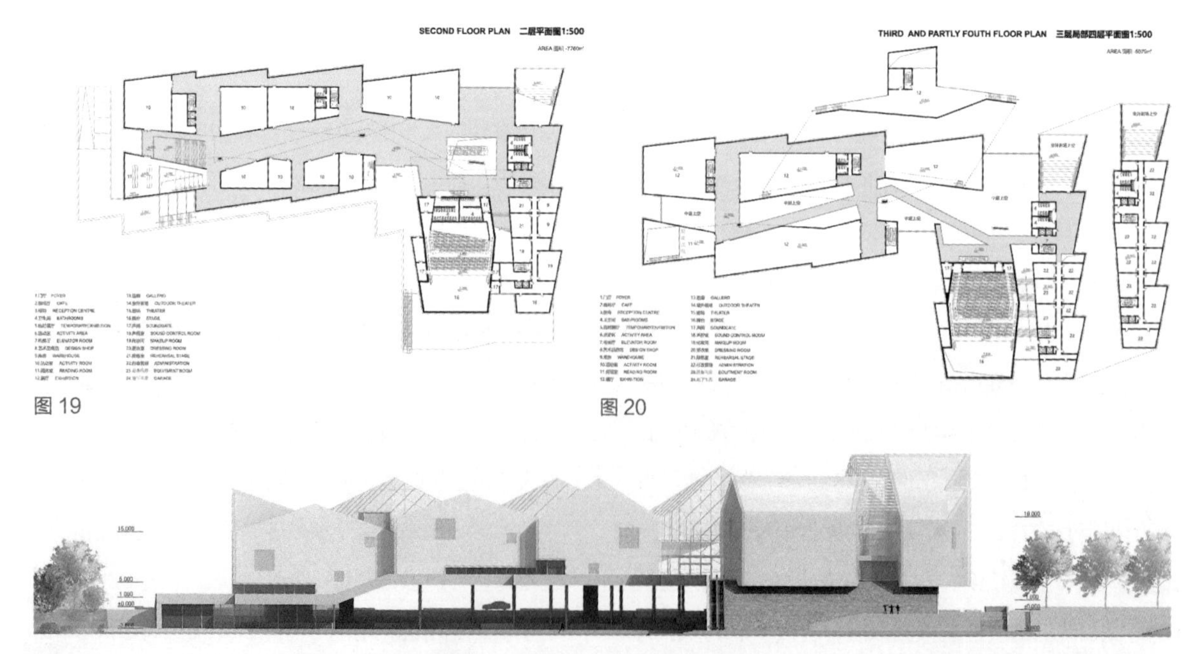

图 19

图 20

图 21

间就可以是亚运会的一些宣传。所以城市的建筑物跟城市空间还是有很多沟通的可能性（图22）。

接下来是鸟瞰图（图23）。河岸对面的这些地方，我们最后的设计是以地景建筑为主，有些商业就在下面，而跟城市道路标高一样的高度过来的地方都是广场，人们可以在上面进行各种活动。

可以想象未来在城市生活的过程中，因为建筑内部公共空间的体量全是玻璃体量，而走廊上灯光比较多，所以实际上建筑内部的公共空间体系从外部也可以看得到。认路的体系实际上非常清晰。整个建筑，只要是透的地方，都是你可以寻找到你接下来要去哪个房间的地方。整个公共空间的体系是非常清晰的。另外，所有沿城市的界面都是以一种开放的状态来呈现。广场上可以有各类活动，提供了各种可能性，像音乐表演、各种体育运动比如滑板等都可以，包括元宵节、端午节的时候放孔明灯等各种各样的活动（图24）。

大家可以看到内部公共空间的体系（图25）。进入建筑里面，空间变化是比较丰富的。人们并不像通常那样从走道去找房间，而是通过外部的公共活动的场所，再进入各类房间。

图26是第三层的连廊，第三层没有重复第二层的外部公共空间，因为第二层的公共空间面积相对比较大，而第三层收窄一点，是通过这样的连廊的方式，但是这个连廊跟走道还不一样，它的开放性使得整个公共空间能够让人把握得住。这一点也是建筑设计创作当中非常重要的要点，如果有条件的话，公共建筑最好让使用者，尤其是第一次来这个建筑或者还不

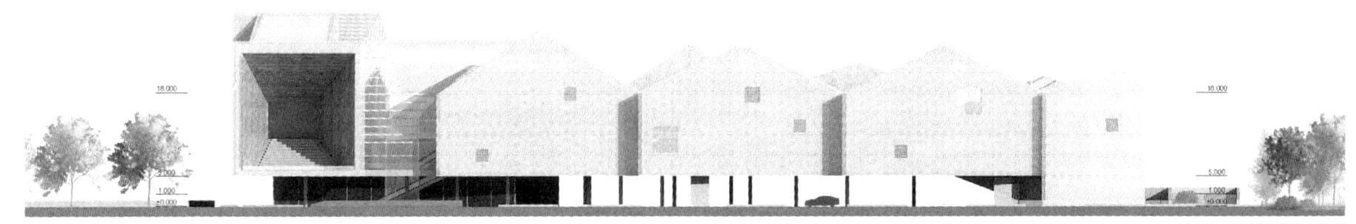

图22

图23

图24

太熟悉的使用者，可以迅速地把握建筑整体的空间结构，就相当于人站在城市的广场，要到下一个目的地，都有自己可以寻找的方向。所以建筑内部空间对于整体的公共空间的把握，是体现建筑物亲和力的非常重要的方面。当然形态不用说，肯定是很重要。我们现在去看一些优秀作品或者杂志上面登的一些建筑，尽管大家看照片都觉得很漂亮，但是有很多建筑对于空间的关系是不太讲究的，它们关注界面材料的建构，造型、光影等美感的呈现，虽然这也很重要，但是如果在这个基础之上，能够把人的使用的这套逻辑给予充分关注的话，那么这个建筑的效果可能会更好。从我自己的观点来讲，我认为这个比形态的优美更重要。建筑毕竟是给人使用的。

当然，青少年活动中心底层开放的公共空间有很多空间层次丰富的活动场所（图 27、图 28）。

第二组建筑是亚运村国际区公共建筑，从左至右分别是音乐厅、图书馆、博物馆（图 29、图 30）。这个项目在任务书上分为三个单体建筑。但是任务书也没有说，这三个建筑非得要做三个单体，但确实也有设计单位是做成三个单体的。当时参加国际竞赛的设计单位，有来自美国、德国、荷兰等国家的很多家设计单位。既然是三个建筑，基本上大部分建筑师都

图 25

图 26

图 27

图 28

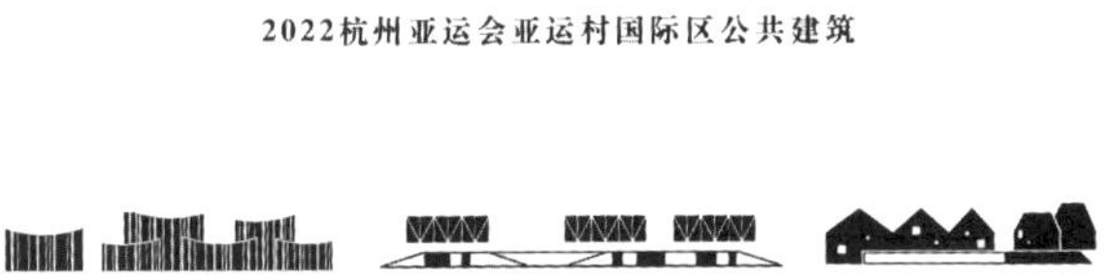

2022杭州亚运会亚运村国际区公共建筑

图 29

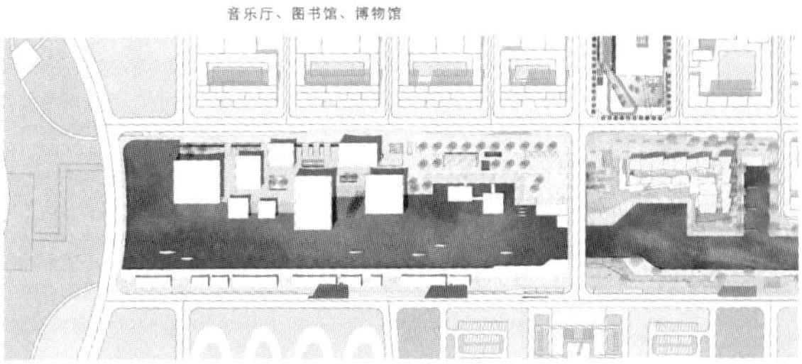

音乐厅、图书馆、博物馆

图 30

会考虑，怎么样把建筑做漂亮、三个建筑的形态怎么进行呼应、怎么取得形态上的一致性。这些都是建筑师通常考虑的问题。那么我们在做这个建筑的时候，思路就有所不同，既然是三个内容，放在一起的话，并没有说一定得是三个不同的建筑单体，它是一个建筑群，所以我们还是跟刚刚的想法一样，认为在这个亚运村的公共轴里，不宜做特别大体量的建筑，所以还是把体量切成小块块，当然因为功能的关系，比如说音乐厅的功能，也没法切得特别小，这是受功能的限制。但是还是尽可能地把体量进行分解，体量分解了之后，在建筑物之间形成了一套城市公共空间体系。也就是说，从城市道路标高进来的人流，如果不进入三馆，他们在这里就可以进行日常的城市生活各类活动。同时，我们有意识地在这些城市公共空间相邻的建筑体量内设置了一些小卖部、纪念品销售、咖啡厅、快餐店等公共设施，并向外部开放。所以不一定是来听音乐会的人才可以用，平时市民们就可以在这里活动，并且还可以通过台阶下去到达滨水广场，这里还设置了一个音乐塔。这些都是向整个城市市民开放的，同时，我们在做方案的时候，边上靠近桥的这块地也属于环境设计的要求，需要有整个亚运会的升旗广场和露天看台等，就把建筑的平台空间跟整个城市空间连成一体，所以它也是有路径和节点的网络结构。

我刚刚所说的就是这个分析图（图 31）所表达的意思，三个建筑可能体量都比较大，像音乐厅、图书馆、博物馆这类建筑，通常情况单体建筑的体量由于面积大，都会蛮敦实。分解体量之后，体量也还是稍微大了点，但是比三个大的敦实的体量总归还是好很多。另外，我们有意识地把水体往基地里面引，给人的感觉像是建筑物跑到水面上，让建筑跟公共主轴关系更加密切。在很多的建筑创作中，一般舍不得这么做。因为红线范围内好不容易留了点面积，为什么不把它用起来，反而让水进去。水是公共的，它也属于绿化水系的体系，也算是自然生态的一部分，其实算绿化率的时候，它还是可以算上。因为有整个的公共平台，公共活动的空间应该已经比较充足，达到占地面积的 70%，包括有些部分的室内开放空间。对于三个馆的门厅，从城市街道上看是地下层，但是从滨水平台这一面来看，它就是首层。

从剖面图（图 32）可以看到，人从城市街道进来，就像我们建筑与城市规划学院，从这个桥过来，到平台上，这是跟城市街道一样高的，然后通过楼梯下去，进入三馆的门厅。三馆的门厅是可以分割开来进行管

Concept of design

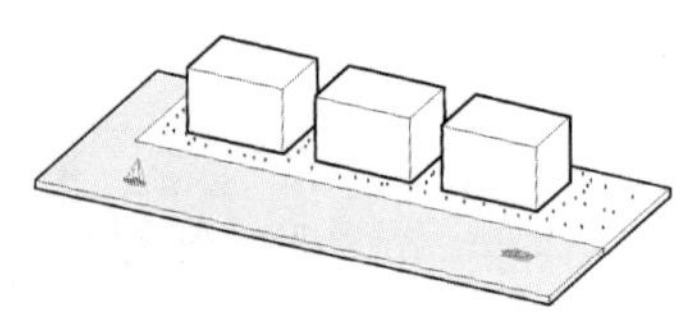

EXISTING SITE CONDIDITION-THREE BIG SEPARATED BUILDINGS
基地现状——三座大型单体建筑彼此隔离

A Connection is provided only through the Outdoor space
仅通过户外空间产生联系

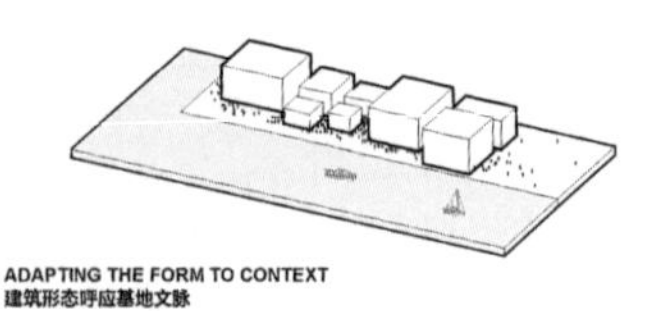

ADAPTING THE FORM TO CONTEXT
建筑形态呼应基地文脉

Downscaling to human scale
创造宜人的小尺度空间

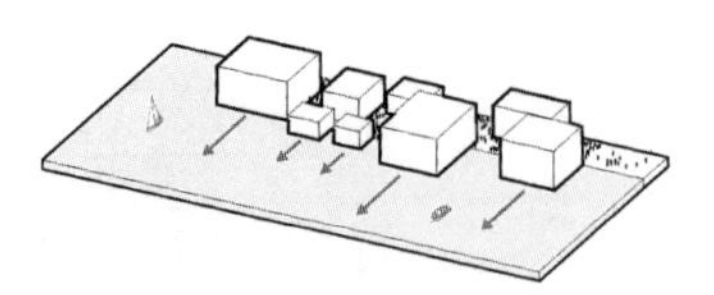

THE FINAL CONFIGURATION RESULTS IN A WATTER TOWN
滨水城区的空间布局

Art-village form optimizes the number of units, providing free southern view and close contact with the water
艺术村落的空间形式优化了建筑单元的数量，提供了南部开阔的景观视野和良好的亲水体验

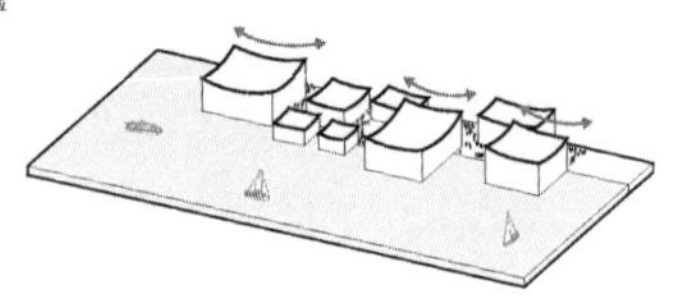

LIGHTNESS OF FORM
灯光设计

Contemporary interpretation of Hangzhou cultural heritage
杭州文化遗产的现代诠释
The façade envelope allowing free views but not too much sunlight and overheating
建筑立面实现了通透的视野，同时避免了过度的日光曝晒和高温问题

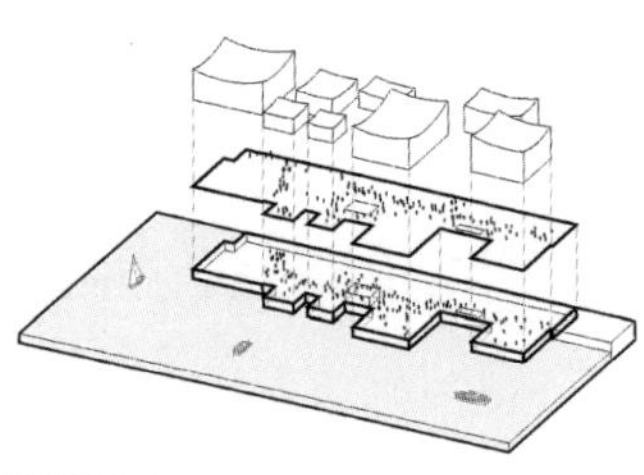

PUBLIC SPACE
公共空间

Two-story public space with deck and access to the water. Visitors can enjoy the cultural- and natural landscape with a marvellous view
双层公共空间提供了空中平台和亲水界面。游客可以享受美妙的景色，欣赏文化和自然景观

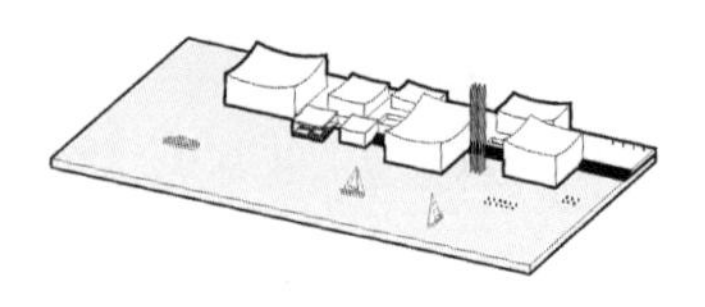

HARMONY INSTEAD OF INDIVIDUALITY - UNITY OF CULTURAL DIVERSITY
和谐而非特异——文化多样性的统一

Watertown as ART CLUSTER, designed to preserve the human scale
作为艺术村落的滨水城区保持了统一的宜人的空间尺度
Interior concepts are unique creations with strong own character
而建筑内部的空间设计则各具匠心，特色分明

图 31

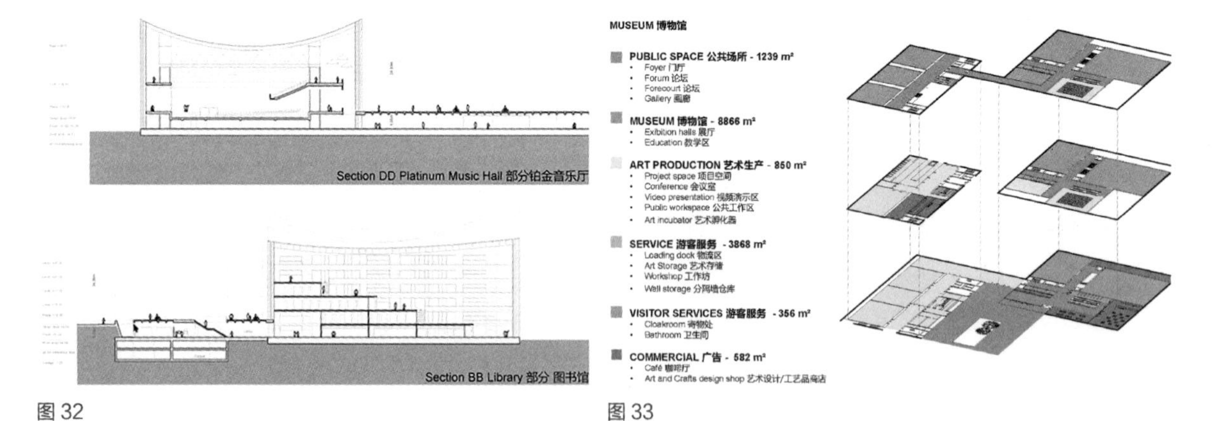

图 32　　图 33

理的。比如说音乐厅、博物馆和图书馆这三家分别有三家管理公司，那么它们之间的门可以关闭。但是在开放的时候，其实完全可以打通。那如果是一家管理公司的话，其实可以连门都不需要有，只需要有保安或者管理人员就可以。所以是可分可合。另外这个门厅的部分有大量的空间是室内的开放空间。

东边的两个体块是博物馆（图 33）。

中间的是图书馆（图 34）。

西边的这些体块是音乐厅（图 35、图 36）。

图 37、图 38 比较清楚地反映了建筑体块和各楼层功能分布的情况。从地下的设备、停车到公共大厅那一层是连在一起的，一方面提高利用效率，另外

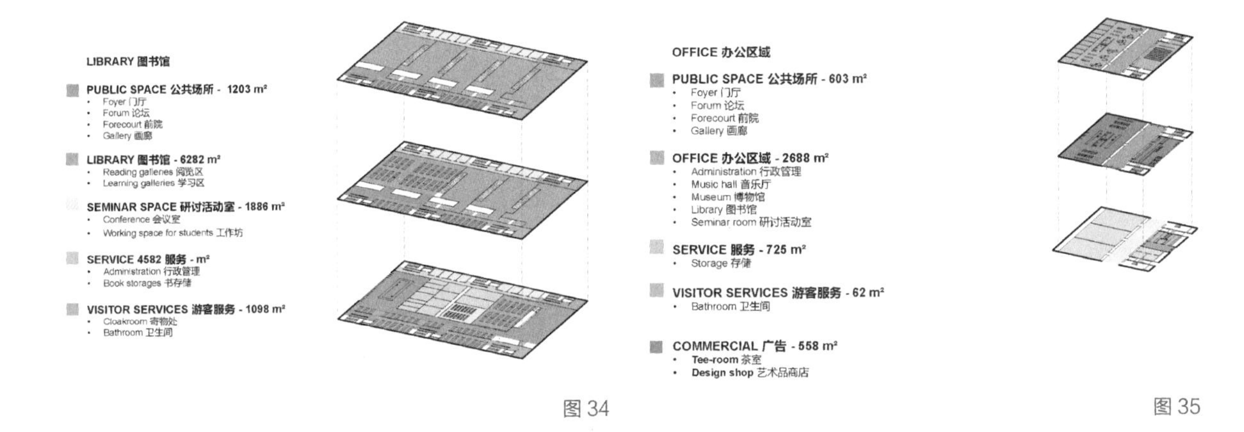

图 34

图 35

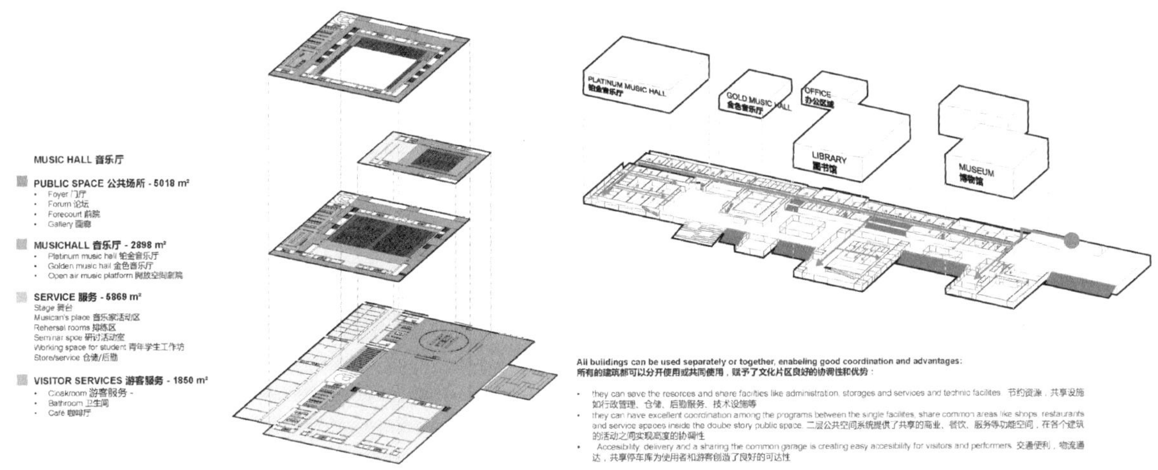

图 36

图 37

也方便使用者进行相关的其他活动。公共大厅部分靠近水面的这边设置有很多相应的服务性的功能房间，形成一个文化聚落（文化之都）的感觉。

图 39 上图是沿滨水的立面效果。再看下面这张剖轴测，显示了各个建筑包括他们之间的中庭以及相互联系的方式。平台上面都是城市公共空间。图中这一块小的体量实际上是室外的构架，里面是露天看台，也是公共开放的。

整个的一组建筑做成小体量之后，建筑与建筑之间形成了公共的活动的场所。建筑的界面呢？因为音乐厅、图书馆、博物馆不像青少年活动中心可以完全开放，所以我们的开放性在这里是用了一种开放界面的做法，这种开放的界面是可以让人走进去进行一些活动，在里面有一个灰空间，采用了柱廊的方式（图 40~ 图 42）。

这是在地下一层（图 43）。门厅联系的空间里

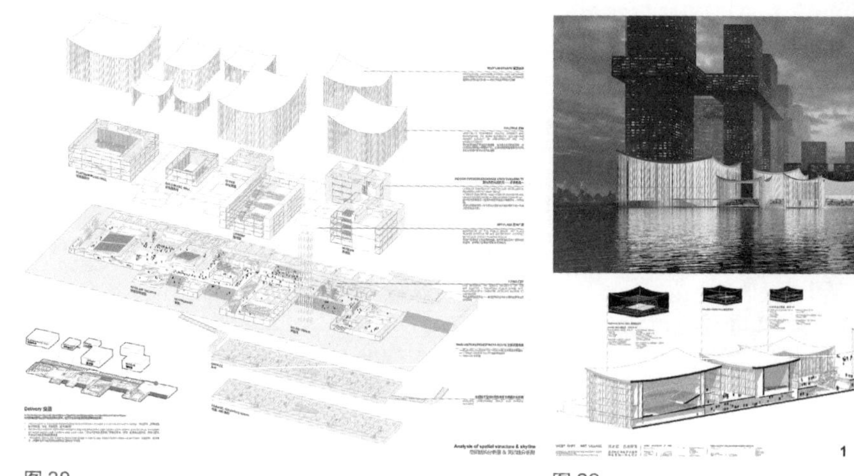

图 38

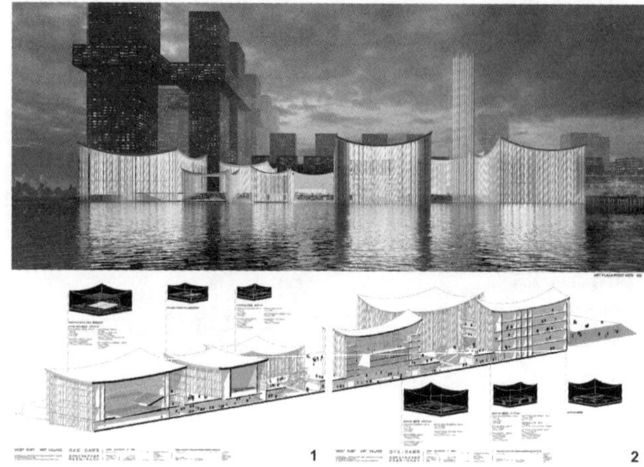

图 39

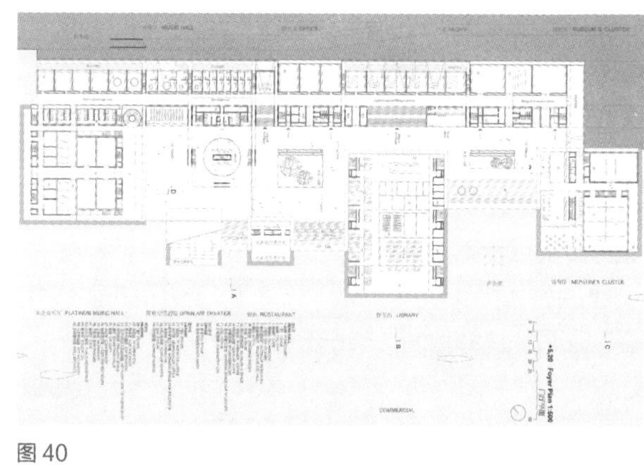

图 40

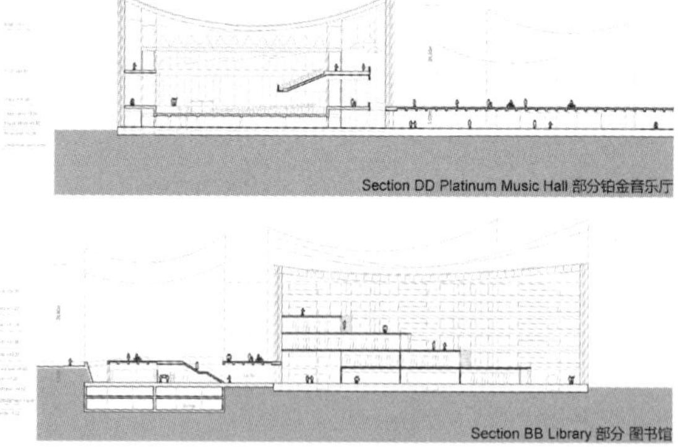

图 41

图 42

图 43

面的还有一个庭院空间，与上面的公共平台互相有视线的交流。这个庭院是建筑物内部的公共空间，也是三个馆相互之间的联系空间，平台上是城市的公共开放空间，这两者之间的交流是建筑内部和外部的交流，内外融合的概念在这里得到很好的演绎（图 44、图 45）。

接下来介绍体育中心的设计（图 46）。

从总平面图上（图 47），大家可以看到，体育中心占地实际上是三块地，但是其中一条路的级别相对较低，所以设计中把它做成步行道路，汽车到这里开不过去了。但是上面这条路，汽车可以开过去，所以人从连廊过去。

这是 200% 的公共空间，大家看看是怎么做的？首先体育中心的面积不是太大。将建筑体量抬升之后，底下加上一些小体块，再建二层的平台，公共空间的面积比较大，然后地下停车的部分做成整体的，是连通的，在这上面是一条路，而地下的停车是整体的空间，上面冒出来的就只有两层，并不是很高（图 48）。

这里面的功能不算太复杂，但是空间在组织的

图 44

图 45

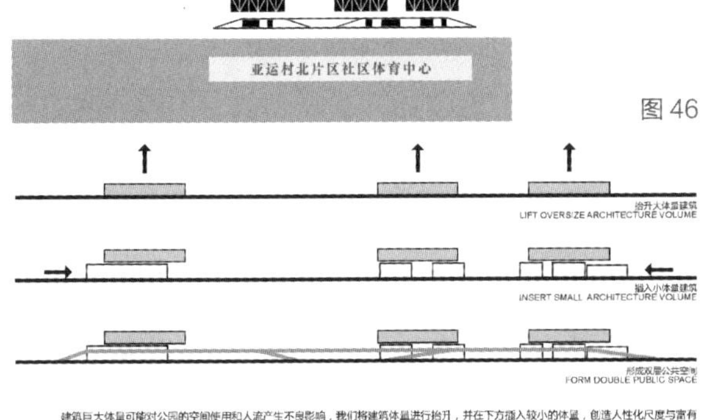

图 46

图 48

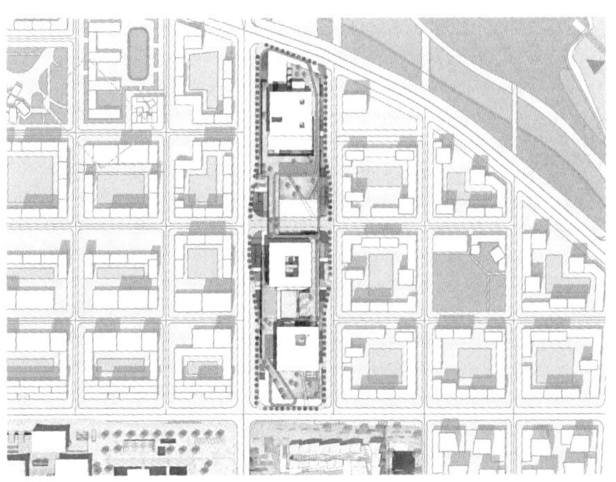

图 47

过程当中也用了城市公共空间体系的那套组织方式（图 49、图 50）。

大家可以看到，人们可以上二层的平台去跑步（图 51）。

从城市街道角度来看，有坡道、台阶、自动扶梯等，人们可以上到二层，二层的平台相互之间是连通的。底下是一些超市、社区商业、社区活动，包括室外的运动场所（图 52）。

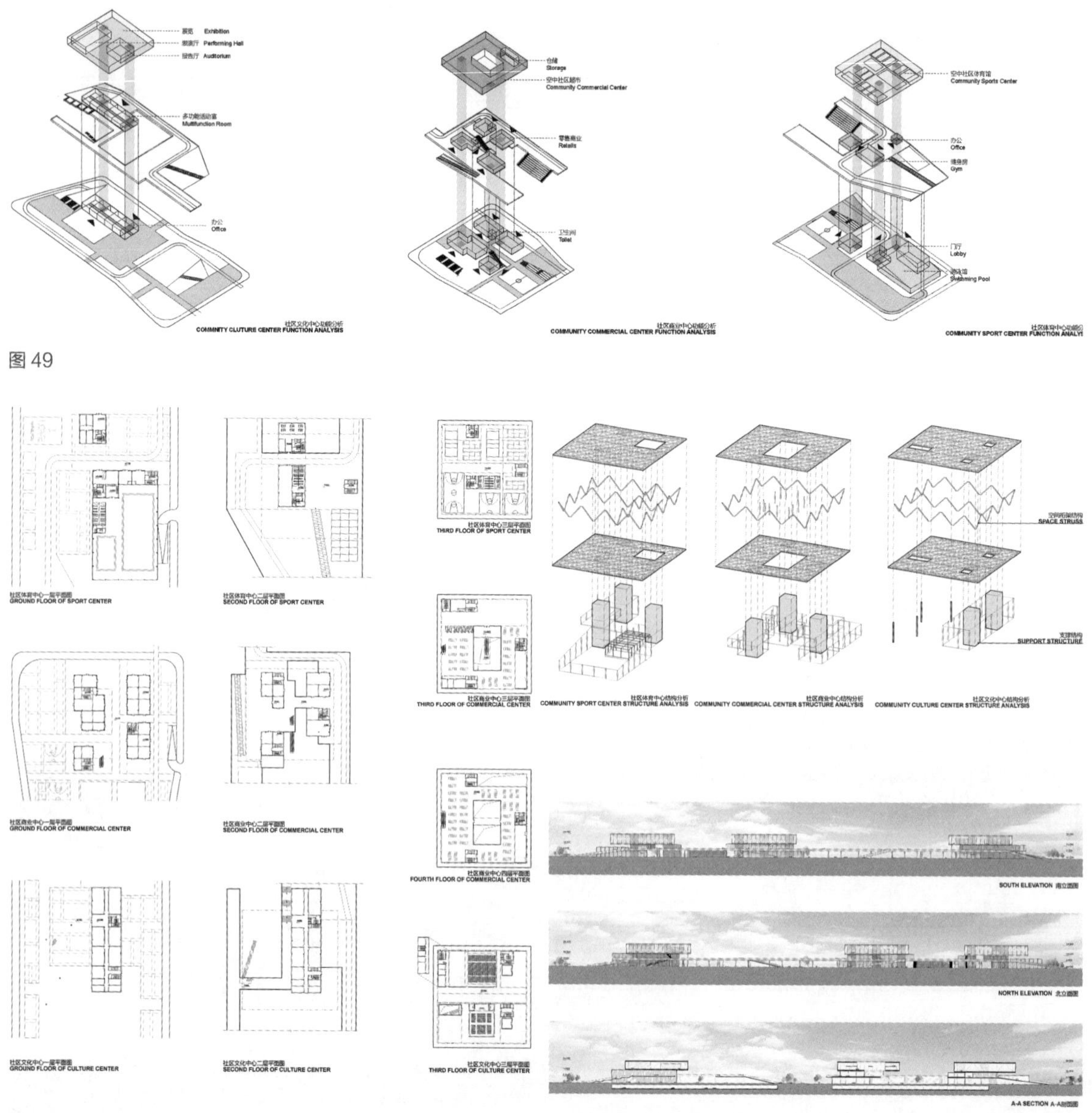

图 49

图 50

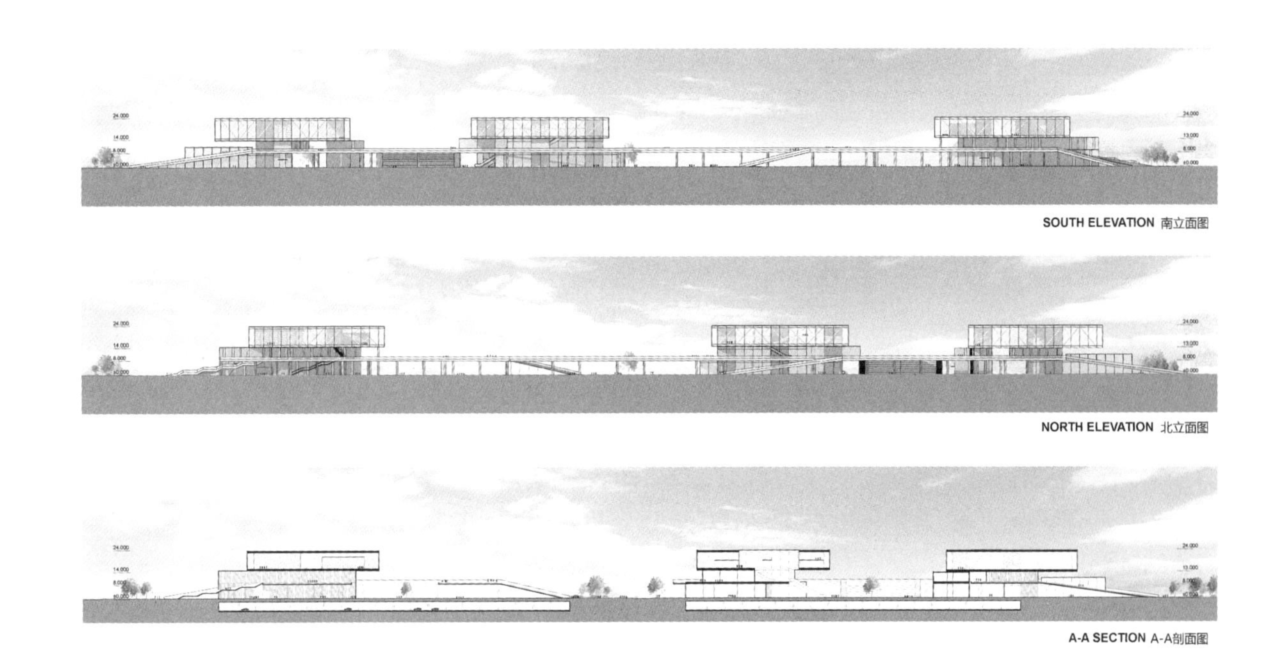

图 51

图 52

大家可以看到，里面有跑步的跑道、球场，还有大斜面的草坡可以作为休闲的场地（图 53）。

公共空间的这个部分除了一些可以打球的运动场所以外，还有一些休闲的场所。城市生活是融合在一块的（图 54）。

还有露天的比赛场地是 24h 开放，谁都可以进来的，是完全对外的，室内的一些健身、运动场所的界面都比较开放（图 55）。

今天的讲课内容就到这里。如果大家没有问题的话，那我就再强调几点。第一点，建筑设计创作要

图 53

图 54

图 55

以特定的问题为切入点来做创作。第二点，特定的问题来自哪里？就是在人的使用需求跟我们的自然环境、物质条件之间的关系当中去寻找问题。第三点，在做设计的过程中，如何体现城市思维？抓住三个关键词：整体性、开放性、公共性。

今天到这里结束了，谢谢大家！

图书在版编目（CIP）数据

设计前沿 / 同济大学《设计前沿》编写组编著. —
北京：中国建筑工业出版社, 2020.12
建筑类专业研究生系列教材
ISBN 978-7-112-25801-7

Ⅰ. ①设… Ⅱ.①同… Ⅲ.①城乡规划—建筑设计—研究生—教材 Ⅳ.①TU984

中国版本图书馆CIP数据核字（2020）第267563号

责任编辑：杨 虹 尤凯曦
书籍设计：康 羽
责任校对：芦欣甜

建筑类专业研究生系列教材
设计前沿
同济大学《设计前沿》编写组 编著
*
中国建筑工业出版社出版、发行（北京海淀三里河路9号）
各地新华书店、建筑书店经销
北京雅盈中佳图文设计公司制版
北京富诚彩色印刷有限公司印刷
*
开本：787毫米×1092毫米 1/16 印张：$25^1/_4$ 字数：572千字
2022年5月第一版 2022年5月第一次印刷
定价：78.00元
ISBN 978-7-112-25801-7
（37040）
版权所有 翻印必究
如有印装质量问题，可寄本社图书出版中心退换
（邮政编码 100037）